中国地震年鉴

CHINA EARTHQUAKE YEARBOOK

2023

地震出版社

图书在版编目（CIP）数据

中国地震年鉴. 2023/《中国地震年鉴》编辑部编.
北京：地震出版社，2024.12. -- ISBN 978-7-5028-5709-7

Ⅰ. P316.2-54

中国国家版本馆 CIP 数据核字第 2024P48J01 号

地震版 XM5823/P(6534)

中国地震年鉴（2023）

《中国地震年鉴》编辑部 编

责任编辑：王亚明

责任校对：凌 樱

出版发行：地 震 出 版 社

北京市海淀区民族大学南路9号 邮编：100081

发行部：68423031 68467993 传真：68467991

总编办：68462709 68423029

编辑室：68426052

http://seismologicalpress.com

E-mail：dzpress2023@163.com

经销：全国各地新华书店

印刷：河北赛文印刷有限公司

版（印）次：2024年12月第一版 2024年12月第一次印刷

开本：787×1092 1/16

字数：593千字

印张：25

书号：ISBN 978-7-5028-5709-7

定价：198.00元

2023 年 5 月 5 日，中央主题教育第三十七指导组组长蒋卓庆调研防震减灾工作

（中国地震台网中心　提供）

2023 年 9 月 12 日，中国地震局党组书记、局长闵宜仁赴广东省调研防震减灾工作，与广东省委副书记、省长王伟中就局省合作推动防震减灾高质量发展进行深入交流

（广东省地震局　提供）

2023 年 6 月 13—15 日，中国地震局党组书记、局长闵宜仁赴江西省地震局调研

（中国地震局办公室　提供）

2023 年 8 月 31 日，中国地震局党组书记、局长闵宜仁赴中国地震局发展研究中心调研

（中国地震局办公室　提供）

2023 年 7 月 18 日，中国地震局党组成员、副局长阴朝民赴黑龙江省地震台调研

（黑龙江省地震局　提供）

2023 年 7 月 29 日，中国地震局党组成员、副局长阴朝民赴自贡地震监测中心站调研

（中国地震局办公室　提供）

2023 年 5 月 10 日，中国地震局党组成员、副局长王昆调研湖北省地震局科技创新工作

（湖北省地震局　提供）

2023 年 12 月 21 日，中国地震局党组成员、副局长王昆出席甘肃积石山 6.2 级地震现场指挥部会议

（甘肃省地震局　提供）

2023 年 11 月 23 日，中国地震局党组成员、副局长倪岳伟出席全国地震灾害风险防治工作推进会开幕式

（中国地震局震害防御司　提供）

2023 年 5 月 11 日，中国地震局党组成员、副局长倪岳伟带领国务院抗震救灾指挥部办公室工作组在四川省阿坝州理县狮子坪水库检查调研

（中国地震局办公室　提供）

2023 年 5 月 24 日，中国地震局党组成员、副局长陈小军赴省级防震减灾科普示范学校安阳五中调研

（河南省地震局　提供）

2023 年 10 月 9 日，中国地震局原党组成员、副局长陈小军带领防震减灾科普转型升级专班考察中国电子云

（中国地震局发展研究中心　提供）

2023 年 8 月 6 日，山东省委副书记、省长周乃翔到平原地震现场部署抗震救灾工作

（山东省地震局　提供）

2023 年 10 月 13 日，北京市门头沟区委区政府向北京市地震局赠送锦旗，对北京市地震局在门头沟区遭受严重洪涝灾害时给予支持表示感谢

（北京市地震局　提供）

2023 年 11 月 6 日，天津市地震应急现场队参加天津市“砺剑-2023”应急救援队伍远程拉动及抗震救灾综合应急演练

（天津市地震局　提供）

2023 年 4 月 2 日，河北省举行全省首届防震减灾科普讲解大赛决赛

（河北省地震局　提供）

2023 年 7 月 19 日，内蒙古自治区地震局开展包头城市活动断层探查成果应用和重点地区地震灾害防范应对工作情况调研

（内蒙古自治区地震局　提供）

2023 年 9 月 11—15 日，辽宁省地震局在四川成都组织召开全省防震减灾综合业务培训班

（辽宁省地震局　提供）

2023 年 3 月 31 日，吉林省地震局联合吉林省人民政府新闻办公室在长春市召开《吉林省地震预警管理办法》政策解读新闻发布会

（吉林省地震局　提供）

2023 年 12 月 4 日，江苏省地震局在江苏滨海海域海上风电升压站进行地震观测仪器安装调试

（江苏省地震局　提供）

2023 年 6 月 5 日，全国首届地球物理国家野外站联合学术研讨现场考察活动在安徽蒙城地震监测中心站举行

（安徽省地震局　提供）

2023 年 5 月 12 日，福建省组织开展“闽动－2023”地震应急综合演练

（福建省地震局　提供）

2023 年 11 月 6 日，海南省地震局召开海南自贸港震动实验项目启动会暨“科技赋能防震减灾”地震科技青年学术报告会

（海南省地震局　提供）

2023 年 9 月 16 日，发展中国家地震学与地震工程研修班期间，援外培训学员参观中国地震科学实验场大理中心

（云南省地震局　提供）

2023 年 12 月 24 日，甘肃积石山 6.2 级地震科学考察发震构造调查研究工作组开展野外工作

（青海省地震局　提供）

2023 年 2 月 24 日，新疆维吾尔自治区举办抗震救灾实战综合演练

（新疆维吾尔自治区地震局　提供）

2023 年 11 月 1 日，中国地震局地球物理勘探中心与南方科技大学地球与空间科学系签署战略合作框架协议

（中国地震局地球物理勘探中心　提供）

2023 年 7 月 4 日，中国地震局第一监测中心青年突击队在西藏自治区阿里地区札达县楚鲁松杰乡勘选测震观测台址

（中国地震局第一监测中心　提供）

2023 年 7 月 11—20 日，德国柏林第 28 届国际大地测量和地球物理学联合会（IUGG）期间，中国地震局地球物理研究所所长李丽研究员当选国际地震学和地球内部物理学协会（IASPEI）第一副主席（2023—2027）

（中国地震局地球物理研究所　提供）

2024 年 8 月 31 日—9 月 3 日，中国地震局地震预测研究所在北京承办人社部专业技术人才知识更新工程地震重点监视防御区地震灾害风险精细化评估高级研修班

（中国地震局地震预测研究所　提供）

2023 年 8 月 16 日，国务院新闻办公室在北京举行中外记者见面会，“最美应急管理工作者”代表与中外记者见面交流。中国地震局工程力学研究所孙柏涛研究员参加见面会

（中国地震局工程力学研究所　提供）

2023 年 9 月 4 日，防灾科技学院“地震科学与地球探测技术教师团队”被认定为“河北省高校黄大年式教师团队”

（防灾科技学院　提供）

目　录

专　载

地震与地震灾害

地震活动

各地区地震活动

防震减灾

科技创新与成果推广

合作与交流

组织人事

政务 · 规划财务

党的建设

附　　录

专　载

主要收载党中央、国务院，以及应急管理部和中国地震局领导有关防震减灾工作的重要讲话；国务院、国务院办公厅和应急管理部、中国地震局及省级人民政府公布和印发的有关防震减灾工作的重要法规和文件。

中国地震局党组书记、局长闵宜仁
在 2023 年全国地震局长会议上的讲话（摘要）

（2023 年 1 月 14 日）

这次会议是经党中央、国务院同意召开的，主要任务是：以习近平新时代中国特色社会主义思想为指导，全面贯彻党的二十大及中央经济工作会议精神，认真贯彻党中央、国务院决策部署，落实全国应急管理工作会议部署，总结 2022 年防震减灾工作，分析新形势新要求，部署 2023 年重点任务，着力推动防震减灾高质量发展，加快推进防震减灾事业现代化建设。

一、2022 年工作回顾

一是深入学习宣传贯彻党的二十大精神。迅速把思想行动统一到党的二十大精神上来。把学习宣传贯彻党的二十大精神作为当前和今后一个时期的首要政治任务，第一时间组织传达学习、深入开展宣讲宣传，举办专题研讨会，制订计划分期分批开展专题培训，引领地震系统各级党组织和干部职工深刻领悟党的二十大的重大意义，迅速把思想和行动统一到党的二十大精神和党中央决策部署上来。切实抓好习近平总书记重要指示批示精神和党中央重大决策部署贯彻落实。制定实施重点地区地震震情监视跟踪和应急准备方案，全力以赴做好党的二十大地震安保工作。全力推进青藏高原东北缘重大基础设施地震灾害风险评估、国家地震烈度速报与预警工程、自然灾害防治两项重点工程，中国地震科学实验场可研报告获批。《中国地震局定点帮扶的永靖实践》入选国家治理创新经验典型案例。与新疆维吾尔自治区政府联合召开“十四五”全国地震系统援疆工作会议，全力推进对口援疆工作。

二是地震安全服务保障取得显著成效。较好把握全年地震发展总体趋势。2022 年中国大陆共发生 5.0 级以上地震 27 次。特别是强化重点地区震情监视跟踪和应急准备，加强与相关科研机构合作，较好把握青海门源 6.9 级、四川泸定 6.8 级等地震趋势变化。高效应对多次破坏性地震。落实国务院抗震救灾指挥部和应急管理部部署，健全完善地震应急服务响应预案体系，建立后评估机制，做好青海门源和四川芦山、泸定等地震的抗震救灾和应急服务响应工作。地震系统 7 个集体和 105 名个人在地震应急处置等工作中获得表彰。全年启动应急处置 45 次，调度派出现场工作人员 747 人次，产出快速评估报告 1246 份，制发地震烈度图 8 幅，为抗震救灾提供强有力的业务支撑。全方位服务国家重大战略和重大活动。河北省地震局完成雄安新区全域区域性地震安全性评价，中国地震局工程力学研究所研发高铁地震预警技术服务印尼雅万高铁运行，中国地震局地震预测研究所光纤温度传感系统为北京冬奥会和冬残奥会提供技术保障。圆满完成北京冬奥会和冬残奥会、全国两会地震安保任务。

三是监测预报预警业务能力进一步增强。地震监测取得新进展。青藏高原监测能力提升项目完成建设任务，西部地震监测能力得到显著提升。四川、云南等15个省级地震局133个台站更新升级204套老旧监测设备。建立地震监测预报业务质量管理体系，地震自动编目开展业务化示范应用。河南省地震局非天然地震监控项目被国务院办公厅确定为服务黄河流域生态保护和高质量发展试点，贵州省地震局等单位利用定位技术助力航天科技进步。地震预报业务继续加强。坚持“抓异常、抓大震”，优化震情短临跟踪和会商研判技术方案，加强异常现场调查核实，完善震后分级分区会商机制，压实省级地震局属地责任，震情跟踪研判工作基础不断夯实。推进地震会商技术系统建设与应用，完善前震序列识别判定技术方法，预报业务工作效率和管理水平有效提升。地震预警服务不断完善发展。全面推进国家地震烈度速报与预警工程建设，组织开展项目建设质量大检查，持续开展业务系统运行风险隐患排查，成立地震预警技术测试实验室，推动在技术安全和制度管理方面形成新的工作机制。四川、云南等先行先试地区全年成功速报预警5.0级以上地震19次，四川芦山6.1级、泸定6.8级等地震预警成效社会反应良好。

四是探查区划评估业务体系初步建立。震灾防御业务新格局全面构建。出台加强震灾防御基础业务建设的实施意见，构建探查区划评估业务体系。印发中国地震构造环境探查规划，编制省级震灾风险区划技术指南，规范重大工程抗震设防要求审定，全力推动业务体系布局。探查区划评估取得新进展。编制完成全国地震构造图和危险性图、297个县活动断层避让图。江西、海南等省部署地震构造环境探查工作，四川省活断层普查项目通过验收，江苏盐城、陕西兴平等9个城市完成活断层探测。中国地震灾害防御中心完成全国场地钻孔等基础数据库的整合建设。全面启动新一代全国地震动参数区划图编制。完成40项重大工程安全性评价技术审查。国家三级响应地震烈度图发布时间缩短到80小时内。震灾风险社会治理不断深入。地震灾害损失预评估成果应用纳入国务院抗震救灾指挥部、国家防灾减灾救灾委员会综合督查检查，推动地方政府落实震灾风险防治职责。会同国家防灾减灾救灾委员会、应急管理部、中国气象局推进全国综合减灾示范社区创建，不断提升基层地震灾害风险防范能力。依法组织开展抗震设防要求落实情况监管，强化重大工程地震安全保障。

五是地震科技创新和人才队伍建设加快推进。强化战略引领和决策支撑。召开全国地震科技工作会议，部署地震科技自立自强重点任务。出台国家地震科技发展中长期规划，明确地震科技创新重点领域和优先主题。发布防震减灾国际合作规划，服务国家总体外交。成立地震科技战略研究小组，为科学决策提供智力支撑。深入实施地震科技创新工程。落实“四个面向”战略部署，深入推动“四大计划”，取得一批创新成果。启动实验场基础资源调查、人工智能地震监测、川滇三维公共模型3项国家重点科研项目，获批新一代地震区划、地震灾害情景构建、大震震源识别研究3项国家重点研发计划项目。加快推进“一场一室一中心一基地”建设。在国家发展改革委、财政、科技等部门支持下，会同四川、云南省政府和有关单位全面启动中国地震科学实验场初设工作。完成地震动力学国家重点实验室重组方案设计，地震科学国际数据中心、地震灾害风险防治新型研发基地设计建设稳步推进。强化地震科技人才培养。深入推进地震人才发展规划贯彻落实，持续实施地震人才工程，1名专家获得“杰青”项目资助，遴选5个创新团队、5位领军人才、21位骨干人才和28位青年人才。防灾科技学院获批5个国家一流专业建设点。

六是防震减灾公共服务取得新突破。扎实推进防震减灾公共服务。完成国家防震减灾公共服务平台主体建设，第一批地震数据资源目录和服务目录上线测试运行。加快推进防震减灾公共服务体系建设，完成5个单位公共服务试点。30个省级抗震设防参数查询接入地方政务服务平台。发布7项地震行业标准和9项地方标准。进一步强化防震减灾法治建设。制定防震减灾法治建设实施方案和地震系统法治宣传教育第八个五年规划。《中华人民共和国防震减灾法》修订工作取得积极进展。北京市、吉林省、安徽省、江西省、海南省、青海省、宁夏回族自治区出台地震预警管理政府规章，甘肃、山东等省修订防震减灾法规规章。推动各地将重大工程抗震设防要求审定列入地方行政许可事项清单管理，办理国家级行政许可59件。首次对全国大型水库专用台网建设运行情况开展专项执法行动。创新培育防震减灾科普新模式。联合教育部、国家民委、中国科协开展“地震科普　携手同行”主题活动，打造防震减灾科普新品牌。推动开展公众地震逃生避险实训演练基地和中国数字地震科普馆设计。防震减灾融媒体机制和平台初步建成，集聚力量集中开展科普宣传，效果明显提升。新认定国家防震减灾科普教育基地18个、示范学校97所，5个基地被命名为全国科普教育基地。深化体制机制改革。组织召开推进会，健全完善地方防震减灾救灾体制机制，31个省级抗震救灾指挥机构划转至应急部门，19个省（自治区、直辖市）政府考核地方防震减灾工作，市县职责进一步明确。深化事业单位分类改革，组织全员岗位聘任工作专项检查，指导完善局属单位绩效工资分配制度。深化地震台站改革，推进业务培训全覆盖。进一步完善防震减灾规划落实机制。出台《“十四五”国家防震减灾规划》，5个专项规划、31个省级规划和12个直属事业单位规划全部印发实施。“十四五”省级规划落实59个项目。中央预算一体化试点建设取得显著成效。

七是党的建设与全面从严治党持续推进。不断强化政治引领。坚持把正确的政治方向贯穿防震减灾业务工作各领域全过程，强化政治机关意识，当好“三个表率”。完善党建和全面从严治党领导小组工作规则，健全党组织关系属地管理单位党的领导工作机制，直属机关16个党支部入选中央和国家机关“四强”党支部。着力加强党的创新理论武装。全面贯彻习近平新时代中国特色社会主义思想和党的二十大精神，持之以恒落实“第一议题”制度，坚持党组专题学习、中心组学习、党支部学习、青年理论学习小组学习和党员自学联动共促，推动地震系统各级党员领导干部政治判断力、政治领悟力、政治执行力不断提升。深入开展“挺纪立规、强化责任”思想大讨论。首次自主开展集中教育，以“提高站位、完善制度、明确责任、规范执行、强化落实”为重点开展思想大讨论，与党建督查自查整改和“学查改”等专项工作有效衔接，推动地震系统政治建设、思想建设、纪律建设、作风建设和业务能力建设全面进步。努力建设高素质专业化干部队伍。落实“一把手”和领导班子监督实施意见各项措施，局党组选人用人公认度持续在高位提升，实现局属单位选人用人专项检查全覆盖。大力加强优秀年轻干部队伍建设，深入实施“‘80’后‘90’后干部培养工程”。持之以恒正风肃纪。持续深化中央巡视整改，实现十九届中央任期内党组巡视工作全覆盖，强化巡视成果运用。局党组与驻部纪检监察组开展2次专题会商，部署局属单位党委（党组）建立全面从严治党专题会商制度。

二、深入学习贯彻党的二十大精神，奋力谱写防震减灾事业现代化建设新篇章

党的二十大是在全党全国各族人民迈上全面建设社会主义现代化国家新征程、向第二个百年奋斗目标进军的关键时刻召开的一次十分重要的大会。当前和今后一个时期的首要政治任务，就是深入学习贯彻党的二十大精神，把党的二十大作出的重大决策部署变成发展防震减灾事业的具体行动和实际成效，奋力谱写防震减灾事业现代化建设新篇章。

一是深入学习领悟过去 5 年的工作和新时代 10 年的伟大变革的里程碑意义，坚定拥护“两个确立”，坚决践行“两个维护”。二是深入学习领悟开辟马克思主义中国化时代化新境界的历史责任，持之以恒用习近平新时代中国特色社会主义思想武装头脑、指导实践、推动工作。三是深入学习领悟以中国式现代化全面推进中华民族伟大复兴的使命任务，坚决扛起防震减灾事业现代化的历史使命，有效防范重大地震灾害风险，保障全面建设社会主义现代化国家。四是深入学习领悟加快构建新发展格局，着力推动高质量发展的重大部署，不断推进地震基本业务和保障体系现代化建设，坚持不懈以高水平地震安全服务经济社会高质量发展。五是深入学习领悟实施科教兴国战略，强化现代化建设人才支撑的重大部署，不断推进地震科技创新和人才体系现代化，着力推进科技兴局和人才强局。六是深入学习领悟坚持全面依法治国，推进法治中国建设的重大部署，不断推进防震减灾社会治理体系现代化，进一步加强防震减灾法治建设。七是深入学习领悟推进国家安全体系和能力现代化，坚决维护国家安全和社会稳定的重大部署，不断推进地震灾害风险防治体系现代化，全面提升全社会防震减灾能力。八是深入学习领悟坚持党的全面领导和全面从严治党的重大部署，坚定不移推动全面从严治党向纵深发展。

三、分析新形势把握新要求，切实增强做好防震减灾工作的责任感和紧迫感

（一）准确把握新时代防震减灾事业现代化的新要求

防震减灾事业是国家公共安全的重要组成部分，是科技型、基础性、公益性事业，事关人民生命财产安全、社会和谐稳定。我们要紧紧围绕统筹推进“五位一体”总体布局和协调推进“四个全面”战略布局，完整准确全面贯彻新发展理念，落实《新时代防震减灾事业现代化发展纲要（2019—2035 年）》《“十四五”国家防震减灾规划》部署和安排，坚持“防震减灾　造福人民”，坚持服务引领和科技引领，强化目标导向和问题导向，充分利用国内国外两种资源，积极争取政府支持，充分调动各方面力量，以创新驱动为重要途径，以人才发展为优先支撑，以深化改革为发展动力，以信息化、数字化、智能化和智慧化为基础，以透明地壳、解剖地震、韧性城乡、智慧服务为重要标志，统筹推进地震灾害风险防治体系现代化、地震基本业务和保障体系现代化、地震科技创新和人才体系现代化、防震减灾社会治理体系现代化，构建适应需求、结构完善、功能先进、保障有力的防震减灾事业现代化，为全面建设社会主义现代化国家提供高质量地震安全保障。

实践没有止境，理论创新也没有止境。不断谱写防震减灾事业现代化新篇章，是当代地震工作者的历史责任。继续推进实践基础上的创新发展，要把握以下几个原则：必须坚持和加强党的全面领导，始终牢牢把握防震减灾事业现代化正确的政治方向；必须坚持“人民至上、生命至上”，始终不忘初心，把人民群众生命财产安全放在首位；必须坚持统筹发展和安全，始终牢记使命，有效防范重大地震灾害风险，服务保障全面建设社会主义现代化国家；必须坚持“两个坚持、三个转变”，始终坚持不懈走中国特色的防震减灾道路；必须坚持改革开放创新驱动，始终坚定不移加快科技创新，提升地震安全服务保障能力；必须坚持在法治轨道上推进事业发展，始终常抓不懈，提升防震减灾法治化水平；必须坚持全面从严治党，始终以自我革命精神推动地震干部人才队伍专业化规范化建设。

（二）深刻认识防震减灾事业发展面临的机遇和挑战

从发展机遇看，防震减灾事业迎来前所未有的发展契机。一是经济社会高质量发展对防震减灾提出了新需求，二是国家安全体系和能力现代化上升为国家战略对防震减灾事业现代化提出新要求，三是科技创新驱动逐步加快为防震减灾提供新的技术支撑，四是人民群众对地震安全提出新期盼。从面临的风险来看，形势更加严峻，挑战日益增多。一是地震安全形势严峻复杂，二是爬坡过坎处于关键阶段，三是转型升级依然任重道远，四是提质增效面临攻坚克难。我们要科学把握面临的战略机遇和风险挑战，深化对防震减灾事业现代化建设内涵的认识，以扎实行动、顽强毅力大力推进防震减灾事业现代化建设，努力为全面建设社会主义现代化国家提供坚实的地震安全保障。

四、2023 年重点工作任务

（一）加快构建地震灾害风险防治新格局，全面提升全社会防震减灾能力

扎实做好重点地区、重要地区和重要时段地震安全保障服务。落实地震重点监视防御区和年度危险区各项工作要求，不断完善地震安全保障服务工作方案，科学规划地震系统大震应急物资储备，完善调度机制。推动地震灾害风险预评估业务提效升级，指导服务地方政府开展地震灾害风险防范和应急准备。全力做好全国两会、杭州亚运会等重要时段地震安全保障服务。积极推进大中城市和城市群地震灾害风险防范。加强风险信息感知，强化风险区划，推动情景构建，开展风险服务，不断提高重大风险科学精准防控能力。健全完善城市防震减灾领导体制机制，推动京津冀、长三角、粤港澳大湾区、成渝等城市群联防联控工作机制。深入开展城市及其周边地区活断层探查，推进承灾体地震灾害风险隐患调查，加强重大风险源监测预警平台建设，重点对高层建筑、桥梁隧道、水库大坝、地铁和生命线工程等重大风险源开展实时监测。推动风险区划数据库建设和动态更新，开展城市大震巨灾情景构建试点工作。配合城市更新行动，积极推进减隔震技术推广，服务城市建筑和生命线工程抗震加固，提升工程韧性和质量。加大乡镇房屋设施抗震安全服务力度。抓好风险区划与乡村振兴规划对接，落实房屋设施抗震设防要求。认真落实中共中央办公厅、国务院办公厅印发的《乡村建设行动实施方案》，以及住房和城乡建设部等 11 部门印发的《农房质量安全提升工程专项推进方案》，加强乡镇房屋设施抗震设防情况调查，推动房屋、设施等基础数据共享。强化乡镇房屋设施加固工程技术指导，服务乡镇房屋设施加固工程。积极参与地震易发区新农村建设，做好规划选址保障和地震安全评估工作。着力推进国家重大战略基础设施地震安全保障。统筹发展和安全，加强国家重大战略基础设施地震安全保障。加强海洋地震工作。出台中国海洋地震观测规划，推动海洋地震观测站网建设纳入沿海地区地方规划项目。实施海洋地震观测示范站点建设，推进跨部门数据合作共享，融合构建中国海洋地震观测站网。加强海洋地震观测设备研发应用，初步形成海洋地震速报预警信息服务能力。开展海洋地震构造与地球物理场探测，编制中国及邻区海域地震动参数区划。

（二）健全完善基本业务和保障体系，不断提升震情保障服务能力

进一步提升监测预报预警能力。健全完善地震监测站网业务管理制度体系，加强监测设备运转监测、业务系统运行和数据质量评价，做好地震台站（网）改扩建工程立项准备。完善全国震情短临跟踪和会商研判技术方案，不断提高中强地震前兆信息捕捉能力。开展地震短临预报专群结合研究试点总结，形成适应时代特点的工作思路和模式。完成国家地震烈度速报与预警工程建设，健全速报预警业务运行管理制度体系和预警信息发布渠道，做好地震预警服务，提升地震预警精准性、有效性。着力提高探查区划评估能力。统筹推进自然灾害防治两项重点工程建设。落实中国地震构造环境探查规划，全力推进地震构造环境探查。建立信息共享机制，持续推进全国重要承灾体抗震设防属性信息和空间信息的调查，开展省级震灾风险区划试点。加快推进新一代地震动参数区划图编制，开展京津冀地区高精度地震危险性图编制工作，推进地震灾害风险信息管理与服务平台建设。进一步提高地震应急响应保障工作成效。落实防大震救大灾准备措施，完善地震应急响应保障工作机制，优化地震应急响应保障工作流程，完善非常态值班值守和应急备勤预案，及时开展中强地震应急响应保障后评估。积极参加“应急使命·2023”演习。震后及时发布震情速报、应急响应处置、趋势会商和科学考察等工作信息，扎实做好新闻宣传和知识普及，积极回应社会关切，提升抗震救灾全过程业务支撑能力。

（三）实施科技兴局战略，强化现代化建设人才支撑

完善地震科技创新体系。更加聚焦防范化解大震巨灾风险战略需求，强化有组织科研，进一步优化科研机构定位和布局，推进构建地震科技创新体系。加快实施中国地震科学实验场项目，推进地震动力学国家重点实验室重组以及地震科学国际数据中心和地震灾害风险防治新型研发基地建设。深化防震减灾国际合作，强化“一带一路”地震减灾合作，加快构建具有全球竞争力的开放融合、充满活力、富于创造的地震科技创新生态。深入实施国家地震科技创新工程。落实国家基础研究十年规划，围绕国家地震科技发展中长期规划，整合利用各类创新资源和投入，组织开展关键技术问题原创性引领性科技攻关。深度参与“深地”和“深时数字地球”大科学计划，积极推动设立华北强震韧性大科学计划，力争取得一批突破性的创新成果。高质量完成战略研究主体任务，系统谋划新时代新征程防震减灾事业发展。大力加强人才队伍建设。大力实施地震人才工程，优化地震英才国际培养项目和国内交流访学项目，依托国家和部门引才平台，精准引进急需紧缺的领军人才。深入研究和用好中央和地方人才政策，进一步完善人才选拔引进、使用开发、评价考核、分配激励、交流配置机制，规范落实职称评聘工作。落实地震人才工作主体责任，加强人才队伍思想教育，积极推进人才队伍建设国际化进程，不断提高人才队伍建设服务管理水平。

（四）推进防震减灾治理体系建设，进一步深化体制机制改革

健全完善依法发展防震减灾事业制度体系，加快推进制修订《中华人民共和国防震减灾法》和配套法规规章，构建新型防震减灾标准体系。各地加强防震减灾法规规章建设，推动地方制度建设率先取得新突破。规范行政权力运行程序，落实合法性审查机制和专家咨询机制。强化重大工程抗震设防要求监管，依法加强地震监测设施和地震观测环境保护，推动各地将地震行政执法纳入应急管理综合执法，提升执法效能。制定完善全面推进防震减灾事业现代化建设的配套政策。推动完善防震减灾社会治理体系。紧紧抓住责任制这个关键，进一步推动地方各级政府落实防震减灾工作主体责任。各地要推进地方党委政府明确党政领导干部防震减灾职责清单、年度工作清单，落实防震减灾地方行政责任人，强化各级防震减灾领导机构职能职责落实落地。持续完善基层防震减灾管理体制，扎实推动“四个纳入”，加强市县两级防震减灾工作机构、人员队伍和业务体系建设，探索建立新时期群测群防工作模式，打牢防震减灾基层基础。强化地震科普宣传。广泛推动防震减灾科普“六进”，持续推进“地震科普　携手同行”主题活动。推进防震减灾融媒体平台应用和产品创作，打造特色品牌，提升防震减灾科普宣传传播力和影响力。强化公众主动参加应急演练和灾害情景体验的政策措施，共建共享体验馆和公共实训基地，引导公众提升防震减灾综合素养和防震避险应急能力。继续深化体制机制改革。深化中心站改革，完善中心站队伍建设机制、业务培训机制和发展投入机制。深化事业单位改革，逐步完善事业单位管理体制机制，健全收入分配制度。纵深推进科技体制机制改革，形成推进科技创新的强大合力。进一步健全预算管理体系，实施好基本业务预算定额标准，完善经济监督体系。

（五）坚持“政府主导、社会参与”，不断开创“防震减灾＋”服务新局面

健全投入机制，推动建立多元经费投入机制，积极争取各级财政支持，充分发挥财政资金使用效益，鼓励社会资本参与防震减灾公共服务，引导地方政府和相关行业部门利用市场机制获取防震减灾服务。调整优化服务政策。聚焦分行业分领域重大风险，开展地震安全政策梳理分析，研究填补政策空白。研究制定指导意见和政策措施，进一步促进服务发展，提升服务水平。各单位要结合各自实际，探索推动开展对外科技服务，积极推动构建以市场机制为导向的服务新模式。构建服务框架。坚持服务立局，聚焦震灾风险防治体系的不同领域全方位地震安全服务，统筹谋划“防震减灾＋”服务工作思路，制定实施方案、明确重点任务，强化分类试点，抓好典型引领，加快形成防震减灾服务体系。增强服务供给。持续开展公共服务需求调查评估，形成不同行业领域需求清单。加大“防震减灾＋”服务技术创新支持力度，进一步增强服务供给。建成国家防震减灾公共服务平台，规范运行管理、健全运行机制，形成业务化运行能力。强化监测评估。依托国家防震减灾公共服务平台动态监测服务规模、时效和成效，定期通报各单位公共服务情况。建立公共服务评估制度，产出年度评估报告，将评估结果纳入年度综合考评。

五、建设堪当新时代新征程重任的高素质专业化干部队伍

一是加强政治能力建设。旗帜鲜明加强政治建设，坚持不懈强化党的创新理论武装，持续不断增强基层党组织政治功能。二是在实践一线和担当作为中锤炼过硬本领。加强干部教育培训，强化干部实践锻炼，加强和改进调查研究。三是切实担负起全面从严治党政治责任。压实全面从严治党主体责任，深入推进党风廉政建设和反腐败斗争，推进作风建设常态化长效化。四是保持奋发有为的精神状态。始终保持“时时放心不下”的责任感，始终保持盯着问题做工作的决心，始终保持干事创业的良好状态。

（中国地震局办公室）

中国地震局党组书记、局长闵宜仁在《学习时报》头版头条刊发署名文章《以防震减灾现代化服务保障中国式现代化》

（2023 年 8 月 18 日）

在全党深入开展学习贯彻习近平新时代中国特色社会主义思想主题教育，是贯彻落实党的二十大精神的重大举措。党中央对此高度重视，习近平总书记就主题教育发表一系列重要讲话、作出一系列重要指示批示，为开展主题教育提供了科学指引和根本遵循。主题教育开展以来，中国地震局党组牢牢把握“学思想、强党性、重实践、建新功”的总要求，深入学习贯彻习近平新时代中国特色社会主义思想，推动贯彻落实习近平总书记关于防灾减灾救灾重要论述和防震减灾重要指示批示精神走深走实，引领地震系统广大党员干部进一步加深对习近平新时代中国特色社会主义思想的理解把握，将党的创新理论切实转化为推动防震减灾高质量发展的强大力量、实际行动，努力以防震减灾现代化服务保障中国式现代化。

深刻领悟“两个确立”的决定性意义，以坚强党性牢牢把握推进防震减灾现代化正确政治方向

坚强的领导核心和科学的理论指导，是关乎党和国家前途命运、党和人民事业成败的根本性问题。新征程上，全面学习领会习近平新时代中国特色社会主义思想，自觉用习近平新时代中国特色社会主义思想改造主观世界，坚定拥护“两个确立”、坚决做到“两个维护”，我们就有了思想上的“定盘星”、行动上的“指南针”，推进防震减灾现代化就有了应对一切不确定性的最大确定性、最大底气、最大保证。

“两个确立”是总结中国共产党百年奋斗历史经验的必然结果，为推进防震减灾现代化提供坚强保证。实践证明，坚决维护党的核心和党中央权威，不断推进马克思主义中国化时代化，是中国共产党百年征程从胜利走向胜利的根本原因。回顾防震减灾事业发展走过的不平凡道路，中国共产党始终以对人民高度负责的精神，加强对防震减灾工作的组织领导，推动防震减灾能力持续提升。党的十八大以来，我国地震监测预警实现跨越式发展，全社会抵御地震灾害风险能力显著提升，实现了全国基本具备综合抗御 6.0 级左右地震能力的防震减灾奋斗目标，成功应对处置了云南漾濞 6.4 级、青海玛多 7.4 级和四川泸定 6.8 级等重大地震，夺取了抗震救灾的伟大胜利，这些历史性成就的取得最根本在于以习近平同志为核心的党中央坚强领导，在于习近平新时代中国特色社会主义思想科学指引。新征程上，我们必须深刻领悟“两个确立”的决定性意义，坚决维护以习近平同志为核心的党中央权威和集中统一领导，为防震减灾现代化新实践提供坚强政治保证。

“两个确立”是深化马克思主义政党建设规律的必然选择，为推进防震减灾现代化注入不竭动力。党的十八大以来，习近平总书记对防灾减灾救灾发表一系列重要论述、对防震减灾作出一系列重要指示批示，创造性地提出“两个坚持、三个转变”防灾减灾救灾新理念，确立我国“大应急”管理体系，亲自部署实施自然灾害防治“九项重点工程”战略行动，推动防灾减灾救灾理论创新、实践创新和制度创新，实现了对防灾减灾救灾规律认识的新跃升，为防震减灾现代化实践提供了思想密码和理论宝库。新征程上，我们必须坚持把习近平新时代中国特色社会主义思想作为地震系统自发凝结、自觉坚守、始终拥护的高度共识和共同意志，为锚定防震减灾现代化奋斗目标一以贯之、接力推进注入最大动力。

“两个确立”是以中国式现代化全面推进中华民族伟大复兴的必然遵循，为推进防震减灾现代化指引正确方向。当前，实现中华民族伟大复兴进入关键时期，我国发展站在新的历史起点上，目标越是远大，风险挑战越是严峻，使命任务越是艰巨。党的二十大报告专章部署“推进国家安全体系和能力现代化，坚决维护国家安全和社会稳定”，强调“把维护国家安全贯穿党和国家工作各方面全过程，确保国家安全和社会稳定”。防范化解重大地震灾害风险、服务保障现代化强国建设，是地震部门肩负的光荣使命。新征程上，我们必须坚决扛起防范化解重大地震灾害风险的政治责任和社会责任，在复杂条件下把握历史规律、掌握历史主动，确保防震减灾现代化建设走得通、行得稳，确保推进防震减灾现代化建设始终沿着正确方向前进。

自觉做习近平新时代中国特色社会主义思想的忠实践行者，以高质量发展探索防震减灾现代化的实践路径

习近平新时代中国特色社会主义思想是中国共产党必须长期坚持的指导思想，我们自觉践行，从中找方向、找方法、找思路、找遵循，贯穿和运用到想问题、办事情全过程，锚定高质量发展首要任务，聚焦地震灾害风险防治更高标准、防震减灾基本业务和保障服务更高水平、地震科技创新和人才更高“智”量、防震减灾社会治理更高效能、防震减灾开放服务更高格局、党建和全面从严治党引领保障更高要求的高质量发展目标，完善构建涵盖“四大体系、六大能力、三大建设”的防震减灾事业布局，积极探索防震减灾现代化的实践路径。

以健全防震减灾四大体系为关键。健全现代化的地震灾害风险防治体系，围绕风险信息感知、情景构建、风险服务等关键环节，推动地震重点危险区、大中城市和城市群、乡镇房屋设施、国家重大战略基础设施、能源开发以及海洋等地震灾害风险防控。健全现代化的地震基本业务和保障服务体系，把握住防震减灾工作的“基本盘”，进一步提升监测预报预警能力和探查区划评估能力，提高地震应急响应保障工作成效，在立足基本保障的基础上不断提升服务防震减灾救灾和经济社会发展的能力。健全现代化的地震科技创新和人才体系，坚持科技兴局、人才强局，扎实推进地震科技创新，加强教育、科技、人才各项工作深度融合，建设开放权威的科技创新平台，构建开放融合、支撑引领和充满活力的地震科技创新和人才体系。健全现代化的防震减灾社会治理体系，坚持依法治局，进一步深化体制机制改革，健全完善依法发展防震减灾事业制度体系，推进依法行政，筑牢防震减灾基层基础，构建法制完备、多元共治、善治高效的防震减灾社会治理体系。

以提升防震减灾六大能力为基础。夯实监测预警能力，大力推动地震监测站网转型升级，提升震情监测预警能力，实现监测智能化和服务网络化，逐步形成综合风险监测预警体系。加强趋势研判能力，坚持统筹地震长中短临一体化，落实“块、带、源、场、兆、触、震”的预测思路，健全完善长中短临预报业务体系。提高“两源”探查能力，持续推进地震构造环境探查和承灾体风险调查，推动城市震灾风险情景构建平台建设。推动重点危险区预评估、重大工程地震安全性评价等风险评估业务常态化制度化。强化风险管控能力，加强地震动参数区划，进一步提高抗震设防标准，推进地震易发区房屋设施加固工程，持续提高房屋设施抗震设防能力，推动地震科普社会化、数字化、趣味化。提升服务保障能力，强化全国地震重点危险区大震应急准备技术支撑，开创“防震减灾＋”服务新格局，切实提高服务保障工作的针对性、规范性和科学性。增强科技创新能力，以中国地震科学实验场建设为龙头，完善“一场一室一中心一基地”地震科技创新平台顶层设计，深化开放合作，建强人才队伍，立足使命导向，强化有组织科研。

以加强防震减灾三大建设为保障。加强党的建设，一刻不停推进全面从严治党。深刻领会习近平总书记关于党的建设的重要思想，落实新时代党的建设总要求，始终坚持问题导向，保持政治定力，发扬彻底的自我革命精神，压实全面从严治党主体责任，把严的基调、严的措施、严的氛围长期坚持下去，深入推进地震系统党风廉政建设和反腐败斗争。加强制度建设，坚定不移深化体制机制改革。努力实现制度在更高层面的系统整合，着力推动将防震减灾核心业务纳入国民经济和社会发展计划，健全完善防震减灾双重计划财务体制，进一步健全完善防震减灾现代化评估指标体系，全面深化事业单位改革、地震监测中心站和科研单位改革。加强队伍建设，激发干部人才干事创业活力。完善领导班子高质量建设工作思路，加强干部教育培训，落实全国应急管理干部实战大练兵方案，加大优秀年轻干部发现培养选拔力度。实施人才规划，加强高端人才递进式培养，构建引领型、体系化、贯通式人才发展新格局。

在忠诚履行党和人民赋予的使命任务中建新功，以防震减灾现代化服务保障中国式现代化

新时代新征程，党和人民赋予防震减灾维护国家安全、保护人民生命财产安全、保障经济社会高质量发展、推动构建人类命运共同体的重大战略使命。我们要从习近平新时代中国特色社会主义思想中汲取奋发进取的智慧和力量，坚持底线思维、极限思维，保持高度警醒，以“时时放心不下”的责任感，强化地震灾害风险防范和应对准备，奋力推进防震减灾现代化建设，切实担负起服务保障中国式现代化的重大政治责任。

坚决扛起防范化解大震巨灾风险的政治责任，全力以赴维护国家安全大局。地震安全是国家安全的重要组成部分，必须切实提高防大灾、救大险能力。强化大震巨灾风险防范。加强地震趋势研究，强化预报预警服务，不断提高中强地震前兆信息捕捉能力，组织调查大震危险源和承灾体风险源，扎实做好重点地区、重要地区和重要时段地震安保服务。提升大震巨灾应对处置能力。着眼极端情况落实防大震救大灾准备措施，统筹做好大震巨灾应急预案、应急演练和应急备勤，指导服务地方政府开展地震灾害风险防治和应急准备，努力减轻重大地震灾害损失。服务保障国家重大战略。加强国家重大基础设施地震安全保障，强化国家区域重大战略震灾风险防范，推动京津冀、粤港澳大湾区、长三角、雄安新区、成渝等重点城市群地震灾害联防联控机制建设。

着力夯实全社会防震减灾基础，切实守护人民群众生命财产安全。实现人民对美好生活的向往，是地震部门矢志不渝的奋斗目标。提升抗震设防能力水平。推动建立与经济社会发展水平相适应、相匹配的抗震设防标准，着力提升城市“高地大”建筑、乡村房屋、生命线工程、重要基础设施地震安全韧性。完善防震减灾法规和标准体系。加快推动修订防震减灾法，修订地震烈度区划，健全地震监测预报预警、防震减灾公共服务等领域标准体系，凝聚起全社会共同推进防震减灾现代化的强大合力。提高全民防震减灾科学素养。以加强防震减灾科普能力建设为重点，推进精品化生产、智慧化传播、社会化协作、国际化发展、法治化保障，不断增强社会公众防震减灾意识和能力。

加快构建“防震减灾＋”新格局，服务保障经济社会高质量发展。高质量发展是全面建设社会主义现代化国家的首要任务，必须优化经济社会高质量发展防震减灾服务供给。主动融入经济社会发展大局。探索实施“防震减灾＋重大基础设施、国家重大战略、新型城镇化”等服务新模式。推动省级地震部门深化改革赋能增效促发展，找准主攻方向，提升服务保障经济社会发展能力水平。深度融入“全灾种、大应急”体制。健全全国地震重点危险区抗震救灾保障服务机制，完善上下联动的地震应急服务响应机制，推动完善地方防震减灾体制机制。加快构建多方参与的防震减灾工作新格局。深化与地方政府、行业部门和高校院所合作，推动地方政府责任落实，强化跨行业跨部门科技创新和信息共享，支持引导社会力量有序参与防震减灾公共服务。

扎实推进防震减灾国际合作，为国际地震灾害风险防范应对贡献中国智慧、中国方案、中国力量。推动构建人类命运共同体是中国式现代化的本质要求之一，防震减灾在构建人类命运共同体中发挥着重要作用。主动服务国家总体外交。进一步深化“一带一路”地震减灾交流合作，完善交流合作机制，实施风险识别、创新探索、信息联通、人文交流四大行动。打造世界地震科技创新高地。依托中国地震科学实验场等重点项目，打造我国主导的开放创新平台，汇集国际智力，逐步形成世界地震科技创新高地，拓展技术交流、合作和服务，带动中国标准和规则的国际联通。积极参与国际防震减灾事务。全面参与全球创新网络，提出中国建议和中国方案，增强中国在世界防震减灾领域的话语权和引导力，为构建人类命运共同体贡献智慧力量。

（中国地震局办公室）

中国地震局党组成员、副局长阴朝民在全国地震监测预报工作会议上的讲话（摘要）

（2023年9月21日）

一、充分肯定近年来地震监测预报工作取得的显著成效

一是大力建设中国地震预警网。实施国家地震烈度速报与预警工程，36个建设单位数千名干部职工，攻克多网融合、海量实时数据秒级处理、多算法多中心综合决策、海量用户亚秒级信息发布等技术难关，建成中国地震预警网，全球规模最大，在川滇闽、京津冀等重点地区已经实现秒级预警，全国实现分钟级烈度速报，有力推动了地震监测向地震灾害风险监测和防控拓展，地震监测体系实现跨越式发展。

二是改革优化地震台站体系。科学谋划出台《关于推进地震台站改革的指导意见》和《关于进一步加强地震监测中心站改革若干问题的意见》，构建改革体系和政策框架。大力推进“中心站建强、基本站建密、一般站建广”，调整设置31个省级地震台，监测、预报业务结合更加紧密，核心职责履行更加有力。整合设立140个中心站，完成全员岗位聘任。通过实施地震台站体系化调整，“桥头堡”作用逐步发挥，地震台站体系实现系统性、整体性重塑。

三是完善发展地震预报长中短临一体化。坚持落实“块、带、源、场、兆、触、震”的地震预测预报科学思路，更好地把握地震活动总体趋势，地震长期预报更加科学，中期预报规范有效，短临预报成效彰显。完成2021—2030年重防区确定工作，建立重防区工作措施清单、实施跟踪和定期报告机制，加强督促检查，确保任务部署落地落实。

四是构建新型地震监测预报业务体系。编制印发《地震监测预报业务体制改革顶层设计方案》，提出新型业务体系建设目标，促进业务体制改革走深走实。调整国家级业务中心职能职责，形成“一体两翼”格局。强化省局的监测、预报、预警职能职责，属地责任进一步夯实。基本建成三级管理架构和四级业务架构，业务布局更加优化。融合构建速报预警体系，创新构建装备管理体系，完善构建立体观测体系、运维保障体系、数据共享体系、风险预报体系、人才队伍体系，初步建立业务评估体系，业务体系更加健全有序，业务机制更加顺畅高效，更加适应现代化发展要求。

二、深刻认识当前面临的形势与挑战，切实增强推进地震监测预报工作高质量发展的使命感责任感

一是有效应对严峻复杂的震情形势面临新的挑战；二是提升地震监测预报管理水平面临新的挑战；三是拓展地震预警信息服务效能面临新的挑战；四是加强地震监测预报技术

创新面临新的挑战；五是建设地震监测预报高素质人才队伍面临新的挑战。

三、全力推动地震监测预报工作高质量发展

（一）进一步构建科学合理的工作布局

一是强化国家级业务中心的重要作用。中国地震台网中心、中国地震局第一监测中心、中国地震局第二监测中心要发挥地震监测预报工作核心业务牵头作用，提高技术引领能力和行业统筹能力，提升新技术研发和丰富产品产出的能力，建立技术管理和业务评估体系，履行好地震监测预报领域业务体系统筹协调管理职责。二是强化省局的主体作用。拓展地震台改革成效，推动监测、预报融合向更高水平、更深层次发展，扎实做好站网运行、会商研判、业务产出、应急响应等基础性工作。同时，以服务国家和地方重大战略需求为导向，发挥行业和专业优势，积极拓展地震监测预报预警业务应用服务，释放省局服务潜能。三是强化中心站的基础作用。坚持中心站改革要求，持续巩固中心站改革成果，进一步强化中心站的地震基本业务能力，提升服务保障水平，健全与市县地震部门协同工作机制，深化互动融合，发挥辐射作用，主动服务地方经济社会发展。四是发挥市县地震部门的基层作用。加强对市县地震监测资源的统筹应用，尽快实现重点地区“一县一台”全覆盖。强化新时代群测群防，充分发挥基层网格化优势。推动将地震预警纳入地方项目、财政预算和目标责任考核，共同解决预警信息服务“最后一公里”问题。

（二）进一步建设智能集约的业务体系

一是完善“陆海空井”立体观测体系。落实各级站网规划，推动实施国家地震监测台（站）网智能化提升工程，持续优化站网布局，提升观测智能化水平。实现北斗技术全面应用，着力提高电磁、遥感等卫星观测综合应用能力。总结井下观测经验，在华北等地区开展深井观测。建设海域地震观测平台，增强海洋地震观测能力。二是提升地震预测预报业务能力。健全地震预报长中短临一体化工作机制。加强预报基础性研究工作，发展物理数值预测技术，完善地震综合概率预测技术，强化震情短临跟踪研判，推进预报业务信息化建设，稳步提高地震预测预报的科学性规范性。三是提高速报预警业务自动化智能化水平。大力推进基于手机大数据的新一代地震预警网探索，持续优化速报预警业务系统，拓展人工智能业务化应用，运用大数据平台支撑速报预警业务应用和服务能力提升。四是提升全业务全流程运维质控能力。健全地震监测预报业务质量管理体系，升级完善地震监测运维保障与数据质控系统，强化观测仪器的升级迭代与实时监控，提升地震计量和信息评测能力，实现运行维护智能化、设备管理信息化、数据质控全量化。五是加强业务信息化支撑能力。建强地震监测预报大数据云平台，大力推进应用系统和“数算一体化”建设。提升应急灾备和数据灾备能力，实现全量数据备份。加强监测预报信息网络和安全体系建设，确保业务安全可靠运行。

（三）进一步建强专业高效的服务体系

一是强化地震预警信息服务体系。完善地震预警信息发布机制，强化自身能力建设。统筹协同行业主管部门和龙头企业，引导和规范社会资源有序提供地震预警信息增值服务。建立权责明确的管理机制，持续提升地震预警信息服务的安全性、可靠性、规范性。二是

强化重大活动安保服务体系。科学建立常态和非常态地震安全保障服务机制和流程，因地制宜完善“一事一策”，细化服务内容，丰富服务产品，提升服务实效，切实发挥地震部门专业支撑作用。三是强化地震应急响应服务体系。统筹做好应急预案、应急演练和应急备勤。完善重点地区重大震情评估通报机制，将震情趋势研判意见转化为实际减灾行动。丰富应急产品产出，不断提高权威性、科学性、时效性。完善大震应急响应服务后评估机制，及时优化应急预案和行动清单。

（四）进一步完善开放协同的创新体系

一是找准创新工作突破口，加大创新力度。加强地震监测预报预警领域科技创新的主体、载体、机制和环境建设，统筹项目、平台、资金、政策等创新要素，推进科技创新与监测预报预警业务深度融合，推动与研究机构、高等院校和创新型企业形成相互促进、相得益彰的创新局面，实现地震监测更加精确、地震预报更加精细、地震预警更加精准。二是加快高精尖观测技术装备研发攻关。按照“列装一代、研发一代、探索一代”的思路，科学规划观测技术装备发展战略，做好技术探索储备。加快研发智能化、高精度和高稳定性的关键技术与成套装备，重点在国产高精度重力仪替代、大型无人机载观测、井下多参量综合观测、低成本抗干扰技术等方面取得新的突破。三是强化地震监测预报预警创新成果转化应用。以提升地震监测预报预警能力为导向，凝练科学问题，推进课题项目实施。拓宽开放合作渠道，打造研、学、用融通发展的机制，加速推进地震监测预报预警领域重大科技成果的业务化、产品化。

（五）进一步健全规范有序的管理体系

一是健全业务管理制度体系。面向“全过程”“精细化”管理的目标，推动建立与高质量发展要求相适应的地震监测预报工作管理制度体系，逐步实现“一类业务一套管理制度”。狠抓制度执行，强化检查督导，不断提升管理的规范化水平。二是加强技术标准规范建设。管行业管社会，标准是关键。要健全业务技术规范和标准体系，尽快涵盖业务各流程、各环节。增强标准意识，强化标准执行的权威性和约束力，严格仪器软件入网管理，不符合标准的仪器不能入网、站点不能进入业务运行、软件不得推广使用，真正使标准成为履行行业管理职责、推动高质量发展的基础保障。三是更好发挥考核评价的“指挥棒”作用。健全地震监测预报预警业务考核和动态调整机制，逐步实现对所有业务和工作流程的全覆盖。突出核心业务考核导向，根据“国、省、中心站”业务布局和职责分工，科学设定考核事项和指标，有效衔接防震减灾事业现代化评估指标体系。

（六）进一步打造充满活力的人才体系

一是在健全监测预报人才队伍结构上下功夫。统筹考虑年龄结构、专业结构，强化人才队伍梯次建设，重视科技创新团队组建，加快培养造就一批具有较高专业技术水平、勇于创新发展的战略型科技人才、复合型业务人才、开拓型管理人才。二是在完善人才培养机制上下功夫。坚持优秀人才源头培养、跟踪培养、全程培养，把有潜力的骨干人才放在多个岗位上进行历练。在重大业务工程建设、重大科研项目攻关、重大活动服务保障中集聚、发掘、培养和锻炼人才。聚焦现代化建设需要，持续开展地震监测预报预警业务知识培训和基本技能练兵，通过专业化技能比武、实战式业务演练等方式，促进专业知识学习和业务技能提升的双向融合，提高地震监测预报领域全员业务素质和实战能力。三是在优化人才队伍发展环境上下功夫。持续强化党的创新理论武装，持续强化重要训词精神教育，大力选树宣传先进典型，不断增强做好地震监测预报工作的荣誉感。加强对地震监测预报领域干部的“选育管用”，积极主动创造条件，更加关心支持地震监测预报人员，使地震监测预报岗位更有吸引力、更有成就感。

（中国地震局监测预报司）

中国地震局党组成员、副局长王昆在《中华人民共和国防震减灾法》修改专家座谈会上的讲话（摘要）

（2023 年 11 月 29 日）

一、《中华人民共和国防震减灾法》贯彻实施取得明显成效

我国是世界上地震活动强烈和地震灾害最严重的国家之一，地震多、强度大、分布广、灾害重，地震灾害居“群灾之首”。党的十八大以来，习近平总书记就防灾减灾救灾发表一系列重要论述，对防震减灾作出一系列重要指示批示，创造性地提出“两个坚持、三个转变”防灾减灾救灾新理念，确立“大应急”管理体系。地震部门坚决贯彻落实习近平总书记重要指示批示精神，贯彻落实习近平法治思想，全面推进防震减灾法治建设，将法律实施贯穿于防震减灾整体工作之中，取得了明显成效。

（一）在地震灾害处置方面

近 10 年，中国大陆共发生 6.0 级以上地震 30 次。在党中央、国务院的坚强领导下，各部门和地方各级党委政府高效开展抗震救灾，成功应对处置了四川芦山 7.0 级、四川九寨沟 7.0 级、青海玛多 7.4 级等重大地震。特别是 2021 年 5 月 21 日晚、5 月 22 日凌晨，发生云南漾濞 6.4 级、青海玛多 7.4 级“一夜双震”，习近平总书记作出重要指示，国务院抗震救灾指挥部统筹调度，支持指导云南、青海两地同步开展震情趋势研判、人员搜救、群众安置等工作，取得了两场抗震救灾的重大胜利。

（二）在提高地震监测预报预警能力方面

全国大部分地区地震监测能力达到 2.5 级，东部地区达到 2.0 级，其中首都圈、长三角等人口稠密地区达到 1.0 级。国内地震实现 2 分钟自动速报，信息服务覆盖人口由百万量级提升至亿量级。建成中国地震预警网，对云南漾濞 6.4 级、四川芦山 6.1 级等多次地震成功预警。建成由 5000 多个地震监测站点组成的数字化、网络化地震监测台网，逐步打造“空天地海”一体化的智能监测业务体系，地震监测仪器核心技术实现了自主创新可控，专业设备标准化规范化水平不断提高。地震预报研究开启数值物理预报探索，加强新时代群测群防体系建设，着力推进中国特色的长中短临一体化地震预报探索实践。

（三）在提升全社会抵御地震灾害风险能力方面

地震灾害风险调查和重点隐患排查工程基本完成全国调查任务，地震易发区房屋设施加固工程持续实施，44 个试点区县完成风险评估与区划，229 个重点区县扎实推进房屋设施加固任务。发布实施第五代地震动参数区划图，在全国范围消除不设防区域。推进实施农村民居地震安全工程，建成地震安全农居 2400 余万户，惠及人口 6800 多万。开展全国

中小学校舍安全工程，加固中小学校舍近3.5亿平方米，建筑抗震能力不断提高。先后对中国主要地震活动断层和100多座大中城市开展探测，地震灾害风险底数更加清晰。确定全国地震重点监视防御区、年度全国地震重点危险区，更加突出有重点的全面防御。防震减灾科普“六进”活动深入推进，全社会减灾意识和综合素质明显增强。

（四）在增强地震灾害综合应急救援能力方面

在应急管理部党委直接领导下，全国共制定各级各类地震应急预案超过35万件，形成纵向到底、横向到边、上下衔接的地震应急预案体系。组建100余支重型地震专业救援队和240余支轻型地震专业救援队，地震志愿者队伍迅速壮大。建立四级应急救灾物资储备网络，物资储备模式日趋完备，物资调运能力逐步提升。构建覆盖全国的应急指挥系统，基本形成“天空地”一体的地震应急通信保障系统。建设国家、省级、市级、县级四级联动的地震灾情速报平台，实现震后0.5小时完成震灾快速评估，提供人员伤亡、房屋破坏初步信息，2小时形成辅助决策建议，平均4天完成灾区地震烈度评定。全国建成各类应急避难场所7.2万余座，总面积约40亿平方米，可容纳约7.9亿人。

（五）在加强事业发展保障条件方面

各地依法将防震减灾纳入国民经济和社会发展规划，将防震减灾工作经费纳入本级财政预算。中央和地方对防震减灾的投入稳步增加。实施国家防震减灾规划和各专项规划，推动防震减灾各方面工作取得长足进步。依法落实属地管理责任，协调推动市县党委政府明确工作责任部门，做到上下职责打得通、衔接得上。

二、面对新形势新要求，深入贯彻《中华人民共和国防震减灾法》

习近平总书记高度重视防震减灾工作，对防震减灾工作作出系列重要指示批示，为我国防震减灾事业发展指明了方向、提供了根本遵循。各地党委政府高度重视防震减灾工作，进一步夯实了防震减灾的基层基础。政府、社会、公众对地震安全更加期盼，对防震减灾更为关注，对防震减灾工作提出了更高要求，需要我们大力提升地震灾害风险防治能力，更好服务保障人民群众生命安全、生活幸福。

在修法过程中，要注重把握立足现实与改革创新的关系，紧跟时代步伐、贴近人民需求，在探索中实践，在实践中探索；要坚持目标导向和问题导向相统一，既考虑适度超前，又兼顾现实需求，既加强约束力、强制力，又预留弹性空间；要注重把握依法履职与部门协作的关系，积极协调，主动服务，配合相关部门履行法定职能，形成高效协同、优势互补的工作机制；要高度重视调查研究，了解社情民意，听取中央和国务院有关部门的意见，听取地方特别是基层行政机关的意见；要注重把握政府主导与社会参与的关系，通过提高全社会的依法减灾意识和科学素质，把公众的关注引导到有效参与防震减灾活动、共同抵御地震灾害上来，支持鼓励社会力量有序参与防震减灾工作。

三、加强贯彻执行，推动防震减灾法治建设迈上新台阶

一要坚决贯彻落实习近平法治思想。习近平法治思想实现了马克思主义法治理论的新

发展新飞跃，深化了党对执政规律、社会主义建设规律的认识，拓展了中国特色社会主义法治道路，是新时代全面依法治国的根本遵循和行动指南。新时代推进防震减灾事业依法发展，要以习近平法治思想为根本遵循，充分认识、深刻把握其重大意义、核心要义和实践要求，切实把学习成效转化为推进防震减灾事业高质量发展的生动实践，在法治轨道上推进防震减灾社会治理能力现代化。要坚持和加强党的领导，从满足人民群众对地震安全需要的现实需求，服务经济社会高质量发展的高度，确立那些党中央高度关注、改革发展急需、人民群众期盼的重要制度。

二要扎实推进防震减灾法律法规标准体系建设。立法是一项科学性很强的工作，要在总结经验的基础上，把握事物本质、把握发展规律、把握工作关键、把握政策尺度，才能确保法律规范的质量。要坚持开门立法、科学立法、依法立法，提升系统性、前瞻性，建立有效的工作推进机制，以深入的学理化、体系化研究为基础，广泛征求、吸纳意见，反复研究论证，提高立法质量。要坚持围绕中心、服务大局，聚焦防震减灾主责主业，加强地震监测预报预警、地震灾害风险防治等配套法规规章、技术标准建设，推动构建合理适度、有效管用、衔接紧密的防震减灾制度规范体系。

三要切实抓好地方防震减灾法规规章的贯彻执行。地方立法具有实施性、补充性、探索性，各省级地震局紧密结合当地实际和震情形势，在地震预警、活动断层探测与避让方面做了非常多的制度创新和尝试。要继续坚持不抵触、有特色、可操作的原则，突出地方特色和可操作性，有所创新，避免从形式到内容“千人一面”的情况，要区分轻重缓急，坚持急用先行，有计划有步骤推动立法工作，保证制定修改的法规立得住、行得通、真管用。

四要整体推进防震减灾法治建设。要以坚持依法行政为核心完善防震减灾法治实施体系，建立并完善依法决策机制，加强行政规范性文件审核及全流程管理，紧抓“关键少数”推动防震减灾改革发展，坚持严格规范文明公正执法。要以促进权力规范运行为重点完善法治监督和保障体系，与人大、司法、应急等相关部门密切协作，形成合力，督促检查防震减灾法定职责履行。要强化防震减灾法治文化宣传教育，抓好领导干部和青少年群体，坚持把全民普法和守法作为地震部门推进全面依法治国的基础性工作。

五要抓住修法的宝贵机遇，强化法规干部队伍建设。立法是一项实践性、技术性很强的工作，起草、研究法律文件，要坚持立法工作者、实际工作者和专家学者相结合的工作机制，深入基层、深入群众、深入实践，掌握第一手资料，使立法具有针对性和可操作性。要在《中华人民共和国防震减灾法》修改的过程中，在宣贯实施的过程中，发现、培养、锻炼一批政治过硬、专业素质高，既熟悉防震减灾业务工作，又熟练掌握立法工作要求的法治人才。

（中国地震局公共服务司（法规司））

中国地震局党组成员、副局长倪岳伟在全国地震灾害风险防治工作推进会上的讲话（摘要）

（2023 年 11 月 23 日）

一、震害防御业务转型发展成效明显

一是地震灾害防御基础业务改革发展框架基本形成。中国地震局党组制定实施震防基础业务建设实施意见，组织编制探查区划评估等基础业务的系列配套文件，并召开全系统推进会进一步统一思想、凝聚共识。实施意见深入贯彻落实习近平总书记关于防震减灾重要指示批示精神，准确把握“两个坚持、三个转变”新理念中蕴含的改革要求，全面响应政府、行业、社会的地震灾害风险防治需求，系统明确新时代震防基础业务体系建设的目标任务。

二是探查区划评估基础业务稳步推进。探查规划体系基本建立，印发实施《中国地震构造环境探查规划》，明确构造探查分级分类分工原则。各省级地震局编制省级探查规划，形成了系统推进、职责清晰的规划体系。承灾体调查工作稳步推进，各省级地震局不断加强跨部门数据共享机制建设。印发《全国地震动参数区划图编制工作方案》，全面开展新一代区划图编制工作，在京津冀地区开展试编。评估业务体系基本形成，风险评估业务化水平和服务效能全面提升，开展全国地震灾害风险评估，确定风险隐患分布。

三是自然灾害防治“两项工程”成效明显。圆满完成全国地震灾害风险普查工作，形成包括地震危险图编制、重点隐患评估、风险评估区划、房屋抗震加固分级等要素的风险普查业务体系，在数据图件、平台软件等方面获得一批实效显著的成果，形成系统化、多尺度的地震灾害风险信息产品。地震易发区房屋设施加固工作机制更加稳固，建立加固工程清单动态更新和报送机制，基本实现全国加固工程年度任务的清单式管理。

四是大城市防震减灾工作思路逐步清晰。中国地震局党组高度重视大城市防震减灾工作，召开城市防震减灾工作座谈会，部署研究大城市防震减灾工作思路。各省级地震局认真落实中国地震局党组部署要求，全力推进城市防震减灾工作。在开展城市活断层探测、区域性地震安全性评价等传统业务的同时，拓展城市地震灾害风险感知、精细化评估等新业务新服务。北京、天津、上海、重庆 4 个直辖市地震局凝练大城市防震减灾工作思路、具体任务和项目建议。城市地震灾害风险精细化评估、京津冀地区大震巨灾情景构建、城市地震灾害风险监测等试点建设工作全面开展，积极探索服务城市防震减灾的新手段新模式。

五是重大基础设施地震灾害风险评估初见成效。相关局属单位开展资料收集、情景构建，编制了青藏高原东北缘地震灾害风险评估报告，得到了相关行业部门和地方政府的高度认可。各省级地震局在全国地震高烈度区完成核设施、水利水电、能源基地等 8 个领域 20 个种类，共计 16000 余项重大基础设施的信息收集工作。中国地震灾害防御中心、中国地震局工程力学研究所编制了重大基础设施地震灾害风险评估工作指南，各省级地震局积极对接相关行业企业，推进评估工作落实落地。

六是地震安全性评价改革基本完成。中国地震局认真落实国务院关于行政许可的有关要求，印发《关于进一步加强和规范重大工程抗震设防要求审定工作的通知》，编制相关实施细则，明确地震安全性评价改革基本要求。31 个省（自治区、直辖市）将“重大工程抗震设防要求审定”许可事项纳入省级许可清单管理。中国地震局组织开展安全性评价报告技术审查 129 个，各省级地震局组织开展安全性评价报告技术审查 1727 个。加强安全性评价报告质量监管，开展地震安全性评价报告抽查检查，公开报告随机抽选过程，实现重点项目、安全性评价单位和省级地震局 3 个“全覆盖”。

七是地震应急准备和现场工作效能有力提升。印发《关于强化地震应急区域协作与联动支援工作的通知》，组织各省（自治区、直辖市）制定联动支援预置力量方案，立足实战开展协作片区演练，推进京津冀、长三角、珠三角、成渝地区地震灾害风险防范联防联控机制建设。圆满完成青海门源、四川泸定等破坏性地震现场应急处置，为政府有力有序开展抗震救灾和恢复重建提供了重要的科学依据。两批次实施大震物资储备项目，购配置 5 大类 57 种 12242 件套现场应急装备，建设应急物资管理平台，完善应急物资管理机制，地震现场保障能力和信息化管理水平进一步提升。

八是地震灾害防御工作基础更加扎实。印发实施关于加强基础数据管理的工作制度，建立局属各单位切实加强基础数据业务化的全过程管理机制。制定新的震防业务人员培训计划和技能竞赛计划，全面提升培训的针对性和实用性，强化关键业务能力。加快建设震防业务信息化平台，为各级各类震防业务工作提供技术支撑。修订城市活动断层精细探查、地震安全性评价等标准规范，提升震防业务的科学性和服务效能。

二、准确把握新形势新要求，不断增强做好新时代地震灾害风险防治工作的责任感使命感紧迫感

一是深入学习贯彻习近平总书记关于新时代新征程防震减灾目标任务的新部署新要求。树牢宗旨意识，切实担起地震灾害风险防治工作责任；强化底线思维，清醒认识我国严峻复杂的地震灾害风险形势；弘扬实干作风，将地震灾害风险防治工作落到实处。二是科学认识做好地震灾害风险防治的基本原则。积极消除地震灾害存量风险，严格遏制地震灾害增量风险，有效管控地震灾害变量风险。三是清醒认识当前工作中的问题短板。

三、狠抓落地落实，全面推进震防基础业务转型升级

一是进一步统一思想认识。要加强对《关于进一步加强新时代地震灾害防御基础业务建设的实施意见》的学习领会，把思想和行动统一到中国地震局党组的部署要求上来。要按照中国地震局党组关于推动省级地震局赋能增效促发展的部署要求，立足地方地震灾害

风险防治需求，探索形成符合地方实际需求的特色业务，逐步形成“自我造血、自我供血”良性循环。

二是进一步提升基础能力。要依托2024年实施的巨灾防范工程扩充基础数据资源，细化单位内部数据管理流程，严格数据形成、汇集、管理、使用等各个环节的工作要求。要打破内部数据壁垒，建设危险源风险源“两源信息”为基础的全要素数据库，要在地方层面持续加强基础数据共享机制建设。中国地震灾害防御中心要加快业务平台建设以及在省级地震局的测试应用，指导省级地震局做好巨灾防范工程的信息系统建设，确保与业务平台的互联互通；要组织健全完善探查区划评估业务的各类标准规范，以及基础数据标准体系，推动全系统地震灾害防御业务和地震灾害防御数据的标准化建设。

三是进一步抓好基础业务体系建设。要通过实施巨灾防范工程，进一步加强活动断层探查的总体规划和质量管理，积极推进活动断层探测项目立项实施，严格项目实施的过程管理。相关局属单位要加快工作进度，按期完成新一代地震动参数区划图编制发布工作。要按要求动态修订地震危险性区划，建立常态化的地震危险性区划编制工作机制。要继续抓好预评估业务化改革工作，拓展评估范围，提升服务效能，并形成震前风险评估、震时快速评估、震后灾害评定的业务化工作体系。相关局属单位要继续完善评估技术，丰富模型算法，优化业务流程，加快构建符合各地实际需求的综合型地震灾害评估业务和产品体系。

四是进一步强化地震灾害风险防治服务效能。要提升传统震防业务产品的服务效能，打造专业权威、实用有效的地震灾害风险防治服务品牌。要着力提升城市防震减灾技术服务能力，通过开展高精度地震活动断层探查、利用新型结构台阵开展城市地震灾害风险监测、开展城市地震灾害风险精细化评估和情景构建等服务，为城市地震灾害风险防治提供技术支撑。4个直辖市地震局要认真落实城市防震减灾工作专题会部署要求，持续完善大城市防震减灾工作思路。各单位要继续做好重大工程地震灾害风险防治服务，要切实加强地震安全性评价质量管理，做好地震安全性评价技术标准修订工作，继续做好重大工程地震灾害风险一般性评估试点工作。

五是进一步提高科技和人才保障水平。各研究所和中国地震灾害防御中心、中国地震局地球物理勘探中心要不断加强震防领域的基础研究和应用研究，不断提升探查、区划、评估各项业务的科学水平和服务效能。各单位要积极吸引高校、科研院所、企业等社会力量参与震防基础业务的理论创新、技术研发、项目实施、成果转化和技术服务。要从业务化转型升级的要求出发，通过培养、引进等多种方式，完善震防队伍的人员结构，加强省级地震局与研究所、业务中心的学习交流，提升业务能力。

（中国地震局震害防御司）

中国地震局党组成员、副局长陈小军在地震系统宣传科普工作会议上的讲话（摘要）

（2023 年 2 月 17 日）

一、凝心聚力，深入学习领会党的二十大精神和党中央关于宣传思想工作的部署要求

地震系统各级党组织要深刻认识做好意识形态和宣传思想工作的重大意义，全面贯彻落实习近平总书记关于宣传思想工作的重要思想，坚决落实党管宣传、党管意识形态、党管媒体原则，深刻把握党的二十大对新时代新征程宣传思想工作提出的任务要求，不断把学习宣传贯彻党的二十大精神引向深入，更好满足人民群众多样化、高品质的防震减灾宣传科普需求，努力展现防震减灾工作新气象新作为，为推进防震减灾高质量发展、实现防震减灾事业现代化营造良好舆论环境和社会环境。

二、守正创新，2022 年宣传科普工作取得新成效

一是始终坚持正确政治方向开展新闻宣传。始终把学习宣传贯彻习近平新时代中国特色社会主义思想作为首要政治任务，围绕迎接学习宣传贯彻党的二十大主线，举办“奋进新时代”主题展览，开设“学习贯彻党的二十大精神”等重要网站专题，开展地震系统学习贯彻党的二十大精神的宣传报道，大力营造学习宣传贯彻党的二十大精神的浓厚氛围。加强对各单位意识形态工作的督促指导，建立局属单位意识形态工作落实情况自查机制，切实把意识形态工作责任制落到实处。大力宣传防震减灾事业高质量发展新举措新成效，强化新闻舆论阵地建设管理，有力有序开展涉震舆情引导。

二是深入推进防震减灾科普工作创新发展。联合教育部、国家民委、中国科协在全国 35000 所中小学深入开展“地震科普　携手同行”主题活动。发布陈运泰院士《地震成因与机制》等科普作品，在融媒体平台创办《震苑访谈》节目，新认定国家防震减灾科普教育基地 18 个、示范学校 97 所。山东省防震减灾科普馆等 5 个基地被命名为全国科普教育基地，唐山地震遗址纪念公园等 2 个基地被命名为“大思政课”实践教学基地。四川省地震局团队获中国科协年度科普人物提名。全系统围绕全国防灾减灾日等 19 个重点时段广泛开展科普活动，集中举办“走进地震监测中心站”等主题活动，参与公众超 2 亿人次。开展 8 次地震应急科普，围绕公众关切推送 300 余部科普作品，浏览量超 5500 万人次。

三是持续推动防震减灾融媒体建设。印发中国地震局融媒体管理办法，制定融媒体奖励办法，遴选防震减灾融媒体工作室。“中国地震局”“震知道”“地震人”三个频道围绕

党的二十大、全国地震局长会议等重大活动和全国防灾减灾日等重要时间节点开展策划，推出“我们的2022”“过大年 送科普 祝平安”“防震减灾故事”等系列融媒体产品，全年共发布信息2500余条，宣传亮点纷呈、多屏共振、全面聚焦。初步建成防震减灾融媒体平台，为进一步融合全系统宣传科普资源奠定基础。评选年度融媒体建设十佳案例和百部优秀作品，融媒体建设在2022年全局系统年度考评中获得创新奖。

三、踔厉奋发，全面推进2023年宣传科普工作创新发展

一是扎实做好新闻宣传工作。坚持不懈用习近平新时代中国特色社会主义思想凝心铸魂，深刻领悟“两个确立”的决定性意义，增强“四个意识”、坚定“四个自信”、做到“两个维护”，精心组织做好地震部门学习贯彻党的二十大精神的宣传报道，把学习宣传贯彻党的二十大精神贯穿全年，不断引向深入。突出抓好重大典型宣传，开展“媒体走基层”品牌活动。加大宣传力度，围绕地震监测预报预警、两项重点工程、海洋地震、地震科技创新、“防震减灾+”服务新格局等重点，全面展示防震减灾工作服务经济社会高质量发展的重要举措。宣传报道援疆援藏、乡村振兴、基层一线工作中涌现的先进事迹，构建干事创业良好氛围。加强意识形态阵地建设管理。

二是着力提升防震减灾科普实效。深入开展“地震科普 携手同行”主题活动，不断畅通防震减灾科普进校园渠道，增强防震减灾科普进校园的效果。加强传播师队伍建设，打造一支基础稳定、能力突出的校园地震科学传播师队伍。发挥品牌作用，继续优化图书设计与内容，创新性开展活动，积极开发系列IP及衍生文创产品，不断扩大活动影响。探索构建新型防震减灾科普体系，以中国地震数智科普馆为龙头，以中国地震局融媒体平台矩阵为枢纽，以浙江地震科普传播研究中心为支撑，以公众地震逃生避险演练实训基地为骨干，以各地实体科普馆等为依托，打造“三化”“三结合”的新型连锁式运营、国内一流、有国际影响力的新型地震科普综合体，提升公众防震减灾科学素养，增强全社会抵御地震灾害的综合防范能力。扎实推动《“十四五”防震减灾科普规划》落实。

三是充分发挥防震减灾融媒体整体效能。推进防震减灾融媒体平台应用，全力打造“共建共治共享”的防震减灾融媒体智能化生态。强化防震减灾融媒体作品生产，充分发挥防震减灾融媒体工作室的示范带头作用，全面提高融媒体产品产量和质量。加强防震减灾融媒体品牌建设，聚焦“中国地震局”“震知道”和“地震人”三大品牌，点面结合强化品牌引领作用，倾力推广共同打造，发挥新型智库功能，力争成为防震减灾事业高质量发展舆论引导阵地。做好重大地震应急宣传。加强地震舆情监测，做好分析研判和结果运用，根据舆论态势及时调整宣传科普策略，增强主动性、针对性，实现正面舆论引导，确保意识形态安全。

四、强化支撑，加快推进高素质地震宣传科普人才队伍建设

一是强化思想引领。进一步筑牢党管人才根基，牢牢把握正确政治方向，守好网络舆论阵地，引导全系统宣传科普工作者深入学习领会习近平新时代中国特色社会主义思想，

及时学习贯彻习近平总书记关于新闻舆论和科学普及工作的重要论述，树立家国情怀与国际视野，增强防震减灾宣传科普工作的使命感与责任感，把党的政治优势、组织优势转化为宣传科普人才发展优势。

二是做好顶层设计。抓好战略谋划，立足实际，把握需求，拓展和完善宣传科普人才职称评审渠道，在地震系统创新团队和人才库建设中体现宣传科普队伍建设成效，充分利用中央网信办、科技部、中国科协等组织的各类评奖评优平台载体，用好融媒体“十佳案例”“百部优秀作品”评选和各级科学传播师遴选等机制，通过选调优秀宣传科普人才挂职、访学交流等方式，进一步盘活人才资源。

三是完善组织体系。建立健全高位推动的领导机制、协同推进的工作机制、执行有力的落实机制，在制定制度、整合力量、营造环境、提供服务、强化考核等方面下功夫，不断激发宣传科普人员的积极性、主动性、创造性。

四是不断提升本领。引导宣传科普人员把成长成才作为实现自身价值、推动事业发展的重要举措和责任担当，主动提升工作本领，不断增强脚力、眼力、脑力、笔力，主动参与团队建设，主动承担重大工作任务，在推进防震减灾宣传科普工作、营造全社会良好舆论氛围中贡献自己的才能和力量。

（中国地震局公共服务司（法规司））

河北省地震安全性评价管理条例

（2007年9月21日河北省第十届人民代表大会常务委员会第三十次会议审议通过，2017年9月28日河北省第十二届人民代表大会常务委员会第三十二次会议审议第一次修订，2023年5月30日河北省第十四届人民代表大会常务委员会第三次会议审议第二次修订）

第一条 为加强对地震安全性评价的管理，防御和减轻地震灾害，保护人民生命和财产安全，根据《中华人民共和国防震减灾法》《地震安全性评价管理条例》等法律、法规，结合本省实际，制定本条例。

第二条 在本省行政区域内从事地震安全性评价活动，应当遵守本条例。

第三条 县级以上人民政府地震工作主管部门负责本行政区域内地震安全性评价和抗震设防要求的监督管理工作。

县级以上人民政府发展和改革、建设、规划、国土资源等有关部门依照职责分工，做好与地震安全性评价相关的监督管理工作。

第四条 地震安全性评价工作的管理，应当遵循公开、公平、公正、便民原则，提高办事效率，提供优质服务。

第五条 下列建设工程必须进行地震安全性评价：

（一）国家重大建设工程；

（二）受地震破坏后可能引发水灾、火灾、爆炸、剧毒或者强腐蚀性物质大量泄漏或者其他严重次生灾害的建设工程，包括水库大坝、堤防和贮油，贮气，贮存易燃易爆、剧毒或者强腐蚀性物质的设施以及其他可能发生严重次生灾害的建设工程；

（三）受地震破坏后可能引发放射性污染的核电站和核设施建设工程；

（四）省人民政府认为有重大价值或者有重大影响的其他建设工程。

按照国家强制性标准应当进行地震安全性评价的建设工程或者区域，以及其他涉及人民生命财产安全的重要社会建筑工程，也必须进行地震安全性评价。

地震安全性评价工程范围的分类标准由省人民政府组织制定，并随着经济社会发展及时予以修订和公布。

第六条 依法应当进行地震安全性评价的建设工程按照国家标准确定地震安全性评价工作级别。

第七条 从事地震安全性评价的单位应当具备下列条件：

（一）有与从事地震安全性评价相适应的地震学、地震地质学、工程地震学方面的专业技术人员；

（二）有从事地震安全性评价的技术条件。

第八条 从事地震安全性评价的单位不得以其他地震安全性评价单位的名义或者允许其他单位以本单位名义承揽地震安全性评价业务。

任何单位或者个人不得为建设单位指定从事地震安全性评价的单位或者专业技术人员。

第九条 地震安全性评价单位应当遵守下列规定：

（一）依照国家有关技术规范的规定组织实施地震安全性评价工作，保证评价工作的质量；

（二）按照确定的工作级别进行地震安全性评价；

（三）地震安全性评价报告采用的资料和有关数据应当真实、准确、全面；

（四）按国家规定的标准收取评价费用，不得扩大收费范围或者提高收费标准；

（五）为建设单位保守商业秘密。

第十条 地震安全性评价单位对建设工程进行地震安全性评价后，应当编制该建设工程的地震安全性评价报告。

第十一条 对依法由省人民政府地震工作主管部门审定的建设工程地震安全性评价报告，应当自收到评价报告之日起15日内完成审定工作，确定建设工程的抗震设防要求。

第十二条 建设单位提交的建设工程地震安全性评价报告不符合国家有关标准规定的，省人民政府地震工作主管部门应当责成建设单位重新进行地震安全性评价，并另行提出评价报告审定申请。

第十三条 建设工程必须按照抗震设防要求进行抗震设防。

应当进行地震安全性评价的建设工程，其抗震设防要求必须按照地震安全性评价结果确定；纳入政府建设工程管理程序的其他一般工业与民用建设工程，其抗震设防要求由县级以上人民政府地震工作主管部门按照国家颁布的地震动参数区划图确定。

第十四条 县级以上人民政府发展和改革、建设、规划、国土资源等有关部门应当将建设工程的抗震设防要求纳入建设项目管理程序。对未确定抗震设防要求的项目，不予办理相关手续。

地震安全性评价所需费用纳入工程建设概算。

第十五条 建设工程的设计单位应当按抗震设防要求和抗震设计规范进行抗震设计。

依法应当进行抗震设防的建设工程必须按抗震设计进行施工。

第十六条 县级以上人民政府地震工作主管部门应当为建设单位和地震安全性评价单位提供咨询、服务。

第十七条 县级以上人民政府地震工作主管部门及其工作人员有下列情形之一的，由其上级主管部门或者监察机关责令改正；情节严重的，对直接负责的主管人员和其他直接责任人员依法给予行政处分：

（一）对符合法定条件的申请不予办理或者不在法定期限内作出准予许可决定的；

（二）对不符合法定条件的申请准予许可或者超越法定职权作出准予许可决定的；

（三）在办理行政许可或者实施监督检查时索取、收受他人财物或者谋取其他非法利益的；

（四）发现地震安全性评价报告严重失实或者地震安全性评价中有违法行为，不及时依法查处的。

国家工作人员在地震安全性评价管理工作中滥用职权、玩忽职守、徇私舞弊，构成犯罪的，依法追究刑事责任。

第十八条 违反本条例规定，地震安全性评价单位有下列行为之一的，由县级以上人民政府地震工作主管部门依据职权，责令改正，没收违法所得，并处一万元以上五万元以下的罚款：

（一）以其他地震安全性评价单位的名义承揽地震安全性评价业务的；

（二）允许其他单位以本单位名义承揽地震安全性评价业务的。

第十九条 违反本条例规定，有关建设单位不进行地震安全性评价，或者不按抗震设防要求进行抗震设防的，由县级以上人民政府地震工作主管部门责令改正，处以一万元以上十万元以下的罚款。

第二十条 本条例自2007年11月1日起施行。1995年12月26日河北省第八届人民代表大会常务委员会第十八次会议公布的《河北省地震安全性评价管理条例》同时废止。

吉林省人民政府令

（第 280 号）

《吉林省地震安全性评价管理办法》已经 2023 年 11 月 21 日十四届省政府第 22 次常务会议审议通过，现予公布，自 2024 年 2 月 1 日起施行。

省长　胡玉亭

2023 年 11 月 25 日

吉林省地震安全性评价管理办法

第一条　为了加强地震安全性评价管理，防御与减轻地震灾害，保护人民生命和财产安全，根据《中华人民共和国防震减灾法》《地震安全性评价管理条例》《吉林省防震减灾条例》等法律法规，结合本省实际，制定本办法。

第二条　本办法所称地震安全性评价，是指根据对建设工程场地条件和场地周围的地震活动与地震地质环境的分析，按照工程设防的风险水准，给出与工程抗震设防要求相应的地震烈度和地震动参数，以及场地的地震地质灾害预测结果。

地震安全性评价包括建设工程地震安全性评价和区域性地震安全性评价。

第三条　建设工程地震安全性评价由建设单位组织开展，并根据经审定的地震安全性评价报告确定的抗震设防要求进行抗震设防。

区域性地震安全性评价由县级以上人民政府组织开展，并建立区域地震安全性评价成果库，供区域内项目共享使用。

第四条　省人民政府地震工作主管部门负责全省地震安全性评价的监督管理工作。

设区的市级、县级人民政府地震工作主管部门负责本行政区域内的地震安全性评价的监督管理工作。

第五条　从事地震安全性评价的单位（以下简称评价单位）应当具备下列条件：

（一）有与从事地震安全性评价相适应的地震学、地震地质学、工程地震学方面的专业技术人员；

（二）有从事地震安全性评价的技术条件；

（三）国家规定的其他有关条件。

地震安全性评价工作应当由符合条件的评价单位承担。

第六条　省人民政府地震工作主管部门应当建立评价单位公示和信用监督机制，定期将符合条件的评价单位登记信息向社会公告，为相关单位提供信息服务。

第七条 必须进行地震安全性评价的建设工程的范围，按照《地震安全性评价管理条例》和《吉林省防震减灾条例》的规定执行。

其他对本行政区域有重大价值或者影响需要进行地震安全性评价的建设工程的范围，由省人民政府地震工作主管部门拟定具体目录并征求相关部门意见，报省人民政府批准后公布实施。

第八条 在各类开发区、工业园区、新区和其他有条件的区域逐步推行区域性地震安全性评价。

第九条 建设工程地震安全性评价应当在工程设计前组织完成。区域性地震安全性评价应当在土地出让或者划拨前组织完成并告知建设单位相关建设要求。

第十条 评价单位开展地震安全性评价工作，应当执行地震安全性评价相关标准和技术规范，保存工作过程中获取的原始数据等相关资料，对评价工作质量和成果终身负责，法定代表人是第一责任人，项目技术负责人是直接责任人。

第十一条 评价单位完成地震安全性评价工作后，应当编制地震安全性评价报告。地震安全性评价报告应当包括下列内容：

（一）工程概况和地震安全性评价的技术要求；

（二）地震活动环境评价；

（三）地震地质构造评价；

（四）设防烈度或者设计地震动参数；

（五）地震地质灾害评价；

（六）其他有关技术资料。

第十二条 建设工程地震安全性评价报告编制完成后，除下列建设工程的地震安全性评价报告报国务院地震工作主管部门审定外，其他的报省人民政府地震工作主管部门审定：

（一）国家重大建设工程；

（二）跨省、自治区、直辖市行政区域的建设工程；

（三）核电站和核设施建设工程。

区域性地震安全性评价报告编制完成后，报省人民政府地震工作主管部门审定。

第十三条 省人民政府地震工作主管部门应当制定地震安全性评价报告审定实施办法，明确审定办理流程、申请材料、办理时限等内容，并向社会公开。

第十四条 省人民政府地震工作主管部门应当将审定结论以书面形式通知申请单位，并告知相关的设区的市级、县级人民政府地震工作主管部门。

第十五条 县级以上人民政府负责项目审批的部门，应当将抗震设防要求纳入建设工程可行性研究报告的审查内容。对可行性研究报告中未包含抗震设防要求的项目，不予批准。

第十六条 县级以上人民政府地震工作主管部门应当会同有关专业主管部门，加强对地震安全性评价工作的监督检查。

第十七条 对违反本办法规定的单位或者个人，由相关部门按照有关法律法规的规定处罚。

第十八条 县级以上人民政府有关部门工作人员未依法履行职责，在地震安全性评价监管工作中滥用职权、玩忽职守、徇私舞弊的，对直接负责的主管人员和其他直接责任人员依法给予处分；构成犯罪的，依法追究刑事责任。

第十九条 本办法自2024年2月1日起施行。1998年6月18日吉林省人民政府发布的《吉林省工程建设场地地震安全性评价管理办法》（吉林省人民政府令第93号）同时废止。

江西省防震减灾条例

（2000年6月24日江西省第九届人民代表大会常务委员会第十七次会议通过　2007年3月29日江西省第十届人民代表大会常务委员会第二十八次会议修订　2011年3月30日江西省第十一届人民代表大会常务委员会第二十三次会议第一次修正　2018年7月27日江西省第十三届人民代表大会常务委员会第四次会议第二次修正　2021年7月28日江西省第十三届人民代表大会常务委员会第三十一次会议第三次修正　2023年9月27日江西省第十四届人民代表大会常务委员会第四次会议第四次修正）

第一章　总　　则

第一条　为了防御与减轻地震灾害，保护人民生命和财产安全，保障经济建设和社会发展顺利进行，根据《中华人民共和国防震减灾法》等有关法律、法规的规定，结合本省实际，制定本条例。

第二条　在本省行政区域内从事地震监测预报、地震灾害预防、地震应急救援、地震灾后过渡性安置和恢复重建等防震减灾活动，适用本条例。

第三条　各级人民政府应当按照预防为主、防御与救助相结合的方针和有重点的全面防御的要求，对本行政区域内的防震减灾工作实行统一领导。县级以上人民政府应当建立健全工作机制和工作体系。

第四条　县级以上人民政府应当将防震减灾工作纳入本级国民经济和社会发展规划，所需经费列入本级财政预算，其经费投入总体水平应当随着国民经济与社会发展和财政收入的增长逐步提高。

第五条　县级以上人民政府抗震救灾指挥机构负责领导、协调本级人民政府各有关部门的防震减灾工作；在地震灾害发生后，负责统一领导、指挥和协调本行政区域的抗震救灾工作。

县级以上人民政府负责管理地震工作的部门或者机构承担本级人民政府抗震救灾指挥机构的日常工作。

第六条　省人民政府负责管理地震工作的部门（以下简称省地震工作主管部门）在防震减灾工作中，主要负责地震行业管理，工程建设场地地震安全性评价、建设工程抗震设防要求的监督管理，并具体组织编制和实施省地震监测预报方案。

设区的市和县级人民政府负责管理地震工作的部门或者机构，按照职责负责本行政区域内防震减灾的监督管理，接受省地震工作主管部门对地震工作的指导。

第七条　县级以上人民政府发展改革主管部门在防震减灾工作中，主要负责将防震减灾的有关工作任务纳入本级国民经济和社会发展规划，并根据责权划分的原则，保障必要经费投入。

县级以上人民政府住房和城乡建设主管部门在防震减灾工作中，主要负责城乡建设以及工业与民用建筑和市政公用设施的工程建设强制性标准实施，抗震设计和施工的监督管理。

县级以上人民政府应急管理主管部门在防震减灾工作中，主要负责地震灾害发生后灾民的基本生活救助和灾后居民住房恢复重建的有关工作。

县级以上人民政府交通运输、水利、电力、通信等有关主管部门负责专业建设工程的工程建设强制性标准实施和施工的监督管理。

县级以上人民政府其他有关部门按照职责分工，各负其责，密切配合，共同做好防震减灾工作。

第八条 县级以上人民政府负责管理地震工作的部门或者机构应当会同同级有关部门，根据上一级防震减灾规划和本行政区域的实际情况，组织编制本行政区域的防震减灾规划，报本级人民政府批准后组织实施，并报上一级人民政府负责管理地震工作的部门或者机构备案。

第九条 县级以上人民政府应当依法加强对下列工作的监督检查：

（一）防震减灾规划的编制与实施；

（二）地震应急预案的编制与实施；

（三）地震应急避难场所的设置与管理；

（四）地震灾害紧急救援队伍的建设与培训；

（五）防震减灾知识宣传教育；

（六）地震应急救援演练；

（七）防震减灾相关工作经费的投入和使用情况；

（八）其他防震减灾重点工作。

第十条 县级以上人民政府应当采取措施，增强公民防震减灾意识，鼓励和支持防震减灾科学技术研究，积极参与国内、国际合作交流，推广先进科技成果，提高防震减灾工作水平。

第十一条 任何单位和个人对妨碍、破坏防震减灾工作的行为有制止和举报的权利，有依法参加防震减灾活动的义务。

第二章 地震监测预报

第十二条 县级以上人民政府应当加强地震监测设施建设、群测群防网络体系建设和专业队伍建设，依靠科学技术进步不断提高地震监测预报水平。

第十三条 省地震工作主管部门根据地震活动趋势，提出确定和调整省级地震重点监视防御区的意见，报省人民政府批准。

国务院和省人民政府确定的地震重点监视防御区内的县级以上人民政府负责管理地震工作的部门或者机构，应当加强地震监测工作，制定短期与临震预报方案，建立震情跟踪会商制度，提高地震监测预报能力。

第十四条 县级以上人民政府负责管理地震工作的部门或者机构，应当加强对地震活动与地震前兆信息的检测、传递、分析、处理和对可能发生的地震地点、时间和震级的预测。

一次齐发爆破用药相当于四吨 TNT 炸药能量以上爆破作业，公安机关应当在办理审批手续后，及时告知当地县级以上人民政府负责管理地震工作的部门或者机构，并在爆破作业三日前向社会发布信息。

第十五条 地震监测台网建设，由省地震工作主管部门统一规划，实行分级、分类管理。全省地震监测台网，由省级地震监测台网和市、县地震监测台网组成，其建设、运行所需资金按照事权和财权相统一的原则，由省人民政府和地震监测台网所在地的市、县人民政府共同承担。

市、县地震监测台网的中止或者终止由所在地人民政府负责管理地震工作的部门或者机构提出申请，报省地震工作主管部门批准，并报国务院地震工作主管部门备案。省级地震监测台网的中止或者终止，必须报国务院地震工作主管部门批准。

核电站、水库大坝、特大桥梁、发射塔等重大建设工程应当根据国家有关规定设置强震动监测设施。强震动监测设施的建设资金和运行经费，由建设单位承担，并列入项目建设、营运成本。强震动监测设施由建设单位或者使用单位负责管理。

根据国家有关规定应当建设专用地震监测台网的建设工程单位，自行投资建设和管理专用地震监测台网，其台址的勘选、设计和技术验收，应当接受县级以上人民政府负责管理地震工作的部门或者机构的指导。

第十六条 地震监测设施及其观测环境受法律保护，任何单位和个人不得危害地震监测设施和地震观测环境，不得干扰和妨碍地震监测台的工作，不得侵占地震监测场地，不得占用地震专用通信网的线缆、信道及其设施，不得擅自移动、损坏地震监测仪器、设施、标志。

县级以上人民政府负责管理地震工作的部门或者机构会同公安机关联合设立地震监测设施保护标志。

第十七条 新建、扩建、改建建设工程，应当避免对地震监测设施和地震观测环境造成危害。建设国家重点工程，确实无法避免对地震监测设施和地震观测环境造成破坏的，建设单位应当按照工程所在地县级以上人民政府负责管理地震工作的部门或者机构的要求，增建抗干扰设施或者新建地震监测设施后，方可进行建设。

需要新建地震监测设施的，县级以上人民政府负责管理地震工作的部门或者机构，可以要求新建地震监测设施正常运行 1 年以后，再拆除原地震监测设施。

对地震观测环境保护范围内的建设工程项目，自然资源主管部门在依法核发选址意见书时，应当征求负责管理地震工作的部门或者机构的意见；不需要核发选址意见书的，自然资源主管部门在依法核发建设用地规划许可证或者乡村建设规划许可证时，应当征求负责管理地震工作的部门或者机构的意见。

本条第一款、第二款规定的措施所需费用，由建设单位承担。

第十八条 省人民政府应当依照国家发布地震预报的规定，统一向社会及时发布地震预报。新闻媒体刊登或者播发地震预报消息，应当以国务院、省人民政府发布的地震预报为准。

任何单位和个人不得散布有关地震的谣言。对造成或者可能造成社会秩序混乱的有关地震谣言，县级以上人民政府应当迅速采取有效措施及时予以澄清，消除影响。

第十九条 设区的市、县级人民政府负责管理地震工作的部门或者机构，必须及时核实、上报地震异常信息。已经发布短期预报的地区，如果发现明显临震异常，在紧急情况下，当地市、县人民政府可以发布四十八小时之内的临震预报，同时向省人民政府及其地震工作主管部门报告。

第二十条 省地震工作主管部门应当按照全国地震烈度速报系统建设的要求，组织实施省地震烈度速报系统建设，为地震灾害发生后指挥抗震救灾工作和重要工程设施的紧急自动处置提供依据。

第三章 地震灾害预防

第二十一条 地震灾害预防，坚持工程性预防措施和非工程性预防措施相结合的原则。

第二十二条 各级人民政府制定城乡规划应当充分考虑地震地质构造环境。建设工程应当避开地震活动断层。有活动断层通过的城市和经济开发区，应当开展活动断层探测，为科学规划提供依据。

第二十三条 新建、扩建、改建建设工程必须达到抗震设防要求。

重大建设工程和可能发生严重次生灾害的建设工程，必须进行地震安全性评价，并根据地震安全性评价的结果，确定抗震设防要求，进行抗震设防。

前款规定以外的建设工程必须按照国家颁布的地震动参数区划图所确定的抗震设防要求，进行抗震设防。对学校、医院等人员密集场所的建设工程，应当按照国家有关规定，高于当地房屋建筑的抗震设防要求进行抗震设防。

第二十四条 省地震工作主管部门负责必须进行地震安全性评价建设工程和省级立项的建设工程抗震设防要求的确定。

设区的市和县级人民政府负责管理地震工作的部门或者机构负责本级立项的建设工程抗震设防要求的确定。

省人民政府住房和城乡建设主管部门负责在超限高层建筑工程初步设计阶段实施抗震设防审批。

第二十五条 县级以上人民政府负责项目审批的部门，应当将抗震设防要求纳入建设工程可行性研究报告的审查内容。对可行性研究报告中未包含抗震设防要求的项目，不予批准。

第二十六条 下列工程必须进行地震安全性评价，并根据地震安全性评价结果，确定抗震设防要求：

（一）交通工程

1. 单孔跨径大于一百五十米或者墩高八十米及以上的特大桥梁，跨越大江大河或者三千米以上的隧道，城市轨道交通，城市道路中悬索桥、斜拉桥以及在市政交通网络中占关键地位、承担交通量大的大跨度桥；

2. 铁路、公路干线上的大中城市火车站与铁路枢纽工程、一级汽车客运站；

3. 新建、扩建民用航空机场，五千吨级以上港口工程。

（二）能源工程

1. 国家、省、设区的市电力调度中心；

2. 单机容量三百兆瓦以上或者规划容量八百兆瓦以上的火力发电厂；

3. 单机容量一百兆瓦以上或者总装机容量三百兆瓦以上的水力发电厂、抽水蓄能电站；

4. 枢纽变电站（所）和五百千伏以上变电站（所）、五百千伏以上线路大跨越塔；

5. 十亿立方米以上的大型水库和Ⅰ级挡水坝。

（三）广播电视、通信与信息工程

1. 国际出入口局、国际无线电台，国家卫星通信地球站，国际海缆登陆站；混凝土结构高度大于二百五十米或者钢结构高度大于三百米的省级以上电视调频广播发射塔建筑；国家级卫星地球站上行站；

2. 大中城市的数据存储中心、信息中心、应急指挥中心，省中心或者省中心以上通信枢纽楼、本地网通信枢纽楼、汇聚机房、综合接入机房。

（四）民用建筑和公共设施

1. 承担研究、中试和存放剧毒的高危险传染病病毒任务的疾病预防与控制中心的建筑或者其区段；

2. 三级医院中承担特别重要医疗任务的门诊、医技、住院用房。

（五）特殊工程

1. 核电站、核反应堆、核供热装置、核废料处理工程以及其他受地震破坏后可能引发放射性污染的核设施建设工程；

2. 研究、中试生产和存放具有高放射性物品以及剧毒的生物制品、化学制品、天然和人工细菌、病毒（如鼠疫、霍乱、伤寒和新发高危险传染病等）的建筑。

（六）石油化工及矿山

1. 重要的易燃、易爆、剧毒、放射性物质生产和仓储设施工程；

2. 三万立方米以上的贮油工程，气态五万立方米以上、液态一千立方米以上的贮气工程，大型长线输油、输气管道输送设施工程；

3. 大中型化工工程；

4. 大型的矿山、石化、钢铁、有色金属等工程；

5. 二级及以上尾矿坝。

（七）其他工程

对本省有重大价值或者有重大影响的其他建设工程。

第二十七条 从事地震安全性评价工作的单位，必须按照国务院《地震安全性评价管理条例》的有关规定，有与从事地震安全性评价相适应的地震学、地震地质学、工程地震学方面的专业技术人员和从事地震安全性评价的技术条件。

从事地震安全性评价工作的单位，应当在工程建设项目所在地的县级以上人民政府负责管理地震工作的部门或者机构进行业务登记，并接受管理和监督。

第二十八条 地震安全性评价单位必须严格按照国家标准及技术规范对建设工程进行地震安全性评价，并编制该建设工程的地震安全性评价报告。

省地震工作主管部门应当自收到地震安全性评价报告之日起十五日内，对地震安全性评价报告进行评审，结合建设工程特性和其他综合因素，确定建设工程的抗震设防要求。

抗震设防要求确定后，省地震工作主管部门应当以书面形式通知建设单位，并告知建设工程所在地的市、县人民政府负责管理地震工作的部门或者机构。

第二十九条 任何单位和个人不得降低抗震设防要求。

县级以上人民政府负责管理地震工作的部门或者机构应当加强对抗震设防要求的监督管理。

设计单位必须按照抗震设防要求和工程建设强制性标准进行抗震设计，施工单位必须按照抗震设计进行施工，工程监理单位必须按照设计要求对抗震设防措施进行监理。建设单位不得拒绝和阻碍抗震设防的设计和施工。

县级以上人民政府住房和城乡建设主管部门或者交通运输、水利、电力、通信等有关主管部门应当按照各自职责对设计单位、施工单位、工程监理单位、建设单位不按照工程建设强制性标准进行设计、施工的行为进行查处。涉及抗震设防的建设工程在竣工验收时应当对抗震设防质量进行验收，抗震设防质量不符合要求的，建设工程不得投入使用。

第三十条 已经建成的下列建设工程，未采取抗震设防措施或者抗震设防措施未达到抗震设防要求的，其所有权人应当按照国家有关规定进行抗震性能鉴定，并采取必要的抗震加固措施：

（一）重大建设工程；

（二）可能发生严重次生灾害的建设工程；

（三）具有重大历史、科学、艺术价值或者重要纪念意义的建设工程；

（四）学校、医院等人员密集场所的建设工程；

（五）地震重点监视防御区内的建设工程。

第三十一条 农村的建制镇、集镇规划区公用建筑必须根据地震动参数区划图确定的抗震设防要求和工程建设强制性标准进行设计、施工。

各级人民政府对于农村民居等建筑，应当制定相应政策，采取建设示范点、免费提供设计图纸等扶持措施，在农民自愿的基础上，组织实施农村民居地震安全工程，引导村民采取必要的抗震设防措施，逐步提高农村民居的抗震能力。

县级以上人民政府住房和城乡建设主管部门和负责管理地震工作的部门或者机构应当加强对农村民居防震保安的技术指导和服务。

第三十二条 县级以上人民政府应当根据地震应急避难的需要，在城乡规划中合理确定应急疏散通道和应急避难场所，统筹安排地震应急避难场所必需的交通、供水、供电、排污等基础设施建设。已有的广场、公园、城市绿地、学校操场和体育场馆等场所可以辟为应急避难场所。应急避难场所、应急疏散通道应当设置明显的指示标志。

县级以上人民政府有关部门应当加强地震应急避难场所基础设施的维护、管理，保证其正常使用。

县级以上人民政府负责管理地震工作的部门或者机构应当会同有关部门，对地震应急避难场所的建设管理和维护给予技术指导。

第三十三条 县级人民政府及地震、教育、科技、农业农村、住房和城乡建设、卫生健康等有关部门和乡镇人民政府、城市街道办事处等基层组织，应当组织开展地震应急知识的宣传普及活动和地震应急救援演练，提高公民在地震灾害中自救互救的能力。

居民委员会、村民委员会和机关、团体、企业、事业等单位，应当根据所在地人民政府的要求，结合各自的实际情况，在本区域、本单位开展地震应急知识的宣传活动和地震应急救援演练。

学校应当将地震应急知识教育纳入公共安全教育内容，每年至少组织开展一次地震应急救援演练，培养学生的安全避险和自救互救能力。教育主管部门应当对学校开展地震应急知识教育工作进行指导和监督。

新闻媒体应当无偿开展地震灾害预防和应急、自救互救知识的公益宣传。

县级以上人民政府负责管理地震工作的部门或者机构，应当指导、协助、督促有关部门和单位做好防震减灾知识的宣传教育和地震应急救援演练等工作。

每年 5 月 12 日所在周为本省防震减灾宣传教育活动周。

第四章　地震应急救援

第三十四条　省人民政府有关部门应当根据省地震应急预案，制定本部门的地震应急预案，并报省应急管理主管部门和省地震工作主管部门备案。

设区的市和县级人民政府负责管理地震工作的部门或者机构，应当参照上级人民政府地震应急预案，会同有关部门制定本行政区域的地震应急预案，报本级人民政府批准实施，并报上一级人民政府负责管理地震工作的部门或者机构备案，县级地震应急预案应当同时报省地震工作主管部门备案。

县级以上人民政府应当加强对应急预案的动态管理，根据情况变化适时对应急预案进行修订。

第三十五条　地震灾害分为特别重大、重大、较大和一般四级。

本省行政区域内特别重大地震灾害事件的抗震救灾工作按照国家规定由国务院抗震救灾指挥机构统一领导、指挥和协调；重大地震灾害事件的抗震救灾工作由省人民政府抗震救灾指挥机构统一领导、指挥和协调；较大、一般地震灾害事件的抗震救灾工作分别由发生地设区的市和县级人民政府抗震救灾指挥机构统一领导、指挥和协调。

第三十六条　省、设区的市和地震重点监视防御区所在的县、市（区）人民政府可以根据实际需要，充分利用消防等现有队伍，按照一队多用、专职与兼职结合的原则，建立地震灾害紧急救援队伍，并为地震灾害紧急救援队伍配备相应的装备、器材，组织开展培训和演练，提高救援能力。

县级以上人民政府应当加强地震应急指挥技术系统、灾情速报系统和应急救灾基础数据库系统建设，保证应急救援工作协调、有序和高效开展。

县级以上人民政府及其有关部门应当加强地震应急救援志愿者队伍建设，开展地震应急救援知识培训和技能演练，适时组织地震应急演习，提高地震应急响应和救助能力。地震应急救援志愿者队伍应当在抗震救灾指挥机构的统一安排下开展救援活动；抗震救灾指挥机构应当为其开展抗震救灾活动提供必要物资、安全和卫生保障。

第三十七条　临震预报发布后，省人民政府可以宣布预报区进入临震应急期，并指明临震应急期的起止时间。临震应急期一般为十日，必要时可以延长十日。预报区各级人民政府应当按照地震应急预案，统一部署和领导临震应急工作。

各有关部门应当按照应急预案的职责分工，各负其责，密切配合，做好临震应急工作，对生命线工程和次生灾害源采取紧急防护措施，做好以人员紧急疏散、重要设施保护和危险品管理等为主要内容的地震应急工作。

在地震发生时，学校、幼儿园、医院、养老院等单位的工作人员，应当积极履行人员疏散和救护职责；交通运输、铁路、电力、通信等单位的值守人员应当按照地震应急预案的规定履行职责。

第三十八条 地震灾害发生后，抗震救灾指挥机构应当立即启动应急预案，组织有关部门和单位迅速查清受灾情况，提出地震应急救援力量的配置方案，并按照国家有关规定采取以下紧急措施：

（一）迅速组织抢救被压埋人员，并组织有关单位和人员开展自救互救；

（二）迅速组织实施紧急医疗救护，协调伤员转移和接收、救治；

（三）迅速组织抢修毁损的交通运输、铁路、水利、电力、通信等基础设施；

（四）启用应急避难场所或者设置临时避难场所，设置救济物资供应点，提供救济物品、简易住所和临时住所，及时转移和安置受灾群众，确保饮用水消毒和水质、食品安全，积极开展卫生防疫和卫生监督工作，妥善安排受灾群众生活；

（五）迅速控制危险源，封锁危险场所，做好次生灾害的排查和监测预警工作，防范地震可能引发的火灾、水灾、爆炸、山体滑坡和崩塌、泥石流、地面塌陷，或者剧毒、强腐蚀性、放射性物质泄漏等次生灾害以及传染病疫情的发生；

（六）依法采取维持社会秩序、维护社会治安的必要措施。

第三十九条 地震灾区的各级人民政府应当及时将震情、灾情及其发展趋势等信息报告上一级人民政府和省地震工作主管部门。地震震情、灾情和抗震救灾等信息按照国务院有关规定实行归口管理，统一、准确、及时发布。

第四十条 地震灾害发生后，由省人民政府宣布灾区进入应急期，震后应急期一般为十日，必要时可以延长二十日。应急工作结束后，由省人民政府宣布应急期结束。

第四十一条 地震灾害发生后，县级以上人民政府负责管理地震工作的部门或者机构，应当加强现场地震监测预报，及时向本级人民政府和上一级人民政府报告地震有关参数，并对地震趋势作出判断。

地震灾害发生后，省地震工作主管部门应当会同有关部门对现场地震灾害损失进行调查、评估，灾情调查结果应当及时报告省人民政府和国务院地震工作主管部门。地震灾情及评估结果由省人民政府统一对外公告。

地震对工程建筑造成破坏的，县级以上人民政府负责管理地震工作的部门或者机构、住房和城乡建设主管部门应当会同有关部门进行安全性能鉴定。

第五章　地震灾后过渡性安置和恢复重建

第四十二条 地震灾害发生后，受灾群众需要过渡性安置的，灾区各级人民政府应当按照国家有关规定，合理设置过渡性安置点，采取灵活多样的方式做好过渡性安置工作，确保受灾群众的安全和基本生活需要。

第四十三条 地震灾区的任何单位和个人，必须服从当地人民政府抗震救灾指挥机构的统一指挥和调度，自觉维护社会秩序，积极参加救灾与重建活动。

第四十四条 地震灾害发生后，省人民政府应当对地震灾区提供救助，并责成有关部门统筹安排救灾资金和物资，保障救灾物资和人员及时到达地震灾区，情况紧急时可以依法临时征用房屋、运输工具、通信设备等。

非地震灾区的县级以上人民政府应当根据震情和灾情，组织和动员社会力量对地震灾区及时提供援助。

对省内外提供的援助，由地震灾区县级以上人民政府负责组织接受和分配。

第四十五条 地震救灾资金和物资通过国家救助、社会捐赠、自筹、公民互助、保险理赔和信贷等多种方式筹集。

因救灾需要，临时征用房屋、运输工具、通信设备等，应当依法给予补偿。

各级人民政府应当加强对救灾资金和物资的管理，做到专款专用、专物专用，登记造册，张榜公布。

国外、境外捐赠，按照国家有关规定办理。

县级以上人民政府审计机关应当对地震救灾资金使用和物资分配情况实行专项审计监督。

第四十六条 地震灾区人民政府应当及时恢复灾区的生产、生活、社会秩序，根据省地震工作主管部门核定的抗震设防要求，统筹规划安排地震灾区重建工作。

地震灾区人民政府应当及时编制地震灾区恢复重建规划，并组织实施。

第四十七条 地震灾区县级以上人民政府依法保护典型的地震遗址、遗迹，作为防震减灾科学研究和宣传教育基地，并列入灾区的重建规划。

第四十八条 地震灾区和受地震灾害影响较大地方的人民政府应当组织有关部门和单位，对可能发生山体滑坡、崩塌、泥石流、地面塌陷等地质灾害以及剧毒、强腐蚀性、放射性物质泄漏等其他次生灾害的危险源进行排查和长期监测，并采取必要措施加以防范或者消除。

第六章 法律责任

第四十九条 违反本条例规定，散布有关地震谣言，扰乱公共秩序，构成违反治安管理行为的，由公安机关依法给予处罚。

第五十条 违反本条例规定，不进行地震安全性评价，或者不按照地震安全性评价结果确定的抗震设防要求进行抗震设防的，由县级以上人民政府负责管理地震工作的部门或者机构责令限期改正；逾期不改正的，根据下列不同情况处以罚款：

（一）总投资额一千万元以下的，处三万元以上九万元以下罚款；

（二）总投资额一千万元以上二千万元以下的，处九万元以上十五万元以下罚款；

（三）总投资额二千万元以上一亿元以下的，处十五万元以上二十万元以下罚款；

（四）总投资额一亿元以上三亿元以下的，处二十万元以上二十五万元以下罚款；

（五）总投资额三亿元以上的，处二十五万元以上三十万元以下罚款。

第五十一条 县级以上人民政府负责管理地震工作的部门或者机构以及其他有关部门，有下列情形之一的，由上级主管机关责令改正，并对直接负责的主管人员和其他直接责任人员，依法给予处分：

（一）应当出具抗震设防要求的意见而不出具或者不按照规定出具的；

（二）超出规定的权限确定建设工程抗震设防要求，或者擅自降低抗震设防要求的；

（三）对项目可行性研究报告中未包含抗震设防要求的项目予以审批的；

（四）发现违法行为或者接到对违法行为的举报不予查处的；

（五）其他未依照本条例规定履行职责的行为。

第七章 附 则

第五十二条 本条例下列用语的含义：

（一）地震安全性评价，是指根据对建设工程场址和场址周围的地震活动与地震地质环境的分析，按照工程设防的风险水准，给出与工程抗震设防要求相应的地震动参数，以及场地的地震地质灾害预测结果。主要内容包括：工程场地和场地周围区域的地震活动环境评价、地震地质环境评价、断裂活动性鉴定、地震危险性分析、设计地震动参数确定、地震地质灾害评价等。

（二）抗震设防要求，是指建设工程抗御地震破坏的准则和在一定风险水准下抗震设计采用的地震烈度或者地震动参数。

（三）重大建设工程，是指对社会有重大价值或者有重大影响的工程。

（四）可能发生严重次生灾害的建设工程，是指受地震破坏后可能引发水灾、火灾、爆炸、剧毒或者强腐蚀性物质大量泄漏和其他严重次生灾害的建设工程，包括水库大坝、堤防和贮油，贮气，贮存易燃易爆，剧毒或者强腐蚀性物质的设施以及其他可能发生严重次生灾害的建设工程。

第五十三条 本条例自 2007 年 7 月 1 日起施行。

湖北省人民政府令

（第 426 号）

《湖北省地震预警管理办法》已经 2023 年 2 月 20 日省人民政府第 5 次常务会议审议通过，现予公布，自 2023 年 5 月 1 日起施行。

省长　王忠林

2023 年 3 月 17 日

湖北省地震预警管理办法

第一章　总　　则

第一条　为了规范和加强地震预警管理，防御和减轻地震灾害，保护人民生命财产安全，根据《中华人民共和国防震减灾法》《地震监测管理条例》等法律、法规，结合本省实际，制定本办法。

第二条　本办法适用于在本省行政区域内从事地震预警系统规划与建设、信息发布与应急处置、宣传与设施保护以及其他相关活动。

本办法所称地震预警，是指在地震发生后，破坏性地震波到达之前，利用地震预警系统自动获取地震信息，向可能遭受破坏的区域发出地震警报信息的行为。地震预警系统包括地震监测、地震数据传输和处理、地震预警信息发布等系统。

第三条　地震预警工作应当遵循政府主导、部门协同、社会参与的原则，实行统一规划、统一管理、统一发布的工作机制。

第四条　县级以上人民政府应当加强对地震预警工作的领导，建立地震预警应急响应机制，将地震预警工作纳入防震减灾规划，所需经费列入本级财政预算。

第五条　县级以上人民政府地震工作主管部门负责本行政区域内地震预警及其监督管理工作。

应急管理、发展改革、教育、经济和信息化、公安、民政、财政、自然资源、住房和城乡建设、交通运输、水利、卫生健康、广播电视以及通信管理等部门，在各自职责范围内做好地震预警相关工作。

第六条　地震预警的系统建设、运行管理、信息发布等相关技术及应用，应当遵守国家有关法律法规，并符合国家标准和行业标准。

第七条　鼓励和支持社会力量依法参与地震预警系统建设，开展地震预警科技创新、产品研发、成果应用等活动。社会力量投资建设的用于地震预警的设施，符合相关建设规划和技术标准的，可以纳入全省地震预警系统。

第二章　地震预警系统规划与建设

第八条　省地震工作主管部门根据国家地震监测台网规划和技术要求，结合本省实际，编制全省地震预警系统建设规划，并纳入全省地震监测台网规划。

第九条　省地震工作主管部门按照全省地震预警系统建设规划，组织建设全省统一的地震预警系统并负责运行管理。设区的市、县级人民政府地震工作主管部门协助做好地震预警系统建设、运行管理的相关工作。

地震预警系统建设应当综合考虑地震构造环境、经济发展和人口分布等因素，科学合理布局。地震重点监视防御区应当适度加大地震预警设施建设密度。

地震预警系统建设应当充分利用既有地震监测设施，避免重复建设。

第十条　地震预警系统建成后，应当经过一年以上的试运行。试运行期满，省地震工作主管部门应当及时组织验收，符合有关技术标准和条件的，方可正式运行。

第十一条　下列建设工程应当依法设置地震预警信息自动接收和播放装置并实现应急自动处置：

（一）核电站；

（二）高速铁路、城市轨道交通；

（三）坝高 100 米以上、库容 5 亿立方米以上，且可能诱发 5 级以上地震的水库；

（四）受地震破坏后可能引发严重次生灾害的油田、矿山、石油化工等重大建设工程；

（五）法律、法规规定的其他建设工程。

前款规定的建设工程可以根据需要建立专用地震预警系统，所需建设资金、运行和维护经费由建设单位或者管理单位承担。专用地震预警系统建设方案应当报送省地震工作主管部门，省地震工作主管部门应当予以指导。经建设单位或者管理单位同意，省地震工作主管部门可以将建成的专用地震预警系统纳入全省地震预警系统。

第十二条　鼓励地震重点监视防御区的县级以上人民政府在学校、医院、车站、机场、体育场馆、影剧院、大型商业综合体等人员密集场所，设置地震预警信息自动接收和播放装置。具备条件的上述人员密集场所可以自行设置地震预警信息自动接收和播放装置。

第三章　地震预警信息发布与应急处置

第十三条　全省地震预警系统内的地震预警设施产生的监测数据，应当实时传输到省地震工作主管部门。省地震工作主管部门负责形成地震预警信息。

第十四条　地震预警信息由省地震工作主管部门统一发布。其他任何单位和个人不得以任何形式向社会发布地震预警信息，不得编造、传播虚假地震预警信息。

地震预警信息应当由省地震工作主管部门指定的机构和播发媒体通过广播、电视、移动通信、互联网、专用发布终端等途径无偿向公众即时播发。

地震预警信息发布实行快速动态更新发布机制。地震预警目标区预估地震烈度显著变化，并导致预警等级发生变化时，应当对地震预警信息进行快速更新发布。

第十五条 县级以上人民政府及其有关部门应当建立健全地震预警应急处置机制，接收到地震预警信息后，应当及时采取应急处置措施。

第十六条 本办法第十一条规定的建设工程，其建设单位或者管理单位接收到地震预警信息后，应当按照各自行业规定和技术规范立即进行应急处置。

人员密集场所的管理单位，接收到地震预警信息后，应当立即组织人员采取避险措施。

第十七条 由于技术限制、数据误差、不可抗力等原因导致地震预警信息误发、漏发或者出现较大偏差的，省地震工作主管部门应当及时更正，并采取积极措施消除不良影响。

第四章 地震预警宣传与设施保护

第十八条 县级以上人民政府及其有关部门、乡镇人民政府、街道办事处应当组织开展地震预警、应急知识的宣传普及和必要的地震预警应急演练，提高公众地震应急避险的能力。

机关、团体、企业、事业等单位应当结合各自实际，加强地震预警和应急知识宣传教育，开展必要的地震预警应急演练。

学校应当进行地震预警和应急知识宣传教育，组织开展地震预警应急演练，培养师生的安全意识和自救互救能力。

新闻媒体应当积极配合开展地震预警和应急知识的公益宣传。

县级以上人民政府地震工作主管部门应当指导、协助、督促本辖区内的地震预警的宣传教育和应急演练等工作。

第十九条 县级以上人民政府地震工作主管部门应当会同有关部门在地震预警设施附近设立保护标志，标明地震预警设施和地震观测环境保护的要求。

县级以上人民政府地震工作主管部门应当加强对地震预警设施和地震观测环境的保护工作，地震预警设施和地震观测环境遭受破坏的，应当及时组织修复。

第二十条 地震预警设施和地震观测环境依法受到保护。任何单位和个人不得侵占、损毁、拆除、擅自移动地震预警设施或者危害地震观测环境。

第二十一条 任何单位和个人对破坏地震预警设施、危害地震观测环境等行为，有权进行举报，接到举报的县级以上人民政府或者有关部门应当进行调查，依法处理，并为举报人保密。

第五章 法律责任

第二十二条 对违反本办法规定的行为，法律、法规已有规定的，从其规定。

第二十三条 违反本办法规定，擅自向社会发布地震预警信息或者编造、传播虚假地震预警信息，引发公众恐慌，扰乱社会秩序，构成违反治安管理行为的，由公安机关依法给予处罚；构成犯罪的，依法追究刑事责任。

第二十四条　县级以上人民政府地震工作主管部门以及相关部门的工作人员，在地震预警工作中滥用职权、玩忽职守、徇私舞弊的，对直接负责的主管人员和其他直接责任人员依法给予处分；构成犯罪的，依法追究刑事责任。

第六章　附　　则

第二十五条　本办法自2023年5月1日起施行。

海南省防震减灾规定

（2023年7月21日海南省第七届人民代表大会常务委员会第五次会议通过）

第一条 为了防御和减轻地震、火山灾害，保护人民生命和财产安全，促进经济建设和社会发展，根据《中华人民共和国防震减灾法》等有关法律、法规的规定，结合本省实际，制定本规定。

第二条 防震减灾工作坚持以防为主、防抗救相结合，常态减灾和非常态救灾相统一，逐步提高防御地震、火山灾害的能力。

第三条 县级以上人民政府应当加强对防震减灾工作的领导，将防震减灾工作纳入本级国民经济和社会发展规划，所需经费列入财政预算，健全防震减灾工作体系，加强防震减灾队伍建设，并将防震减灾工作纳入考核。

第四条 县级以上人民政府抗震救灾指挥机构统一领导、指挥和协调本行政区域内的抗震救灾工作，其日常工作由本级人民政府应急管理部门承担。

县级以上人民政府地震工作主管部门和应急管理、发展改革、财政、住房城乡建设、民政、卫生健康、公安、教育、自然资源和规划以及其他有关部门，应当在本级人民政府领导下，按照职责分工，共同做好防震减灾工作。

乡镇人民政府、街道办事处应当在县级以上人民政府地震工作主管部门及其他相关部门的指导下，做好防震减灾工作。

第五条 各级人民政府应当加强防震减灾知识的科学普及和宣传教育，增强公民的防震减灾意识，提高全社会的防震减灾能力。

每年5月12日全国防灾减灾日所在周为本省防震减灾宣传周。

鼓励家庭和个人常备地震应急物品，掌握自救互救方法，降低地震灾害损失。

第六条 省人民政府地震工作主管部门根据地震、火山活动趋势，提出确定本省地震重点监视防御区的意见，报省人民政府批准。

地震重点监视防御区的市、县、自治县人民政府地震工作主管部门应当加强地震、火山监测工作，根据有关规定制定地震、火山短期与临震、临喷预测方案，建立跟踪会商制度，提高地震、火山监测预测能力。

省人民政府和沿海市、县、自治县人民政府地震工作主管部门应当加强海域地震、火山监测，及时向应急管理、自然资源和规划部门和当地海事管理机构通报海域地震监测情况，提高地震海啸监测预警能力。

第七条 全省地震、火山监测预警台网由省级地震、火山监测预警站网和市、县级地震监测站网组成，实行统一规划，分级、分类管理，其建设、运行和维护的经费列入财政预算。

第八条 水库大坝、油田、矿山、石油化工、核电站、特大桥梁、发射塔等重大建设工程的建设单位，应当按照法律、法规规定，建设专用地震监测台网或者强震动监测设施。

专用地震监测台网、强震动监测设施的运行、管理由建设单位或者管理单位负责，并接受地震工作主管部门的指导。

专用地震监测台网、强震动监测设施应当与全省地震、火山监测预警台网联网。

第九条 地震、火山监测预测工作实行专业台网与群测群防相结合的原则。县级以上人民政府地震工作主管部门应当鼓励、支持各种形式的群测群防活动，完善地震宏观异常报送、调查核实机制，并给予指导。

第十条 县级以上人民政府应当加强对地震、火山监测预警设施及其观测环境的保护。县级以上人民政府地震工作主管部门应当会同自然资源和规划部门，划定地震、火山监测预警设施及其观测环境的保护范围，报本级人民政府备案，并通报有关部门。

一次性齐发爆破用药相当于四千千克 TNT 炸药当量以上的爆破作业，爆破单位应当在实施爆破作业四十八小时前，将爆破地点、时间以及用药量书面报告爆破作业实施地县级人民政府地震工作主管部门。

第十一条 县级以上人民政府应当组织开展地震灾害风险调查评估、城市地震活动断层探测、区域性地震安全性评价和海洋地震构造探测等工作，探索开展海域地震区划工作。

县级以上人民政府应当依据地震灾害风险调查评估结果，及时采取有针对性的防治措施，提高地震灾害防治能力。城市地震活动断层探测和区域性地震安全性评价结果应当作为编制或者修订国土空间规划、抗震设防要求的依据。

第十二条 建设工程应当避开地震活动断层和地震危险地段。确实无法避开的，应当采取符合建设工程使用功能要求和适应地震效应的抗震设防措施。

第十三条 县级以上人民政府地震工作主管部门负责本行政区域内区域性地震安全性评价和场地地震安全性评价的监督管理工作。省人民政府地震工作主管部门应当加强对地震安全性评价从业单位的监督管理，负责审定区域性地震安全性评价和场地地震安全性评价报告。

第十四条 新建、扩建、改建建设工程，应当达到国家和本省规定的抗震设防要求。

下列重大建设工程和可能发生严重次生灾害的建设工程应当进行场地地震安全性评价，并按照经审定的地震安全性评价报告所确定的抗震设防要求进行抗震设防：

（一）核电站和核设施建设工程；

（二）电力设施中的大跨越工程，国家和区域电力调度中心；

（三）抗震设防烈度七度及以上地区的油气干线输送管道，涉及光气合成、精制、使用及存储的特殊设防类建（构）筑物和厂房；

（四）大型海洋风电场、大型海上固定油气设施或者地震地质条件复杂的海洋油气设施；

（五）三级医院中承担特别重要医疗任务的门诊、医技、住院用房，具有Ⅰ级应急功能保障医院的门诊、医技、住院用房，承担研究、中试和存放剧毒的高危险传染病病毒、细菌的疾病预防与控制中心的建筑或其区段，中央级救灾物资储备库；

（六）独立特大型桥梁及独立特长隧道公路工程、地震动峰值加速度大于或等于 $0.40g$ 地区的高速公路和一级公路的抗震危险地段，越江隧道、海底隧道等特别重要的铁路工程，在城市轨道交通网络中占据关键地位、承担交通量大的大跨度桥梁和车站的主体结构，城市道路中悬索桥、斜拉桥以及跨度大于一百五十米的拱桥，国际或者国内主要干线机场的航管楼，液化天然气码头和储罐区护岸；

（七）国际出入口局、国际无线电台、国家卫星通信地球站、国际海缆登陆站，国家级卫星地球站上行站，混凝土结构塔高度大于二百五十米或者钢结构高度大于三百米的省级及以上的电视调频广播发射塔；

（八）研究、中试生产和存放具有高放射性物品以及剧毒的生物制品、化学制品、天然和人工细菌、病毒的科学实验建筑；

（九）国家和本省规定的其他需要进行地震安全性评价的工程。

前款规定以外的建设工程，应当按照地震动参数区划图确定的抗震设防要求进行抗震设防。已经开展区域性地震安全性评价或者地震小区划的区域，按照区域性地震安全性评价结果或者地震小区划结果所确定的抗震设防要求进行抗震设防。

第十五条 县级以上人民政府应当根据本地实际组织开展已建建设工程的抗震设防普查。未达到抗震设防要求的已建建设工程，应当依法采取必要的抗震加固措施。

县级以上人民政府应当鼓励、引导农村村民对未达到抗震设防要求的已有村民住宅进行抗震加固。

第十六条 县级以上人民政府应当加强农村民居抗震防灾知识宣传教育，支持、引导村民住宅、乡村公共设施采取抗震设防措施，并按照国家和本省有关规定给予符合条件的村民农房抗震改造补助。

县级以上人民政府住房和城乡建设部门应当会同地震工作主管部门推广经济适用、符合抗震设防要求的农村民居，免费为农村村民提供抗震房屋设计图纸和施工技术指导，对农村建筑施工队及工匠进行必要的培训，结合乡村振兴、生态移民搬迁、农村危房改造等，逐步提高农村建筑的抗震设防水平。

乡镇人民政府在村民住宅、乡村公共设施报建时，应当积极引导其采取抗震设防措施。

第十七条 县级以上人民政府应当鼓励和支持防震减灾科学技术研究，合理安排防震减灾科研经费投入，加强地震科技创新基地、防震减灾重点实验室建设，开发和推广使用减隔震、装配式等符合抗震设防要求的新技术、新工艺、新材料。

鼓励科研机构、院校等加大对海洋地震监测的研究，以新科技、新方式推进海洋地震监测设施建设。

第十八条 县级以上人民政府应当将地震应急避难场所建设纳入国土空间规划，充分利用广场、绿地、公园、学校、体育场馆等公共场所，统筹规划、建设应急避难场所。

应急避难场所的所有权人或者管理人应当按照国家有关规定，做好应急避难场所的日常维护和管理工作。

学校、幼儿园、养老院、儿童福利机构、医院、机场、车站、体育场馆、大型商场、大型娱乐场所等人员密集场所，应当设置应急疏散通道。

应急避难场所、应急疏散通道应当采用统一标志，并在显著位置予以标志。

第十九条 县级以上人民政府应急管理部门应当会同本级人民政府地震工作主管部门以及其他有关部门，根据法律、法规、规章、上级人民政府的地震应急预案和本行政区域实际情况，制定本行政区域的地震应急预案，报本级人民政府批准后实施，并报上一级人民政府应急管理部门备案。

县级以上人民政府有关部门，应当根据本级人民政府地震应急预案、上级部门的地震应急预案，结合各自的社会管理与公共服务职责，制定本部门的地震应急预案，并报同级应急管理部门备案。

乡镇人民政府应当根据上级人民政府及其有关部门的地震应急预案和本行政区域实际情况，制定本行政区域的地震应急预案，并报上一级人民政府应急管理部门备案。

交通、铁路、水利、电力、通信等基础设施和学校、医院等人员密集场所的经营管理单位，以及可能发生次生灾害的核电、矿山、危险物品等生产经营单位，应当制定地震应急预案，并报所在地的县级人民政府应急管理部门备案。

省人民政府和火山所在地的市、县人民政府制定的地震应急预案应当包括火山灾害应急内容，或者制定专项的火山灾害应急预案。

地震、火山应急预案应当切实可行，适时检查修订，每两年至少组织一次模拟演练。

第二十条 省人民政府应当及时组织地震灾害损失调查评估，为地震应急救援、灾后过渡性安置和恢复重建提供依据。

地震灾害损失调查评估工作由省人民政府应急管理部门、地震工作主管部门会同财政、住房城乡建设、水务、卫生健康、民政、农业农村、教育、交通运输等部门共同完成。

第二十一条 违反本规定，有下列情形之一的，对直接负责的主管人员和其他直接责任人员依法给予处分：

（一）未依法审定地震安全性评价报告或者确定抗震设防要求的；

（二）未依法制定地震、火山应急预案的；

（三）法律、法规规定其他不履行或者不正确履行职责、滥用职权、徇私舞弊的情形。

第二十二条 违反本规定的行为，根据《中华人民共和国防震减灾法》《地震监测管理条例》《建设工程抗震管理条例》等有关法律、法规的规定进行处罚。

违反本规定的行为，根据国家和本省规定已实施综合行政执法管理的，由省人民政府确定的执法机构或者市、县、自治县人民政府综合行政执法机构处理。

第二十三条 本规定自 2023 年 9 月 1 日起施行。《海南省防震减灾条例》同时废止。

海南省人民政府令

（第 311 号）

《海南省地震预警管理办法》已经 2023 年 1 月 3 日七届省政府第 113 次常务会议审议通过，现予公布，自 2023 年 5 月 1 日起施行。

省长　冯飞

2023 年 1 月 11 日

海南省地震预警管理办法

第一条　为规范地震预警活动，加强地震预警管理，发挥地震预警作用，减轻地震灾害损失，保护人民生命和财产安全，维护经济社会秩序稳定，根据《中华人民共和国防震减灾法》《地震监测管理条例》《海南省防震减灾条例》等法律法规，结合本省实际，制定本办法。

第二条　在本省行政区域内从事地震预警系统规划、建设和维护，地震预警信息发布、传播和运用以及相关监督管理工作，适用本办法。

本办法所称地震预警，是指在地震发生后，破坏性地震波到达前，利用地震监测设施、设备及相关技术快速获取地震信息，并自动向可能遭受地震破坏或者影响的区域发出地震警报信息的行为。

地震预警系统包括地震监测系统、信息自动处理系统、预警信息发布和传播系统。

第三条　县级以上人民政府应当加强对地震预警工作的领导，将地震预警工作纳入国民经济和社会发展规划，所需经费列入同级财政预算。

县级以上人民政府地震工作主管部门负责本行政区域地震预警及其监督管理工作。

发展改革、财政、应急管理、交通运输、住房和城乡建设、自然资源和规划、水务、民政、卫生健康、公安、教育、科技、广播电视、气象、通信管理等主管部门应当按照各自职责，密切配合，依法做好地震预警相关工作。

第四条　县级以上人民政府地震工作主管部门应当广泛开展地震预警知识宣传教育工作，指导、督促、协助有关单位开展地震应急演练，提高公众应急避险能力。

广播、电视、报刊、互联网等媒体和通信运营企业应当开展地震预警知识的公益宣传活动。

学校应当普及地震预警知识，组织开展必要的地震应急演练，培养师生的地震安全意识，提高师生的应急避险、自救互救能力。

第五条　省人民政府地震工作主管部门应当按照国家相关要求和本省实际情况，组织编制全省地震预警系统建设规划，并纳入防震减灾规划，报省人民政府批准后组织实施。

市、县、自治县人民政府地震工作主管部门应当根据全省地震预警系统建设规划，组织建设本地地震预警系统。

全省地震预警系统建设规划应当包含南海地震监测预警站网建设内容，逐步实施南海地震监测，提升南海地震预警与速报能力。

第六条　地震重点监视防御区的市、县、自治县人民政府应当在学校、医院、车站、机场、体育场馆等人员密集场所安装地震预警信息接收和播发装置。

核电站、航天发射基地、高速铁路、城市轨道交通、电力调度中心、输油输气管道干线（站）、大型水库等重大建设工程和涉及危险化学品等其他可能发生严重次生灾害的建设工程，其建设单位或者管理单位应当安装地震预警信息接收装置，也可以根据需要建设专用地震预警系统，所建设的专用地震预警系统应当报省人民政府地震工作主管部门备案。

鼓励其他单位安装地震预警信息接收和播发装置。

第七条　全省地震预警系统建设、维护，预警信息发布、传播，执行统一的技术规范和标准。

省人民政府地震工作主管部门应当根据有关法律法规规定，制定全省地震预警系统建设、维护以及预警信息发布、传播的规范。

第八条　地震预警信息由省人民政府地震工作主管部门统一发布。其他任何单位和个人不得以任何形式向社会发布地震预警信息。

禁止编造、传播虚假地震预警信息。

第九条　省人民政府地震工作主管部门根据地震可能造成的破坏程度和社会影响，确定地震预警信息发布阈值。地震预估参数达到确定阈值时，由地震预警系统自动向相关区域发布地震预警信息。

地震预警信息应当包括地震发生时间、地震震中、地震波到达时间、预估地震烈度等内容。

第十条　省人民政府应当指定广播、电视、互联网、通信等媒体和单位向公众播发地震预警信息，并向社会公布。鼓励其他媒体转发地震预警信息。

第十一条　向公众播发地震预警信息的媒体和单位，应当建立地震预警信息自动接收播发机制，及时、准确、无偿播发地震预警信息，并接受当地管理地震工作的部门指导和监督。

第十二条　省人民政府地震工作主管部门应当建立全省地震预警信息平台，加强预警信息共享和大数据应用分析，并建立信息汇集、处理和应用机制，保证数据信息真实、可溯。

第十三条　对地震预警信息有特殊需求的单位或者个人，可以向省人民政府地震工作主管部门提出定制信息服务申请。

第十四条　县级以上人民政府及其有关部门接收到地震预警信息后，应当依法及时做好地震应急处置工作。

人员密集场所的管理单位接收到地震预警信息后，应当按照地震应急预案，立即采取相应避险措施。

重大建设工程和其他可能发生严重次生灾害的建设工程的建设单位或者管理单位接收到地震预警信息后，应当按照各自行业规定、技术规范和地震应急预案立即进行处置。

第十五条 市、县、自治县人民政府应当按照国家和本省有关规定，利用公园、广场、绿地、体育场馆等公共设施，规划设立地震应急避难场所，并设置明显标志。

第十六条 各级人民政府应当加强对地震预警设施和地震观测环境的保护。地震工作主管部门具体负责对地震预警设施和地震观测环境的巡查和保护工作。

地震预警设施遭受破坏的，地震工作主管部门应当及时组织修复；地震观测环境遭受破坏影响地震预警设施工作效能的，有关单位应当排除妨碍、消除影响、恢复原状或者易地重建。

地震预警设施运行管理单位和地震预警信息接收单位应当加强对相关设施的维护管理，保障地震预警系统正常运行。

第十七条 任何单位和个人不得侵占、损毁、拆除或者擅自移动地震预警系统设施，不得危害地震观测环境。

第十八条 省人民政府地震工作主管部门应当加强琼台、琼粤、琼桂以及与南海周边国家之间的地震监测预警科技交流与合作，建立地震预警信息共享机制，提高区域地震预警能力。

省人民政府地震工作主管部门应当与南中国海区域海啸预警中心建立地震海啸预警信息共享机制，提高南海地震海啸监测、分析和预警能力。

第十九条 违反本办法规定，有下列行为之一的，由县级以上人民政府地震工作主管部门责令改正；逾期未改正的，处一万元以上五万元以下罚款：

（一）未按照本办法第六条规定安装地震预警信息接收和播发装置的；

（二）建设专用地震预警系统，未备案的。

第二十条 擅自向社会发布地震预警信息的，由县级以上人民政府地震工作主管部门对单位处以一万元以上五万元以下罚款，对个人处以二千元以上一万元以下罚款；构成违反治安管理行为的，由公安机关依法给予处罚；构成犯罪的，依法追究刑事责任。

第二十一条 违反本办法第十七条规定，侵占、损毁或者擅自拆除、移动地震预警系统设施的，由县级以上人民政府地震工作主管部门责令停止违法行为，恢复原状或者采取其他补救措施；造成损失的，依法承担赔偿责任；情节严重的，对单位处以二万元以上五万元以下的罚款，对个人处以一千元以上二千元以下的罚款；构成违反治安管理行为的，由公安机关依法给予处罚。

第二十二条 本办法规定的违法行为，已经实施相对集中行政处罚权，由综合行政执法部门实施的，从其规定。

第二十三条 本办法自 2023 年 5 月 1 日起施行。

青海省人民政府令

（第 133 号）

《青海省地震预警管理办法》已经 2023 年 1 月 6 日省人民政府第 123 次常务会议审议通过，现予公布，自 2023 年 3 月 1 日起施行。

省长　吴晓军

2023 年 1 月 9 日

青海省地震预警管理办法

第一条　为了加强地震预警管理，发挥地震预警作用，减轻地震灾害损失，保护人民生命和财产安全，根据《中华人民共和国防震减灾法》《地震监测管理条例》《青海省防震减灾条例》等法律法规，结合本省实际，制定本办法。

第二条　本省行政区域内地震预警系统建设、地震预警信息发布以及相关监督管理等活动，适用本办法。

第三条　本办法所称地震预警，是指地震发生后，在破坏性地震波到达可能遭受破坏的区域前，利用地震预警系统自动快速获取地震信息，并向该区域提前发出地震警报的行为。

地震预警系统包括地震预警监测系统、数据传输和处理系统以及信息接收播发系统。

第四条　地震预警工作坚持政府主导、部门协同、社会参与的原则。

第五条　县级以上人民政府应当加强对地震预警工作的领导，将地震预警工作纳入国民经济和社会发展规划，建立健全地震预警工作协调机制，统筹解决地震预警工作中的重大问题，所需经费列入本级财政预算，并建立与经济社会发展水平相适应的地震预警投入增长机制。

第六条　县级以上人民政府负责管理地震工作的部门或者机构（以下简称地震工作主管部门）负责本行政区域内地震预警工作。

县级以上人民政府其他有关部门按照各自职责，做好地震预警相关工作。

第七条　县级以上人民政府及其有关部门、乡镇人民政府、街道办事处应当组织开展地震预警知识宣传普及活动和地震应急演练，提高公众的地震风险防范意识和避险救助能力。

地震工作主管部门应当指导、督促、协助有关单位开展地震预警知识宣传教育和地震应急演练。

第八条 企业、事业、社会团体等单位应当结合各自实际，开展地震预警知识宣传教育和地震应急演练。

广播、电视、互联网等媒体应当开展地震预警知识的公益宣传活动。

第九条 省地震工作主管部门应当编制全省地震预警系统建设方案，组织建设地震预警监测系统、数据传输和处理系统。地震预警监测系统建设应当充分利用已有的地震监测台站，避免重复建设。

第十条 地震预警信息由省地震工作主管部门统一发布，其他任何单位和个人不得以任何形式向社会发布地震预警信息。

地震预警信息发布的条件、范围、方式应当符合有关标准和要求，信息内容包括地震震中、震级、发震时间、地震波到达时间、预估地震烈度等。

第十一条 因技术等原因误发地震预警信息或者信息内容偏差较大的，省地震工作主管部门应当及时修正，并采取措施消除影响。

第十二条 县级以上人民政府应当建立地震预警信息接收播发机制。广播、电视、互联网等媒体和通信运营企业应当在地震工作主管部门和有关部门指导下，建立地震预警信息接收播发系统，及时、准确、无偿地向社会公众播发地震预警信息。

第十三条 铁路、特大桥梁、长隧道、大型水库、矿山、石油化工、输油输气管线（站）、危险物品厂库、枢纽变电站等重大建设工程和其他可能由地震引发严重次生灾害的建设工程，建设单位或者运营管理单位应当建立地震预警信息接收播发系统，完善地震预警应急处置机制。

前款规定的建设工程，建设单位或者运营管理单位可以根据需要建立专用地震预警系统，建设情况应当报省地震工作主管部门备案，并向省地震预警监测系统实时传送监测数据。

第十四条 学校、幼儿园、医院、车站、机场、体育场馆、影剧院、商业中心、图书馆、博物馆等人员密集场所应当建立地震预警信息接收播发系统，完善地震预警应急处置机制。

第十五条 对地震预警信息有特殊需求的单位，可以向省地震工作主管部门提出信息服务申请，省地震工作主管部门根据有关规定和标准提供地震预警信息服务。

第十六条 接收到地震预警信息后，地震发生地的各级人民政府应当按照地震应急预案，依法及时做好地震应急处置工作。

第十七条 地震预警系统运行管理单位应当加强对地震预警系统及其设施的维护和管理，保障地震预警系统的正常运行。

第十八条 地震工作主管部门应当定期对地震预警系统运行情况进行监督检查，对遭受破坏或者未正常运行的地震预警设施，应当及时组织修复。

第十九条 任何单位和个人对地震预警活动中的违法行为，有权进行举报。接到举报的单位应当按照职责及时处理。

第二十条 违反本办法规定的行为，法律法规已规定法律责任的，从其规定。

第二十一条 违反本办法规定，擅自向社会发布地震预警信息，构成违反治安管理行为的，由公安机关依法给予处罚。

第二十二条　违反本办法规定，未建立地震预警信息接收播发系统或者未将专用地震预警系统建设情况向省地震工作主管部门备案，未将地震预警监测数据实时传送到省地震预警监测系统的，由地震工作主管部门责令限期改正。

第二十三条　地震工作主管部门和有关部门及其工作人员违反本办法规定，在地震预警工作中滥用职权、玩忽职守、徇私舞弊的，对直接负责的主管人员和其他直接责任人员，依法给予处分。

第二十四条　本办法自 2023 年 3 月 1 日起施行。

重要会议

2023 年全国地震局长会议

2023 年 1 月 14 日，2023 年全国地震局长会议以视频形式在京召开。中国地震局党组书记、局长闵宜仁出席会议并讲话，强调要以习近平新时代中国特色社会主义思想为指导，全面贯彻党的二十大精神，认真贯彻党中央、国务院决策部署，落实全国应急管理工作会议部署，坚持人民至上、生命至上，坚持稳中求进工作总基调，更好统筹发展和安全，全面深化改革开放，落实“四句话”业务发展思路，聚焦服务发展，防范重大风险，健全工作体系，夯实基层基础，深入推进防震减灾事业现代化建设，有力保障全面建设社会主义现代化国家开好局起好步。

会议指出，2022 年是党和国家历史上极为重要的一年，也是防震减灾发展史上关键的一年。地震系统深入学习贯彻党的二十大精神，坚决贯彻习近平总书记重要指示批示精神，全面落实党中央、国务院决策部署，高效统筹疫情防控和防震减灾工作，统筹发展和安全，着力推动防震减灾高质量发展。地震安全服务保障取得显著成效。高效组织青海门源 6.9 级、四川泸定 6.8 级等多次破坏性地震抗震救灾和应急服务响应，把保障人民群众生命财产安全放在第一位落到实处，全方位服务国家重大战略和重大活动。地震监测预报预警业务能力进一步增强。监测业务能力建设扎实推进，预报探索实践取得新成效，现代化地震速报预警业务体系不断完善。探查区划评估业务体系初步建立并加快布局。出台加强震灾防御基础业务建设的实施意见，发布《中国地震构造环境探查规划》，启动新一代全国地震动参数区划图编制，探查区划评估取得新进展，震灾风险社会治理不断深入。地震科技创新和人才队伍建设加快推进。聚焦世界地震科技强国奋斗目标，全面部署地震科技自立自强重点任务，深入实施国家地震科技创新工程，强化重大基础理论和关键核心技术攻关研发。全面启动国家重大科学基础设施中国地震科学实验场初步设计，以“一场一室一中心一基地”建设为核心，打造世界地震科学中心和防震减灾人才高地。防震减灾公共服务和深化改革迈出新步伐。完成国家防震减灾公共服务平台主体建设，创新培育防震减灾科普新模式，地方防震减灾救灾体制机制不断健全，“防”与“救”的责任更加高效协同，保障更加有力，以“十四五”国家防震减灾规划为核心的规划体系全面建立并启动实施。党的建设和全面从严治党持续推进。坚持把正确的政治方向贯穿防震减灾业务工作各领域全过程，深入开展“挺纪立规、强化责任”思想大讨论，坚持以严的基调强化正风肃纪，为防震减灾事业现代化建设提供坚强政治保证。

会议强调，要深入学习贯彻党的二十大精神，深刻领悟“两个确立”的决定性意义，坚决做到“两个维护”，深刻把握中国式现代化的中国特色和本质要求，坚持“防震减灾 造福人民”，坚持服务引领和科技引领，统筹推进地震灾害风险防治体系、地震基本业务和保障体系、地震科技创新和人才体系、防震减灾社会治理体系现代化，推动震灾风险防治高标准、基本业务和保障高水平、科技创新和人才高“智”量、社会治理高效率和开放服务高格局。加快推进实践基础上的创新发展，必须把握七个原则。必须坚持和加强党的全面领导，始终牢牢把握防震减灾事业现代化正确的政治方向。必须坚持人民至上、生命至上，始终不忘初心，把人民群众生命财产安全放在首位。必须坚持统筹发展和安全，始终牢记使命，有效防范重大地震灾害风险，服务保障全面建设社会主义现代化国家。必须坚持“两个坚持、三个转变”，始终坚持不懈走中国特色的防震减灾道路。必须坚持改革开放创新驱动，始终坚定不移加快科技创新，提升地震安全服务保障能力。必须坚持在法治轨道上推进事业发展，始终常抓不懈，提升防震减灾法治化水平。必须坚持全面从严治党，始终以自我革命精神推动地震干部人才队伍专业化规范化建设。

会议强调，2023 年是全面贯彻落实党的二十大精神的开局之年，是推进“十四五”规划落实的关键之年。要加快构建地震灾害风险防治新格局，全面提升全社会防震减灾能力。要健全完善基本业务和保障体系，不断提升震情保障服务能力。要实施科技兴局战略，强化现代化建设人才支撑。要推进防震减灾治理体系建设，进一步深化体制机制改革。要坚持“政府主导、社会参与”，不断开创“防震减灾 +”服务新局面。

会议强调，要建设堪当新时代新征程重任的高素质专业化干部队伍，着力推进防震减灾事业现代化建设。要加强政治能力建设，坚持不懈强化党的创新理论武装，持续不断增强基层党组织政治功能。要在实践一线和担当作为中锤炼过硬本领，加强干部教育培训，强化干部实践锻炼，加强和改进调查研究，切实提高领导干部的综合素质和能力。要全面担负起全面从严治党政治责任，压实主体责任，深入推进党风廉政建设和反腐败斗争，推进作风建设常态化长效化。要保持奋发有为的精神状态，始终保持“时时放心不下”的责任感，始终保持盯着问题做工作的决心，始终保持干事创业的良好状态。

中国地震局党组成员、副局长阴朝民主持会议，党组成员、副局长陈小军通报 2022 年度局属单位和机关内设机构综合考评结果，局党组成员出席会议。河北省地震局、山东省地震局、青海省地震局、中国地震台网中心、中国地震局地质研究所主要负责同志作交流发言。中国地震局老领导、中央和国家机关有关部门相关司局负责同志应邀出席会议。参加中央党校培训班的京外单位主要负责人，机关各内设机构主要负责人在主会场参会。局属单位党政主要负责人，新疆生产建设兵团地震局主要负责人，中国灾害防御协会、中国地震学会负责人在各分会场视频参会。

（中国地震局办公室）

全国地震趋势会商会

2023 年 12 月 5 日，中国地震局召开 2024 年度全国地震趋势会商会。中国地震局党组成员、副局长阴朝民出席会议并讲话。

会议听取了 2024 年度全国地震大形势跟踪与趋势预测研究报告、2024 年度全国地震重点危险区汇总研究报告、中国地震预测咨询委员会报告3个主题报告及系统内外专家专题报告。组织北京大学、清华大学、南京大学、武汉大学以及中国科学院相关研究所等系统外10余家单位的15位院士教授和全国地震系统预报专家200余人，对2024年度全国地震趋势和地震重点危险区进行了综合研判，形成了2024年度全国地震趋势预测意见和地震重点危险区判定结果，研究部署了全国震情监视跟踪和应急准备工作措施。

中国地震预报评审委员会院士、专家，中国地震局地震预测咨询委员会主任，中国地震局机关有关内设机构负责同志，中国地震台网中心、中国地震局地震预测研究所主要领导，中国地震局局属各相关单位监测预报分管领导、有关业务人员参会。

（中国地震局监测预报司）

全国地震监测预报工作会议

2023年9月20—21日，全国地震监测预报工作会议在陕西省西安市召开。中国地震局党组成员、副局长阴朝民出席会议并讲话，陕西省副省长窦敬丽出席开幕式并致辞。

会议强调，要深入学习贯彻习近平总书记关于防灾减灾救灾重要论述和防震减灾重要指示批示精神，认真贯彻落实习近平总书记关于新时代新征程防震减灾目标任务的新部署新要求，扎实落实应急管理部党委和中国地震局党组要求，全力推动地震监测预报工作高质量发展。

会议要求，地震系统各单位要深刻认识面临的形势和挑战，准确把握监测预报工作高质量发展要求，进一步构建科学合理的工作布局，加强业务体系、服务体系、创新体系、管理体系、人才体系建设，加快推动监测预报预警业务现代化。

会议期间，与会人员赴国家地震数据灾备中心、陕西地震预警中心、西安中心站开展集体调研，中国地震台网中心、中国地震局地震预测研究所等9家单位作改革创新经验交流。中国地震局机关有关内设机构负责同志、局属各单位分管负责同志、相关处室负责同志、相关学科组负责人及部分业务骨干参加会议。

（中国地震局监测预报司）

国家地震烈度速报与预警工程全国一般站运维工作会议

2023年6月9日，中国地震局与中国铁塔股份有限公司联合召开国家地震烈度速报与预警工程全国一般站运维工作会议，会议全面总结了前期工作情况，分析一般站建设与运行维护方面存在的问题，部署下一步工作。中国地震局党组成员、副局长阴朝民，中国铁塔执行董事兼总经理顾晓敏出席会议。

会议强调，地震系统要深入贯彻落实习近平总书记关于防灾减灾救灾重要论述和防震减灾重要指示批示精神，坚持底线思维和极限思维，切实增强责任感、使命感和紧迫感，建立健全地震监测预警站网联合运维保障机制，持续优化提升运维保障能力，全力以赴确保地震预警站网运行安全稳定可靠，为最大限度降低地震灾害损失提供坚实保障。

会议要求，中国铁塔股份有限公司要进一步创新服务模式，充分发挥自身优势，全力以赴做好地震监测预警站网维护保障、隐患整改、风险排查和服务对接，把国家地震烈度速报与预警工程打造成高质量运行、陪伴式服务、网络安全的标杆工程和典范项目。

应急管理部地震地质司、中国地震局监测预报司、中国地震台网中心、各省（自治区、直辖市）地震局和中国铁塔股份有限公司分公司有关负责同志现场参会。全国地震系统和中国铁塔股份有限公司相关管理和业务人员在各分会场视频参会。

（中国地震局监测预报司）

地震系统科技服务现场会议

2023 年 7 月 24—25 日，地震系统科技服务现场会议在湖北省武汉市召开。湖北省副省长盛阅春出席开幕式并致辞，中国地震局党组成员、副局长王昆出席会议并讲话。

会议强调，要深入学习贯彻习近平总书记关于防灾减灾救灾、科技创新重要论述和防震减灾重要指示批示精神，坚决贯彻党中央、国务院决策部署，深刻认识加强地震科技服务是落实中央主题教育“学思想、强党性、重实践、建新功”总要求的生动实践，是深化地震科技体制机制改革、提升核心业务能力的重要举措，是推动省级地震局赋能增效促发展、实现防震减灾事业现代化的必然要求。地震系统各单位要落实“四个面向”的战略部署，聚焦 2035 年中国步入世界地震科技强国前列的奋斗目标，以科技为支撑，以市场为导向，大胆创新，巩固优化地震科技服务传统领域，拓展深化延伸领域，培育孵化新兴领域，加快构建地震科技创新和科技服务并重的新格局。

会议期间，与会人员赴湖北省地震局“一所三院”集体调研，湖北省地震局、江苏省地震局、安徽省地震局、四川省地震局、新疆维吾尔自治区地震局、中国地震灾害防御中心、中国地震局地球物理研究所、深圳防灾减灾技术研究院 8 家单位作现场交流。中国地震局机关有关内设机构负责同志、局属各单位分管负责同志、相关处室负责同志及部分业务骨干参加会议。

（中国地震局办公室）

全国地震灾害风险防治工作推进会

2023 年 11 月 23—24 日，全国地震灾害风险防治工作推进会在江苏省南京市召开。中国地震局党组成员、副局长倪岳伟出席会议并讲话，江苏省人民政府副秘书长杨新忠出席开幕式并致辞。会议认真学习贯彻党的二十大精神，深入贯彻落实习近平总书记关于防灾减灾救灾重要论述和防震减灾重要指示批示精神，巩固主题教育成果，认真落实新时代防震减灾事业现代化建设和全面深化改革部署，总结近年来尤其是中国地震局党组《关于进一步加强新时代地震灾害防御基础业务建设的实施意见》印发以来工作进展，进一步统一思想、提振信心，安排部署当前和未来一段时期重点任务。

会议指出，近年来，地震系统各单位认真贯彻落实习近平总书记关于防灾减灾救灾重要论述和党中央、国务院决策部署，扎实推进新时代地震灾害防御基础业务落实落地，着力构建地震灾害风险防治体系，持续夯实探查区划评估业务基础，大力拓展地震灾害风险防治服务，努力实现新时代地震灾害防御工作破题、转型、升级、提效，各项工作取得显著进展。

会议强调，地震系统各单位要深入学习贯彻习近平总书记关于新时代新征程防震减灾目标任务的新部署新要求，准确把握地震灾害风险防治工作的基本原则，清醒认识当前工作中的问题短板，不断增强做好新时代地震灾害风险防治工作的责任感、使命感、紧迫感，抓好基础业务体系建设，强化地震灾害风险防治服务效能，提高科技和人才保障水平，履行好防范化解地震灾害风险的政治责任和社会责任。

（中国地震局震害防御司）

中国地震科学实验场第五届学术年会

2023 年 9 月 5—9 日，中国地震科学实验场第五届学术年会在云南大理召开。本次会议由中国地震局地球物理研究所和中国地震学会联合主办，云南省地震局和大理白族自治州人民政府协办。年会以“探索无限　砺行致远”为主题，展示交流了地震科学和中国地震科学实验场的最新研究成果。

本届年会邀请了全国地震系统、有关高校和科研院所等单位专家学者，“一带一路”有关国家会议代表等近 400 人现场参会，日本、土耳其等国家的专家线上参会，11000 人次同步视频观看了本次会议。年会共设置了 11 个专题研讨会场，交流了 120 余篇学术报告，探讨了地震科学不同领域的研究进展。此外，年会还组织了展览交流会，展出了地震科技领域的研究成果和仪器设备。

此次年会的召开，有力地扩大了中国地震科学实验场的国际影响力，增进了中国地震科学实验场相关学科领域的交流和沟通。中国地震科学实验场正努力打造共享开放平台，力争成为地震科学研究前沿和国内外学者合作交流、人才集聚的创新高地。

（中国地震局科技与国际合作司）

第三届“一带一路”地震减灾协调人会议

2023 年 9 月 4—5 日，中国地震局在云南大理组织召开第三届“一带一路”地震减灾协调人会议。本次会议作为地震系统疫情后首次线下召开的国际会议，得到各方积极响应和支持，来自阿尔及利亚、中国、埃及、哈萨克斯坦、吉尔吉斯斯坦、老挝、马来西亚、蒙古国、摩洛哥、缅甸、尼泊尔、塔吉克斯坦、泰国、亚洲地震委员会、非洲地震委员会等 15 个“一带一路”国家和国际组织的代表出席会议。其中，吉尔吉斯斯坦和塔吉克斯坦代表为首次出席。中国外交部、应急管理部派员全程参会。

会议期间，与会代表就国家或区域地震减灾热点问题、优化地震减灾机制运行模式及建立“一带一路”地震科学考察联盟等议题进行了交流磋商，达成广泛共识并签署了会议纪要。会议的召开有效宣介了中国防震减灾先进理念，增强了机制成员国共识，推动了双多边务实合作，为密切后疫情时代的地震减灾合作发挥了积极作用。会议纪要和“一带一路”地震科学考察联盟 2 项成果被列入第三届“一带一路”国际合作高峰论坛多边合作成果文件清单。

（中国地震局科技与国际合作司）

地震与地震灾害

主要收载全球7.0级及以上地震目录，中国大陆及沿海地区4.0级及以上地震目录，中国及全球地震活动综述、地震灾害情况简介，中国各地地震活动及破坏性地震震害等。

地震活动

2023 年地震活动综述

一、2023 年中国地震活动概况

2023 年中国大陆地区共发生 5.0 级以上地震 11 次，低于年均 24 次的活动水平。2023 年中国大陆地区发生 6.0 级以上地震 2 次，分别为 1 月 30 日新疆沙雅 6.1 级和 12 月 18 日甘肃积石山 6.2 级地震，6.0 级以上地震频次低于年均 4 次的活动水平。2023 年中国大陆地区 5.0 级以上地震频次低于 2022 年（27 次），主要分布在大陆西部地区。

2023 年中国地震活动有以下特点。

中国大陆地区 5.0 级以上地震活动明显偏弱。2023 年以来中国大陆地区共发生 5.0 级以上地震 11 次，最大为 12 月 18 日甘肃积石山 6.2 级地震，活动水平较 2022 年（27 次，最大为 2022 年 1 月 8 日青海门源 6.9 级地震）和历史平均水平（24 次）明显偏弱。2023 年全国共发生 5.0 级以上地震 18 次，时间分布不均匀，1—7 月发生 5.0 级以上地震 7 次，12 月 1—20 日发生 5.0 级以上地震 4 次，出现 5.0 级以上地震由弱转强的特征。

中国大陆东部及附近海域地震活动有所增强。2023 年中国大陆东部及附近海域发生 5.0 级以上地震 3 次，分别为 6 月 24 日北部湾 5.0 级、8 月 6 日山东平原 5.5 级和 10 月 23 日广东南澳海域 5.0 级地震，地震活动水平较 2022 年（0 次）显著增强。

中国台湾地区 5.0 级以上地震明显偏弱，7.0 级以上地震持续平静。2023 年中国台湾地区及近海发生 5.0 级以上地震 3 次，最大为 10 月 24 日台湾花莲海域 5.9 级地震，活动水平较 2022 年（26 次）显著减弱，为 2000 年以来频次最低的年份。自 2006 年 12 月 26 日台湾恒春海域 7.2 级地震后，中国台湾地区 7.0 级以上地震已平静 17 年，为 1900 年以来最长平静时间。

二、2023 年全球地震活动概况

2023 年全球共发生 7.0 级以上地震 19 次，与 1900 年以来年均 18 次的活动水平基本持平，最大为 2 月 6 日土耳其两次 7.8 级地震。2023 年全球 7.0 级以上地震频次显著高于 2022 年（7 次），主要分布在欧亚地震带和澳大利亚板块东北边界。

2023 年全球 7.0 级以上地震活动有以下特点。

2023 年全球 7.0 级以上大震活动由弱转强。2023 年全球发生 7.0 级以上地震 19 次，与 1900 年以来年均频次（18 次）基本持平，显著高于 2022 年 7 次 7.0 级以上地震的活动水

平。2022 年和 2023 年全球未发生 8.0 级以上地震，最近一次为 2021 年 7 月 29 日美国阿拉斯加以南海域 8.1 级地震，全球 8.0 级以上地震平静约 2.4 年。

空间、时间分布相对集中。2023 年全球 7.0 级以上地震主要发生在欧亚地震带和澳大利亚板块东北边界，约占全球 7.0 级以上地震次数的 95%。其中欧亚地震带发生 7.0 级以上地震 7 次，澳大利亚板块东北边界发生 7.0 级以上地震 11 次。2023 年 1—6 月，全球发生 7.0 级以上地震 14 次，约占全年的 73.7%。

（中国地震台网中心）

2023年中国及周边沿海地区 M≥4.0 地震目录

2023年中国及周边海域 M≥4.0 地震

序号	月	日	时:分:秒	纬度/°N	经度/°E	震级（M）	地点
1	1	1	21:02:58	36.77	77.08	4.2	新疆喀什地区叶城县
2	1	5	12:27:38	37.91	101.13	4.2	青海海北州祁连县
3	1	7	19:21:27	23.54	121.33	4.0	台湾花莲县
4	1	14	16:02:28	32.92	92.22	4.3	青海海西州唐古拉地区
5	1	26	00:02:10	35.83	79.89	4.9	新疆和田地区和田县
6	1	26	03:49:43	29.63	102.01	5.6	四川甘孜州泸定县
7	1	26	03:50:16	29.66	102.07	4.5	四川甘孜州泸定县
8	1	26	04:57:18	29.65	101.98	4.0	四川甘孜州泸定县
9	1	26	07:21:32	29.63	101.99	4.4	四川甘孜州泸定县
10	1	30	07:49:39	40.01	82.29	6.1	新疆阿克苏地区沙雅县
11	1	31	01:07:43	35.85	79.86	4.8	新疆和田地区和田县
12	2	3	20:04:19	37.02	96.94	4.9	青海海西州德令哈市
13	2	3	20:14:40	37.03	96.91	4.2	青海海西州德令哈市
14	2	7	04:20:16	24.28	121.89	4.3	台湾花莲县海域
15	2	8	18:49:58	23.35	121.65	4.7	台湾花莲县海域
16	2	11	10:41:42	23.76	114.64	4.3	广东河源市源城区
17	2	11	19:35:47	23.40	121.69	4.2	台湾台东县海域
18	2	14	02:38:48	38.96	92.75	4.3	青海海西州茫崖市
19	2	18	23:49:09	23.73	120.75	4.1	台湾南投县
20	2	22	18:25:52	41.89	81.99	4.6	新疆阿克苏地区拜城县
21	2	26	00:03:18	22.43	121.21	4.1	台湾台东县海域
22	2	27	07:58:05	41.87	79.85	5.1	新疆阿克苏地区温宿县
23	2	28	22:46:50	29.63	102.01	4.8	四川甘孜州泸定县
24	3	3	00:48:58	24.52	121.92	4.1	台湾宜兰县海域
25	3	8	05:15:33	23.84	114.52	4.5	广东河源市东源县
26	3	15	10:32:21	35.20	81.33	4.6	西藏阿里地区日土县
27	3	17	18:39:37	30.78	96.25	4.8	西藏昌都市洛隆县
28	3	18	02:19:11	38.39	75.58	4.2	新疆克孜勒苏州阿克陶县
29	3	21	09:45:19	23.51	121.50	4.9	台湾花莲县
30	3	23	18:26:34	22.61	100.71	4.2	云南普洱市思茅区
31	4	2	05:54:51	26.83	102.92	4.0	四川凉山州会东县
32	4	3	03:32:24	6.50	115.80	6.1	南海海域

续表

序号	月	日	时:分:秒	纬度/°N	经度/°E	震级（M）	地点
33	4	7	02:02:15	34.68	82.10	4.0	西藏阿里地区日土县
34	4	7	18:36:29	23.19	121.41	4.0	台湾台东县海域
35	4	7	20:17:05	41.94	81.78	4.6	新疆阿克苏地区拜城县
36	4	22	13:04:20	22.57	118.47	4.7	台湾海峡南部
37	4	25	23:34:30	34.54	122.68	4.8	黄海海域
38	5	2	23:27:22	25.35	99.28	5.2	云南保山市隆阳区
39	5	2	23:38:19	25.35	99.29	4.4	云南保山市隆阳区
40	5	3	12:08:19	28.12	105.15	4.0	四川宜宾市兴文县
41	5	3	13:04:00	28.10	105.12	4.5	四川宜宾市兴文县
42	5	4	10:15:28	28.14	105.12	4.9	四川宜宾市兴文县
43	5	4	23:38:21	23.46	121.33	4.5	台湾花莲县
44	5	5	20:33:19	28.08	105.12	4.3	四川宜宾市兴文县
45	5	12	02:34:04	29.64	102.04	4.5	四川甘孜州泸定县
46	5	12	04:32:10	29.63	102.02	4.2	四川甘孜州泸定县
47	5	12	06:07:18	29.62	102.03	4.0	四川甘孜州泸定县
48	5	17	05:56:23	42.78	80.59	4.5	新疆伊犁州昭苏县
49	5	22	03:56:44	28.40	104.83	4.5	四川宜宾市珙县
50	5	23	22:42:56	41.78	82.18	4.3	新疆阿克苏地区拜城县
51	5	28	15:53:00	35.09	85.93	4.1	西藏阿里地区改则县
52	5	31	15:12:47	40.27	77.20	4.0	新疆克孜勒苏州阿图什市
53	6	9	02:34:40	33.19	84.88	4.3	西藏阿里地区改则县
54	6	10	13:31:54	22.88	120.65	4.7	台湾高雄市
55	6	10	17:12:34	22.85	120.60	4.2	台湾屏东县
56	6	11	20:25:38	24.26	122.47	4.3	台湾花莲县海域
57	6	14	04:17:56	41.71	80.81	4.1	新疆阿克苏地区温宿县
58	6	18	00:14:24	35.79	79.83	4.4	新疆和田地区和田县
59	6	24	03:07:36	20.72	109.07	5.0	北部湾
60	6	29	00:43:34	34.35	89.02	4.0	西藏那曲市安多县
61	7	4	10:08:02	38.45	76.45	4.3	新疆克孜勒苏州阿克陶县
62	7	7	02:03:55	23.08	121.22	4.1	台湾台东县
63	7	9	03:47:14	22.03	121.49	5.4	台湾屏东县海域
64	7	9	05:22:06	22.10	121.50	4.7	台湾屏东县海域
65	7	10	06:11:34	24.08	121.50	4.1	台湾花莲县
66	7	11	06:49:10	40.05	83.28	4.2	新疆阿克苏地区沙雅县
67	7	28	06:13:54	30.34	94.90	4.2	西藏林芝市波密县
68	7	30	12:15:10	30.27	94.81	4.2	西藏林芝市波密县

续表

序号	月	日	时:分:秒	纬度/°N	经度/°E	震级（M）	地点
69	8	1	01:56:43	25.88	104.09	4.4	云南曲靖市沾益区
70	8	4	11:05:03	33.14	92.06	4.2	青海海西州唐古拉地区
71	8	6	02:33:59	37.16	116.34	5.5	山东德州市平原县
72	8	13	20:55:01	24.32	101.88	4.4	云南楚雄州双柏县
73	8	18	10:39:23	29.58	104.87	4.0	四川内江市市中区
74	8	19	15:31:49	29.58	104.88	4.2	四川内江市市中区
75	8	19	22:46:05	30.37	94.84	4.3	西藏林芝市波密县
76	8	20	23:28:23	39.91	77.77	4.3	新疆喀什地区伽师县
77	8	23	02:46:49	30.33	94.91	4.1	西藏林芝市波密县
78	8	23	18:19:47	39.42	122.19	4.6	辽宁大连市普兰店区
79	8	29	16:08:42	39.39	78.09	4.6	新疆喀什地区巴楚县
80	9	5	17:30:42	23.51	120.42	4.9	台湾嘉义县
81	9	9	03:33:34	30.35	94.84	4.3	西藏林芝市波密县
82	9	18	21:21:23	26.45	125.35	6.4	东海海域
83	10	1	19:34:07	33.63	97.51	4.4	四川甘孜州石渠县
84	10	1	19:47:01	33.64	97.46	4.2	四川甘孜州石渠县
85	10	7	13:09:31	41.86	82.21	4.3	新疆阿克苏地区拜城县
86	10	7	14:04:08	41.89	82.24	4.3	新疆阿克苏地区拜城县
87	10	9	00:17:48	41.89	82.26	4.5	新疆阿克苏地区拜城县
88	10	11	18:36:56	23.24	121.32	5.4	台湾花莲县
89	10	14	15:53:30	24.03	122.31	4.9	台湾花莲县海域
90	10	14	22:04:05	23.92	122.36	4.2	台湾花莲县海域
91	10	22	23:14:12	39.38	97.33	4.7	甘肃酒泉市肃北县
92	10	23	03:20:22	23.32	117.39	5.0	广东汕头市南澳县海域
93	10	23	14:10:39	33.57	91.30	4.7	青海海西州唐古拉地区
94	10	23	16:43:36	31.51	88.26	4.4	西藏那曲市申扎县
95	10	23	21:19:20	22.94	121.42	4.0	台湾台东县海域
96	10	24	07:05:20	23.96	122.83	5.9	台湾花莲县海域
97	10	24	10:54:24	24.03	122.61	4.4	台湾花莲县海域
98	10	24	19:32:13	39.43	97.28	5.5	甘肃酒泉市肃北县
99	10	25	12:48:49	43.15	127.89	4.0	吉林延边州敦化市
100	10	25	23:52:13	36.51	83.78	4.0	新疆和田地区民丰县
101	10	26	02:35:36	36.53	83.77	4.1	新疆和田地区民丰县
102	10	31	08:40:03	36.48	83.73	4.1	新疆和田地区民丰县
103	11	4	19:24:11	22.08	112.25	4.3	广东江门市恩平市
104	11	8	02:09:48	40.47	77.72	5.4	新疆克孜勒苏州阿图什市

续表

序号	月	日	时:分:秒	纬度/°N	经度/°E	震级（*M*）	地点
105	11	8	02:15:03	40.55	77.64	4.3	新疆克孜勒苏州阿图什市
106	11	8	02:52:00	40.54	77.68	4.3	新疆克孜勒苏州阿图什市
107	11	11	00:54:38	23.42	121.70	4.7	台湾台东县海域
108	11	15	22:17:32	44.71	80.49	4.0	新疆伊犁州霍尔果斯市
109	11	23	00:13:13	39.51	77.23	4.0	新疆喀什地区伽师县
110	11	24	13:33:11	38.01	106.26	4.0	宁夏银川市灵武市
111	11	26	12:11:43	24.00	122.46	4.2	台湾花莲县海域
112	11	26	12:31:09	24.00	122.50	4.8	台湾花莲县海域
113	11	30	19:25:40	40.20	106.13	4.1	内蒙古阿拉善盟阿拉善左旗
114	12	1	22:55:56	39.30	97.27	5.0	甘肃酒泉市肃北县
115	12	2	01:36:33	24.26	98.08	5.0	云南德宏州芒市
116	12	2	02:24:56	24.26	98.08	4.0	云南德宏州芒市
117	12	9	14:19:25	24.43	122.72	4.4	台湾宜兰县海域
118	12	18	23:59:30	35.70	102.79	6.2	甘肃临夏州积石山县
119	12	19	00:36:18	35.78	102.78	4.0	甘肃临夏州积石山县
120	12	19	00:59:39	35.83	102.78	4.1	甘肃临夏州积石山县
121	12	19	09:46:21	40.02	77.86	5.5	新疆克孜勒苏州阿图什市
122	12	21	04:02:14	35.77	102.80	4.1	甘肃临夏州积石山县
123	12	31	22:27:38	36.74	105.00	4.9	甘肃白银市平川区

（中国地震台网中心）

2023 年全球 $M \geqslant 7.0$ 地震目录

2023 年全球 $M \geqslant 7.0$ 地震

序号	月	日	时:分:秒	纬度/°	经度/°	震级（M）	地点
1	1	8	20:32:39	-14.95	166.80	7.0	瓦努阿图群岛
2	1	10	01:47:33	-7.20	130.10	7.6	印度尼西亚班达海
3	1	18	14:06:14	2.80	127.10	7.0	印度尼西亚马鲁古海
4	2	6	09:17:37	37.15	36.95	7.8	土耳其
5	2	6	18:24:50	38.00	37.15	7.8	土耳其
6	2	23	08:37:39	37.98	73.29	7.2	塔吉克斯坦
7	3	16	08:56:00	-30.20	-176.05	7.0	新西兰克马德克群岛
8	4	3	02:04:09	-4.25	143.10	7.1	巴布亚新几内亚
9	4	14	17:55:45	-6.30	111.20	7.1	印度尼西亚爪哇岛
10	4	24	08:41:56	-29.65	-177.65	7.2	新西兰克马德克群岛
11	5	11	00:02:01	-15.50	-174.50	7.5	汤加群岛
12	5	19	10:57:02	-23.10	170.70	7.7	洛亚蒂群岛
13	5	20	09:50:58	-22.95	170.45	7.2	洛亚蒂群岛
14	6	16	02:06:24	-22.95	-177.10	7.2	斐济群岛
15	7	16	14:48:21	54.55	-160.95	7.2	美国阿拉斯加州以南海域
16	8	29	03:55:32	-6.80	116.60	7.1	印度尼西亚巴厘海
17	11	8	12:52:52	-6.55	129.45	7.1	班达海
18	12	2	22:37:06	8.65	126.45	7.6	菲律宾棉兰老岛附近海域
19	12	7	20:56:31	-20.70	169.50	7.1	瓦努阿图群岛

（中国地震台网中心）

2023 年中国大陆地区地震灾害情况综述

一、2023 年中国大陆地区地震灾害情况

2023 年，中国大陆地区地震共造成 151 人死亡，1020 人受伤，直接经济损失超过 150 亿元。其中，造成人员伤亡、直接经济损失最严重的是 12 月 18 日甘肃积石山 6.2 级地震，造成甘肃、青海两省 151 人死亡，983 人受伤，直接经济损失约 146.12 亿元。

二、2023 年中国大陆地区地震灾害主要特点

全年地震灾害损失较重。2023 年中国大陆地区地震共造成 151 人死亡，1020 人受伤，直接经济损失超过 150 亿元。灾害程度与往年相比较重，死亡人数和受伤人数分别较 2022 年增加约 23.8% 和约 98.8%。

地震灾害损失集中，甘肃省、青海省受灾严重。2023 年共发生 6 次主要地震灾害事件，低于 2000 年以来每年 12 次的平均水平。全年地震灾害损失集中在甘肃积石山 6.2 级地震上，此次地震死亡人数、受伤人数和直接经济损失分别占全年地震灾害总损失的 100%、约 96.4% 和约 94.7%。甘肃积石山 6.2 级地震也是自新中国成立以来甘肃省造成人员死亡最严重的地震。

全年地震灾害发生区域与 2022 年相比差异明显。2023 年度地震成灾事件涉及新疆、西藏、云南、山东、甘肃等省（自治区），除云南省外，其他省（自治区）在 2022 年均无成灾地震发生。

地震引发的地质灾害显著。甘肃积石山 6.2 级地震中青海省海东市民和回族土族自治县中川乡 20 人是因地震引发的地质灾害被掩埋死亡的。

（中国地震局震害防御司）

2023 年中国重要地震及震害

2023 年 8 月 6 日山东平原 5.5 级地震

2023 年 8 月 6 日 2 时 33 分，山东省德州市平原县发生 5.5 级地震。地震造成 28 人受伤，直接经济损失 2.4 亿元。此次地震最高烈度为Ⅶ度（7 度），等震线长轴呈北东走向，长轴 24 千米，短轴 12 千米。Ⅵ度（6 度）区及以上面积 224 平方千米，涉及山东省德州市

平原县、德城区2个区县9个乡镇（街道）。

2023年12月18日甘肃积石山6.2级地震

2023年12月18日23时59分，甘肃省临夏回族自治州积石山县发生6.2级地震。地震造成151人死亡，983人受伤，直接经济损失146.12亿元。此次地震最大烈度为Ⅷ度（8度），等震线长轴呈北北西走向，长轴124千米，短轴85千米，Ⅵ度（6度）区及以上面积8364平方千米，其中甘肃省5232平方千米，青海省3132平方千米。此次地震涉及甘肃省3个市（州）、9个县（市、区）、88个乡镇（街道）以及太子山天然林保护区、盖新坪林场，涉及青海省2个市（州）、4个县（市）、30个乡镇。

（中国地震局震害防御司）

2023 年全球重要地震事件震害及影响

2023 年，全球共发生 6.0 级以上地震 127 次，其中 7.0 级以上地震 19 次。国外 6.0 级以上地震共造成 64065 人死亡（含 297 人失踪），131402 人受伤。全年死亡人数最多的是 2 月 6 日发生在土耳其的 7.8 级地震，共造成 59556 人死亡（含 297 人失踪）。

2023 年国外 6.0 级以上地震灾害一览表

序号	发震时刻	震级（*M*）	深度/km	震中位置	人员伤亡/人	
					死亡（含失踪）	受伤
1	2023－01－10　01:47	7.6	100	印度尼西亚班达海	0	11
2	2023－02－01　18:44	6.0	20	菲律宾棉兰老岛	0	16
3	2023－02－06　09:17	7.8	20	土耳其	59556（297）	121704
	2023－02－06　18:24	7.8	20	土耳其		
4	2023－02－16　02:10	6.1	20	菲律宾	0	1
5	2023－02－25　21:27	6.0	60	日本北海道附近海域	0	1
6	2023－03－19　01:12	6.7	70	厄瓜多尔	18	495
7	2023－03－22　00:47	6.9	230	阿富汗	21	424
8	2023－04－03　02:04	7.1	60	巴布亚新几内亚	≥8	数十人
9	2023－04－14　17:55	7.1	600	印度尼西亚爪哇岛	1	0
10	2023－05－05　13:42	6.3	10	日本本州西岸近海	1	44
11	2023－05－26　18:03	6.2	50	日本本州东岸近海	0	1
12	2023－06－11　17:54	6.2	130	日本北海道	0	1
13	2023－06－15　10:19	6.2	100	菲律宾	0	42
14	2023－07－19　08:22	6.6	70	尼加拉瓜沿岸近海	0	2
15	2023－08－18　01:04	6.2	10	哥伦比亚	2	50
16	2023－09－09　06:10	6.9	10	摩洛哥	≥2960	≥5674
17	2023－09－12　19:03	6.3	10	菲律宾群岛地区	0	5
18	2023－10－04　19:21	6.4	120	棉兰老岛附近海域	0	13
19	2023－10－07　14:41	6.2	10	阿富汗	1482	2100
	2023－10－07　15:12	6.2	10	阿富汗		
20	2023－10－07　16:34	6.8	50	巴布亚新几内亚	1	9
	2023－10－07　16:40	6.7	50	巴布亚新几内亚		
21	2023－11－17　16:14	6.8	70	菲律宾棉兰老岛	≥11	≥730
22	2023－11－22　10:48	6.1	120	印度尼西亚哈马黑拉岛附近海域	1	0
23	2023－12－02　22:37	7.6	40	菲律宾棉兰老岛附近海域	≥3	≥79
合计					≥64065（297）	>131402

注：数据来源于维基百科、GDACS 等。

2023 年国外地震活动和人员伤亡特点如下。

（1）2023 年全球 7.0 级以上地震频次远高于 2014 年以来年均 14.3 次的平均水平。

全球地震灾害造成的死亡及失踪人数达到近十年来的最高值 64065 人，约为过去十年死亡人数总和（20035 人）的 3.2 倍。

（2）2023 年国外地震灾害损失相对集中，主要集中在 2 月 6 日土耳其 7.8 级地震上，其死亡及失踪人数占 2023 年度总数的约 93%，受伤人员占 2023 年度总数的约 92.6%。此次地震是继 2010 年海地地震后，全球伤亡最惨重的地震。

1. 印度尼西亚班达海 7.6 级地震

北京时间 1 月 10 日 01 时 47 分（当地时间 02 时 47 分），印度尼西亚班达海发生 7.6 级地震，震源深度 100 千米。震中位于印度尼西亚马鲁古塔宁巴尔群岛附近，地震造成 11 人受伤，包含 Karatat 村 4 人，Watuwey 村 7 人，至少 689 栋房屋遭到破坏。

2. 菲律宾棉兰老岛 6.0 级地震

北京时间 2 月 1 日 18 时 44 分（当地时间 18 时 44 分），菲律宾棉兰老岛发生 6.0 级地震，震源深度 20 千米。地震造成 16 人受伤，至少 746 栋房屋等建筑遭到地震破坏，基础设施损失超过 2146 万比索。此外，地震还引发了山体滑坡，但道路或桥梁并未受到严重损坏，且未发生重大通信和供水中断。

3. 土耳其 7.8 级双震

北京时间 2 月 6 日 9 时 17 分和 18 时 24 分（当地时间 4 时 17 分和 13 时 24 分），土耳其发生两次 7.8 级地震，震源深度均为 20 千米。地震造成 59259 人死亡，297 人失踪，约 12.17 万人受伤。地震造成土耳其经济损失约为 1488 亿美元，约占该国 GDP 的 9%；叙利亚经济损失约为 148 亿美元。此次地震是土耳其自 1939 年埃尔津詹同震级地震以来发生的最严重地震，也是该国境内震级第二大的地震。在全球范围内，此次地震为 2010 年海地地震以来全球伤亡最惨重的一次地震，也是 21 世纪全球最严重的五大地震之一。

此次地震最高烈度达到Ⅻ度（12 度），远至埃及和土耳其黑海沿岸均有震感。地震受灾面积约为 35 万平方千米，相当于德国国土面积大小；受灾人口多达约 2600 万人，其中土耳其受灾 1500 多万人，超过土耳其全国人口总数的 16%；叙利亚受灾约 1100 万人。土耳其约有 400 万栋建筑受到影响，超过 34.5 万栋建筑严重毁坏。伊斯肯德伦港口因易燃储油罐损坏引发大火，迫使港口关闭。数千座清真寺和部分名胜古迹遭到严重破坏。叙利亚有约 1.06 万栋建筑部分或全部倒塌，另有数千座建筑受损。黎巴嫩损坏了约 1.62 万栋建筑。

4. 菲律宾 6.1 级地震

北京时间 2 月 16 日 02 时 10 分（当地时间 02 时 10 分），菲律宾发生 6.1 级地震，震源深度 20 千米。地震造成 1 人受伤。

此次地震最大烈度达到Ⅶ度，共造成 8 栋房屋倒塌，570 余栋建筑（包括礼堂）受损。地震导致马斯巴特省停电，马斯巴特省学校停课。

5. 日本北海道附近海域 6.0 级地震

北京时间 2 月 25 日 21 时 27 分（当地时间 22 时 27 分），日本北海道附近海域发生 6.0 级地震，震源深度 60 千米。地震造成滨中町一位 80 岁女性受伤。

据日本气象厅报道，震中位于北海道东部钏路附近海域，地震最大烈度未达到Ⅴ度。

钏路町一超市内地板开裂，钏路市和根室市多家酒店的电梯紧急停止，未造成人员被困。此外，日本铁路公司的根室线、花咲线、钏网线暂停运行。

6. 厄瓜多尔6.7级地震

北京时间3月19日01时12分（当地时间3月18日12时12分），厄瓜多尔发生6.7级地震，震源深度70千米。地震造成18人死亡，495人受伤。其中，厄瓜多尔死亡16人，受伤446人，其余为秘鲁伤亡人员。

震中位于瓜亚基尔湾，紧邻厄瓜多尔南部港口城市巴劳。厄瓜多尔全国24个省份中13个省份有震感。震中人口稠密，巴劳市内至少90处建筑出现不同程度的损坏，其中44栋建筑倒塌。地震未发布海啸预警。此次地震发生在纳斯卡板块与美洲板块的交界地带，地质活动频发。

7. 阿富汗6.9级地震

北京时间3月22日00时47分（当地时间3月21日21时17分），阿富汗发生6.9级地震，震源深度230千米。地震造成21人死亡，424人受伤。

震中位于阿富汗北部巴达赫尚省JURM村东南偏南40千米处。据欧洲地中海地震中心称，巴基斯坦、印度、乌兹别克斯坦、塔吉克斯坦、哈萨克斯坦、吉尔吉斯斯坦、阿富汗和土库曼斯坦等国约2.85亿人有震感，震感范围覆盖1000千米。地震造成阿富汗多个省份的房屋建筑损毁、倒塌，巴基斯坦、塔吉克斯坦等地区也有部分人员伤亡和建筑物受损。此外，地震还造成印度部分地区出现电力和移动通信服务中断。

8. 巴布亚新几内亚7.1级地震

北京时间4月3日02时04分（当地时间04时04分），巴布亚新几内亚发生7.1级地震，震源深度60千米。地震造成至少8人死亡，数十人受伤。

震中位于东塞皮克省安本蒂东南偏东38.3千米处，地震最大烈度达到Ⅶ度，受影响人口约112万人，邻国印度尼西亚也有轻微震感。东塞皮克省所有六个区全部受灾，至少874栋房屋受损或毁坏。此外，受灾地区还发生了山体滑坡，震中所在的Chambri湖出现深裂缝。

9. 印度尼西亚爪哇岛7.1级地震

北京时间4月14日17时55分（当地时间16时55分），印度尼西亚爪哇岛发生7.1级地震，震源深度600千米。地震造成1名5岁儿童死亡。

地震致使巴厘岛库塔海滩等多地有震感。地震造成4栋房屋受损。其中，西爪哇省1栋房屋严重受损，1栋房屋轻微受损；东爪哇省2栋房屋中度损坏。地震未引发海啸。

10. 日本本州西岸近海6.3级地震

北京时间5月5日13时42分（当地时间14时42分），日本本州西岸近海发生6.3级地震，震源深度10千米。地震造成1人死亡，44人受伤。

地震最大烈度达到Ⅷ度，共造成38栋房屋倒塌，263栋房屋部分损毁，1855栋房屋受到破坏，约1600人被疏散。此外，地震还引发山体滑坡，导致山腰处房屋部分倒塌或损坏。大阪阿倍野摩天大楼内的两部电梯自动关闭，导致部分人员滞留。珠洲市有20户家庭停电，超过120户家庭停水。强余震至少持续了一周。

11. 日本本州东岸近海6.2级地震

北京时间5月26日18时03分（当地时间19时03分），日本本州东岸近海发生6.2级地震，震源深度50千米。地震造成水户市1位80岁女性受伤。震中位于日本千叶近海，朝日市一座建筑物受到轻微破坏。

12. 日本北海道6.2级地震

北京时间6月11日17时54分（当地时间18时54分），日本北海道发生6.2级地震，震源深度130千米。地震造成1人受伤。

震中位于日本北海道近海，平取町西南18千米处。地震造成带广市一栋房屋窗户破坏，平取町一家体育馆天花板破坏。

13. 菲律宾6.2级地震

北京时间6月15日10时19分（当地时间10时19分），菲律宾发生6.2级地震，震源深度100千米。地震造成42人受伤。

震中位于菲律宾卡拉巴松近海，胡凯东南11千米处。地震造成卡拉巴松和民马罗巴地区共116栋建筑受损，地铁3号线2个车站出现裂缝，但轨道、信号设备和其他设施未损坏。

14. 尼加拉瓜沿岸近海6.6级地震

北京时间7月19日08时22分（当地时间7月18日18时22分），尼加拉瓜沿岸近海发生6.6级地震，震源深度70千米。地震造成2人受伤。

震中位于萨尔瓦多乌苏卢坦省埃尔埃斯皮诺海滩以南66千米，圣萨尔瓦多东南160千米处。地震造成圣米格尔省、乌苏卢坦省和松索纳特省至少13栋建筑（包括一家医院）受损，电力和电话线路中断，多个地区发生山体滑坡，造成泛美高速公路部分路段堵塞。地震未发布海啸预警。

15. 哥伦比亚6.2级地震

北京时间8月18日01时04分（当地时间8月17日12时04分），哥伦比亚发生6.2级地震，震源深度10千米。地震造成2人死亡，50人受伤。

震中位于哥伦比亚首都波哥大东南70千米处的梅塔省埃尔卡尔瓦里奥，至少5个省份受到地震影响。地震造成至少20栋房屋倒塌，252栋房屋受损。其中，博亚卡的几栋建筑物（包括一座教堂）遭到破坏，加查拉一座教堂和一个消防站受到影响，哥伦比亚国会的一栋建筑受损，委内瑞拉苏利亚一座教堂倒塌。此外，亚美尼亚金迪奥省的部分地区也遭受了损失。

16. 摩洛哥6.9级地震

北京时间9月9日06时10分（当地时间9月8日23时10分），摩洛哥发生6.9级地震，震源深度10千米。地震造成至少2960人死亡，5674人受伤。震中位于豪兹省伊吉尔镇附近，马拉喀什以南约70千米处，靠近伊吉尔镇和阿特拉斯山脉的乌凯姆登滑雪胜地。地震最大烈度达到Ⅸ度。

此次地震破坏范围广泛，马拉喀什的历史地标被毁，葡萄牙、西班牙、毛里塔尼亚、阿尔及利亚、西撒哈拉和直布罗陀海峡沿岸地区均有震感。震中周边地区约280万人受到影响。地震造成的经济损失可能达到摩洛哥GDP的9%。震中附近的多个村庄被夷为平地，马拉喀什老城区的一些房屋和部分城墙倒塌，被联合国教科文组织列为世界文化遗产的马拉喀什麦地那的几座建筑倒塌，历史悠久的12世纪丁梅尔清真寺遭到严重破坏。此次地震是1960年阿加迪尔地震以来该国最严重的地震，也是2023年继土耳其地震之后第二严重的地震。

17. 菲律宾群岛地区6.3级地震

北京时间9月12日19时03分（当地时间19时03分），菲律宾群岛地区发生6.3级地震，震源深度10千米。地震造成5人受伤，其中3人轻伤，另外2人脑部受伤。

震中位于卡加延河谷近海，纳姆阿克以北69千米处。地震造成2栋房屋被毁，3所学校受损。

18. 棉兰老岛附近海域6.4级地震

北京时间10月4日19时21分（当地时间19时21分），棉兰老岛附近海域发生6.4级地震，震源深度120千米。地震造成13人受伤。

震中位于西达沃岛小镇萨兰加尼以东66千米处。地震造成21栋建筑受损，马利塔的三座建筑受损，萨兰加尼的一所房屋和一座教堂受损，桑托斯将军城的商店受到轻微损坏，马蒂停电。

19. 阿富汗6.2级双震

北京时间10月7日14时41分、15时12分（当地时间11时11分、11时42分），阿富汗发生6.2级双震，震源深度10千米。地震造成1482人死亡，2100人受伤。

震中位于北部的西亚库布拉克断层和南部的赫拉特断层之间。地震造成43300人受到影响，114000人需要人道主义援助，超过21500间房屋被毁，另有17088间房屋严重受损，赫拉特的中世纪尖塔也遭到破坏。此外，地震造成赫拉特省大部分地区停电，部分地区通信中断。

20. 巴布亚新几内亚6.8级、6.7级地震

北京时间10月7日16时34分、16时40分（当地时间18时34分、18时40分），巴布亚新几内亚先后发生6.8级和6.7级地震，震源深度50千米。地震造成1人死亡，9人受伤。

震中位于拉伊海岸区赛多尔政府驻地附近，马当东南56千米处。此次地震造成200栋房屋被毁，巴布亚新几内亚港口服务主码头出现裂缝，电线杆倒塌，梅罗发电站遭到严重损坏，导致电力中断。此外，马当机场跑道受损，马当和拉伊海岸地区停电。

21. 菲律宾棉兰老岛6.8级地震

北京时间11月17日16时14分（当地时间16时14分），菲律宾棉兰老岛发生6.8级地震，震源深度70千米。地震造成至少11人死亡，730人受伤。

震中位于布里亚斯西南26千米处，最大地震烈度达到Ⅷ度。震后发生了120次余震，其中6次有震感。地震造成644间房屋倒塌，1300多栋房屋遭受不同程度的损坏，16条道路和5座桥梁受到影响，21个地区发生停电。此外，地震引发的山体滑坡堵塞了格兰和马拉帕坦之间的道路。

22. 印度尼西亚哈马黑拉岛附近海域6.1级地震

北京时间11月22日10时48分（当地时间11时48分），印度尼西亚哈马黑拉岛附近海域发生6.1级地震，震源深度120千米。地震造成1人死亡。震中位于托贝洛以西93千米处，1名来自波尔曼的塔楼工人因恐慌坠落身亡。

23. 菲律宾棉兰老岛附近海域7.6级地震

北京时间12月2日22时37分（当地时间22时37分），菲律宾棉兰老岛附近海域发生7.6级地震，震源深度40千米。地震造成至少3人死亡，79人受伤。

此次地震为该地区自1992年发生7.1级和7.5级双重地震（同时引发海啸）以来的最大地震，地震最大烈度达到Ⅶ度，由沿着菲律宾海沟俯冲界面的浅斜逆冲断层作用所致。地震造成8315栋房屋部分受损，390栋房屋被毁，总经济损失约1.33亿比索（约240万美元），至少399765人受到影响。此外，武端机场、苏里高机场、萨亚克机场、坦达机场和比斯利格机场均受到轻微损坏。

（中国地震台网中心）

各地区地震活动

首都圈地区

1. 地震概况

2023年，首都圈地区共发生1.0级以上地震166次，其中2.0～2.9级地震17次，3.0～3.9级地震1次，为12月14日河北遵化3.0级地震。

2. 地震活动特征表现

（1）2023年，首都圈地区1.0级以上地震频次、2.0级以上地震频次以及3.0级以上地震频次较2022年均有所减少。2021年4月16日河北滦州4.3级地震后，唐山老震区未发生4.0级以上地震。

（2）首都圈地区1.0级以上地震活动的空间分布特征为：地震活动主要分布在唐山老震区及附近、京津冀交界地区和晋冀蒙交界处。

（中国地震台网中心）

北京市

1. 地震概况

2023年，北京发生2.0级以上地震2次，分别为2月12日房山2.8级和9月1日顺义2.7级地震，无3.0级以上地震发生。

2. 地震活动特征表现

（1）相比2022年，2023年北京地区地震活动水平大致相当，2.0级以上地震活动强度有所增加，但数量从3次减少到2次，与2000年以来2次左右的年平均水平一致，总体仍属正常。

（2）2023年北京地区最大地震事件为2月12日房山2.8级地震，自1996年12月16日顺义4.0级地震以来已连续27年未发生4.0级以上地震。

（3）从地震分布来看，北京市近10年2.0级以上地震主要分布在三个区域：南口山前断裂—紫荆关断裂附近的京西隆起区、昌平马池口、顺义后沙峪第四纪断陷盆地附近区域、夏垫断裂带附近平谷—通州区域。2023年房山2.8级和顺义2.7级地震分别位于前两个区域内。

（4）2023年房山2.8级和顺义2.7级地震余震较为丰富，2023年北京地区发生的11次1.0级以上地震中，6次属于这两个地震序列。

（5）北京未发生2.0级以上非天然地震。

（北京市地震局）

天津市

1. 地震概况

2023年，天津市行政区范围内发生1.0级以上地震7次，其中1.0～1.9级地震7次，未发生2.0级以上地震。

2. 地震活动特征表现

2023年天津及邻区1.0级以上地震数量及最大地震强度与2022年相比基本持平；空间分布上，与2022年的差异主要表现在天津西侧廊坊、霸州地区地震活动频次较高，天津北部地区相对平静。天津行政区范围内的地震数量相比2022年有所减少，地震活动强度有所降低；地震主要发生在宝坻和滨海地区。最大地震为2023年7月15日天津滨海1.5级地震。

（天津市地震局）

河北省

1. 地震概况

2023年，河北省共发生2.0级以上地震26次，其中2.0～2.9级地震23次，3.0～3.9级地震3次，无4.0级以上地震，最大地震为2023年3月25日19时26分河北省邢台市临城县3.3级地震。

2. 地震活动特征表现

（1）2023年河北省地震活动频次处于较低水平。2023年河北省共发生2.0级以上地震26次，与2022年的28次相比，地震频次有所降低。1980年以来，河北省3.0级以上地震平均年频次为8次，2023年度河北省3.0级以上地震活动频次为3次，地震活动处于较低水平。

（2）2023年河北省地震活动强度低于2022年度。2023年河北省最大地震为2023年3月25日河北省邢台市临城县3.3级地震，2022年河北省最大地震为2022年10月3日河北平山4.3级地震，与2022年相比，地震强度下降。

（3）2023年河北省地震活动空间丛集特征明显。2023年度河北省2.0级以上地震活动主要集中在唐山、邢台、石家庄、邯郸地区，地震丛集性较为显著。与往年相比，河北省地震活动空间格局发生了一定变化。河北省地震活动仍主要集中在唐山老震区和河北平原地震带，张家口地区的地震活动减弱。

（河北省地震局）

山西省

1. 地震概况

2023年，山西省共发生0级以上地震767次。其中0～0.9级628次，1.0～1.9级118次，2.0～2.9级18次，3.0～3.9级3次，最大地震为11月30日太原市清徐县3.7级地震。

2. 地震活动特征表现

（1）从空间分布看，地震主要集中在大同、忻定、太原、临汾和运城五大断陷盆地内，共记录到0级以上地震577次，约占全省地震总次数的75.2%。2.0级以上地震主要发生在山西省中南部隆起区。

（2）从强度上看，全省共发生2.0级以上地震21次，最大的为11月30日太原市清徐县3.7级地震，与2022年朔州市右玉县4.0级最大地震相比，强度有所降低。全年共发生3.0级以上地震3次，频次与1970年以来3～4次的平均水平（去除余震）相当。

（3）从发震时间看，山西省2.0级以上地震的发生具有时间上的不均匀性。按季度统计，第二季度和第三季度共发生13次，约占2.0级以上地震总次数的61.9%，明显高于其他两个季度。

（山西省地震局）

内蒙古自治区

1. 地震概况

2023年，内蒙古自治区发生1.0级以上地震327次，其中1.0～1.9级地震257次，2.0～2.9级地震60次，3.0～3.9级地震9次，4.0～4.9级地震1次。最大地震为2023年11月30日阿拉善盟阿拉善左旗

4.1 级地震。以上地震次数统计均为可定位地震，本年度未发生震群活动。

2. 地震活动特征表现

（1）3.0 级以上地震活动频度和强度相当。2023 年发生 3.0 级以上地震 10 次，2022 年发生 3.0 级以上地震 11 次，2023 年最大地震是阿拉善左旗 4.1 级地震，2022 年最大地震是土默特左旗 4.1 级地震。2023 年 3.0 级以上地震活动频度略低于 2022 年，强度和 2022 年相当，未发生中强以上地震。

（2）地震活动强度方面，中西部较强，东部较弱。发生 4.0 级以上地震 1 次，位于西部地区阿拉善左旗，震级为 4.1 级。中等地震活动特征显示，中西部地区地震相对较强，东部地区强度次之。

（3）中小地震丛集、有序活动区。全部地震活动图像表现出 3 个丛集活动区，由西向东分别为：阿拉善弧形构造区，即阿拉善左旗至蒙宁交界；鄂尔多斯块体北缘，即临河至呼和浩特；大兴安岭隆起带，即根河至锡林浩特。3 个丛集活动区地震活动较为活跃，呈现密集分布特征，显示地震活动在板块边界带及地质构造变形带较活跃。

（内蒙古自治区地震局）

辽宁省

1. 地震概况

2023 年，辽宁及邻区（38°～44°N，119°～126°E）共发生 2.0 级以上地震 29 次，其中 2.0～2.9 级地震 26 次，3.0～3.9 级地震 2 次，4.0～4.9 级地震 1 次，最大地震为 8 月 23 日大连普兰店 4.6 级地震。

2. 地震活动特征表现

（1）辽宁及邻区 2.0 级以上地震年频度明显低于均值水平，且出现连续 3 年的地震低频度活动状态，但最大震级出现逐年上升的趋势，地震活动水平上升趋势显著。地震活动主要集中在营口—海城—岫岩地区、盖州地区、大连普兰店地区以及庄河及附近海域地区。

（2）在环渤海地区长达 46 年的 6.0 级地震平静背景下，2023 年辽宁及邻区地震活动呈现出海域及附近地区 $M \geqslant 3.0$ 地震显著增强、辽宁地区震群持续活跃以及弱震地区地震活动显著等特征。

（辽宁省地震局）

吉林省

1. 地震概况

2023 年，吉林省记录到 67 次地震，其中 2.0 级以上地震 5 次，震级分布为：4.0 级以上地震 1 次，3.0～3.9 级地震 0 次，2.0～2.9 级地震 4 次。最大地震为 10 月 25 日延边朝鲜族自治州敦化市 4.0 级地震。

长白山天池火山区共发生火山地震 35 次，最大震级为 0.9 级，主要为长周期型和构造型火山地震，其中长周期型火山地震 18 次，构造型火山地震 17 次。

2. 地震活动特征表现

2023 年吉林省地震空间分布不均匀，地震主要沿 NE 向和 NW 向的断裂带展布，近年来总体上表现为西部地区多于中东部地区。其中松原地区地震主要分布在 NE 向的扶余/松原—肇东断裂带附近，该带地震活动相对较强，主要集中在松原宁江、前郭、长岭地区；中东部地区地震主要分布在 NE 向的伊通—舒兰断裂带、敦化—密山断裂带及 NW 向的四方顶子—马鹿沟隐伏断裂附近。

（吉林省地震局）

黑龙江省

1. 地震概况

2023年，黑龙江省共记录到2.0级以上地震13次，其中包括2.0～2.9级地震9次和3.0～3.9级地震4次，最大地震是2023年6月11日嘉荫3.6级地震。

2. 地震活动特征表现

2023年黑龙江省地震活动以小震活动为主，主要分布在依兰—伊通断裂的汤原—萝北段和五大连池附近地区，2.0级以上地震活动主要集中在依兰—伊通断裂。

（黑龙江省地震局）

上海市

1. 地震概况

2023年，上海行政区及海域共记录到$M3.0$以上地震1次，$M3.0$以下地震2次。2次地震发生在陆域，1次地震发生在海域。这3次地震分别为：1月24日上海松江（30.95°N，121.20°E）$M0.7$地震，2月23日上海浦东海域（31.05°N，122.15°E）$M0.7$地震，6月15日上海青浦（31.07°N，121.09°E）$M3.1$地震。最大地震为6月15日上海青浦$M3.1$地震，距人民广场约40千米，是一次强有感地震，仪器烈度最大为Ⅳ度，震源机制解为走滑机制。

2. 地震活动特征表现

（1）2023年上海行政区及海域共发生3次地震，其频度低于2022年地震活动水平（5次），也略低于1970年以来的平均水平（4次）。

（2）2023年上海行政区及海域发生的最大地震为6月15日上海青浦$M3.1$地震，震中位于芦墟—龙华—青浦断裂与枫泾—川沙断裂带之间，是自1991年2月17日上海青浦$M3.0$地震后又一次$M3.0$以上的地震，是1970年以来上海行政区发生的最大地震。1970年以来上海行政区仅发生这两次$M3.0$以上地震。上海行政区及海域小震活动呈现离散状态，2023年发生的其余2次小地震均为背景性地震。

（3）2023年上海行政区及海域地震均发生在上半年，前两个小地震分别发生在1月和2月，平静了约4个月后发生了6月15日上海青浦$M3.1$地震。该地震为孤立型地震，后续未记录到余震，上海行政区及海域后续未记录到任何地震。

（上海市地震局）

江苏省

1. 地震概况

2023年，江苏陆地及近海（50千米内）未发生4.0级以上地震，共发生3.0～3.9级地震3次，分别为4月27日扬州江都区3.1级、5月4日扬州宝应县3.3级、12月7日连云港赣榆区海域3.8级地震。

2. 地震活动特征表现

江苏陆地及近海（50千米内）地震活动处于背景水平，最大地震为12月7日连云港赣榆区海域3.8级地震（距海岸线40千米左右），3.0级以上地震活动频次处于2000年以来区域平均水平，全年共记录到2.0级以上地震35次。

（江苏省地震局）

浙江省及近海地区

1. 地震概况

2023年浙江省共发生$M \geqslant 0$地震42次，

最大地震为2月28日浙江宁波 $M2.7$ 地震。

2. 地震活动特征表现

2023年大部分地震发生在浙江临安地区，共记录到 $M \geq 0$ 地震14次，该地区最大地震为7月29日 $M2.2$ 地震。$M \geq 2.0$ 地震主要分布在浙北区域，除最大的2月28日浙江宁波 $M2.7$ 地震外，其他两次分别为6月16日浙江湖州 $M2.1$、7月29日浙江临安 $M2.2$ 地震。

（浙江省地震局）

安徽省

1. 地震概况

2023年，安徽省共记录到地震410次。其中 $M \geq 1.0$ 地震52次；$M \geq 2.0$ 地震12次；$M \geq 3.0$ 地震2次，为2023年5月6日安徽安庆 $M3.0$ 和10月7日安徽六安 $M3.3$ 地震。2023年度安徽省较为显著的地震有：5月6日安庆 $M3.0$ 地震、7月4日淮南 $M2.5$ 地震、10月7日六安 $M3.3$ 地震和11月24日蒙城 $M2.5$ 地震。

2. 地震活动特征表现

近三年来，安徽地区地震活动强度整体不高，且 $M \geq 1.5$ 地震年频次低于1970年以来的平均值（22.2次/年），但2022年度、2023年度均发生2次 $M \geq 3.0$ 地震，高于1970年以来的均值（1.5次/年）。在空间分布上，安徽地区 $M \geq 2.0$ 地震主体活动区域为郯庐断裂带（安徽段）以西，2022年以来皖北地区小震较前期有所活跃，但总体强度不高。

（安徽省地震局）

福建省及其近海（含台湾地区）

1. 地震概况

2023年，福建省及其近海地区发生2.0级以上地震9次，其中2.0～2.9级9次，最大地震为2月18日福建连城2.8级地震；台湾海峡地区发生2.0级以上地震10次，其中2.0～2.9级9次，4.0～4.9级1次，最大地震为4月22日台湾海峡南部4.3级地震；台湾地区发生5.0级以上地震3次，其中5.0～5.9级3次，最大地震为10月24日台湾花莲县海域5.9级地震。

2. 地震活动特征表现

（1）2023年福建省及其近海地区 $M \geq 2.0$ 地震活动频次和强度与2022年基本持平。$M \geq 2.0$ 地震主要分布在福建龙岩、三明及泉州交界区域附近。福建陆域地震活动水平较近海地区略强，陆域最大地震为2月18日连城2.8级地震，近海最大地震为2月4日漳浦海域2.6级地震。尽管2023年福建省及其近海地区地震活动水平与2022年持平，但邻近福建的广东南澳海域却发生了5.0级地震，表明福建邻区的地震活动强度显著升高。

（2）2023年台湾海峡地区地震活动强度水平较2022年显著提高。2023年台湾海峡 $M \geq 2.0$ 地震主要分布在海峡中南部地区。其中，发生的海峡南部4.3级地震是自2019年以来台湾海峡地区发生的最大地震，该地震位于1994年台湾海峡7.3级强震的余震区附近。

（3）2023年中国台湾地区地震活动强度和频次水平均较2022年显著下降。2023年中国台湾地区未发生6级以上地震，5级地震频次也相对较低。总体来看，2023年中国台湾地区的中强地震活动水平相对较低，5 级地震主要分布在台湾东部的花莲县和台湾东部海域。中国台湾地区 7.0 级以上强震持续平静已超过 17 年，为 1900 年以来最长的平静期。

（福建省地震局）

江西省

1. 地震概况

2023 年，江西省境内共记录到地震 80 次，其中 1.0～1.9 级地震 22 次，2.0～2.9 级地震 2 次，未发生 3.0 级以上地震，最大地震为 4 月 3 日寻乌 2.6 级地震。

2. 地震活动特征表现

（1）2023 年度江西省地震频次较上年减少，但地震活动强度增大。发生的最大地震为 4 月 3 日江西寻乌 2.6 级地震。

（2）2010 年以来，江西省内一个比较突出的地震现象是萍乡—新余—丰城一带出现 NEE 向的小震条带，这个地震条带展布在萍乡—广丰断裂带北侧。2023 年该断裂带发生 1.0 级以上地震 6 次，最大地震为 2023 年 2 月 18 日上高 1.9 级地震。

（江西省地震局）

山东省及附近海域

1. 地震概况

2023 年，山东及其沿海共记录到 2.0 级以上天然地震 43 次，最大地震为 8 月 6 日德州市平原县 5.5 级地震。此次地震是 1995 年苍山地震后，时隔 28 年山东内陆再次发生的 5.0 级以上地震。此次地震是德州市有记录以来的最大地震，使山东未发生 5.0 级地震的地市降为 0 个。

2. 地震活动特征表现

山东省及附近海域地震活动频次和强度高于 2022 年度，地震主要分布于平原地震附近、鲁中隆起区和黄海海域。2023 年度发生的显著震情活动为 2023 年 4 月 8 日山东微山 3.3 级震群和 2023 年 8 月 6 日山东平原 5.5 级地震序列。

（山东省地震局）

河南省

1. 地震概况

2023 年，河南省共记录到 2.0 级以上地震 16 次，记录到 3.0 级以上地震 3 次，年度最大地震是 2023 年 9 月 10 日河南鹤壁 3.4 级地震。地震活动频次较 2022 年度略少，强度有所增大。2022 年度频次为 18 次，最大震级 3.2 级。空间上 2023 年度与 2022 年度格局基本相似，主要集中在太行山山前断裂东南缘、三门峡、许昌以及平顶山地区。

2. 地震活动特征表现

2020 年 2 月以来，河南省平顶山及附近地区小震持续活跃。

1970 年以来，河南省平均每年发生 2.0 级以上地震 9.2 次，3.0 级以上地震 1～2 次。2023 年河南省 2.0 级以上地震 16 次，高于 1970 年以来的年均水平，地震频次明显增多，全年发生了 3 次 3.0 级以上地震。

2023 年河南周边共发生 2.0 级以上地震 41 次，最大地震为 2023 年 1 月 17 日湖北南漳 3.6 级地震，仍维持外强内弱的特点，与历史地震活动规律一致。

（河南省地震局）

湖北省

1. 地震概况

2023 年，湖北省境内共记录到 1.0 级以上地震106次，其中1.0~1.9级地震94次，2.0~2.9级地震10次，3.0~3.9级地震2次，无4.0级以上地震。最大地震为2023年1月17日湖北南漳3.6级地震。

2. 地震活动特征表现

（1）2023年湖北省地震活动水平相对较强。与2022年相比，地震频次和强度均明显增大。1.0级以上地震活动总次数增加56次，增幅约147%，2.0级以上地震增加6次；2023年度最大地震震级3.6级明显高于2022年的2.5级。

（2）库区地震活动较为集中。三峡库区是2023年湖北省地震活动较为活跃的地区，三峡重点监视区共记录到1.0级以上地震26次，最大地震为2023年5月1日巴东2.1级地震，主要集中在巴东地区的高桥断裂、周家山—牛口断裂以及秭归地区的仙女山断裂等活动断裂附近。秭归库段地震活动偏弱，无2.0级以上地震；巴东库段的黄蜡石地区小微震活动较前几年明显减弱。丹江口重点监视区共记录到1.0级以上地震3次，主要分布在河南淅川境内，最大地震为3月18日河南淅川1.4级地震。

（3）空间上呈现西强东弱特点。除三峡库区外，湖北中西部地震活动主要分布在南漳、随州、荆州、郧阳、远安、荆门等地区，南漳—荆门断裂、远安断裂、白河—谷城断裂、竹山断裂、青山口—黄陂断裂、齐岳山断裂等活动构造附近地震活动相对较集中。湖北东部地区地震活动较弱，地震活动水平与2022年基本持平。

（湖北省地震局）

湖南省

1. 地震概况

2023年度，湖南省境内共发生 $M \geqslant 2.0$ 地震4次，其中最大地震为2023年7月27日常德市津市市的 $M2.6$ 地震。

2. 地震活动特征表现

从空间分布来看，以上这些地震主要分布在常德地区和浏阳地区。从时间进程来看，以上地震在1月、2月、7月和10月各发生一次。2023年度湖南省境内地震活动水平相对较低，$M \leqslant 2.0$ 地震活动频次较2022年度减少、强度增强。

（湖南省地震局）

广东省及近海地区

1. 地震概况

2023年，广东省及邻近海域共发生1.0级以上地震276次，其中1.0~1.9级地震226次，2.0~2.9级地震34次，3.0~3.9级地震11次，4.0~4.9级地震3次，5.0~5.9级地震2次，最大地震为2023年6月24日北部湾5.0级地震和10月23日南澳县海域5.0级地震。

2. 地震活动特征表现

（1）广东省及近海地区地震活动增强，频度和强度均高于2022年，继续维持2022年惠东海域4.1级地震后中强地震持续活跃的态势。先后发生河源4.3级、东源4.5级、北部湾5.0级、南澳县海域5.0级地震等显著地震，其中，东源4.5级地震为近10年来广东省陆区的最大地震。

（2）广东省及近海地区2.0级以上地震主要分布在河源、阳江、南澳海域、北部湾等传统地震多发区。另外，在三水、雷州海域、丰顺、阳江外海和恩平等少震弱震区也发生了2.0级以上地震。

（3）广东省及近海地区2.0级以上地震活动频次50次，与2022年度相比明显增加。地震能量释放为 4.78×10^{12} 焦耳，高于

2022 年度的 1.72×10^{11} 焦耳，也高于 2000 年以来的平均值 4.95×10^{11} 焦耳。

（广东省地震局）

广西壮族自治区及近海地区

1. 地震概况

2023 年，广西陆地及北部湾范围内共发生 $M\geqslant2.0$ 地震 19 次，其中 2.0 ~ 2.9 级 17 次，3.0 ~ 3.9 级 1 次，4.0 ~ 4.9 级 0 次，5.0 ~ 5.9 级 1 次。3.0 级以上地震分别为 6 月 24 日北部湾 5.0 级地震、9 月 2 日崇左 3.3 级地震。

2. 地震活动特征表现

2023 年广西及邻近地区地震比较活跃，主要集中在桂西北、粤桂交界及近海地区。

（广西壮族自治区地震局）

海南省及近海地区

1. 地震概况

2023 年，海南省及近海（17.5° ~ 21°N，108.0° ~ 111.5°E）共发生 1.0 级以上地震 36 次，最大地震为 6 月 24 日北部湾 5.0 级地震，次大地震为 7 月 2 日海南昌江近海 3.4 级地震，岛陆最大地震为 4 月 20 日海南琼海 2.1 级地震。

2. 地震活动特征表现

（1）频度特征。2023 年海南省及近海地区发生 1.0 ~ 1.9 级地震 28 次，2.0 ~ 2.9 级地震 5 次，3.0 ~ 3.9 级地震 2 次，5.0 ~ 5.9 级地震 1 次，地震频度整体低于 2022 年，但稍高于历史年均水平。

（2）强度特征。该区域 1994 年、1995 年曾发生过北部湾 6.1 级、6.2 级地震，之后海南岛陆及近海区域的地震频度持续走低，直至 2012 年开始逐渐增加，尤其是发生了 2019 年 8 月 20 日三亚 4.0 级地震、2021 年 8 月 8 日乐东 3.2 级地震、2023 年 6 月 24 日北部湾 5.0 级地震和 2023 年 7 月 2 日昌江近海 3.4 级地震，显示了海南岛陆及近海地震活动强度有所增大。

（3）分布特点。2023 年，海南省近海地震主要分布于琼西北近海及北部湾，最大震级 5.0 级；海南岛陆地震主要分布在琼东地区，最大震级 2.1 级。

（海南省地震局）

重庆市

1. 地震概况

2023 年，重庆市境内共发生 2.0 级以上地震 24 次，其中 2.0 ~ 2.9 级地震 23 次，3.0 ~ 3.9 级地震 1 次，最大地震为 10 月 16 日永川区 3.0 级地震。

2. 地震活动特征表现

2023 年重庆地区地震活动水平总体上高于 2022 年活动水平，地震主要分布在荣昌、永川、巫溪、铜梁等地。2023 年重庆及周边地区地震活动延续近年较为活跃的状态，共发生 2.0 级以上地震 41 次，最大地震为 12 月 14 日四川省泸县 3.8 级地震，地震主要集中在与荣昌区交界的四川省泸县、隆昌地区。

（重庆市地震局）

四川省

1. 地震概况

2023 年，四川省内共发生 3.0 级以上地震 78 次，其中 3.0 ~ 3.9 级地震 60 次，4.0 ~ 4.9 级地震 17 次，5.0 ~ 5.9 级地震 1

次。2023 年四川省内发生的突出地震为 1 月 26 日泸定 5.6 级地震和 5 月 3 日兴文 4.9 级震群。

2. 地震活动特征表现

四川省 2023 年地震频次和强度均低于 2022 年。地震空间分布图显示，四川省内 2023 年地震活动主要集中在四个区域：一是 2022 年 9 月 5 日泸定 6.8 级地震余震区；二是龙门山断裂带；三是川滇交界东侧；四是川东南小震丛集活动区域。

（四川省地震局）

贵州省

1. 地震概况

2023 年，贵州省内共记录到地震 546 次，其中 1.0 级以下 474 次，1.0～1.9 级 59 次，2.0～2.9 级 10 次，3.0～3.9 级 3 次，3.0 级以上地震为 10 月 2 日威宁 3.6 级地震、11 月 28 日贞丰 3.4 级地震、12 月 1 日威宁 3.3 级地震。记录到 2.0 级以上地震 13 次，最大地震为 10 月 2 日发生在威宁的 3.6 级地震。

2. 地震活动特征表现

地震在时间分布上呈不均匀性，3.0 级以上地震主要集中在第四季度；地震在空间分布上呈现贵州中西部地区地震活动总体强于东部地区，地震主要分布在北西向的垭都—紫云断裂带附近；地震强度和频度都低于 2010 年以来的平均水平。

（贵州省地震局）

云南省

1. 地震概况

2023 年，云南省内共发生 $M \geqslant 2.0$ 地震 183 次，其中 2.0～2.9 级地震 154 次，3.0～3.9 级地震 22 次，4.0～4.9 级地震 5 次，5.0～5.9 级地震 2 次，6.0 级以上地震 0 次，最大地震为 5 月 2 日 23 时 27 分云南隆阳 5.2 级地震。

2. 地震活动特征表现

（1）与 2022 年相比，2023 年云南省内共发生 5.0 级以上地震 2 次，活动频次相当，最大地震震级略低。

（2）云南省内地震活动总体偏弱。

（云南省地震局）

西藏自治区

1. 地震概况

2023 年，西藏自治区共记录到 3.0 级以上地震 64 次，其中 3.0～3.9 级地震 55 次，4.0～4.9 级地震 9 次，5.0 级以上地震 0 次。最大地震为 2023 年 3 月 17 日昌都市洛隆县 4.8 级地震，此次地震位于藏东地块，距离最近的断层是怒江断裂，距离约 19 千米。

2. 地震活动特征表现

2023 年西藏地震活动频度和强度均低于 2022 年，从 2023 年 3.0 级以上地震 $M-t$ 图和月频度图中可以看出，地震主要集中在 3 月、6 月、7 月、8 月、10 月。全年未发生 5.0 级以上地震。

全区 3.0 级以上地震活动分布在西藏的东部、西北部地区，主要集中在日土—双湖、波密—洛隆一带。

（西藏自治区地震局）

陕西省

1. 地震概况

2023 年，陕西省共记录到地震 266 次，其中1.0级以下地震224次，1.0～1.9级地震37次，2.0～2.9级地震4次，3.0～3.9级地震1次，最大地震是9月20日富县3.1级地震。空间上主要分布于关中东部和陕南中部。

2. 地震活动特征表现

（1）空间上，与2022年基本类似，活动水平相当。其中，关中东部的地震活动主要集中在与山西交界的韩城、合阳、大荔以及与河南交界的潼关、洛南等地，地震频次与2022年基本持平，但活动强度略有增大，最大地震是6月6日合阳2.9级地震；关中中部的地震活动较为分散，大致沿NE向分布，活动水平与2022年相当，最大地震是3月16日高陵1.4级地震；关中西部地震活动沿NW向分布，活动水平略弱于2022年，最大地震是1月5日陇县1.5级地震；陕南的地震活动主要集中在中部地区，活动水平弱于2022年，最大地震是1月21日汉阴1.9级地震；以往少有天然地震发生的陕北发生了年度最大地震（富县3.1级地震），同时发生了数次非天然塌陷地震，集中在神木、榆阳等地，最大震级2.9级。

（2）时间上，上半年的地震频次高于下半年，其中4月的地震频次最高（36次），11月的地震频次最低（8次）。

（陕西省地震局）

甘肃省

1. 地震概况

2023年，甘肃省共发生2.0级以上地震126次，其中2.0～2.9级93次，3.0～3.9级25次，4.0～4.9级5次，5.0～5.9级2次，6.0～6.9级1次，最大地震为2023年12月18日甘肃省临夏回族自治州积石山县6.2级地震。

2. 地震活动特征表现

2023年甘肃省内地震活动强度呈现强—弱—强的变化特征，年初祁连山地震带西段2～3级地震较为频繁，年底在祁连山地震带西段和甘东南地区均发生5.0级以上地震，4月和6—9月地震频次偏低，2.0级以上地震均不超过2次。3.0级以上地震在祁连山地震带和甘东南地区均有分布，且频次相当。

（甘肃省地震局）

青海省

1. 地震概况

2023年，青海及邻区共发生3.0级以上地震88次，其中3.0～3.9级地震71次，4.0～4.9级地震14次，5.0～5.9级地震2次，6.0～6.9级地震1次，最大地震为12月18日甘肃积石山6.2级地震。省内共发生3.0级以上地震39次，其中3.0～3.9级地震32次，4.0～4.9级地震7次，最大地震为2月3日德令哈4.9级地震，无5.0级以上地震发生。

2. 地震活动特征表现

2023年发生的3.0级以上地震主要分布在唐古拉地震带和祁连山地震带，5.0级以上地震主要分布在青海省邻区，分别是2023年10月24日甘肃肃北5.5级、12月1日甘肃肃北5.0级及12月18日甘肃积石山6.2级地震。

（青海省地震局）

宁夏回族自治区

1. 地震概况

2023年宁夏回族自治区及邻区（35°00′～

40°40′N，103°30′～107°40′E）共发生 $M2.0$ 以上地震 29 次，其中 $M2.0$～2.9 地震 21 次，$M3.0$～3.9 地震 5 次，$M4.0$～4.9 地震 3 次，最大地震为 2023 年 12 月 31 日甘肃白银市平川区 $M4.9$ 地震，次大地震为 2023 年 11 月 30 日内蒙古阿拉善左旗 $M4.1$ 地震。

2023 年宁夏回族自治区境内共发生 $M2.0$ 以上地震 11 次，其中 $M2.0$～2.9 地震 9 次，$M3.0$～3.9 地震 1 次，$M4.0$～4.9 地震 1 次，最大地震为 2023 年 11 月 24 日银川市灵武市 $M4.0$ 地震，次大地震为 2023 年 11 月 18 日中卫市海原县 $M3.3$ 地震。

2. 地震活动特征表现

（1）频次上：2023 年宁夏回族自治区及邻区发生 $M2.0$ 以上地震 29 次，与 2022 年度基本持平，低于 2009 年以来年均 39 次的水平；2023 年宁夏回族自治区境内发生 $M2.0$ 以上地震 11 次，略高于 2022 年度，低于 2009 年以来年均 15 次的水平。

（2）空间上：2023 年宁夏回族自治区及邻区 $M2.0$ 以上地震主要相对集中在以往地震多发的地区，主要为阿拉善左旗及附近、乌海—石嘴山及附近、银川—吴忠地区和固原及附近。2023 年宁夏回族自治区及邻区 $M2.0$ 以上地震活动呈现“北强南弱”的特征，地震主要位于 37.5°N 北侧区域，而其南侧区域 $M2.0$ 以上地震相对稀少。

（3）时间上：2023 年宁夏回族自治区及邻区 $M2.0$ 以上地震呈现明显的丛集性，主要发生在 1—3 月及 10—12 月；宁夏回族自治区境内 $M2.0$ 以上地震主要发生在 2 月和 11 月，其他时间段地震活动相对平静。

2023 年宁夏回族自治区及邻区发生 2 次显著有感地震事件。11 月 24 日宁夏回族自治区银川市灵武市发生 $M4.0$ 地震，该地震宏观震中位于郝家桥镇，银川市、吴忠市震感较明显，未造成人员伤亡；12 月 31 日甘肃白银市平川区发生 $M4.9$ 地震，震中周边白银市、中卫市及吴忠市等多地均有震感，未发生显著灾情。

（宁夏回族自治区地震局）

新疆维吾尔自治区

1. 地震概况

2023 年，新疆地区发生 $M \geqslant 3.0$ 地震 274 次，高于 193 次的年均水平，其中 $M4.0$～4.9 地震 26 次，$M5.0$～5.9 地震 3 次，$M6.0$～6.9 地震 1 次，最大地震为 1 月 30 日沙雅 6.1 级地震。

2. 地震活动特征表现

时间上，3—8 月新疆地区 $M \geqslant 2.0$ 地震频度相对较小，月频度多小于 120 次，其中 $M \geqslant 4.0$ 地震活动主要集中在 5 月和 8 月，月频度达 3 次。1—2 月、9—12 月，新疆地震活动水平较高，月频度多保持在大于 120 次，其中 10 月 $M \geqslant 2.0$ 地震月频次达 218 次，发生 $M \geqslant 4.0$ 地震 18 次，其中包括 3 次 5 级地震和 1 次 6 级地震；地震活动在时间上呈现“强—弱—强”的特征。

空间上，$M2.0$～4.9 地震相对均匀分布在各构造带上，但 $M \geqslant 5.0$ 地震主要集中分布在阿克苏—伽师和盆地区域，空间上由盆地向南天山西段迁移活动，呈现“东—北—西”三角状分布特征。

（新疆维吾尔自治区地震局）

防震减灾

主要收载防震减灾工作情况，记载地震监测预报预警、地震灾害风险防治、防震减灾公共服务与法治工作进展，以及重要活动等。

2023 年防震减灾工作综述

2023 年，中国共发生 5.0 级以上地震 18 次。其中大陆地区发生 5.0 级以上地震 11 次，包括 6.0 级以上地震 2 次，分别为 1 月 30 日新疆沙雅 6.1 级和 12 月 18 日甘肃积石山 6.2 级地震。周边海域发生 5.0 级以上地震 4 次，包括 6.0 级以上地震 2 次，分别为 4 月 3 日南海海域 6.1 级和 9 月 18 日东海海域 6.4 级地震。台湾地区发生 5.0 级以上地震 3 次，最大为 10 月 24 日花莲海域 5.9 级地震。

一、扎实做好地震安全服务保障

认真贯彻落实习近平总书记“大震之问”，有力应对国内外地震，建立国内外大震趋势动态研究报告机制，全年向党中央报送专题震情趋势研究报告 25 期、震情值班信息 362 期。甘肃积石山地震发生后 6.5 秒，中国地震预警网发出首报预警信息，5 分钟内产生地震烈度速报信息，会商确定主余型地震序列类型，快速预估灾区伤亡人数，准确判定发震断层、震源走向和破裂规模，为科学决策提供重要支撑。全年共启动应急服务响应 34 次，派出现场工作队员 537 人次。全力保障国家重大活动，完成 23 次专项地震安全保障服务，为成都大运会、杭州亚运会、第三届“一带一路”高峰论坛保驾护航。开展西藏重点区域地震科学考察，为国家战略性工程实施提供地震安全保障。推动防震减灾业务与盐穴资源综合利用深度融合，服务国家能源安全和“双碳”目标。严格落实抗震设防新机制，完成 1000 余项重大工程安评报告技术审查，在全国开展重大基础设施地震灾害风险评估。出台加强防震减灾公共服务的实施意见，完成国家防震减灾公共服务平台建设。

二、有效提升地震监测预报预警业务能力

发布中国海洋地震观测规划、地下流体监测站网规划和 18 个省级监测站网规划。完成国家地震烈度速报与预警工程建设任务，建成全球规模最大地震预警网，实现从分钟级速报到秒级预警的跨越，在铁路、管网、电网、核电、燃气等行业示范应用，累计成功发布 20 余次 5.0 级以上地震预警信息。持续优化年度地震重点危险区确定技术方案，坚持“块、带、源、场、兆、触、震”一体化研判，坚持“长中短临”渐进式预报思路，严格落实国省两级震后会商制度，较好把握甘肃肃北 5.5 级地震震前短临趋势变化和甘肃积石山 6.2 级地震震后趋势。

三、全面夯实震灾风险探查区划评估业务

编制完成 31 个省级地震构造环境探查规划。大震震源探查获财政部支持，率先在河西走廊、东南天山等地实施。山东临沂等 6 个城市完成活动断层探测。初步构建形成地震区

划体系，推进新一代全国地震动参数区划图编制，试编京津冀地区危险性区划图，构建三维潜源模型。地震灾害损失预评估业务体系基本形成。自然灾害防治“两项工程”顺利实施，全面完成第一次全国自然灾害综合风险普查中的地震灾种普查任务，地震易发区房屋设施加固工程工作机制更加完善。

四、加快推进地震科技创新和人才队伍建设

扎实推进“一场一室一中心一基地”平台建设，中国地震科学实验场项目投资概算获得国家批复，抓好地质所国家使命导向管理改革，加快全国重点实验室重组，推进地震科学国际数据中心和风险防治研发基地建设。强化有组织科研，获批重点研发计划、亚洲合作资金等国家级项目 10 项、国家自然科学基金项目 72 项。出台防震减灾领域人工智能发展专项规划和三年行动方案。加强国家级人才培养引进，入选国家人才计划 2 人。遴选 5 个创新团队、3 名领军人才、12 名骨干人才、14 名青年人才。选派 21 名青年学者赴海外交流访学。加快推进“一带一路”地震减灾合作，地震减灾协调人会议纪要和地震科学考察联盟被列入第三届“一带一路”国际合作高峰论坛多边合作成果文件清单。组织土耳其 7.8 级双震科学考察，与哈萨克斯坦联合召开第十一届天山地震国际学术研讨会。

五、深化防震减灾体制机制改革

巨灾防范工程纳入增发国债支持范围，“十四五”规划实现中期目标。《中华人民共和国防震减灾法》修改纳入全国人大常委会立法规划。持续推动完善地方防震减灾体制机制，安徽等 10 个省份将防震减灾工作纳入党委政府综合考评，广西、山东等地进一步明确市县防震减灾机构及职责。联合教育部、国家民委、中国科协持续推进“地震科普 携手同行”主题活动，惠及 1.2 万余所学校。联合科技部开展科技列车行、科普边疆行等活动，持续开展科普“六进”，服务公众超 2 亿人次。新认定国家防震减灾科普教育基地 15 个、示范学校 120 个。出台地震监测预报预警、地震灾害防御两项基本业务预算定额。

（中国地震局办公室）

2023 年地震监测预报工作综述

一、全国地震趋势研判更加科学

震情研判基础不断夯实。整理汇编 1900 年以来中国 5.0 级以上地震目录 4300 余条，并统一规范历史地震统计及对外信息服务。建成地震地质、大地测量、地震学等地震预报业务基础数据库，已汇集 638 条断层数据、359 个 GNSS 数据、8267 个震源机制解数据、35 万余条小震精定位数据，有力支撑全国地震形势跟踪研判。地震趋势研判更加科学。持续优化年度地震重点危险区确定技术方案，坚持“块、带、源、场、兆、触、震”一体化研判，坚持“长中短临”渐进式预报思路，严格落实国省两级震后分级会商制度，强化抓异常、抓大震，产出异常核实报告 643 份，有序有效应对全年震情。较好把握甘肃肃北 5.5 级地震震前短临趋势变化，相关研判结论在地震发生前上报中办、国办。地震安保服务形成品牌。坚持以精准服务为目标，健全“一活动一方案”专项工作机制，完善“属地负责、区域协同、全国支援、专家指导”地震安保责任体系，支持指导四川省、浙江省、北京市等地加强区域协调联动，圆满完成成都大运会、杭州亚运会、第三届“一带一路”高峰论坛等重大活动地震安全保障服务任务，得到地方党委政府、有关部委的高度肯定，2 个团队、7 名个人受到表彰。

二、地震速报预警业务建设取得显著进展

加强业务基础能力建设，顺利完成国家地震烈度速报与预警工程批复建设任务，完成竣工验收准备；开展人工智能应用探索，发布中国测震站网完备数据集（CSNCD），自动编目在全国重点地区开展业务应用。提升业务运行质量，与中国铁塔联合召开一般站运维工作会议，促成双方达成后续合作共识；开展地震预警业务运行风险隐患专项排查，强化岗位责任意识和风险意识。强化业务服务能力，印发加强地震预警信息服务工作的若干意见，向社会公开发布地震预警信息接入技术评估要求，规范地震预警信息增值服务；与国铁集团、国家管网集团实现行业对接，在山东平原 5.5 级地震中为铁路安全运行提供可靠保障；全面总结终端预警、电视预警和微信预警成果经验并向全国推广，地震信息服务体系基本成形。

三、地震监测基础进一步夯实

加强监测站网规划引领，发布《中国海洋地震观测规划（2023—2035 年）》《中国地下流体监测站网规划（2023—2030 年）》，指导 18 家省局编制出台省级监测站网规划，地震监测全国“一盘棋”格局更加完善。全力推进地震监测台网项目实施，基本完成项目主体

建设任务。明确地震监测站网转型升级工作思路，推动完成增发国债巨灾防范工程项目立项。加大监测设备保障力度，为19个重点省局102个台站更新升级137套地震监测设备，利用大震应急物资储备项目，购置417套地震监测专业设备备机。国家地震计量站获国家市场监督管理总局批准筹建。优化业务评估体系，构建涵盖仪器运转、系统运行、数据质量和业务产出的全链条质量评估体系，持续完善业务运行质量和改进落实月通报机制，全年监测站网运行率超过99%。完成全国1617个市县监测站点资源评估，“一县一台”覆盖率达到97.5%。持续深化中心站改革，印发《关于进一步深化地震监测中心站改革工作的若干意见》，开展中心站改革评估和先进典型选树宣传，建成全国地震监测预报预警业务网络培训平台，完成263个地震监测站标准化改造。

四、地震应急服务响应更加高效

应急服务响应准备工作部署和督促落实更加有力。落实国务院抗震救灾指挥部办公室部署要求，配合完成9省区地震灾害风险防范应对检查，印发《2023年全国震情监视跟踪和应急准备工作强化措施台账》，完善督导检查机制，强化台账措施落实。应急服务响应预案体系更加健全。落实“全灾种、大应急”专项整治要求，印发《关于加强地震应急服务响应工作的通知》，指导各省级地震局和中心站完善本地区应急服务响应等级和行动清单，进一步提升预案时效性实用性。地震应急演习更加深入广泛。参加“应急使命·2023”高山峡谷地区地震灾害空地一体化联合救援演习，首次增设“救援现场地震信息发布”专业演习科目。四川、甘肃、青海、新疆、北京等重点地区省（直辖市）地震局参加地方政府组织的综合型应急演习、区域应急联动演练或本单位桌面推演等，通过演习磨合机制、锻炼队伍、增强合力。高效开展应急响应处置。2023年中国地震局共启动应急服务响应34次，其中二级响应1次、三级响应4次，高效完成甘肃积石山6.2级、新疆沙雅6.1级、山东平原5.5级、甘肃肃北5.5级等显著地震应对处置，主动服务地方党委政府决策。

五、网络安全和信息化保障能力稳步提升

全面部署年度网信工作。召开网络安全和信息化领导小组会议，审议印发《2023年度网络安全和信息化工作要点》，着力提升网络安全防护能力。完成全国两会、成都大运会等重点时段网络安全保障，印发“护网·2023”攻防演习工作方案，组织局属43家单位参与攻防演习，以平战结合方式检验提升网络安全防护能力。全力保障核心业务通信链路运行。正式上线地震信息资源管理系统并在43家单位推广应用，统筹管理信息化资产，做到底数清、情况明。

（中国地震局监测预报司）

2023 年地震灾害防御工作综述

一、探查区划评估基础业务能力稳步提升

探查调查业务加速发展。组织各省级地震局贯彻落实《中国地震构造环境探查规划》，编制完成 31 个省级探查规划，形成了系统推进、职责清晰的规划体系，推动大震震源探查项目获得财政部支持，组织各省级地震局积极争取地方支持，初步建立了稳定的探查投入机制，全国地级以上城市活动断层探测覆盖率达到 36%。组织各省级地震局不断加强承灾体数据跨部门共享机制建设，吉林等 10 个省级地震局已获取本地普查承灾体详细数据。

区划业务体系基本形成。构建以全国地震动参数区划为龙头，省级地震动参数区划为支撑，各级地震灾害风险区划为产出的区划业务体系。全面开展新一代地震动参数区划图编制工作，在京津冀地区开展试编。按照“标准先行、摸清底数、逐步提升”的思路推进省级地震危险性区划业务化，印发《省级地震危险性区划图编制技术指南（2023 版）》和《省级地震危险性区划图编制业务工作质量评估标准（2023 版）》，组织各省级地震局编制本省（自治区、直辖市）地震危险性区划并完成质量评估。

评估业务体系更加完备。依托风险普查工程，组织开展全国地震灾害风险评估，确定风险隐患分布。印发《关于推进地震灾害损失预评估业务化的通知》，组织各省级地震局编制“十四五”期间预评估工作规划和 2023 年度预评估工作计划，制定预评估业务工作指南和质量考核评估指标，明确日常工作目标任务，规范业务流程和产出要求，基本实现预评估业务常态运行。

二、自然灾害防治“两项工程”成果显著

圆满完成全国地震灾害风险普查工作。组织各省级地震局、9 个直属单位以及广大市县地震部门和企事业单位的 180 支综合性技术队伍全力投入风险普查工作，精心做好实施，凝练普查成果，加强成果应用，高效完成风险普查各项任务，得到国普办充分肯定。通过风险普查工作，形成了包括地震危险图编制、重点隐患评估、风险评估区划、房屋抗震加固分级等要素的风险普查业务体系，产出数据 14 亿条、图件 5 万余份，形成了系统化、多尺度的地震灾害风险信息产品，为震防基础业务提供了难得的数据和技术支撑，有效服务了国土空间规划、地震灾害风险防治等领域工作。

持续完善地震易发区房屋设施加固工作机制。组织各省级地震局完善跨部门工作机制，统筹协调推动工程稳步实施。建立加固工程清单动态更新和报送机制，基本实现年度任务清单式管理。组织做好加固工程信息采集平台运维，完成公安部门备案和网络安全等级保护测评。截至 2023 年底，平台注册用户 17. 6 万人，采集数据 214. 7 万条，审核入库 204. 4 万条，其中加固工程 107. 6 万条，新建工程 96. 8 万条。

三、大城市防震减灾工作思路逐步清晰

中国地震局党组高度重视大城市防震减灾工作，党组书记、局长闵宜仁同志主持召开城市防震减灾工作座谈会，部署研究大城市防震减灾工作思路。组织各直辖市地震局认真落实局党组部署要求，全力推进城市防震减灾工作。在开展城市活断层探测、区域性地震安全性评价等传统业务的同时，拓展城市地震灾害风险感知、精细化评估等新业务新服务。北京、天津、上海、重庆4个直辖市地震局立足于本地地震灾害风险特征和经济社会高质量发展要求，凝练大城市防震减灾工作思路、具体任务和项目建议。城市地震灾害风险精细化评估、京津冀地区大震巨灾情景构建、城市地震灾害风险监测等试点建设工作全面开展，积极探索服务城市防震减灾的新手段新模式。

四、重大基础设施地震灾害风险评估初见成效

推动建立重大基础设施地震灾害风险评估工作机制，开展地震灾害风险感知与评估试点，组织四川、云南、甘肃、新疆4个省份选取典型建筑开展地震灾害风险感知与评估试点工作。组织开展重大基础设施一般性评估工作，编制完成技术指南并组织培训，印发《关于开展重大基础设施地震灾害风险一般性评估试点工作的通知》，指导开展一般性评估试点工作。推动开展重大基础设施详细评估工作，印发《关于做好重大基础设施地震灾害风险评估试点工作的通知》，组织相关省级地震局和中国地震局工程力学研究所编制实施方案，指导开展试点项目实施。

五、地震安全性评价更加规范

不断强化地震安全性评价报告技术审查工作。组织开展了重大核电、水电等共计100项重大工程场地安全性评价报告技术审查，持续规范技术审查工作。优化审查流程，对首轮不通过的报告采取专家全体复审形式，严把报告质量关，对存在质量问题的报告，向相关单位提出加强监管的建议。

持续加强地震安全性评价报告质量检查。印发《关于进一步加强场地地震安全评价工作质量管理的通知》，进一步强化质量管理。组织开展2023年度地震安全性评价报告质量抽查检查，抽查省级地震安全性评价和区评报告472份，指明相关问题不足，实现重点项目、地震安全性评价单位和省级地震局3个“全覆盖”。

组织完善地震安全性评价标准体系。组织修订国家标准《工程场地地震安全性评价》，征求国家发展改革委、住房城乡建设部等12个行业部委以及9个建设单位、评价单位意见后，召开标准修订研讨会和技术论证会。组织编制地震行业标准《区域性地震安全性评价》《地震小区划》。

六、地震应急准备和现场工作效能有力提升

进一步实化强化区域协作和应急联动机制。组织各省（自治区、直辖市）制定联动支援预置力量方案，立足实战开展协作片区演练，推进京津冀、长三角、珠三角、成渝地区地震应急联动机制建设，细化实化相关方案，联合作战、高效应对能力进一步提升。

高效开展地震现场处置工作。圆满完成山东平原5.5级地震现场应急处置，赴现场指导抗震救灾工作，震后40小时完成烈度评定，为政府有力有序开展抗震救灾和恢复重建提供了重要的科学依据。

规范烈度图编制发布工作。适应最新形势要求印发《关于进一步做好地震烈度图编制和发布工作的通知》，建立“编、审、核、定、发”全流程工作机制。组建烈度图评审专家组，进一步规范评审流程。

（中国地震局震害防御司）

2023 年地震应急响应保障工作综述

一、震情监视跟踪和应急准备工作稳步推进

以“时时放心不下”的责任感扎实开展震情监视跟踪和应急准备工作，以京津冀、年度重点危险区为重点，印发年度震情监视跟踪和应急准备工作通知，从地震监测、震情跟踪研判、灾害风险评估、应急响应准备、科技支撑、应急宣传 6 个方面制定共 289 项强化措施，按月进行台账式进展管理分析，每半年签报中国地震局党组，利用区域专题会商会、检查督导等契机对重点单位进行督查。同时，协助应急管理部配合完成 9 省区地震灾害风险防范应对检查。

二、地震应急预案体系不断完善

全面落实主题教育“全灾种、大应急”专项整治要求，组织中国地震台网中心对各省级地震局和中心站应急服务响应等级和行动清单开展审查，编制印发行动清单模板，督促指导各省级地震局和中心站紧密结合地方政府需求及区域特色，完善响应等级和行动清单。同时，制修订地震现场联动支援预置力量方案和联动实施方案，优化完善国、省（自治区、直辖市）、中心站一体化预案体系，确保高效有序开展应急响应处置。

三、建立应急业务运行质量评估体系

梳理应急服务响应业务特点，将各省级地震局和中心站应急指挥技术系统运行和应急服务响应实际情况纳入监测预报业务运行月报。建立应急视频定期检查和不定期抽查机制，每月非工作时段应急视频调度抽查实现各省级地震局和中心站全覆盖，确保实现国、省（自治区、直辖市）、中心站三级应急视频系统随时互联互通。组织举办各省局应急人员和各中心站站长应急业务培训，基层应急响应处置能力稳步提升。

四、地震应急服务响应能力显著提升

组织各单位参加“应急使命 · 2023”高山峡谷地区地震灾害空地一体化联合救援演习，指导开展华北、西南、西北、东北、华东、中南 6 个片区区域应急联动演练，通过演习磨合机制、锻炼队伍、提升能力。按照《地震应急服务响应后评估实施细则》，组织开展甘肃积石山 6.2 级地震应急服务响应后评估，总结优秀经验的同时找出问题短板，及时整改完善，不断提升应急服务响应能力。全年中国地震局共启动应急服务响应 34 次，其中二级响应 1 次、三级响应 4 次，调度派出现场工作人员 537 人次，高效完成甘肃积石山 6.2 级、新

疆沙雅6.1级、山东平原5.5级、甘肃肃北5.5级等显著地震应对处置，主动服务地方党委政府决策。

五、地震速报预警信息服务领域不断拓展

完成地震正式速报1015次（国内平均用时8.8分钟），自动速报366次（国内平均用时129秒）。共为各省级政府、应急部门等提供39期非天然地震事件信息服务，共产出62期分析报告，包含塌陷（含疑似）16次、矿震2次、疑爆（含爆破）21次，其中比较典型的为2023年2月22日内蒙古阿拉善盟阿拉善左旗$M2.3$（疑似塌陷）和2023年6月20日辽宁沈阳市康平县$M2.8$（矿震）。组织开展非天然地震典型震例库建设和监测岗位技术培训，完成基于人工智能技术的地震类型自动判别系统研发，并在中国地震台网中心和多个省级地震局部署测试。组织贵州省地震局等单位利用地震定位技术助力航天科技进步，2023年开展定位服务8次，服务精准性和时效性得到有关部门充分肯定。

六、地震应急宣传和科普能力不断提升

持续加强涉震舆情监测处置。在甘肃积石山6.2级地震、山东平原5.5级地震，以及土耳其、摩洛哥等国内外重大地震发生后，及时组织中国地震台网中心、中国地震灾害防御中心专家接受中央电视台、新华社等主流媒体采访，及时回应社会关切，维护社会稳定。局属各单位持续推进“地震科普　携手同行”主题活动，惠及1.2万余所学校。联合科技部、国家民委、中国科协开展科技列车行、科普边疆行等活动，首次在全国科技活动周主场设立防震减灾专题展区。围绕17个重点时段开展科普“六进”，发布院士科普作品，举办“走进地震监测中心站”等特色活动，参与人数超2亿人次，社会公众防震减灾意识和自救互救能力持续提升。针对甘肃积石山6.2级地震，第一时间组织开展应急科普并推送作品500余部，浏览量合计超1350万人次，在灾后集中安置点、农村党群活动中心等处发放挂图、折页等科普宣传资料，开展心理健康疏导。

（中国地震局监测预报司）

2023 年防震减灾公共服务与法治建设工作综述

一、防震减灾公共服务

一是编制《中共中国地震局党组关于进一步加强新时代新征程防震减灾公共服务的实施意见》，以中国地震局党组 1 号文件印发实施，明确了未来一段时期公共服务发展目标、重点任务、服务机制和保障措施等，初步构建了公共服务体系框架。

二是在全系统内，围绕服务重大基础设施、韧性城市建设、海洋经济开发、地方政府和社会公众等凝练遴选 18 个防震减灾优秀服务案例。

三是完成国家防震减灾公共服务平台建设，实现了地震数据资源目录、产品目录、技术服务目录、法规标准、科普作品等在线展示、查询检索和订单服务。

四是持续开展防震减灾公共服务需求调查，形成交通、水利等 17 个行业领域防震减灾公共服务需求清单和 8 方面需求政策完善建议。

五是中国地震局公共服务司（法规司）增加市县防震减灾工作指导职责，配合应急管理部开展首批全国综合减灾示范县验收评估工作，举办 2023 年度重点地区市县防震减灾工作培训班。

二、防震减灾科普

一是大力推动防震减灾科普转型升级。推动防震减灾科普工作“科学化、数字化、社会化、趣味化”，编制印发《新时代防震减灾科普转型升级总体方案（试行）》，成立转型升级领导小组和办公室，并组建工作专班，赴 7 家头部数字企业、9 个科普场馆调研数字技术成果和社会化建设运营经验，开展全国 700 余个防震减灾科普场馆资源统计，探索社会化市场化建设运营模式，着力推进中国地震数智科普馆（元宇宙）和公众地震逃生避险演练实训基地建设，与中旅、中国电子等就四川基地和元宇宙建设达成初步合作意向。

二是全面推进“地震科普　携手同行”主题活动。2023 年面向 1.2 万所学校累计发放图书 48 万余册，开展讲座 3.7 万余场、演练 7.6 万余场，培养主题活动传播师 2.5 万余名。首场活动共有 6.8 万所学校、4411 万余名师生和 601 万余名网络用户观看，中央广播电视总台在《新闻直播间》栏目进行专题报道。童声唱响专项活动在浙江、广东等地正式启动，全国近 16 万名学生开展传唱活动，主题曲《山水相连》《这一瞬间》荣获第 14 届华语金曲奖“优秀公益歌曲”。10 名中小学和幼儿园教师在第七届全国防震减灾科普讲解大赛中获奖。

三是创新开展重点时段科普工作。在全国防灾减灾日等 7 个重点时段和新疆巴楚—伽师 6.8 级地震 20 周年等 10 个重大历史地震纪念日，发布陈运泰、周福霖院士科普作品，组织开展“走进地震监测中心站”、讲解大赛、作品大赛等特色活动，首次邀请一线明星推出防震减灾公益宣传视频，累计影响社会公众超 2.7 亿人次。首次在全国科技活动周主场开辟专区展出灾害风险防范、地震预警、精密仪器等 14 项地震科技创新成果。首次在中国科技馆展示防震减灾科普文创产品，并开展扫码答题等现场活动，累计参与量达 8 万人次。开展甘肃积石山 6.2 级地震等 6 次应急科普工作，累计发布地震应急科普作品近 400 部，浏览量超 2750 万人次。应邀在《旗帜》杂志上发表文章，交流科普工作经验。3 部科普产品分别被科技部评选为 2023 年全国优秀科普作品和全国优秀科普微视频。

四是不断夯实队伍和阵地建设。修订《防震减灾科普示范学校认定管理办法》，进一步规范示范学校认定管理。新认定 14 个国家防震减灾科普教育基地和 120 个防震减灾科普示范学校，52 个基地和 85 所学校通过中期评估。举办 2023 年地震系统科普人员素质提升培训班，共计 932 人参加培训。完善防震减灾科学传播师管理机制，会同中国灾害防御协会开展中小学校防震减灾科学传播师培养，累计培训 9200 人。

三、防震减灾法治建设

一是认真落实《十四届全国人大常委会立法规划》。成立修订研究工作组，形成防震减灾管理体制、业务体系法治保障、配套法规规章体系建设等重点问题研究报告初稿。组织全国人大社会委、法工委和司法部有关同志赴新疆开展联合立法调研，全面了解《中华人民共和国防震减灾法》实施情况，围绕提高防范灾害风险能力、加强基层防震减灾能力等听取意见建议。推动《中华人民共和国防震减灾法》修改纳入十四届全国人大常委会立法规划，并列入应急管理部 2023—2027 年立法规划一类项目。召开修法专家座谈会，全国人大、司法部、应急管理部相关部门负责人与会指导，进一步明确修法工作要求，分析研究重点难点问题解决方案，统一思想认识。

二是深入推进防震减灾依法行政。加强行政规范性文件管理，制定实施《中国地震局行政规范性文件管理办法》，对行政规范性文件进行合法性审核。加强法治建设基础工作，推广山东等地方立法成效显著地区的先进做法和典型经验，开展《地震安全性评价管理条例》、建设工程地震安全性评价立法后评估。推动地方立法先行先试，湖北、海南、青海出台地震预警管理办法。江苏、吉林、河北、海南修订地方性法规、政府规章。现行有效的防震减灾地方性法规共 42 部，地方政府规章共 68 部。

三是推进地震标准化工作。申报立项《防震减灾术语》《地震台站观测环境技术要求》等 4 项国家标准，下达《1∶10000 活动断层填图》等 17 项地震行业标准制修订计划，《地震专题图分类与代码》等 9 项地震行业标准通过技术审查。开展《地震预警信息发布》等标准宣贯解读，举办 2023 年地震标准编写技术培训班。建立党员干部学法用法清单制度，举办宪法知识专题讲座，突出做好防灾减灾日、世界标准日等重点时段法治宣传。

四是持续提升地震行政执法能力。组织制定《地震行政处罚裁量权基准适用办法》，编印地震行政执法手册。举办 3 期应急管理（地震）行政执法资格培训，288 人获得地震行政执法资格证书。组织各省级地震局与应急、水利、能源等部门联合开展水库台网专项执法行动，检查大型水库 227 个，对 139 个大型水库提出整改要求。办结国家级重大工程抗震设防要求审定行政许可 103 件，指导省级地震局办结 858 件，完成两批 1686 名地震安全性评价专业技术人员信息审核公示，实施“互联网＋监管”信息系统升级改造。首次组织对全国范围内地震安全性评价单位和重大工程建设单位开展执法检查。

四、改革工作

一是强化组织领导。第一时间传达学习习近平总书记关于全面深化改革重要讲话和中央全面深化改革委员会会议精神。把全面深化改革作为推进新时代防震减灾事业现代化的根本动力，围绕现代化体系建设的四大任务，将深化改革与现代化建设同谋划、同部署、同推进，着力构建防震减灾社会治理体制机制，健全基本业务保障体制机制，创新震灾风险防控体制机制，完善地震科技创新和人才体制机制。持续优化全面深化改革领导小组职责，统筹设置综合组和监测、震防、科技、科普 4 个工作组，分管领导“挂帅”督办，制定印发 2023 年度全面深化改革工作要点和 2023 年度科技创新支撑新时代防震减灾事业现代化建设任务清单，定期督促检查，开展评估评价，积极推进各领域改革。

二是强化典型示范。坚持调查研究与挖掘典型相结合，推动 43 个局属单位积极探索，“为什么改、改什么、怎么改”在全系统达成广泛共识，市县机构职能、中心站任务定位、新时代风险防治体系构架、公共服务顶层设计、事业单位改革等一批具有标志性引领性的改革任务取得重点突破。积极宣传改革经验做法，编发 12 期改革情况交流，宣传推广地方防震减灾救灾体制机制建设、中心站改革、省级地震局赋能增效等重点工作典型经验，营造改革良好氛围。

（中国地震局公共服务司（法规司））

2023 年中国地球物理站网运行年报

一、站网规模

中国地球物理站网由地壳形变、电磁、地下流体三大学科观测站网组成，涵盖了中心站（含一般监测站）、省级地球物理站网中心（以下简称“省级站网中心”）、学科站网中心和国家地球物理站网中心（以下简称“国家站网中心”）四级业务运行机构。

2023 年，全国有 31 个省级站网中心共 1055 个观测站向国家站网中心报送数据。其中国家、省建设观测站 750 个，市县建设观测站 305 个。

全国各省级站网中心向国家站网中心报送观测数据的仪器共 3342 套。其中数字化仪器 2935 套，人工/模拟仪器 407 套。

按观测学科统计如下。

地壳形变观测站网，由 GNSS、重力和定点形变观测站组成。其中 GNSS 观测站 256 个，观测仪器 258 套（占比约 7.72%）；重力观测站 73 个，观测仪器 77 套（占比约 2.30%）；定点形变观测站 274 个，观测仪器 621 套（占比约 18.58%）。

电磁观测站网，由地磁和地电观测站组成。其中地磁观测站 168 个，观测仪器 423 套（占比约 12.66%）；地电观测站 156 个，观测仪器 240 套（占比约 7.18%）。

地下流体观测站网承担着中国大陆地下流体物理量和化学量的监测任务。地下流体观测站 495 个，观测仪器 1170 套（占比约 35.01%）。全国地球物理站网配置气象三要素辅助观测仪器 553 套（占比约 16.55%）。

中国地球物理站网观测站、仪器基本情况统计见表。

中国地球物理站网观测站、仪器基本情况

学科		观测站数	观测仪器/套			
			数字化	人工/模拟	合计	
地壳形变	GNSS	256	258	0	258	3342
	重力	73	77	0	77	
	定点形变	274	596	25	621	
电磁	地磁	168	298	125	423	
	地电	156	240	0	240	
地下流体		495	938	232	1170	
辅助观测		504	528	25	553	

二、站网运行

2023 年，全国地球物理站网总体运行平稳。1—12 月，全国地球物理站网平均仪器运行率为 99.67%，平均数据汇集率为 99.88%，平均数据有效率为 99.13%，总体运行质量比 2022 年稳中有升。2023 年全国地球物理站网平均运行情况见下表。

2023 年全国地球物理站网平均运行情况

序号	统计类别	2023 年	2022 年
1	仪器数量	3342 套	3348 套
2	仪器运行率	99.67%	99.53%
3	数据汇集率	99.88%	99.75%
4	数据有效率	99.13%	99.07%

三、站网数据质量评估与专业设备定型

各学科站网中心共评价仪器台项数 2631 项（气象三要素、人工观测的温度计、滴定管等辅助观测仪器未参与评价），观测数据质量平均优秀率为 83.03%。GNSS 站网参评台项数为 516 项，优秀率 88.9%；重力站网参评台项数为 78 项，优秀率 82.0%；定点形变站网参评台项数为 563 项，优秀率 77.3%；地磁站网参评台项数为 290 项，优秀率 87.9%；地电站网参评台项数为 199 项，优秀率 81.4%；地下流体站网参评台项数为 985 项，优秀率 82.2%。

2023 年地球物理专业设备定型具体完成工作内容如下。

（1）技术要求征集意见与发布。6 月发布《关于征求二氧化碳红外分析仪技术要求和定型测试大纲以及绝对重力仪定型测试大纲意见》公告。8 月发布《关于发布二氧化碳红外分析仪技术要求和定型测试技术规范绝对重力仪定型测试技术规范》公告。

（2）开展地球物理专业设备定型。2023 年共计有 4 个观测型号仪器通过定型，25 个型号取得延期评估结果，并征集到 40 个型号的地球物理专业设备（检测中）。

四、站网重点工作

1. 地震站网运行监控管理平台建设与业务化推广应用

从以下四个方面开展了工作。

（1）实现对新型号设备的数据解析、接入和监控报警。

（2）在身份鉴别、访问控制、安全审计、数据安全及备份恢复等方面满足二级等保要求。

（3）编制二级平台技术要求及接口规范，为省级二级平台建设提供技术规范。

（4）从运行状态管理、智能案例库等方面对运管服务系统服务方面进行开发，满足国家业务中心、省局和中心站三级的应用需要。已在中国地震台网中心、中国地震局第一监测中心、全国 16 个省级地震局作为日常站网监控平台落地应用。

2. 升级完善现有地球物理数据汇集管理系统

中国地震台网中心于 2023 年 6 月牵头完成全国各省（自治区、直辖市）地震局市县级地球物理站网数据管理系统升级部署与试运行，于 9 月 15—18 日组织完成全国站网正式数据管理系统升级，实现了地球物理仪器组网观测、基础信息管理、数据采集、数据交换和备份全自动化，仪器监控，资源状态监控，数据统计与服务等功能。

3. 地球物理学科管理与产品服务平台建设

中国地震台网中心于 2023 年研发了地球物理学科管理与产品服务平台，将 GNSS、定点形变、重力、地电、地磁、地下流体业务平台进行了统一集成，打通学科平台间的菜单权限和数据权限壁垒，实现统一管理。省（自治区、直辖市）地震局和台站监测人员通过一个账户即可登录和切换所有学科业务平台，完成业务操作和管理，形成了地球物理产品服务的门户网站。

4. GNSS 数据产品服务平台应用效益持续扩大

经过近三年的不断优化，现已形成五大类 21 项数据产品，服务全国 35 家省（自治区、直辖市）地震局、研究所及业务中心，平台月访问量稳定在 1400 人次左右，各类数据产品累计下载近 5 万次。平台服务更人性化，优化“站点信息与数据质量”模块，提供任意时间段内的数据质量结果查询与下载，以及站点信息的快速查询；优化产品产出模块，方便省（自治区、直辖市）地震局预报人员开展 GNSS 站点现场异常核实。平台服务更多元化，逐步探索开展以北斗观测为主的数据产品产出等工作。

5. 组织开展市县级地球物理监测资源质量评估

在中国地震局监测预报司的统一部署下，由中国地震台网中心牵头完成了全国市县级地震监测资源质量评估工作。结果显示：全国有 29 个省级地震局 1626 个观测项目参与了市县级评估，615 个观测项目的评价结果为合格，占比约 37.8%，可以纳入国家数据库进行管理；779 个观测项目的评价结果为基本合格，占比约 47.9%，可以纳入国家市县级数据库进行管理；232 个观测项目的评价结果为不合格，占比约 14.3%，需要停测或者改造。基本上摸清了市县级监测资源底数，掌握了市县级监测现状以及存在的主要问题，评估结果为巨灾防范工程的开展和站网规划落地实施提供了重要依据。

6. 加强业务成果向服务产品转化，提升地震产品公共服务能力

完成定点形变站网运行管理与产品服务平台发布，完成重力站网数据产品平台发布，完成 GNSS、重力、地电、地下流体、定点形变等学科综合管理和产品平台与地球物理天地观测一张图平台的建设和整合。不断丰富产品种类，新增地下流体水位同震响应分布图、水位水温相对变化分布图地电阻率归一化速率区域分布图、地电流场空间变化分布图等产品，并将 InSAR 同震形变产品汇交国家地震产品平台产品产出体系中，进一步拓展了地球物理动态参数对地震应急响应的服务能力。

7. 积极推动援外台网建设，促进中国与东盟国家的防震减灾合作

（1）中国－东盟地震灾害监测防御能力提升线上技术培训班成功举办。秉承“合作共赢、开放共享”的理念，中国地震台网中心举办了中国－东盟地震灾害监测防御能力提升线上技术培训班。8 个东盟成员国 46 名技术人员参加。

（2）签订项目合作谅解备忘录。12 月 13 日，中国地震台网中心同老挝自然资源与环境部气象水文厅在老挝万象共同签署《援老挝国家地震监测台网二期项目合作谅解备忘录》。

（3）为持续深化防灾减灾国际合作，拓展同东盟各国双多边合作，推动落实《中国－东盟灾害管理工作计划（2021—2025）》。在老－泰、老－缅边境及老挝西北部等地震多发区和监测薄弱区新建了 4 个综合地震观测台站。参考中国第五代区划图标准和思路，完成了东盟重点地区老、缅、泰、越地震动峰值加速度区划图。

（中国地震台网中心）

2023 年中国测震站网运行年报

一、站网运行

31 个省级测震站网实时运行率平均为 99.60%。完成全国测震站网观测仪器的维修和停测管理工作，包括 29 次测震站点的台站改造、设备更换、设备故障及环境干扰等情况的备案处理，以及 6 次强震动台站停测和迁址的处理。具体信息见下表。

2023 年台站申请停测情况统计表

序号	站点名称	停测时间	停测原因
1	甘肃俞井子观测站	2022－10－15 至 2023－01－31	智能电源故障
2	广东惠州观测站	2023－01－01 至 2023－01－31	设备故障
3	云南楚雄观测站	2023－04－01 至 2023－07－01	山洞年久失修，渗水严重
4	云南孟连观测站	2023－05－24 至 2023－07－31	摆线被挖断
5	上海东滩观测站	2023－06－01 至 2023－07－01	供电系统升级改造
6	广东怀集观测站	2023－07－01 至 2023－12－31	环境干扰
7	云南宣威观测站	2023－07－07 至 2023－07－18	供电故障
8	贵州荔波观测站	2023－07－16 至 2023－07－19	预警改扩建施工
9	辽宁大鹿岛观测站	2023－07－18 至 2023－08－31	地震计故障
10	贵州石阡观测站	2023－07－22 至 2023－07－23	预警改扩建施工
11	甘肃张家川观测站	2023－07－23 至 2023－07－24	因洪灾断记
12	甘肃环县观测站	2023－07－23 至 2023－07－25	因洪灾断记
13	湖北监利观测站	2023－07－24 至 2023－07－31	更换地震计
14	贵州黎平观测站	2023－07－25 至 2023－07－27	预警改扩建施工
15	贵州凯里观测站	2023－07－26 至 2023－07－29	预警改扩建施工
16	甘肃宁县观测站	2023－07－28 至 2023－07－29	因洪灾断记
17	辽宁朝阳观测站	2023－07－28 至 2023－08－06	台站改造
18	贵州玉屏观测站	2023－08－01 至 2023－08－05	预警台站改造
19	黑龙江鹤岗观测站	2023－08－01 至 2023－08－05	机房搬迁
20	黑龙江五常观测站	2023－08－09 至 2023－09－09	暴雨导致供电线路损坏
21	湖南洪江观测站	2023－08－22 至 2023－08－25	山洞优化改造
22	山西山自皂观测站	2023－08－22 至 2023－10－22	台站改造
23	贵州贵阳观测站	2023－09－01 至 2024－03－01	台站改造
24	广西平果观测站	2023－09－06 至 2023－09－30	台站改造
25	上海太平山观测站	2023－09－15 至 2023－10－31	线路升级
26	四川松潘观测站	2023－09－18 至 2023－09－19	线路升级
27	河南周口观测站	2023－10－09 至 2023－10－12	线路割接
28	河南周口观测站	2023－10－17 至 2023－10－18	预警施工改造
29	河南商水观测站	2023－10－18 至 2023－10－20	预警施工改造

2023 年强震动台站变更情况统计表

序号	站点名称	变更时间	变更情况
1	河南安阳水化观测站	2023-01-01 至 2023-06-30	暂时停测
2	广东大亚湾观测站	2023-01-01 至 2023-06-30	暂时停测
3	湖南澧县观测站	2023-01-04	迁址
4	河南大安观测站	2023-01-11 至 2023-02-28	暂时停测
5	上海东滩观测站	2023-06-01 至 2023-07-01	暂时停测
6	江苏 14 个观测站	2023-08-16	暂时停测

二、地震编目

地震编目工作主要包括全球大震震相分析和全国统一编目。

1. 全球大震震相分析

该工作包括全球大震震相汇集整理和地震编目。对基准一类站上传的震相数据进行定位、分析等常规数据处理，产出《中国数字地震台网观测报告》和《中国地震台站观测报告》。

2023 年，国家中心接收和处理基准一类站原始震相数据共 110 万余条，产出目录 1980 余条、震相 60 万余条。

2. 全国统一编目

该工作包括统一地震快报编目、统一地震正式报编目和地震观测报告编制。使用国家测震站网报送的地震目录和震相数据，通过统一编目的方式，产出《统一地震快报目录》《统一地震正式报目录》和《地震观测报告》。

2023 年，全国共接收省级中心快报目录 11.5 万余条，产出统一快报目录 7.3 万余条；接收省级中心正式报目录 7.4 万余条、震相约 261 万条，产出统一正式报目录 5.9 万余条、震相约 213 万条。

其中，地震编目正式报定位误差小于 5 千米的占比约 40.42%，5～15 千米的占比约 19.60%，15～30 千米的占比约 22.85%，大于 30 千米的占比约 17.14%。总体定位精度和 2022 年基本持平。

三、波形管理与处理

1. 测震台站波形数据实时存储和事件截取

2023 年，共存储产出全国测震站网 miniSEED 格式连续波形数据约 240TB，其中强震动实时台连续数据约 5.40TB，均完成数据归档和备份。

完成全国速报地震事件波形数据截取，共 359 个事件，产出“十五”站网记录 SEED 数据约 3.35GB 和 miniSEED 数据约 2.50GB，以及预警站网记录 SEED 数据约 27GB 和 miniSEED 数据约 16.55GB。

2. 强震动数据处理

完成国内 $M \geqslant 2.0$ 地震的强震动数据汇集，并对国内 $M \geqslant 4.0$ 和京津冀地区 $M \geqslant 3.0$ 地震的强震动数据进行处理、计算及归档。2023 年，共汇集并归档 14 个省份记录的 110 个地震事件的 2346 组三分量数据。

四、站网质量评估与专业设备定型

完成 2022 年度全国台网（站）质量评估工作，包括国家测震台站资料分析和运行质量评估，全国省级测震台网系统运行、地震速报和地震编目评估，以及强震动台网观测记录质量和运行维护质量的评估。

2023 年，第一批共 7 套测震设备通过定型，62 套地震预警信息服务专用终端通过定型，结果如下。

2023 年测震站网地震检测专业设备定型结果（第一批）

序号	设备类型	设备型号	申请单位	生产单位
1	短周期地震计	NodeV02	北京桔灯地球物理勘探股份有限公司	北京桔灯地球物理勘探股份有限公司
2	短周期地震计	THETA – TT120	博来微测科技（北京）有限公司	黑龙江天元时代自动化仪表有限公司
3	超宽频带地震计	GL – WS360	北京港震科技股份有限公司	北京港震科技股份有限公司
4	超宽频带地震计	ITC – F360A	黑龙江天元时代自动化仪表有限公司	黑龙江天元时代自动化仪表有限公司
5	加速度计	ITC – AC2	黑龙江天元时代自动化仪表有限公司	黑龙江天元时代自动化仪表有限公司
6	一体化强震仪	REMOS – VOLCAS	武汉地震科学仪器研究院有限公司	武汉地震科学仪器研究院有限公司
7	一体化短周期地震仪	HG – UD02	中震华创（深圳）技术有限公司	中震华创（深圳）技术有限公司

2023 年地震预警信息服务专用终端定型结果（第一批）

序号	设备类型	设备型号	申请单位	生产单位
1	地震预警信息服务专用终端（非可视类）	GZ – ELT – 002	北京港震科技股份有限公司	北京港震科技股份有限公司
2	地震预警信息服务专用终端（非可视类）	GZ – ELT – 022		
3	地震预警信息服务专用终端（非可视类）	GZ – EWH – 050		
4	地震预警信息服务专用终端（非可视类）	GZ – EWH – 100		
5	地震预警信息服务专用终端（可视类）	GZ – EPT – 032		
6	地震预警信息服务专用终端（可视类）	GZ – ETT – 055		
7	地震预警信息服务专用终端（可视类）	GZ – EWT – 024		
8	地震预警信息服务专用终端（可视类）	GZ – EWT – 032		
9	地震预警信息服务专用终端（可视类）	GZ – EWT – 043		

续表

序号	设备类型	设备型号	申请单位	生产单位
10	地震预警信息服务专用终端（非可视类）	YJ - YJS2	北京毅嘉世纪网络技术有限公司	厦门帝嘉科技股份有限公司
11	地震预警信息服务专用终端（可视类）	YJ - YJZD24		
12	地震预警信息服务专用终端（可视类）	YJ - YJZD32		
13	地震预警信息服务专用终端（可视类）	YJ - YJZD43		
14	地震预警信息服务专用终端（可视类）	YJ - KPZD43		
15	地震预警信息服务专用终端（非可视类）	BSD - 1U	成都贝迪特信息技术有限公司	成都贝迪特信息技术有限公司
16	地震预警信息服务专用终端（可视类）	BSD - 320		
17	地震预警信息服务专用终端（可视类）	BSD - 430		
18	地震预警信息服务专用终端（非可视类）	MH - A100	成都市美幻科技有限公司	成都市美幻科技有限公司
19	地震预警信息服务专用终端（可视类）	MH - T100		
20	地震预警信息服务专用终端（可视类）	MH - T400		
21	地震预警信息服务专用终端（非可视类）	KS - 370	青岛科信安全技术有限公司	青岛科信安全技术有限公司
22	地震预警信息服务专用终端（非可视类）	KS - EQ - TS360		
23	地震预警信息服务专用终端（可视类）	KS - EQ - BG022B		
24	地震预警信息服务专用终端（可视类）	KS - EQ - BG032B		
25	地震预警信息服务专用终端（可视类）	KS - EQ - LS043B		
26	地震预警信息服务专用终端（非可视类）	DG - EBAS - 50	厦门帝嘉科技股份有限公司	厦门帝嘉科技股份有限公司
27	地震预警信息服务专用终端（非可视类）	DG - EBAS - 100		
28	地震预警信息服务专用终端（非可视类）	DG - EAS30		
29	地震预警信息服务专用终端（非可视类）	DG - EAS50		
30	地震预警信息服务专用终端（可视类）	DG - MEA18W		
31	地震预警信息服务专用终端（可视类）	DG - MEA24W		
32	地震预警信息服务专用终端（可视类）	DG - MEA32W		
33	地震预警信息服务专用终端（可视类）	DG - MEA43S		
34	地震预警信息服务专用终端（可视类）	DG - MEA - 32E		
35	地震预警信息服务专用终端（可视类）	DG - MEA - 75E		
36	地震预警信息服务专用终端（可视类）	DG - MEA - 55C		
37	地震预警信息服务专用终端（可视类）	DG - MON - AS01		
38	地震预警信息服务专用终端（非可视类）	LC - EW - 100W	山东栗驰昕合材料科技有限公司	山东栗驰昕合材料科技有限公司
39	地震预警信息服务专用终端（非可视类）	LC - EW - 480		
40	地震预警信息服务专用终端（可视类）	LC - EW - 43T		
41	地震预警信息服务专用终端（可视类）	LC - EW - 32N		
42	地震预警信息服务专用终端（非可视类）	WISCRED - 50EW - HS	四川易诚智讯科技有限公司	厦门帝嘉科技股份有限公司
43	地震预警信息服务专用终端（非可视类）	WISCRED - 100EW - HS		
44	地震预警信息服务专用终端（可视类）	WISCRED - 24EW - HT		
45	地震预警信息服务专用终端（可视类）	WISCRED - 32EW - HT		
46	地震预警信息服务专用终端（可视类）	WISCRED - 43EW - PS		

续表

序号	设备类型	设备型号	申请单位	生产单位
47	地震预警信息服务专用终端（非可视类）	MK11PULS	天津君秒安减灾科技有限公司	天津君秒安减灾科技有限公司
48	地震预警信息服务专用终端（非可视类）	MK12		
49	地震预警信息服务专用终端（非可视类）	BOEY - A1	武汉博远减灾科技股份有限公司	武汉博远减灾科技股份有限公司
50	地震预警信息服务专用终端（非可视类）	BOEY - A2		
51	地震预警信息服务专用终端（非可视类）	BOEY - G2		
52	地震预警信息服务专用终端（可视类）	BOEY - ZD24		
53	地震预警信息服务专用终端（可视类）	BOEY - ZD32		
54	地震预警信息服务专用终端（可视类）	BOEY - ZD43		
55	地震预警信息服务专用终端（非可视类）	REMOS - LSD	武汉地震科学仪器研究院有限公司	武汉地震科学仪器研究院有限公司
56	地震预警信息服务专用终端（非可视类）	REMOS - WRT03		
57	地震预警信息服务专用终端（可视类）	REMOS - WRT24		
58	地震预警信息服务专用终端（可视类）	REMOS - WRT32		
59	地震预警信息服务专用终端（可视类）	REMOS - WRT43		
60	地震预警信息服务专用终端（可视类）	HG - E24	中震华创（深圳）技术有限公司	中震华创（深圳）技术有限公司
61	地震预警信息服务专用终端（可视类）	HG - E32		
62	地震预警信息服务专用终端（非可视类）	TIB	珠海市泰德企业有限公司	珠海市泰德企业有限公司

五、国际、国内资料交换

（1）与 IRIS/DMC 数据交换：为 IRIS/DMC 提供 20 个国际资料交换台站所记录到的中国 $M \geqslant 5.0$ 地震事件波形数据。通过国际资料交换，这些台站已成为全球地震台网（GSN）的重要组成部分。2023 年，与 IRIS/DMC 的事件波形数据交换总量为 9.3GB。

（2）与 ISC 和 NEIC 资料交换：向 ISC 提供 34 个国际资料交换台站的地震目录 1980 条和震相数据 23 万余条，向 USGS/NEIC 提供 24 个台站的地震目录 1980 条和震相数据 15 万余条。

（3）中韩数据交换：向韩方准实时（滞后 30 分钟）提供 5 个国家台站（宾县台、长春台、沈阳台、大连台和南京台）miniSEED 格式波形数据。实时接收韩方 5 个台站 miniSEED 格式波形数据，共约 60GB。

（4）通过专线对中国地震局 54 个地震台站和自然资源部 25 个海啸预警宽频地震台的实时波形数据进行共享，从而充分落实双方战略合作协议，加强南中国海地区地震监测能力。全年数据量约 267GB。

（5）通过专线进行中国地震局 180 个地震台站、30 个国际地震台站实时波形数据共享，从而充分落实双方合作协议，监测敏感地区事件。全年数据量约 2.19TB。

六、台网建设情况

1. 测震台网

2023 年，全国可实时汇集和交换的测震台站数量达到 1178 个，包括国家台站 166 个和区域台站 1012 个。

仪器方面，2023 年在网运行的超宽带地震仪 16 台、甚宽带地震仪 230 台、宽频带地震仪 794 台、短周期地震仪 138 台，数采 1178 台。

2. 强震动台网

全国共有强震动台站 2301 个，其中实时强震动台站共计 665 个。

3. 预警站网

国家地震烈度速报与预警工程各省级基准站、基本站和一般站记录的实时数据流，通过承载网向国家中心汇集。国家中心共配置全国预警站点 18288 个，其中基准站 2042 个，基本站 3356 个，一般站 12890 个。

（中国地震台网中心）

各省、自治区、直辖市防震减灾工作，中国地震局直属单位工作情况

北京市

一、地震监测预报工作

1. 震情跟踪工作情况

制定《2023年度震情监视跟踪和应急准备强化工作措施》，加强组织领导，强化责任意识，结合京津冀震情监视跟踪工作需要，以重大活动地震安全保障服务和突发震情应急处置为重点，全面加强震情监视跟踪研判、监测系统运维改造、应急准备、风险防范及新闻宣传等工作措施，每月向中国地震局监测预报司报送落实情况，并形成年度工作总结。

全年召开震情会商会190次，落实地震异常17项；地震速报24次；人工地震烈度速报24次，其中产出应急烈度专报5次；地震快报992期；正式速报编目509条，共归档台站卷文件13764份；归档台网卷文件8424份；归档地震事件文件611份，转发国内外地震150余次。

牵头组织开展京津冀震情监视跟踪任务，制定京津冀地区震情监视跟踪技术方案，并通过中国地震局监测预报司审定。坚持震情监视每月向中国地震局党组汇报机制，坚持京津冀震情趋势研判联动机制，组织召开周、月、年中、年度、震后和重大活动安保联合会商，不断完善预测指标体系，每月向市应急管理局报送地震灾害风险评估报告，每季度参加全市自然灾害风险会商研判。

按照中国地震局和北京市工作部署，制定专项工作方案或强化工作措施，圆满完成春节、全国两会、高考、端午节、服贸会、国庆中秋双节、“一带一路”高峰论坛和5月底—6月初、10—11月特殊时段等地震安保服务工作。

安保期间应急启动及震情信息报送下限下调至1.5级，坚持与北京市应急管理局的信息通报制度，做到有震感必有报告。

2. 台网运行管理

实行北京市地震局监测预报业务运行月通报制度、预警台网运行月通报机制，结合中国地震局监测预报司监测预报通报制度对业务系统运行状况通报进行动态检查督导，及时解决存在的问题。

2023年，预警站网基准站、基本站和一般站运行率分别为99.18%、98.93%和98.17%，较2022年有明显提升。

前兆台网数据汇集率达99.96%，数据有效率达99.98%；国家地震行业网骨干网运行率大于99.90%，第二信道运行率达99.99%，全年未发生网络安全事件。

3. 台网建设情况

延庆地区地震监测能力提升项目顺利通过验收，进入运行阶段，试运行资料质量得到认可。

国家地震烈度速报与预警工程北京子项目通过验收，会同河北、天津预警站网融入中国地震预警一张网，已具备预警信息服务产出能力。

4. 地震速报预警信息服务

北京地区1.0级以上地震超快速报信息产出时间达到30秒左右，基本具备秒级预警和分钟级烈度速报信息产出能力，全年完成地震快报900余次。

二、地震灾害防御工作

1. 抗震设防要求

通过“多规合一”平台审查了437个建设项目和规划综合实施方案。为落实《北京市全面优化营商环境助力企业高质量发展实施方案》，市自然资源委、市住房和城乡建设委、市发展和改革委、市交通委、市城市管理委、市国防动员办、市经济和信息化局、市地震局等十四部门联合印发《关于规范社会投资低风险工程建设项目审批服务的若干规定》。对社会投资低风险工程建设项目审批服务改革政策进行整合，以提升工程建筑领域审批效率和服务质量，更加方便企业和群众办事。与市规自委共同印发《建筑工程减隔震技术规程》地方标准的宣贯文件，并召开解读宣贯会。组织市教委、市规自委召开关于学校建设工程的研讨会，并形成一致性意见，与三家单位联合印发《关于中小学校抗震设防标准执行有关问题的意见》，解决北京市存在多年的中小学校在设计过程中各项标准与要求如何衔接的问题。

2. 地震安全性评价

印发《北京市区域性地震安全性评价管理办法》，设置了方案审查环节，开展了现场工作执法检查，严格报告技术审查。共审查区评报告28份，重大工程安全性评价报告4份，为规划建设提供了地震安全服务，3个项目涉及活动断裂避让。完成安全性评价从业单位资质复核工作，复核前北京市有24家从业单位，复核后通过20家。在落实《北京市区域性地震安全性评价工作实施细则（暂行）》基础上，参加市规自委组织的区域性评价改革推进会，区域性地震安全性评价完成最新改革要求，在规划实施方案编制层面开展评价。评价报告纳入市“用地清单制”管理，应做未做的土地开发项目无法入市交易。

3. 震害预测

国务院抗震救灾指挥部印发《关于开展京津冀和川滇地区房屋建筑地震灾害隐患评估的通知》，要求京津冀、四川和云南等5省（直辖市）开展房屋建筑地震灾害隐患评估工作。经市政府批准，由市地震局牵头，对全市房屋建筑进行评估，市财政给予专项支持。以防震抗震工作领导小组的名义印发了《北京市房屋建筑地震灾害隐患评估工作方案》，召开了启动工作会，年底完成了隐患评估工作。

房屋加固工程列入中国地震局地震易发区房屋加固工程典型案例。顺利完成北京市年度加固工程工作清单汇总和抗震设防信息采集工作，收集汇总全市年度计划加固工程工作清单，并完成年度抗震设防信息采集工作，共收集10种类型房屋设施数据3990条。马连道33号楼抗震加固改造项目（大中小学校）、北京工人体育场改造复建项目（应急避难场所）入选全国地震易发区房屋设施加固工程51个地震易发区房屋设施加固工程典型案例名单。2023年11月11日，中国地震局党组成员、副局长倪岳伟到朝阳区调研，在北京工人体育场详细询问了减隔震技术的使用情况。

4. 活动断层探测

推进“十四五”重点项目立项取得积极进展。市财政支持项目经费9000余万元，于2024—2026年三年完成，将对全市进行风险探查。

5. 地震应急保障

（1）加强预案体系建设。修订《北京市地震局应急预案》，完善《北京市地震局应急响应工作手册》，调整震后12小时应急服务响应清单和中心站应急服务响应清单，形成较完善的地震应急预案体系。

（2）强化地震应急应对处置能力。共启动应急响应4次，其中北京行政区域内3次，分别是2月12日房山2.8级地震、8月15日顺义1.5级地震、9月1日顺义2.7级地震；北京行政区域外1次，即山东德州平原5.5级地震。突发震情后，按照预案立即启动应急响应，第一时间开展会商研判、灾情快评、烈度速报、余震监测、舆情监控引导等工作，2次派出现场工作队进行现场评估。震情、社情、舆情等信息均按要求及时上报，与市消防总队协同联动，共享信息。特别是山东德州平原5.5级地震，正值北京市防汛抢险关键时段且造成北京市普遍有感，市地震局迅速启动应急响应，高效应对震情，配合开展灾区损失评定和重建选址工作，得到北京市政府充分肯定。

（3）强化应急应对准备。完善地震预警预案体系，每月向市应急管理局报送地震灾害风险评估报告，参加北京市自然灾害风险会商；制定重大活动安保实施专项方案，强化应急准备、系统运维、信息报送等工作要求，圆满完成安保任务；高效应对突发震情，坚持并巩固应急、演练复盘机制，不断提升突发地震应急处置能力。

（4）地震应急避难场所建设和管理。机构改革后，应急避难场所建设和管理职能职责划转至市应急管理局。配合市应急管理局制定应急避难场所管理办法，与市应急管理局围绕应急避难场所建设、认定和管理进行工作交流，提供相关资料，提出工作建议。

（5）地震应急演练。共开展3次局级应急演练，包括2次桌面演练、1次全要素综合实战演练。

2023年2月28日，针对房山2.8级地震应急响应中暴露的问题和全国两会安保需求，会同房山区地震局开展全国两会安保预备期桌面演练。

2023年6月30日，首次采用无方案、事件启动、临时通知的方式开展桌面演练，突出应急产出质量和实效，进一步强化全局应急意识，提升应急处置能力。

2023年9月19日，联合市消防总队、延庆区地震局共同开展年度地震应急综合演练，邀请各区地震部门观摩学习，市应急管理局领导和专家指导评估。演练成效得到专家高度评价，荣获北京市应急演练评比二等奖。

三、防震减灾公共服务与法治建设

1. 防震减灾公共服务

根据《中共中国地震局党组关于进一步加强新时代新征程防震减灾公共服务的实施意见》，立足北京实际，制定并印发北京市地震局落实工作方案和任务台账，围绕构建“防震减灾＋”服务格局、提升服务质量和效能、完善服务机制等明确61条具体措施，为破解北京超大城市地震灾害防范难题，加强新时代新征程北京市防震减灾公共服务提供指导。

开展典型领域精细化公共服务需求调查。完成对丰台丽泽商务区“高地大”建筑需求调查，赴平谷区地震局、平谷区规自委、中关村科技园平谷园等单位调研，并面向企事业单位、行业部门、社会公众开展公共服务需求调查，广泛开展调查工作。根据调查结果，编制需求报告，形成分行业（包括交通、涉核、通信、大型水库等）的防震减灾公共服务需求清单和政策清单，提出完善建议，动态深入把握北京市防震减灾公共服务需求，助力构建“防震减灾＋”服务新格局。

开展政务服务事项标准化梳理工作。为进一步优化营商环境，根据市审改办的统一要求，开展北京市地震局服务事项的标准化梳理工作，内容包括办理流程、需要材料、审核要点等，加强了政务服务运行标准化、供给规范化，全面强化工作基础。

根据国务院及本市行政许可清单管理制度改革要求，北京市地震局“重大工程抗震设防要求审定”纳入《北京市行政许可清单（2023年版）》，高标准高质量编制行政许可实施规范和办事指南，并及时向社会公众公布办事指南，进一步优化营商环境。

2. 防震减灾法治建设

按照《法治政府建设与责任落实督察工作规定》要求，编制完成《北京市地震局2022年度法治政府建设情况报告》，并向市政府、中国地震局报告，同时在北京市地震局政务网站向社会公示。

开展《北京市工程建设场地地震安全性评价管理办法》立法后评估，收集安全性评价案例资料，与开展地震安全性评价相关部门单位座谈，调研相关省级地震局安全性评价工作开展情况。向市司法局报送关于开展《北京市工程建设场地地震安全性评价管理办法》的修订申请，力争纳入北京市政府2024年度拟修订项目。

开展《北京市地震预警管理办法》宣贯工作，制定宣贯方案，明确10项重点宣贯任务。召开新闻发布会，邀请市应急局、市消防救援总队专家联合介绍该办法出台有关情况，解答社会关注问题。编写专家解读，在北京市地震局网站向社会发布。在全市防震减灾和抗震救灾工作会议上，解读该办法相关情况，指导区级部门协助开展该办法宣贯工作。制作宣传短片、图册等文创产品，面向学校、医院、社区等人员密集场所开展宣贯。

深化地震行政检查“双随机、一公开”工作机制。联合应急、消防、教育等部门开展对各类学校办学情况抽查、消防安全监督检查、危险化学品经营监督检查的同时，开展抗震设防情况检查，并在执法监管工作中持续深化部门联合监管，将以上检查内容纳入北京市“双随机、一公开”监管工作联席会议办公室印发的《关于做好2023年北京市“双随机、一公开”监管工作的通知》。北京市地震局6名行政执法人员参加应急管理部综合执法培训，通过考试，取得执法资格。联合有关单位开展对重点场所、建（构）筑物的抗震设防检查，2023年6月20日会同昌平地震监测中心站、房山区地震局、房山区应急管理局，对房山区云居寺、上方山、周口店3个基准站开展地震监测设施和观测环境保护执法检查。2023年6月21日联合海淀区地震局赴上庄镇开展区域性地震安全性评价工作检查。2023年6月29日联合平谷区应急管理局赴兴谷工作开发区开展抗震设防情况检查。2023年7月14日会同昌平区地震局赴十三陵水库开展抗震设防情况执法检查。

3. 防震减灾科普宣传

聚焦地震预警，积极稳妥强化防震减灾宣传报道。聚焦国家地震烈度速报与预警工程建设成果和减灾实效，联合市政府新闻办、市应急管理局、市消防救援总队等部门，组织召开《北京市地震预警管理办法》新闻发布会，突出预警工程全面深入解读，宣传普及有关政策措施和减灾知识，《中国日报》、中国新闻社、《北京日报》、北京电视台、《法治日报》等20余家媒体跟进报道，奋力营造人人谈预警、人人懂预警、人人会预警的社会氛围。联合《应急管理报》，刊发《铿锵观测组　守好前哨岗——北京市地震局房山一般站见闻》报道。联合《新京报》，刊发《深入贯彻台站改革新理念　着力构建中心站发展新格局——记昌平地震监测中心站改革》报道，突出主题教育成果转化，宣传防震减灾事业改革发展新局面，弘扬行业奉献精神。“5·12”防灾减灾日期间，与星球研究所共同推出图文作品《汶川15年：地震究竟能否预测》，阅读量超10万人次。协助中国地震局办公室完成2023年“防震减灾高质量发展进行时”主题采访活动，全程带队中央媒体，分别前往四川、云南、山东、河北等地，赴基层单位采访。

依托重点时段，高效有序强化防震减灾科普宣传。依托全国中小学生安全教育日、全民国家安全教育日、防灾减灾日、唐山大地震纪念日和国际减灾日等减灾宣传时段，组织开展全国中学生地球科学奥林匹克竞赛（北京赛区）预赛、京津冀防震减灾科普讲解大赛、北京市“防灾减灾日”主题活动、全国科技周地震主题活动、“炫动文创联‘萌’守护地震安全”安全科普展览、“防灾小卫士”训练营、地球科学“面对面”国际减灾日活动、首都防震减灾科普大讲堂等线上线下活动，突出三大亮点：一是京津冀三地首次联合举办区域性防震减灾科普讲解大赛，二是地震科普专题展览首次进驻中国科技馆，三是防震减灾科普首次走进享誉中外的著名学校。系列活动线下精心组织，收获了受众的认可和赞誉，同时通过光明网、北京时间、爱奇艺、新浪微博、微信视频号等视频媒体平台开展全网直播，活动观看量超过1000万人次，确保后疫情时代线上科普服务不退场。

巩固新媒体阵地，快速持续优化安民告示发布。坚持发挥双重管理体制优势，将北京市宣传工作与中国地震局防震减灾融媒体建设统一起来，持续打造北京市防震减灾宣传舆论高地。突出防震减灾“宣传+科普”，利用地震系统优质资源，原创近百部图文和音视频等融媒体产品，局属新媒体号和地震系统融媒体号共发布信息超5000条，其中“10万+”产品23部，“100万+”产品1部。妥善应对北京房山2.8级地震、北京顺义2.7级地震、山东德州5.5级地震，通过震后高效快速分析研判，及时发布安民告示，中国新闻网、中国新闻社、《中国日报》、《北京日报》、《北京晚报》等媒体相继转载，对稳定社会民心起到积极作用。协助中国地震局防震减灾转型升级工作领导小组，全力推进中国地震科普元宇宙项目，协助推进5个国家地震逃生避险实训基地建设，取得阶段性成果。

（北京市地震局）

天津市

一、地震监测预报工作

1. 震情跟踪工作情况

完善震情跟踪制度。制定年度震情监视跟踪和应急准备工作实施方案、震情短临跟踪和会商研判技术方案以及关于进一步提升地震监测预报预警服务能力的实施方案。完成全国两会、中高考、中华人民共和国第二届职业技能大赛、第十四届新领军者年会、中国国际大学生创新大赛、2023天津国际航运产业博览会和中国整合肿瘤学大会等重大活动和重点时段地震安保服务工作。地震安保期间每日组织各区汇集宏观异常零报告，共计2200余份。

坚持“宏微观异常核实不过夜”，开展7次异常现场核实。全年开展各类会商200余次，京津冀联合会商78次，向地方党委政府上报震情监视报告14份。

2. 台网运行管理

天津测震站网整体运行稳定，地震速报、地震编目、烈度速报、地震预警等各项台网功能及技术系统运转正常，数据产出及时可靠。测震站点年平均数据连续率99.4%，预警站点年平均数据连续率99.08%。全年累计执行地震速报责任区内速报任务9次，无漏报、错报；完成地震目录编制205条。天津地球物理台网整体运行良好，形变、电磁、地下流体和GNSS等46个观测站点142套仪器设备运转正常，数据产出连续可靠。观测仪器月平均运行率99.98%、数据连续率99.95%、数据有效率99.87%。全年编报地球物理台网运行月报12期、运行年报1期、分析年报1期。

3. 台网建设情况

2023年5月18日—8月18日，天津预警系统完成试运行工作；9月14日，预警工程天津子项目通过中国地震台网中心验收测试；9月23日，项目在河北省石家庄通过中国地震台网中心组织的项目验收。天津地震烈度速报与预警工程完成台站观测系统、预警中心、紧急地震信息服务3个系统的建设，建成包含基准站、基本站、一般站3类共计203个站点的区域预警站网，具备秒级地震预警和分钟级烈度速报服务能力，实现基于乡镇实测值的烈度速报，具备本地地震预警、灾害性地震预警、警戒性地震预警和远场大震预警能力，具有为社会公众、政府机构、行业用户等提供预警信息服务的能力，为防震减灾、应急指挥、快速救援等提供保障。

完成塘23、官港、赤土、青光基准站井下宽频带地震计更新。新增青光、静海2口咸水层水位观测井，新安装青光、尔王庄、静海、塘23、东台共5套水位仪，尔王庄、塘23

共2套水温仪和2套气象三要素仪，更新了宝坻、宁河、静海共3套质子矢量磁力仪。

4. 监测预报基础研究与应用

星火计划项目“基于模板匹配的多窗谱比法震源参数计算方法研究及应用”和天津市自然科学基金项目“宁河东部傅庄—谢家坟断裂的古地震研究”以及预测开放基金项目“天津宝坻新井地下水水文地球化学特征研究”“基于 Coulomb/statistical 混合模型的余震时空精细化预测研究”等4项省部级项目通过验收，其中星火计划项目被推荐验收优秀项目；天津市自然科学基金项目“突破震后2小时余震预测‘瓶颈期’的贝叶斯算法研究及其在环渤海地区的应用”“基于 Coulomb/statistical 混合模型的余震时空精细化预测研究”进展顺利。4项中国地震局震情跟踪项目和6项三结合课题通过验收。

5. 地震速报预警信息服务

天津市地震局示范运行系统共接收预警信息5次，其中符合天津市地震局发布策略的1次，为2023年8月6日山东德州5.5级地震。完成预警发布B系统部署和试运行工作，全年系统运转稳定可靠，经过山东德州5.5级等地震的检验，系统产出均正常。

二、地震灾害防御工作

1. 抗震设防要求

将滨海新区策划生成系统与用地清单系统纳入监管。在策划生成平台为1300多个项目提出抗震设防要求；在用地清单平台为190多个项目明确抗震设防参数，建议60多个项目开展地震安全性评价。在将抗震设防参数纳入市政务服务平台的基础上，全面梳理统计天津市10年行政区划变更情况，对全市252个街道乡镇的地震动参数进行核实更新。联合住建、应急等开展抗震设防监管、抗震加固、第五代地震动参数区划图执行情况检查，对4家安全性评价单位、4家设计院进行抽查。对12家抗震设防不达标的危化企业开展现场复核。

2. 地震安全性评价

组织开展2023年安全性评价从业条件核查，向社会公示技术审查专家库名单。对辖区内4家从业单位进行抽查检查。联合静海区科技局、和平区应急管理局等开展8个项目安全性评价现场检查。完成重大战略基础设施地震灾害风险评估天津试点工作任务。参与完成临港新材料产业园化工园区认定。办理“重大工程抗震设防要求审定”行政许可事项41件，好评率100%。

3. 活动断层探测

推进河西务断裂探测项目实施。开展长周期大地电磁测深剖面调查，获取河西务断裂等平面展布特征及深达岩石圈的电性结构信息，探求了断裂深部孕震机制，为断层的地震风险评价提供依据。完成“宽频带+长周期”大地电磁测深（MT）剖面1条，合计长度125千米，有效观测点数122个，其中长周期有效观测点数30个，宽频大地电磁测点数92个。获得深达岩石圈的不同深度电性结构模型，探讨了断裂的空间展布形态及其深浅部构造关系，对剖面横向上壳幔电性结构特征进行分析，对纵向上主要电性界面进行划分，并初步探讨了地壳、岩石圈厚度及其深部动力学机制。

4. 地震应急保障

完善应急制度体系。修订地震应急服务响应等级、局和中心站震后12小时应急服务响应行动清单，从响应分级、组织架构、任务分工、处置流程、信息报送、区域联动和综合保障等方面提升地震应急响应工作实效。印发年度地震现场应急工作方案。

加强现场工作队人员力量，现场工作队队员由46人增至51人。健全地震现场工作队出队机制，山东平原5.5级地震后，第一时间派出现场工作队开展震害调查。不定期开展应急物资准备情况检查。组织开展大震巨灾情景构建技术培训、精细化预评估与地震灾害现场调查培训，选派4名骨干参加2023年天津市应急救援骨干技能培训。

提升实战水平。联合中国地震局第一监测中心，参加“砺剑-2023”天津市抗震救灾综合应急演练，按照“全流程、全要素、全覆盖”原则，突出实战化特点，全面检验提升联合指挥、联合保障、联合行动能力。联合中国地震局第一监测中心、宝坻区应急管理局在宝坻地震监测中心站举行地震现场应急协同演练，磨合联动能力，检验协同水平。参加2023年华北地震应急协作区地震现场应急比武演练，强化区域协同应急处置能力。

快速开展应急响应。全年共开展地震应急响应5次，报送地震事件27次，震情专报37期，快速有效处置天津及周边地区地震突发事件。

加强应急保障。完成2023年地震灾害损失预评估工作，将危化品厂库、蓟州北部山区地质灾害等纳入预评估，为政府部门提供决策参考。完成2022年天津地区应急基础数据库的录入更新工作，更新完善2023年应急图件储备。

三、防震减灾公共服务与法治建设

1. 防震减灾公共服务

贯彻落实中国地震局党组关于加强新时代新征程防震减灾公共服务部署要求，研究拟定天津防震减灾公共服务实施方案。印发2023年服务调查工作方案，常态化推进服务需求调查评估。广泛开展公共服务调查研究，对地震预警、北部山区地质灾害风险防范等服务领域开展调研，研究查摆防震减灾公共服务现状和短板，探索防震减灾公共服务实现新路径、新举措。

2. 防震减灾法治建设

印发2023年法治建设工作计划和法治政府建设实施纲要2023年重点工作台账，明确年度防震减灾法治建设重点任务。梳理制定行政规范性文件目录。开展《地震群测群防管理办法》实施情况调研评估工作。组织开展防震减灾行政执法人员公共法律知识培训考试。制定防震减灾个性化学法清单和题库。开展2023年度天津市地方标准申报，3项标准获得天津市市场监督管理委员会审批立项。编制2022年度法治政府建设年度报告，并通过局门户网站向社会公众公开。完成大型水库地震监测台网建设情况检查。在国家宪法日、防灾减灾日等重点时段，开展专题讲座等宣传活动。

3. 防震减灾科普宣传

组织召开市防震减灾科普协同机制第2次全体会议，印发年度科普重点工作。举行第15个全国防灾减灾日等重点时段宣传活动，举办“地震科普　携手同行”和“童声唱诵”

主题活动。举办天津市防震减灾科普讲解大赛暨第七届全国防震减灾科普讲解大赛选拔赛，20万人观看比赛直播，2名选手在全国总决赛中获二等奖。开通“天津防震减灾数字科普馆”。持续开展“千场讲座进社区”活动，在河东区举行启动仪式，为北辰区、河东区、河西区中小学进行科普讲座30余场，走进南市食品街、北方金融等企业，为经营商户、企业讲解应急避险知识和自救互救技能。2023年7月6日《人民日报》第13版刊发《天津市地震局组织“千场讲座进社区”活动——推进防震减灾全域科普》。成功认定4所国家级、13所市级防震减灾科普示范学校，完成滨海地震台、天津市第十一中学示范基地和示范学校的中期评估工作。

（天津市地震局）

河北省

一、地震监测预报工作

1. 震情跟踪工作情况

强化震情跟踪。印发《2023年河北省震情监视跟踪和应急准备工作方案》，推动各市和各中心站落实属地责任。做好震情会商。组织做好全省年中震情会商和强化区域协同会商，召开2024年度地震趋势会商会，形成了2024年度地震趋势预测意见。加强与周边地区联合会商，研讨京津冀地区、晋冀蒙地区震情形势。做好震后紧急会商。地震后及时产出震后趋势快评判定意见和正式判定意见，科学把握了震情趋势。山东平原5.5级地震后，与中国地震台网中心、山东省地震局等单位多次召开联合会商，分析研判地震形势，服务地方经济发展和社会稳定。

2. 台网运行管理

加强监测台网运维管理。持续做好河北省地震监测预报业务运行情况通报，督促各市地震部门和中心站积极采取措施，确保测震、强震、预警台网和地球物理台网平稳运行。加强台站规范化管理。完成中心站规范化管理自查和现场检查，细化检查评分标准，督促指导台站全面提升规范化管理水平。全面提升学科综合管理能力。2023年11月30日，组织各学科组开展观测资料质量研讨，通报2022年度地震观测质量国家评比结果，总结学科业务运行情况。组织学科组到中心站和一般站针对性开展“学科走基层”业务帮扶，累计完成帮扶12次。

3. 台网建设情况

加强仪器更新和台站标准化建设。完成2023年地球物理仪器更新升级项目，完成4个中心站下属6个子台的标准化建设。将7个中心站、148个一般站标准化改造，250个一般站智能化升级纳入巨灾防范项目。地震预警项目顺利通过验收。完成地震预警建设各项主体任务，2023年2月通过地震预警单位子项目试运行前考核评估，2023年9月23日，国家地震烈度速报与预警工程河北子项目通过项目法人单位中国地震台网中心组织的竣工验收。地震监测台网项目加快实施。综合台和数据传输系统分项进入试运行阶段，准备开展分项验收工作。科学台阵完成仪器安装调试和数据上报，进入试运行阶段。完成境外地磁台建设招标工作，组织境外地磁台测量组赴蒙古国与蒙古方、国内施工方进行地磁台站场地测量，积极推进土建等工作。

4. 地震速报预警信息服务

探索地震预警信息在铁路行业中的应用。与国能朔黄铁路发展有限责任公司对接座谈，合作推进地震速报预警信息服务朔黄铁路安全运行。推进河北红山巨厚沉积与地震灾害国家野外科学观测研究站与石家庄艾腾网络科技有限公司合作，研发生产河北省首款地震预警信息发布专业终端并在雄安新区推广应用。

二、地震灾害防御工作

1. 抗震设防要求

推动行政许可落地落实。积极协调行业部门制定“河北省重大工程场地地震安全性评价结果审定清单”。编制印发重大工程抗震设防要求审定行政许可实施细则、报告技术审查管理细则。

2. 地震安全性评价

推进地方标准《河北省区域性地震安全性评价技术规范》制定，强化区评技术服务系统建设和成果入库，2023 年完成 23 个项目检测。完成年度安全性评价从业条件核查，对省内 43 个安全性评价项目开展现场监管，开展《从业单位管理办法》调研起草工作。建成建设工程抗震设防管理系统、区评成果管理与技术服务系统、“冀震安全性评价”现场信息采集微信小程序，实现了全省地震安全性评价“一网通办”。2023 年送审单体报告 98 项、区评报告 35 项，全省 122 个开发区完成区评，总面积 1996 平方千米，政府总投资 1. 67 亿元。

3. 震害预测

完成河北省第一次地震灾害风险普查。争取省普查办 200 万元资金支持，完成市县两级地震灾害风险评估与区划报告和图集编制。将风险普查成果应用于震灾风险防治和地震应急处置的相关经验被推荐为全国风险普查成果应用典型做法。震害防御处被评为第一次全国自然灾害综合风险普查国家级先进集体。推进地震灾害损失预评估工作。完成重点地区预评估工作，修订《河北省地震重点危险区应急准备专项预案》。编制印发地震灾害损失预评估“十四五”工作方案和年度工作计划，完成平山等 4 个县级报告编制。完成第六代地震动参数区划图河北省基础资料收集并通过专家评审，编制省级 1∶25 万地震危险性图和技术报告，完成第五代区划图乡镇街道地震动参数列表年度更新。在开展重大基础设施地震灾害风险摸排和评估基础上，选取任丘—北京输油管道项目开展重大基础设施一般性评估试点。指导探查、区划、评估成果在规划中的应用。集中反馈 10 个地级市、2 个省直管县、20 个县（市、区）国土空间规划意见。持续开展城市规划、重大项目选址等国民经济建设服务，本年度服务 28 项。协同推进地震易发区房屋设施加固工程。河北省地震局推荐的河北唐山市宣庄中学加固改造工程入选地震易发区房屋实施加固工程典型案例。2023 年度采集各类新建、加固工程信息 17154 条。

4. 活动断层探测

编制《河北省地震构造环境探查规划》，在地震构造环境探查工作程度摸排基础上，梳理全省断裂及主要活动断层情况，研判分析4项主要任务，凝练储备4个重点项目，该规划第一批通过中国地震局专家评审并印发实施。推进河北省重大地震灾害源探查项目实施。成立项目管理机构，制订项目管理办法。组织编制实施方案并通过中国地震局专家论证，有序组织10个标段招标和细化实施方案论证，推进各标段任务实施，并取得阶段性成果。

5. 地震现场应急

做好日常灾情收集值班，开展重点时段、节假日期间现场工作队备勤。参加华北协作区年度工作会和现场应急演练。2023年妥善处置临城3.3级等23次有感地震事件。派出4名现场工作队员参加山东平原5.5级地震联动支援。

三、防震减灾公共服务与法治建设

1. 防震减灾公共服务

深入开展防震减灾公共服务调研，了解公共服务需求，听取意见建议，形成专项调研报告并报中国地震局。制作河北省地震局公共服务宣传片，在学习强国、河北电视台等多家媒体上线。重大工程抗震设防要求审定行政许可纳入河北省政务服务事项清单，建立配套管理制度，实现线上全流程审批，2023年受理工程抗震设防要求审定申请44项，其中重大工程28项，完成行政许可22项。签订地震安全性评价、专业仪器测试等科技服务合同31项。

2. 防震减灾法治建设

组织开展《地震监测设施和观测环境保护办法》立法后评估并形成评估报告，配合河北省人民代表大会常务委员会完成《河北省地震安全性评价管理条例》的修订。组织开展大型水库专用地震监测台网建设运行情况检查并形成专题报告，组织对怀安县恒腾抽蓄发电有限公司抽水蓄能电站等3个抽水蓄能电站项目进行执法检查。

《防震减灾科普教育基地建设规范》经河北省市场监督管理局正式公布，于2023年6月6日正式实施。《地震灾害源判定：第四系标准孔探测》被列入河北省2023年地方标准制修订项目计划。《地震地下流体流动观测技术要求：现场化学样品采集与保存》被列入中国地震局2023年地震行业标准制修订项目计划。

3. 防震减灾科普宣传

在全国防灾减灾日、防震减灾知识宣传周等重点时段，联合省直相关单位、市县地震部门通过媒体访谈、文艺演出等多种形式开展防震减灾科普宣传，央视《朝闻天下》报道相关活动2次；央视新闻客户端报道台站职工坚守台站的感人故事，各类媒体综合阅读量达116万人次。张家口中心站程德庆同志获评2023年第二季度敬业奉献类“中国好人”。

持续开展“地震科普　携手同行”主题活动，向内蒙古自治区、新疆维吾尔自治区共318所学校捐赠图书1.3万余册；在雄安新区容西云溪小学举办11月主场活动暨“地震科普全民讲　应急避险人人会——家校社协同育人”专项活动启动仪式；举办河北省首届防震减灾科普讲解大赛，110名参赛选手来自不同行业、不同单位，覆盖群体更广，宣传社会效益大幅提升。2023年，开展主题活动10余场，参与学校百余所。邢台、承德等地常态化开展防震减灾科普进校园活动，开展活动近百场，参与师生近6万人。邢台柏乡二中、邯郸相如小学等6所学校被认定为国家级防震减灾科普示范学校。

不断丰富地震应急科普作品库，制作完成《虚惊一场》等5个动画、《地震预报和地震预警的区别》等10个情景剧、《地震避险儿歌》MV作品，创作的《地震观测的前世今生》《地震观测的地球物理方法》两部科普视频荣获2023中国科教影视融媒“科蕾杯”三等奖，《活断层探测与地震危险性评价》科普图书被河北省科技厅评为年度优秀科普作品。

（河北省地震局）

山西省

一、地震监测预报工作

1. 震情跟踪工作情况

印发《山西省2023年度震情监视跟踪和应急准备工作方案》，成立领导组和实施组，建立责任体系，全面部署震情监视跟踪和应急准备工作。牵头制定《晋冀蒙协作区震情监视跟踪工作方案》，协调河北省地震局、内蒙古自治区地震局成立专项工作组，做好协作区震情监视跟踪工作。编制《山西地区震情短临跟踪和会商研判技术方案》，作为模板由中国地震局监测预报司印发全国参考。组织召开和参与各级各类会商会200余次，科学研判山西省地震趋势。开展异常现场核实41次，向山西省人民政府报告月震情反映12次。

2. 台网运行管理

完善仪器运行维护保障机制，加强仪器巡检运维，确保地震监测站网的平稳运行。测震站网平均运行率为99.60%，地球物理站网平均运行率为99.82%，山西陆态GNSS观测站网直属和托管基准站数据连续率和有效率分别为100.00%和96.37%。山西地震信息骨干网平均运行率为99.65%。

3. 台网建设情况

持续优化地震监测站网布局，更新观测设备，加强运维保障，有效提升地震监测能力。实施重点地区地球物理台网3套仪器升级改造和省级台网优化改造项目。制定完成《煤矿地震监测台网技术要求》，规范山西省煤矿地震监测站网的建设、运行与维护。强化市县技术支持和指导，完成沁水钻孔应变等11项地球物理监测项目技术验收，完成芮城县等3县的地震信息平台建设项目，完成全省市县地震监测资源评估。

完成长治老顶山监测站迁建、五台地震监测设施搬迁等事项的相关协调推动工作。完成临汾市尧都区和忻州市五寨县基本站搬迁。

4. 监测预报基础研究与应用

加强监测预报学术研究，获中国地震局批复立项科研项目11项，山西省地震局设立科研项目18项。持续推进地震监测站网全流程一体化运维监控系统在中心站的部署应用，加强地震会商技术系统在中心站和市级防震减灾中心的应用，研发基于大同试验区矿震网格定位软件。持续推进太原大陆裂谷动力学国家野外科学观测研究站建设，加强学术交流，组织申报科研课题。

5. 地震速报预警信息服务

全年速报 4 次省内、6 次省外天然地震，速报省内非天然地震 3 次。

国家地震烈度速报与预警工程山西子项目通过竣工验收和运行服务评估，具备对外信息服务能力。开展地震预警核心业务系统运行检查，全面梳理七大业务体系的运维流程，修订《山西省地震局速报预警及服务业务体系建设大全》。完成网络安全改扩建等设备采购。地震预警决策系统产出山西全省及周边 50 千米内预警终报 3.5 级以上地震预警信息 7 次。完成山西移动多个品牌机顶盒 APK 软件适配及测试，推进地震预警信息 IPTV 电视发布渠道建设。

二、地震灾害防御工作

1. 抗震设防要求

修改完善“重大工程抗震设防要求审定”实施规范目录要素，优化行政许可事项。重大工程抗震设防要求审定纳入山西省政府办公厅印发的《山西省行政许可事项清单(2023 年版)》。修订印发《山西省地震局重大工程抗震设防要求审定行政许可实施细则》。

2. 地震安全性评价

修订完善《地震安全性评价从业单位管理办法》和《山西省地震安全性评价结果技术审查管理办法》。组织地震安全性评价结果技术审查，完成 28 个区域性地震安全性评价项目、36 个一般建设工程地震安全性评价报告的技术审查，完成 3 个重大工程地震安全性评价报告的技术审查和行政许可。完成 2023 年度地震安全性评价从业条件核查和结果公示，举办 2023 年度全省地震安全性评价业务培训班。将地震安全性评价从业单位抽查纳入市场监管领域部门联合“双随机、一公开”抽查事项清单，并对 3 家从业单位开展检查。采用“执法 + 专家”监管检查形式，5 次对区域性地震安全性评价工作开展现场监管检查和承担单位从业条件核查。

3. 震害预测

成立第六代区划图编制工作专班，完成省级四大类基础资料收集等工作，协调推进襄汾县、乡宁县地震小区划工作。编制完成 2023 年度地震灾害损失预评估和应急处置要点报告，督促各市县政府及其相关部门强化预评估结果应用。

4. 活动断层探测

编制完成山西省地震构造环境探查规划，对全省地震构造环境探查提出长远目标和三年目标。晋中市活动断层探测项目通过总验收。完成运城、朔州和吕梁交城断裂（文水—汾阳段）活动断层探测年度任务，对长治市活动断层探测可行性研究报告进行技术论证。

5. 地震应急保障

修订印发并组织学习地震应急预案等文件，配合省抗震救灾指挥部对全省开展地震防范应对准备工作检查。完善地震应急基础数据库、地震应急响应辅助决策系统，强化应急响应服务技术支撑。配合山西省应急厅开展“应急使命 · 山西省 2023 年地震应急演练”，组织开展全省地震系统地震应急演练，完成华北片区流动测震台网演练，妥善应对3次有感地震事件。

6. 地震灾害风险防治两项工程

开展全省房屋建筑抽样详查，实现全省抗震设防烈度Ⅶ度及以上区房屋建筑抽样详查全覆盖，形成内容涵盖四方面的三类工作成果，并将其应用于市县国土空间规划编制和铁路等重大工程规划选址。编制风险普查成果图集，策划出版《山西地震》山西省地震灾害风险普查工程专刊。地震灾害风险普查工程国家级任务通过验收，山西省地震局被国务院风险普查办评为“典型经验做法单位”。

继续推进地震易发区房屋设施加固工程，2个加固工程案例入选全国典型案例，督促各市对地震易发区的学校、医院及其他重要设施的抗震设防隐患进行排查整治。审核通过采集上传的新建和加固工程信息有效数据5436条，全省新建、加固各类房屋设施27.3万余栋（座、处）。

三、防震减灾公共服务与法治建设

1. 防震减灾公共服务

对山西省自然资源厅等部门（企业）开展防震减灾公共服务调查评估，形成需求调查评估报告和清单，汇总编制《山西省地震局公共服务事项清单》。

开展全省防震减灾救灾体制机制建设情况评估，召开市县防震减灾工作会议，举办市县防震减灾工作暨防震减灾科普培训班。

2. 防震减灾法治建设

加强防震减灾法治引领，编制法治宣传教育第八个五年规划，编制《山西省地震局2023年普法责任清单》，配合山西省人大常委会开展《山西省防震减灾条例》执法调研，向山西省人大常委会报送2024年立法计划项目建议，向山西省司法厅报送2024年地方性法规计划建议项目，推动《山西省建设工程抗震设防条例》修订工作，开展形式多样的普法宣传活动。

省级防震减灾地方标准《中小学防震减灾示范学校评价规范》经复审继续有效，推荐《地震应急基础数据基本要求》向山西省市场监督管理局申报省级地方标准补助项目，获得经费资助。

3. 防震减灾科普宣传

确定晋中市为山西省“全国防灾减灾宣传周”活动主场，采用线上线下、1个主会场和6个分会场联动的形式开展活动。唐山大地震47周年纪念日期间，在全省开展防震减灾科普知识讲座300余场，组织地震应急演练100余次，发放科普宣传资料（产品）12万余册（份）。组织全省防震减灾科普大赛，择优选拔参加全国比赛并获优秀奖，省地震局获得优秀组织奖。向省内外187所学校捐赠科普图书共7500册，组织全省中小学生观看“地震科普　携手同行”主题活动线上启动仪式。向山西省科协申报2项公众科学素质特色活动，联合山西省总工会、山西省教育厅、山西省应急管理厅开展防震减灾宣传题材电影《我要去远方》观影活动。全年刊发44期《山西科技报·防震减灾》周刊。

推进山西省防震减灾科普体验馆项目建设进度，主体工程已完成竣工验收。

（山西省地震局）

内蒙古自治区

一、地震监测预报工作

1. 震情跟踪工作情况

印发《内蒙古自治区2023年震情短临跟踪和会商研判技术方案》。召开震情会商会173次。完成地震速报40次，其中自治区内$M \geqslant 3.0$地震6次。完成22期非天然地震事件信息专报及3期地震事件信息共享专报的编写与报送工作，及时为内蒙古自治区党委办、政府办、应急厅、能源局、煤监局等部门提供应急信息服务。完成编目事件数共计1152次，其中天然地震1072次、非天然地震80次。19项观测手段获全国地震监测预报资料质量评比三等以上。

2. 台网运行管理

（1）内蒙古自治区测震台网。共有测震台站48个，平均运行率99.16%。全区大部分地区地震监测能力达到$M_L2.0$以下，部分重点地区达到$M_L1.0$左右，自治区省界边缘及邻近区域能控制在$M_L2.5$以下。

（2）地震预警台网。基准站61个、基本站133个、一般站265个，共计459个，2023年全年平均运行率98.34%，93套仪器组成的地球物理台网平均数据汇集率为100%，数据有效率为99.7%。承担流动重力观测任务66段，流动地磁测点47个，合格率100%。

3. 台网建设情况

国家地震烈度速报与预警工程内蒙古子工程通过竣工验收，建设完成61个基准站、133个基本站、265个一般站和1个地震预警中心。地震台预警中心总面积约344平方米，包括预警处理系统、决策平台、预警发布平台等。完成3个地下流体观测站升级改造，完成呼和浩特、包头地区15个断层土壤气观测项目优化改造，正式建成鄂尔多斯块体北缘断层土壤气观测网并试运行。

4. 监测预报基础研究与应用

完成断层信息、震源机制解的入库工作以及全区3级以上地震重新定位计算入库工作。更新内蒙古自治区及周边$M_L \geqslant 2.5$震源机制解及视应力数据库，为自治区应力场方向和应力集中度研究提供扎实的基础资料。完善更新地震综合概率预测方法。完成《内蒙古自治区短临跟踪和会商研判技术方案》。

5. 地震速报预警信息服务

内蒙古地震烈度速报与预警系统于2023年6月1日开始试运行，共产出15个速报地震，6个地震事件的烈度速报产品，预警系统编目事件数共计327条。

二、地震灾害防御工作

1. 抗震设防要求

重大工程抗震设防要求审定纳入自治区三级行政许可清单和工改项目审批清单。与内蒙古自治区住建厅、应急厅、卫健委协作完成全区地震易发区房屋设施加固工程及抗震设防信息采集。推动盟市将抗震设防参数纳入地方政务服务平台。引导相关行业部门利用市场机制获取防震减灾服务，向中国铁路呼和浩特局集团有限公司提供地震专业化信息定制服务。

2. 地震安全性评价

组织开展地震安全性评价报告技术审查工作，完成20项重大工程地震安全性评价和27项区域性地震安全性评价报告技术审查。

3. 震害预测

印发《关于做好2023年度地震灾害防范应对的通知》《年度地震重点危险区地震灾害损失预评估和应急处置要点》和《关于内蒙古自治区重大基础设施地震灾害风险评估试点工作任务安排的通知》。试点在丰镇电厂开展重大基础设施地震灾害风险评估。与内蒙古自治区水利厅、交通厅沟通协作，昆都仑水库除险加固工程入选全国加固工程典型案例。在海勃湾水库开展地震风险摸排工作。

4. 活动断层探测

印发《关于建立内蒙古自治区活动断层成果应用示范基地的通知》。以呼包鄂乌城市群为重点，推动活动断层探测成果应用，在包头建立地震活动断层咨询服务中心，全年为城市土地综合规划利用、城市规划建设、重大产业布局、重大项目选址等提供活动断层相关信息查询服务500多项，包头市活断层探测成果应用工作入选中国地震局2023年公共服务优秀案例。乌兰察布市建立城市活动断层探测及地震危险性评价信息平台。

5. 地震应急保障

开展和林格尔县、凉城县地震灾害损失预评估工作。与应急厅组成联合工作组，开展地震灾害防范应对准备检查工作，指导重点地区的预评估工作。印发《关于明确内蒙古自治区地震局地震应急工作队机构及人员职责的通知》，组织地震应急和服务保障工作队伍应急拉练。启动自治区地震应急预案修订，盟市旗县、重点企业、人员密集场所地震应急预案不断完善。签订蒙黑吉辽重大地震灾害应急救援区域合作协议、四省区相邻九盟市应急管理协作协议。包头、鄂尔多斯、巴彦淖尔、呼伦贝尔等重点盟市开展抗震救灾应急救援综合演练，各盟市、旗县累计开展地震应急演练100余次。全区300多万师生参与应急疏散演练。对7个盟市19个重点旗县区开展督导检查。高效应对阿拉善左旗4.1级地震、和林格尔县3.3级有感地震。派出专业技术人员，调拨救灾物资，积极援助甘肃积石山6.2级地震的抗震救灾。

三、防震减灾公共服务与法治建设

1. 防震减灾公共服务

建立防震减灾公共服务工作机制。印发《中共内蒙古自治区地震局党组关于贯彻落实〈中共中国地震局党组关于进一步加强新时代新征程防震减灾公共服务的实施意见〉工作方案》，制定《进一步加强新时代新征程防震减灾公共服务重点工作措施清单》，压实防震减灾公共服务责任。推动将“重大工程抗震设防要求审定”审批事项纳入自治区工程建设项目行政审批事项清单、自治区三级行政许可事项清单。联合矿监局、能源局，组织力量加强非天然地震监测关键技术研发与推广应用，深化黑岱沟、红庆河煤矿非天然地震监测研究工作。

2. 防震减灾法治建设

印发《内蒙古自治区地震局2023年度防震减灾法治建设工作要点》。完成《内蒙古自治区地震安全性评价管理办法》修订的立法调研，成立内蒙古自治区区域性地震安全性评价地方标准编制工作组，推动自治区区域性地震安全性评价技术规范和数据库技术规范2项地震地方标准正式立项。6人参加中国地震局应急管理执法资格培训并获得执法资格证书。与内蒙古自治区水利厅组成联合检查组，完成乌海市海勃湾水利枢纽专用地震监测台网建设运行情况行政检查工作。推动地震监测设施和观测环境、抗震设防要求落实纳入总体规划、专项规划、详细规划。完成政协内蒙古自治区第十三届委员会第一次会议第0254号提案《关于大力推进地震灾害风险普查等三项成果推广应用的提案》和第0254号、第0580号提案《关于加强我区基层应急力量建设的提案》2件提案的答复工作。

3. 防震减灾科普宣传

与内蒙古自治区教育厅联合印发《关于开展内蒙古自治区“地震科普　携手同行”防震减灾科学传播师培养工作的通知》，培养防震减灾科学传播师1102名。联合内蒙古自治区科协、教育厅、应急厅举办全国防灾减灾日主场活动，超15万人次参与线上直播。联合内蒙古自治区应急厅、教育厅、科协、民委印发《关于开展内蒙古自治区“童声唱诵防震减灾”专项活动的通知》，开展“童声唱诵防震减灾”专项活动。在5个盟市900余所中小学校开展“地震科普　携手同行”主题活动，获得优秀考核等次。举办第三届全区防震减灾科普讲解大赛。发布51部防震减灾原创科普作品，在中国地震局官方微信平台、“地震人”“震知道”微信平台发布30余部作品，其中3部作品获得内蒙古自治区优秀科普作品奖和优秀科普微视频奖。原创的小马博士卡通形象获评“你心中的最喜爱IP形象”第三名。2023年共认定内蒙古自治区防震减灾科普教育基地3个，科普示范学校19所，科普示范学校复核通过16所。与内蒙古自治区教育厅、应急厅等部门联合推动校园“安全岛”建设。

（内蒙古自治区地震局）

辽宁省

一、地震监测预报工作

1. 震情跟踪工作情况

出台《中共辽宁省地震局党组关于进一步加强地震监测运维工作的实施意见》，集中业务骨干力量建立运维团队。每季度增加一次中长期趋势判定，动态完善《辽宁省震情短临跟踪与会商研判技术方案》。全年组织承担全国各学科培训4次，全省预报培训1次。组织召开全省震情趋势会商会2次，华北地区震情形势会1次。2023年紧抓全省震情形势，共向中国地震台网中心报送震情会商意见103期，处置预测卡片3次，处置矿震2次，开展异常核实16次。及时向辽宁省政府报送震后趋势意见。

2. 台网运行管理

建立局党组听取监测预报领域汇报工作机制。编制印发《辽宁省地震局贯彻落实全国地震监测预报工作会议精神实施方案》和措施清单。起草印发《中共辽宁省地震局党组关于进一步加强地震监测运维工作的实施意见》《辽宁省地震局仪器运维工作团队组建方案》等，监测预报制度体系不断完善。测震和地球物理台网、行业网骨干网年度运行率均保持在99%以上。全年预警站网平均运行率达到95%以上，平均延时小于2秒，无大面积断记及较大故障发生，子项目于2023年9月通过法人单位验收。

3. 台网建设情况

开展重点地区地球物理监测仪器升级项目，筹措中央财政资金126.5万元，总计更新升级地球物理仪器设备23套，有效提升辽宁地震监测能力。依托地震监测台网项目，建设综合台9个、重力台2个、岛礁台3个、科学台阵84个，台站土建任务全部完成。辽宁省地震局积极争取省预警项目立项工作，计划新建台站477个，项目已完成可研论证。

4. 监测预报基础研究与应用

推动科技与预报融合。建立辽宁地震台与科创中心人员业务融合机制，承担星火计划等课题10余项。开展“透明地壳”“解剖地震”相关研究，大力推进“郯庐断裂带海城地震区地震活动性与精细结构探测研究”项目。针对辽宁显著的金州断裂、大洋河断裂开展线性密集台阵布设，给出横跨断层的二维剖面速度结构，为2024年度危险区震情跟踪工作的顺利完成夯实基础。加强地震监测中心站基础业务培训，全年组织承担全国各学科培训4次，全省预报培训1次，参训者300余人次。

5. 地震预报预警信息服务

预警项目完成全部建设任务，分别于2023年4月和9月通过试运行前评估和子项目验收，建成961个台站、1个预警中心、12个市级信息发布中心。紧急地震信息服务系统试运行前后经历了庄河3.2级和普兰店4.6级地震，系统接收与发布功能正常，预警终端响应及时。预警工程共安装436套预警终端、200套预警喇叭、60套视频采集系统，全部设备基本安装完毕。

二、地震灾害防御工作

1. 抗震设防要求

将重大工程抗震设防要求审定纳入省投资项目审批事项管理清单，将地震安全性评价作为项目审批前置条件纳入省投资项目在线审批平台。与辽宁省发改委、住建厅等7部门联合印发《关于规范辽宁省重大建设工程抗震设防要求审定行政许可工作的通知》，明确辽宁省安全性评价范围。出台区域性地震安全性评价管理办法，制定安全性评价现场勘查工作检查办法和信用监管办法，加强对安全性评价从业单位和技术人员管理。防震减灾救灾工作纳入辽宁省2023年全面振兴新突破考核指标。加固工程、抗震设防要求监管等工作，纳入2023年各市安全生产考核内容。辽宁省抗震救灾指挥部印发市县年度防震减灾任务清单，压实市县政府防震减灾主体责任。印发《辽宁省各市防震减灾工作主管部门年度工作综合考核办法（试行)》，明确市县防震减灾部门任务职责。

2. 地震安全性评价

编制辽宁省《地震构造环境探查规划》，选取沈阳、大连作为大城市地震灾害风险评估精细化试点地区，开展精细化地震灾害风险评估与灾害损失预评估。组建完成大城市地震灾害风险评估精细化研究科研团队，形成特色服务产品。依托巨灾防范工程，选择沿海6市石油化工基础设施作为辽宁试点，开展重大基础设施地震灾害风险诊断与精细化评估服务。

3. 震害预测

地震灾害风险普查工程方面，率先在全国范围内完成地震灾种评估类和区划类成果汇交和审核，市县范围风险评估与区划工作进入收尾阶段；编制辽宁省省级1∶25万地震构造图，地震危险性评价图、风险评估图及区划图以及14个市级1∶25万地震构造图，5个县（市）1∶5万活动断层避让区划图。积极推进风险普查成果应用，为重点工程提供地震灾害风险精细化评估，给出靶向性地震灾害风险防治建议。地震易发区房屋设施加固工程方面，建立辽宁省年度任务清单工作台账，经征求全省17个行业部门意见，完成重防区加固工程指导意见。组织召开全省加固工程联席会议。

4. 地震应急保障

完善辽宁省地震局应急预案体系，印发《辽宁省地震局地震应急服务响应后评估实施方案》《震后12小时辽宁省地震局应急服务响应行动清单》等方案。会同辽宁省应急厅、住建厅组成三个联合督导组，对省内9市开展地震应急准备工作抽查。联合省内重点地区市县应急局和东三省省级地震局开展地震应急联动演练。主动向辽宁省委、省政府报送地震等事件信息30余条，大连庄河市3.2级地震、普兰店区4.6级地震发生后，及时向辽宁省政府报送应急处置情况。辽宁省抗震救灾指挥部印发《关于进一步加强年度地震重点危险区地震应急准备工作的通知》。圆满完成特殊时段地震安全保障工作，完成特殊时段地震安全保障服务11次安全保障任务，共计123天，应急备勤6000余人次。

三、防震减灾公共服务与法治建设

1. 防震减灾公共服务

启动国家防震减灾公共服务平台工作，将10类51项公共服务产品数据纳入数据平台；持续动态更新《辽宁省地震局公共服务产品和事项清单》；与辽宁省能源集团、辽宁省气象局等行业单位开展线下调研座谈，进一步明确防震减灾公共服务产品的应用与未来拓展方向；积极开展对外服务，对外服务科技成果转化累计合同额1141.6万元，同比增加591.6万元。

2. 防震减灾法治建设

《建（构）筑物地震灾害隐患等级评定技术规范》和《地震灾害风险评估技术规范》列入年度辽宁省地方标准立项计划，《区域性地震安全性评价技术规范》通过由辽宁省市场监督管理局组织的地方标准审查会审查；《辽宁省防震减灾条例》修订工作被列为建议辽宁省政府适时提请修正的地方性法规；积极参与辽宁省司法厅组织的法律知识培训；组织开展《辽宁省重大基础设施地震安全风险评估办法》专项立法研究工作；开展《地震安全性评价管理条例》《建设工程抗震设防要求管理规定》立法后评估工作；制定《辽宁省地震行政执法事项清单》；联合辽宁省水利厅、辽宁省应急厅开展水库专用地震台网建设运行情况专项执法检查工作；组织开展公职人员在线旁听庭审活动，强化全局干部的法律意识和法治观念。

3. 防震减灾科普宣传

积极与省委党校联建，将防震减灾学科内容纳入省委党校干部培训必修课程。与省教育厅、省民宗委、省科协建立长期科普合作机制。

在科普重点时段，联合省科技馆、卫健委、红十字会、消防和蓝天救援队等社会力量开展各项科普活动，有力推动防震减灾科学知识落地普及。组织开展市县综合培训2次、专题培训3次，参训人员近250人次；在“科普边疆行”主题活动中，联合辽宁省民宗委、辽宁省科协在少数民族、边疆地区开展科普系列活动；向鞍山10所试点学校捐赠图书600册，开展科普讲座55场次、应急演练19次、主题班会29次，培育10名科普传播师；向定点帮扶的四川省捐赠图书4000册，援疆149所学校捐赠图书6250册；承办国际减灾日“走进地震监测中心站”主题活动，在锦州中心站盘锦台开展直播活动。开展省级防震减灾科普教育基地和示范学校评选工作，新评选3个省级教育基地和45所示范学校。组织参加第七届全国防震减灾科普讲解大赛，取得个人三等奖、优秀组织单位奖。

（辽宁省地震局）

吉林省

一、地震监测预报工作

1. 震情跟踪工作情况

持续优化全省会商研判体系，制定《吉林省震情会商研判技术方案》。全年组织周会商52次、月会商12次、加密会商29次、震后应急会商5次、年中和年度会商各1次，完成地球物理场异常现场核实工作5次，编制测震学异常报告1份，提交异常核实报告7份。全年开展省内突发震情处置5次，产出趋势会商意见5份。

2. 台网运行管理

吉林省测震台网共115个站点，在网运行115台套仪器，2023年吉林省测震台网运行率为99.56%。吉林区域地球物理台网共22个观测点，在网运行75套观测仪器，2023年平均运行率99.63%，平均汇集率99.82%，平均连续率99.51%，常规产品完整率99.81%。

3. 台网建设情况

吉林省测震台网由1个测震台网部、2个火山台网中心、5个国家测震台、20个区域测震台、12个火山台及1个地方台组成。地球物理台网由流体、形变、电磁三大学科的观测网组成，全省共22个监测站、123个测项。国家地震烈度速报与预警工程改造30个基准站，新建30个基本站，新建30个一般站。2023年底完成全部建设任务，并通过了中国地震局竣工验收，正式进入全面运行，提供地震预警信息服务。地震监测台网项目升级改造14个综合台，新建1个地震台阵、1个重力台、2个火山台阵、72个科学台。2023年完成全部90个台站（点）土建建设及合同验收，完成设备采购458台（套），采购完成率99.57%；采购的设备全部安装完成，网络已开通，实现数据回传；预备费批复的51台（套）通用设备已完成采购，采购完成率100%。

4. 监测预报基础研究与应用

获批省科技发展计划项目1项，获批中国地震局三结合项目1项、应急与信息青年重点任务1项，中国地震局地质研究所野外站项目2项、中国地震局地震预测研究所开放基金1项。组织完成16项吉林省地震局青年科技发展课题申报评审、跟踪检查及验收工作。成立吉林省地震局3个科研创新团队。通过科技创新团队加快成果产出，以第一作者或通讯作者发表文章33篇，其中SCI文章5篇、EI文章1篇、核心期刊10篇。获批软件著作权4项。

5. 地震速报预警信息服务

共向上级报送震情信息12期，对外发布震情速报5期。

二、地震灾害防御工作

1. 抗震设防要求

强化重大工程抗震设防要求管理，开展“双随机、一公开”执法检查。联合长春市建委对省内两家地震安全性评价从业单位开展现场执法检查。完成 16 项地震安全性评价报告审定。

2. 地震安全性评价

《吉林省地震安全性评价项目管理办法》以吉林省人民政府令 280 号的形式公布，全年开展 15 项重大工程地震安全性评价工作，对地震安全性评价现场工作开展检查。

3. 震害预测

推进地震灾害风险普查项目实施，完成全部普查任务，与吉林省自然资源厅共享普查成果，与吉林省住建厅、吉林省减灾办签订三方共享普查成果协议，共享承灾体单体普查数据。印发《吉林省地震构造环境探查规划》。参与第六代区划图编制，收集整理地震动参数区划图地震构造、历史强震修订、潜在震源划分、场地地震工程地质条件勘察 4 项基础资料成果并汇交。编制五年地震灾害损失预评估工作计划，开展吉林市地震灾害损失预评估工作，为政府开展地震灾害风险防范应对、应急准备及应急预案编制提供参考。推进地震易发区房屋设施加固工程实施，联合吉林省防震抗震减灾小组办、吉林省应急厅、吉林省住建厅举办土耳其 7.8 级地震灾害启示讲座，白城市火车站北道口公铁立交桥维修加固改造入选典型案例。持续推进房屋抗震设防信息采集工作，采集房屋设施抗震设防信息 24622 条，与吉林省应急厅赴省内各地督导工程实施。

4. 活动断层探测

推进吉林市城市活断层项目立项，编制吉林市城市活动断层探测实施方案。开展延吉市活断层探测成果应用。

三、防震减灾公共服务与法治建设

1. 防震减灾公共服务

印发《关于进一步加强新时代新征程防震减灾公共服务的实施方案》并推进任务实施。开展危化企业、燃气管网地震预警信息试点服务，有序推进公众服务、决策服务、专业服务、专项服务。完成国家防震减灾公共服务平台数据录入。推进政务服务事项“一网通办”，更新完善政务服务事项库，优化办事流程，加强业务协同办理。优化 12345 政务服务便民热线防震减灾领域服务内容，提升服务效能。压实市县防震减灾工作主体责任，吉林省防震抗震减灾工作领导小组办公室印发《全省防震减灾救灾工作要点》，完成 2022 年度吉林省政府对市（州）政府防震减灾工作绩效考评。印发《吉林省市、县级地震工作部门年度考核办法》并完成市县地震工作部门年度考核。

2. 防震减灾法治建设

2023 年 11 月 21 日，《吉林省地震安全性评价项目管理办法》以吉林省人民政府令 280 号的形式公布。2023 年 3 月 31 日，联合吉林省政府新闻办召开《吉林省地震预警管理办法》政策解读新闻发布会。开展国家宪法日及世界标准日普法宣传活动。规范行政执法活动，制定年度行政执法检查计划。开展“双随机、一公开”年度执法检查，在吉林省信用综合服务平台进行公示，并在“我要执法”APP 上备案。清理规范性文件，在官网上发布关于废止部分规范性文件的公告。4 人参加应急管理部行政执法人员培训，1 人参加吉林省司法厅行政执法培训。

3. 防震减灾科普宣传

推进防震减灾知识“六进”，联合吉林省委宣传部、吉林省教育厅、吉林省科技厅、吉林省通信管理局、吉林省科协等部门在防灾减灾日、科技活动周等重要时段开展形式多样的防震减灾科普宣传活动，通过吉林卫视、《吉林日报》等主流媒体进行宣传报道。推进“地震科普　携手同行”主题活动，组织吉林省62所学校开展“五个一”系列活动，向学校赠送图书2480册，完成四川100所学校图书援助任务。组织吉林省主题活动学校和援藏学校老师参加防震减灾科学传播师培训，认定防震减灾科学传播师143名。与吉林省科协联合举办全省防震减灾科普讲解大赛，比赛前三名参加全国大赛，2名选手获全国优秀奖，吉林省地震局获优秀组织奖。与吉林省民委、吉林省科协联合在延边朝鲜族自治州珲春市开展“科普边疆行”活动。组织长白山火山站参加人民网举办的“云游防震减灾科普馆”网络直播，直播观看人数达78万人次。全年创建1个国家级防震减灾科普教育基地、3所国家级防震减灾科普示范学校，认定10所省级防震减灾科普示范学校，创作3部防震减灾科普作品。

（吉林省地震局）

黑龙江省

一、地震监测预报工作

1. 震情跟踪工作情况

制定《黑龙江省2023年度震情监视跟踪和应急准备工作方案》。围绕2023年度黑龙江省震情形势，重点抓好地震活动变化和前兆异常动态跟踪、显著地震专题研究、宏微观异常调查核实，严格执行《宏微观异常零报告制度》《地震前兆台网观测资料异常核实工作规程》等，加强日常分析会商和震情跟踪研判工作。严格执行《地震观测异常现场核实报告编写——地震学》等相关文件要求。2023年度黑龙江省地震局针对显著震情和地球物理异常组织开展异常核实9次，并提交9篇异常核实报告及补充报告。

加强与中国地震台网中心、吉林省地震局、黑龙江省应急管理厅、黑龙江各市（地）应急管理部门等有关单位沟通联系。参加中国地震台网中心组织的地震安全保障视频会商3次，组织参加东北华北2023年年中地震趋势会商会、全国2023年年中大形势会商会、全国2023年年中地震趋势会商会、各学科年度地震趋势会商会、华北东北片区年度地震趋势会商会等。参加黑龙江省应急管理厅组织的全省自然灾害风险形势会商会12次。黑龙江省地震局所属的5个地震监测中心站全部以视频方式参加周震情跟踪例会、月会商、加密会商、年中会商和年度会商。

组织开展流动地磁观测，共完成26个测点的野外流动地磁观测任务和数据处理工作，产出成果包括26个测点的原始观测记录簿，标准数据集，通化处理后的地磁场总强度、水平强度、垂直强度、磁偏角等值线图。

2. 台网运行管理

黑龙江省测震台网实时运行率为99.47%；地球物理站网数据汇集率为99.94%，数据有效率为98.22%；地震烈度速报与预警台网于2023年6月1日进入试运行，试运行期间基准站实时运行率98.98%，基本站实时运行率98.35%，一般站实时运行率97.93%。

3. 台网建设情况

地震监测台网项目黑龙江省地震局单位工程项目，完成批复新建、改建台站（点）共158个全部土建工程主体任务，完成到货设备的全部安装任务。

国家地震烈度速报与预警工程黑龙江子项目2023年度完成全部项目设计建设任务，其中涵盖163个台站建设、中心5大系统建设、29套发布终端建设任务。2023年6—8月完成了为期3个月的试运行，10月在江苏南京通过中国地震台网中心组织的黑龙江子项目竣工验收。

4. 监测预报基础研究与应用

利用紧急会商与加密会商锻炼队伍，通过周震情跟踪例会、月会商进行地球物理手段跟踪与震情研判。2023年在研长白山火山野外站课题2项、黑龙江省地震局一般性课题6项。黑龙江地震台分析预报工作组建了3个创新团队，分别是数值地震综合预测、黑龙江省及邻区地震数据综合应用、黑龙江省火山活动性研究和深源地震研究创新团队。

5. 地震速报预警信息服务

2023年通过12322系统发布地震速报信息31000余条，涉及本省及邻区的地震速报信息服务5次，分别为1月11日嘉荫*M*3.0地震、1月30日大兴安岭*M*3.2地震、5月6日萝北*M*3.3地震、6月11日嘉荫*M*3.6地震、10月25日吉林敦化*M*3.9地震，以及全国、全球影响较大地震的速报信息服务。

二、地震灾害防御工作

1. 抗震设防要求

按照《黑龙江省重大工程场地地震安全性评价报告技术审查管理细则（暂行）》，组织审定地震安全性评价报告29份，区域性地震安全性评级报告1份。按照《黑龙江省重大工程抗震设防要求审定行政许可实施细则（暂行）》受理、审批，全年出具重大工程抗震设防要求审定批复22个，区域性地震安全性评价报告审议意见1个。

根据中国地震局《关于进一步加强场地地震安全性评价工作质量管理的通知》，组织10个市（地）应急管理局对辖区内重大工程抗震设防要求执行情况等进行检查，共检查18个重大工程，均按地震安全性评价结果设防。组织对地震安全性评价从业单位及专业技术人员进行检查，主要对人员数量、专业等进行检查。配合中国地震局开展地震安全性评价报告抽查检查工作，6个报告全部检查合格。

2. 地震安全性评价

全省地震危险性评估完成场地峰值加速度危险性图1251幅，技术报告12份。全省地震灾害风险评估与区划完成直接经济损失风险评估图及风险区划图1112幅、死亡人口风险评估图及风险区划图1112幅（省市县三级），房屋建筑抽样详查报告1份、评估及区划工作报告 12 份。

3. 震害预测

预评估收集了尚志市全域范围内共计 186 个抽样调查点的技术信息，所有数据信息达 13500 条。提供了一般民用建筑、重要公共基础设施等 12 类承灾体的重点隐患清单，提供次生灾害和交通情况分析，给出了地震灾害防治对策建议、地震应急准备和震后应急处置建议。完成第六代区划图基础资料收集工作，完成省级地震危险性区划图报告编制，汇交钻孔资料，其中地震安全性评价钻孔 107 个、地震预警项目钻孔 140 个。

4. 活动断层探测

指导 9 个市（地）应急管理局设计城市活断层探测方案，指导佳木斯市应急管理局申请城市活断层探测立项并获批，开展加格达奇区城市活断层探测先期工作。

5. 地震应急保障

联合黑龙江省测绘地理信息局、黑河市人民政府，在黑河五大连池开展黑龙江省 2023 年应急测绘保障演练，演练模拟发生 5.8 级地震，引发山体滑坡、水坝受损等次生地质灾害。黑龙江省测绘地理信息局根据五大连池历史地震分布情况、地震的震中位置，结合地震灾害损失快速评估和辅助决策报告，开展地面长短测程三维激光扫描、地基 InSAR 地质灾害形变监测、水下地形测量、无人机倾斜摄影等多源数据快速获取与处理分析等科目的演练。2023 年黑龙江省地震局承办了 2023 年东北协作区四局一所地震应急联动演练、黑龙江省防震减灾领导小组成员单位桌面演练及全省地震系统应急演练，通过演练，进一步完善省抗震救灾指挥体系，提升相关单位的应急响应和处置能力。

三、防震减灾公共服务与法治建设

1. 防震减灾公共服务

更新公共服务事项清单，新增公共服务事项 1 个。开展典型领域精细化公共服务需求调查，制定工作方案，开展需求调查，提交需求清单及调研报告。梳理全省防震减灾公共服务相关政策，形成政策清单，提出完善建议。

2. 防震减灾法治建设

（1）防震减灾法律法规规章起草。黑龙江省地震局针对其起草的地方性法规、省政府规章和行政规范性文件开展清理工作，废止行政规范性文件 1 部，为《黑龙江省防震减灾“十三五”规划》。

（2）法治宣传教育。2023 年 12 月 4 日，在第十个国家宪法日当天举行新任职干部、新入职公务员宪法宣誓仪式。组织黑龙江省地震局干部职工参加宪法知识答题等系列宣传活动。

3. 防震减灾科普宣传

原创科普作品 56 个，其中 7 个作品点击量超过 10 万人次。《地震科普划重点》获 2023 年度“科普中国青年之星创作大赛”优秀科普短视频；《日常防震避险如何准备》被应急管理部评为百部优秀应急科普作品；拍摄制作《防震减灾知识微课堂》，由中国电子音像出版社出版。在中国地震局防震减灾融媒体工作考核中，黑龙江省地震局获评优秀通讯站，

《防震减灾情系北方》获评十佳案例，《地震来了怎么办》等5部作品获评百部优秀作品。

举办全省首期防震减灾科学传播师培训班，依托传播师队伍开展宣传联动，共组织开展讲座、演练、展览、参观等不同形式的宣传活动600余场，参与人数超过100万。

黑龙江省防震减灾科普馆接待新疆克拉玛依市调研团、应急管理部北方航空护林总站、黑龙江省直机关事务管理局、哈尔滨工业大学等64个参观团体，共计近4000人线下参观。科普馆联合光明网、《生活报》、东北网小记者团，开展开放日活动，被哈尔滨市委授予“哈尔滨市第二批少先队校外实践教育营地（基地）”。

联合黑龙江省科协、消防举办“地震科普　携手同行”主题防震减灾科普讲解大赛，共260名选手参加比赛，组织获奖选手参加第七届全国防震减灾科普讲解大赛，获优秀组织单位奖。黑龙江省防震减灾科普馆与五大连池世界地质公园博物馆签订合作共建框架协议，合作开展火山科普直播，在线观看人数达13万。黑龙江省火山监测与防震减灾宣传教育中心联合黑龙江省震灾风险防治中心首次申请获批省内应急科普社会化项目，深入哈尔滨商业大学等高校开展活动。

（黑龙江省地震局）

上海市

一、地震监测预报工作

1. 震情跟踪工作情况

强化震情监视跟踪，编制完成上海市地震局《2023年震情监视跟踪和应急准备工作方案》，完成上海市2023年年中地震趋势会商预备会和正式会，完成上海市地震局地震预报评审委员会调整。持续完善长中短临一体化业务机制，推动长三角区域联合地震会商工作机制正式运行，逐步形成以长三角会商一体化为主导，多路探索、多方参与、滚动会商的地震趋势会商工作机制，不断提升为国家和上海市重大活动或重要时段提供高水平地震安保服务的能力。

2. 台网运行管理

完成上海地震监测站网年度运维任务，“省级测震台网系统运行”和“国家测震台站系统运行”两个单项在全国地震观测资料质量评比中获得三等奖。强化台站改革顶层设计，制定印发《上海市地震局2023年度地震台站改革重点工作任务清单》，明确年度台站改革的重点工作任务，对照清单逐项推动落实。完成测震预警站网运维职能向中心站划转。制定《上海市测震站网运行和产出发布管理办法》和《上海市地震烈度速报与预警工程观测站运维保障工作管理办法（暂行）》，进一步明确地震监测中心站承担的运维职责和相关操作规程。加强上海地区非天然地震监测能力，与上海市公安局建立爆破信息共享机制。协同上海市规资局、上海市公安局联合发文，加强地震台站观测设施与环境保护。

3. 台网建设情况

推进国家地震烈度速报与预警工程项目上海子项目完成全部建设任务并通过试运行和

验收，推动新旧测震业务系统融合迁移，重塑新一代速报预警业务体系，健全完善地震速报预警业务全链条管理制度体系，规范速报预警业务流程。推进地震监测台网上海子项目建设，完成单位工程全部建设任务和土建工程验收，完成台站专业设备和通信系统设备的安装集成和调试入网。完成共涉及12个强震站点的2023年度上海地区台站标准化改造工作。完成上海测震市县（区级）资源和地球物理市县（区级）资源的自评估工作。

4. 监测预报基础研究与应用

强化科技支撑能力。持续通过上海市科委项目、野外站项目、星火项目、三结合课题等方式对监测预报预警关键科学问题和技术难题开展集中攻关。联合光机所申请上海市科研计划社会发展领域项目并立项。通过佘山野外站重点课题资助渠道支持“八角亭石油平台地震观测恢复以及数据处理”“跨圈层地震电场监测及异常信号AI识别研究”等研究团队，着力破解在海洋地震观测、地磁地电学科等方面的业务难题。通过佘山野外站研究室课题资助开发的“中心站地球物理站网智能监控及信息处置平台”在全国10余个中心站推广使用。

5. 地震速报预警信息服务

拓展地震预警信息公共服务。持续修订完善《上海市地震预警管理办法（草稿）》，积极推动地方立法进程。编制完善《上海市地震局地震预警信息发布策略》和《上海市地震预警信息对外服务方案》，为对外提供预警信息服务奠定基础。强化预警项目宣传，印发《国家地震烈度速报与预警工程上海子项目竣工验收宣传方案》。大力拓展地震预警信息发布渠道，将地震速报、预警信息列入突发事件预警信息发布清单，在拓展地震预警信息电视接收终端渠道方面与市广电局达成共识，为进一步提升地震速报预警公共服务能力奠定基础。

二、地震灾害防御工作

1. 抗震设防要求

（1）上海市多区开展学校医院建设工程抗震设防要求落实情况检查。奉贤、虹口、长宁、浦东、黄浦等区地震、教育、卫生部门联合对辖区内2020年后新建、改建的学校、医院建设工程的抗震设防要求落实情况进行检查。经检查，工程各相关责任单位严格落实各项技术规范和标准，保存资料完整，工程建设均按照高于本市房屋建筑的抗震设防要求进行抗震设防。

（2）多方联动，持续推进房屋设施抗震设防信息采集工作。调整市区两级工作机制，明确各区应急局属地化信息审核任务和技术要点。联动卫生、教育、交通、电力等部门，完善自下而上、逐级审核机制。注重信息采集质量，指定专人不间断开展信息市级审核工作，提升信息精准度。据统计，2023年信息采集工作数量已超过前两年总和，并且扩充了地道、危化品库房等不同信息种类。

2. 地震安全性评价

（1）上海市地震安全性评价工作迈上新台阶。潜心成果积累，推动技术发展。以地震部门为首的一批专业技术人员认真开展理论研究，安全性评价工作中积累的成果被应用于

"上海市地震动参数区划""上海市隐伏断裂及其活动性判定的研究""第一次地震灾害风险普查"等多项课题研究，切实提高了整个城市的防震减灾能力。担当行业管理，规范市场运作。多次组织安全性评价单位技术人员培训，培养了一批在行业内有一定影响力的企业；不断扩充安全性评价报告技术审查专家库，有超过150名来自不同行业的专家承担过报告技术审查工作；搭建建设、设计、安全性评价单位之间的沟通平台，推动安全性评价结果规范化使用。紧跟改革步伐，突出公共服务。结合工程项目审批制度改革，将地震安全性评价工作对接工程设计方案审核事项；明确在安全性评价结果审定批文中加入工程场址和抗震设防参数；开发地震安全性评价系统；积极推动安全性评价单位信用评价。

（2）完成地震安全性评价从业单位现场检查工作。上海市地震局在2023年8月完成了地震安全性评价从业单位现场检查工作。本次检查对5家近年来承担过本市地震安全性评价项目的从业单位进行了现场检查。上海市地震局将进一步向从业单位宣贯安全性评价工作最新要求，督促从业单位做好检查问题整改，促进全市地震安全性评价市场健康规范有序发展。

3. 震害预测

（1）上海市自然灾害防治委员会印发《关于进一步加强本市防震减灾救灾工作的实施意见》。该实施意见对未来10年上海市防震减灾救灾工作进行了全面部署，由总体要求、主要任务和保障措施三部分组成，部署了12项重点工作任务，涉及16个区、34个部门的工作职责。

（2）上海市地震局与上海市住房和城乡建设管理委员会、上海市自然灾害防治委员会办公室签订第一次自然灾害综合风险普查数据与成果共享三方协议。协议明确了数据与成果共享使用各方的权利和义务，实现了承灾体单体普查数据在市级单位间的共享。

4. 地震应急保障

（1）做好安保工作，提升地震安保服务水平。2023年圆满完成了第六届进博会、全国两会、全国高考、亚运会及亚残运会等特殊时段的各项地震安全保障服务工作。在第六届进博会地震安全保障服务工作中，形成了"1+6"地震安保方案体系。首次派员进驻第六届进博会城市服务保障领导小组应急管理组前方指挥部值守，履行应急指挥和综合协调职能。

（2）规范应急和值班工作。制定、修订并印发《上海市地震局非常态值班值守和应急备勤预案》《上海市地震局行政值班工作管理办法》《上海市地震局业务值班工作管理办法》《上海市地震局突发事件紧急信息报告工作规定》《上海市地震应急服务响应等级》《震后12小时上海市地震局地震应急服务响应行动清单》和《上海市地震局地震监测中心站地震应急服务响应行动清单》等规章、制度，对上海市地震局应急值守、值班以及应急响应等多项工作进行规范。

（3）强化应急准备，不断提升地震应急服务能力。2023年6月15日上海青浦发生3.1级地震，上海市地震局迅速启动Ⅳ级地震应急响应，组织开展整体应急处置，快速产出地震信息，高效开展现场工作，准确研商震情形势，有序进行舆情引导，指导当地区政府开展应急处置，有力保障了上海社会安全稳定。组织开展了一次不打招呼、无脚本全要素全局应急桌面演练，通过演练进一步提升上海市地震局的应急意识，提高了应急服务能力。

明确各应急工作组每季度开展组内常态化演练的要求，多次开展地震现场处置工作培训，优化局现场队人员配置和专业结构，进一步提升现场队地震现场的应对处置能力。

三、防震减灾公共服务与法治建设

1. 防震减灾公共服务

（1）上海市地震局举办大震现场培训班。2023 年 3 月 27—31 日，上海市地震局在四川举办大震现场培训班，市相关委办局和各区地震工作部门近 40 人参加本次培训，培训邀请专家讲授了四川地震应急响应实践和基层地震应急处置，并赴“5 · 12”汶川特大地震纪念馆、北川地震遗址、汶川地震遗址等开展现场教学。

（2）上海市地震局印发《关于进一步加强新时代新征程防震减灾公共服务的实施方案》。该实施方案由指导思想、主要目标、重点任务和保障措施四部分组成，围绕构建“防震减灾 +”服务新格局、提升服务质量和效能、优化体制机制等部署了 22 项重点任务，为提升上海市防震减灾公共服务水平，破解超大城市地震灾害风险防范难题指明了方向和路径。

（3）情系百姓之所急，专业服务解民忧，上海市地震局及时应对处置某小区特殊振动事件。2023 年 11 月 12 日，上海市地震局接到徐汇区某小区居民反映楼房异常震动。接报后，市地震局先排除地震引发震感可能，并组建现场测试团队。11 月 16 日在体育场周边、该小区部分居民楼布设 8 台强震动监测仪，开展现场震动监测，共监测到 3 次数据异常情况。同时，对监测数据做了频谱分析，初步判定与演唱会现场互动有关。11 月 20 日、21 日演唱会期间，上海市地震局再次派工作队到现场监测复核，印证了初判结果。根据研判结果，11 月 17 日演出之前，上海市地震局党组书记、局长李红芳向上海市政府分管副秘书长、上海市应急局分别汇报，提出应急处置建议。此外，上海市地震局会同上海市文旅局紧急约谈演唱会组委会，责令其减少互动环节，并向上海市徐汇区政府发送工作提示，协助 12345 市民服务热线，做好科学解释，消除了居民的恐慌心理，有效维护了社会稳定，得到市政府的充分肯定。

2. 防震减灾法治建设

2023 年 11 月 4 日，上海市地震局组织召开地方标准《区域性地震安全性评价技术规范》宣贯会议，全市地震安全性评价从业单位均派技术骨干参加会议。

3. 防震减灾科普宣传

为贯彻落实“地震科普　携手同行”主题活动的工作部署，上海市地震局、上海市教育委员会和上海市应急管理局联合印发《关于开展“地震科普　携手同行”主题活动的通知》，共同部署 2023—2025 年上海市“地震科普　携手同行”主题活动。

（上海市地震局）

江苏省

一、地震监测预报工作

1. 震情跟踪工作情况

制定《江苏省2023年度震情监视跟踪和应急准备工作方案》《江苏省地震局2023年度震情短临跟踪和会商研判技术方案》并严格落实。严格执行宏微观异常零报告制度及地震异常落实与上报工作规范要求，全年开展周、月、震后趋势、安保、专题等各类会商119次，组织和参加长三角一体化联合会商共14次。完成异常核实报告14篇，处置预测意见1份。全年完成2次震情专报报送（扬州江都3.1级地震、扬州宝应3.3级地震），均在30分钟内完成首报，2小时内完成续报，震后地震趋势判定基本准确。印发地震安全保障服务实施方案，完成特殊时段地震安保任务。

2. 台网运行管理

为切实加强江苏地球物理站网运行管理工作，结合江苏实际情况，江苏地震台前兆台网中心组织制订了《江苏地球物理站网运行管理技术细则》《江苏地球物理站网（GNSS、重力、地磁、地电、地下流体、定点形变）运行管理技术细则》《江苏地球物理站网观测资料质量评估标准》和《江苏地球物理站网（GNSS、重力、地磁、地电、地下流体、定点形变）观测资料质量评估标准》。江苏省测震台网40个参评台站实时运行率99.38%，归档数据完整率99.75%。江苏地球物理站网在运行台站37个，在运行仪器144套，仪器运行率99.94%，观测资料的数据连续率99.92%，数据有效率99.70%，年产出数据量约30174MB。

3. 台网建设情况

（1）台网布局、改造及监测能力。江苏省测震台网由1个省级测震台网中心和75个数字测震台站组成（参加全国资料评比的台站40个），其中，数字测震台站按观测方式分为31个井下台站、44个地面台站。江苏省所属测震台站的平均密度约为7.3台/万平方千米，平均台间距约为28千米。苏南、苏北地区台站稍密，苏中沿海地区因松散沉积覆盖层较厚，以井下台站为主，台站相对稀疏。江苏省测震台网对全省陆地的地震监测能力可达到$M \geqslant 1.0$，其中对苏南苏北局部地区的地震监测能力可达到$M \geqslant 0.5$，对邻省及附近海域地区的地震监测能力达到$M \geqslant 1.8$。

（2）国家地震烈度速报与预警工程江苏子项目。2023年是国家地震烈度速报与预警工程江苏子项目建设的收官之年。2023年10月13日，国家预警工程项目法人单位中国地震台网中心在南京组织专家对江苏子项目进行了竣工验收。项目的顺利竣工，标志着江苏省新一代地震预警速报业务体系的初步形成。

（3）江苏省地震烈度速报与预警工程。完成23个基准站（Ⅰ型）的土建、设备采购、安装和土建验收工作，完成15个基准站（Ⅱ型）、36个基本站的土建、设备采购和土建验收工作，完成5个一般站（Ⅰ型）的土建、设备采购、安装和土建验收工作，完成95个一般站（Ⅱ型）的土建和验收工作。

（4）海洋地震观测台站建设。江苏省地震局初步建成海洋地震观测站网。在如东、响水、滨海海域共计完成4个海上工程平台站的建设工作，在连云港连岛完成1个岛礁站的观测仪器安装、调试工作，在连云港秦山岛完成基准站的土建工作。

（5）城市地震灾害风险感知系统建设。江苏省地震局分别在南京市、盐城市和宿迁市开展城市地震灾害风险感知监测台站建设，在3幢超高层建筑中共计布设强震动监测点位12个，实时监控建筑结构振动响应情况。

（6）设备更新升级项目。江苏省地震局开展地震监测站网老旧设备更新升级项目，对3个台站3套设备进行优化改造，并统一录入中国地震局第一监测中心全生命周期管理系统。

（7）地震监测台网工程江苏分项。2023年，江苏省地震局完成江苏分项单位工程设备采购、安装和数传系统建设，实现综合台数据回传。

（8）技术系统的观测环境升级改造。按照《江苏地震地球物理站网管理系统数据库迁移方案》，完成了江苏地球物理数据管理系统的中心站数据迁移改造工作。5个中心站按照职责分工管理相关地球物理台站，南通节点数据库和管理系统停止使用。江苏地球物理站网技术系统全年运转基本正常，观测数据汇集、处理、备份和上报工作正常。

4. 监测预报基础研究与应用

基于江苏省数字化地震台网的宽频带记录，对中强地震的P波谱震级进行测定，并基于P波谱震级对地震的辐射能量进行估算。自主研发的地震事件类型智能识别软件系统上线新功能，向全国测震台网开放服务接口，提供事件类型在线判定服务，事件类型自动识别准确率达到90%以上。实施省重点研发项目基于电、磁大数据融合分析的地震智能监测系统关键技术研发，在江苏率先实现多源数据、多台站时空数据综合分析。

5. 地震速报预警信息服务

江苏省测震台网共记录到江苏及邻区地震303个，完成全部地震事件信息分析处理及编目。全年累计完成5次地震速报，平均用时4分50秒。江苏省陆地及邻区发生的32次有影响地震事件，均在1分钟内产出自动结果并发送震情信息。创新性应用江苏省大数据中心信息化资源部署地震信息服务平台，开展地震预警信息服务。

二、地震灾害防御工作

1. 抗震设防要求

深入推进政务服务“一张网”建设和不见面审批，利用省投资项目在线审批监管平台，对800余个项目进行在线监管，全年共完成重大工程抗震设防要求审批61项，并做好网上公示及信息公开，接受电话及现场咨询320余次。

2. 地震安全性评价

强化对安全性评价单位和安全性评价报告质量监管，出台地震安全性评价项目管理和现场工作监管规定，压实属地监管职责，规范项目现场施工，联合无锡等市县开展安全性评价野外施工现场检查30余次，强化业务指导。及时在网站公告审查结果96条，更新安全性评价单位信息2次，主动接受社会监督。持续抓好地震安全性评价区域评估工作，联合江苏省商务厅印发《2023年度江苏省开发区区域评估工作要点》，继续扩大评估范围，不断巩固评估成果。全省区域性地震安全性评价技术服务系统通过验收。完成昆山高新区、南通经济技术开发区等38个项目的区评批复。

3. 震害预测

完成全省第一次地震灾害风险普查项目成果验收，为开展农村住房条件改善专项行动以及顺利完成长三角地区地震构造与危险性分析图编制工作提供数据资料支撑。与江苏省住建厅共同部署年度地震易发区房屋设施加固工程任务，以江苏省减灾办名义印发《关于做好省地震易发区房屋设施加固工程2023年工作的通知》，推动加固工程关键项目纳入相关“十四五”规划。镇江市“江苏科技大学附属小学加固工程”、盐城市“复旦大学附属中山医院苏北健康管理中心”2项入选国家加固工程典型案例集。大力推进全省房屋设施抗震设防信息采集工作，2023年度共采集房屋设施抗震设防信息31792项，累计采集117102项。认真落实地震灾害损失预评估业务化要求，制定《全省地震灾害损失预评估工作总体计划（2023—2025)》，协调推进预评估试点，在盐城大丰召开预评估工作对接会，按期提交预评估自评报告和大丰预评估报告。

4. 活动断层探测

全面开展全省地震构造环境探查工作情况摸排，顺利完成海上大震震源探查——苏北滨海断裂探查年度任务。郯庐断裂带F5活断层新沂市（唐店段）精定位项目通过验收，泗洪县城市活动断层探测正式实施。

5. 地震应急保障

及时有序应对扬州江都3.1级地震、扬州宝应3.3级地震，做好震后灾情实地调查、流动监测仪架设等，协助政府应急决策。做好扬州江都、泰州姜堰、盐城东台、泰州兴化震群等应对处置工作，维护社会稳定。参加上海青浦3.1级地震应急复盘会，介绍江苏省地震局应对上海青浦3.1级地震工作情况。

全面做好节假日等重要时段应急值守，开展全局地震现场应急演练1次，举办业务培训2次。开展地震应急指挥中心桌面演练及现场工作队实操演练，全年共完成5次指挥中心月演练和1次省市地震应急联合通信演练。参加2023年华东地震应急联动协作区现场工作演练，并获评第二名。

三、防震减灾公共服务与法治建设

1. 防震减灾公共服务

印发《江苏省地震局党组关于贯彻落实新时代新征程防震减灾公共服务实施意见的细化措施》，提出13项48条工作措施。持续推进防震减灾公共服务需求调查，组织开展系统化、精准化需求调查20余次，编制江苏省地震局2023年公共服务需求调查报告。海洋地震监测与海上风电地震安全服务、干热岩开发地震监测与风险评价技术服务案例，入选国家防震减灾公共服务优秀案例。

2. 防震减灾法治建设

推进跨部门综合执法检查机制，联合江苏省发改委对5项能源类重大工程开展抗震设防要求执行情况检查，保障重大工程地震安全。组织9名执法人员参加应急管理部行政执法培训，并考取执法证。开展地震安全性评价现场监管检查20余次。做好“全民国家安全教育日”“世界标准日”“全国宪法日”普法宣传，通过张贴宣传海报、开展宣誓活动、举办专题培训等多种方式，增强法治意识。

3. 防震减灾科普宣传

扎实做好重点时段科普宣传，防灾减灾日期间，全省地震部门共开展广场宣传370场次、科普讲座108场、知识竞赛10场、文艺演出14场，制作各类宣传品1.7万余份，发放宣传材料近40万份。与江苏省住建厅、淮安市政府在淮安市恩来防震减灾科普馆联合举办全国防灾减灾日主题活动。主办“地震科普筑平安”地震应急演练，在南京市蒋湾小学开展演练并进行网络直播，110万人次观看。举办全省防震减灾科普讲解大赛，1人获全国二等奖。举办“地震科普　携手同行”主题活动“童声唱诵防震减灾”专项活动江苏省启动仪式。组织全省中小学认真收看“地震科普　携手同行”主题活动2023年首场活动直播，共有2000余所学校、近200万名学生观看直播。在连云港市黑林中心小学开展“地震科普　携手同行”暨乡村振兴主题活动，向黑林中心小学等21所学校捐赠地震科普图书和地震预警终端。综合减灾示范社区、防震减灾科普示范学校和科普教育基地等的建设富有成效，联合江苏省科协认定省级防震减灾科普教育基地19个。持续打造“苏小震”特色品牌，3部原创科普作品被众多媒体平台转发，阅读量超500万人次。

（江苏省地震局）

浙江省

一、地震监测预报工作

1. 震情跟踪工作情况

落实中国地震局关于全国震情监视跟踪和应急准备工作强化措施的要求，编制震情监视跟踪和应急准备工作措施台账，梳理形成39项落实举措，有效提升震情监测和应急准备水平。

2. 台网运行管理

强化地震监测管理，地震速报完成率100%，测震台网运行率99.41%，地球物理台网运行率99.63%、汇集率99.96%、数据有效率99.16%，GNSS台网运行率98.75%。开展“强基固本、创新提质”行动，推进站网运行提质、学科领航、预测预报赋能等5大行动，加强站网日常巡检、故障处置。

3. 台网建设情况

地震监测台网项目陆地综合台完成建设，岛礁台土建完工验收，项目整体进入内部试运行。杭州地磁台地磁观测迁建工程已完成主体建设。湖州地震台测震搬迁及形变异地校测项目完成数据备份中心工程，5个监测场址工程基本完工。

4. 监测预报基础研究与应用

紧盯亚运赛区以及珊溪水库、皎口水库等重点地区震情形势，加强趋势研判。

5. 地震速报预警信息服务

国家地震烈度速报与预警工程浙江子项目通过验收，编制省级层面预警业务制度12项，内部制度22项，夯实预警业务责任链条。

二、地震灾害防御工作

1. 抗震设防要求

普查工程全面完成，编制省级、市级、县级地震灾害风险普查评估与区划报告，完成11个设区市和90个县的数据汇交和验收。加固工程大力推进，杭州、宁波、嘉兴、舟山等市制定年度加固工程工作清单，梳理宣传加固工程典型案例，形成示范引领效应。

2. 地震安全性评价

地震安全性评价改革不断深化。编制行政许可办事指南，上线省政务服务2.0，增设行政许可“双公示专栏”，推动政务服务向“快办优办”方向转变。严把地震安全性评价报告评审质量关，完成71项重大工程抗震设防行政许可，一审不通过率21.1%。

3. 震害预测

开展地震灾害损失预评估工作，完成6个县区的地震灾害预评估工作、135个典型区域核查，不断提升震前防御的精准性和震后应急的高效性。

4. 活动断层探测

探查区划评估业务体系逐步构建，编制全省地震构造环境探查规划，开展第六代区划图编制省级基础工作，指导推动嘉兴市开展地震构造环境探查项目立项。收集整理基础数据，归纳总结浙江省区域性断裂21条，完成了424个钻孔数据的整理、质检和汇交。

5. 地震应急保障

以应急响应为抓手，与上海市地震局、江苏省地震局和安徽省地震局等长三角地区兄弟省（直辖市）地震局联合制定《长三角地区地震应急服务响应协作预案》和《长三角地区地震应急联合工作队工作方案》，有效提升区域应急协助能力。

三、防震减灾公共服务与法治建设

1. 防震减灾公共服务

紧紧围绕防范地震灾害风险，制定《新时代新征程浙江省防震减灾公共服务行动计划》，健全服务体系，完善服务机制，提升服务效能，构建“防震减灾+”服务新格局。优化公众地震逃生避险演练基地项目概念方案，与相关企业就合作开展基地建设进行了初步接洽，编制项目建议书。

2. 防震减灾法治建设

法治建设不断深化。开展《浙江省地震预警管理办法》立法调研。组织市县开展建设工程抗震设防要求检查和地震安全性评价现场工作检查。对接浙江省水利厅，完成大型水库信息摸底，联合市县完成水库监测设施行政执法检查。

3. 防震减灾科普宣传

全省开展“六进”活动5万余场次，参与群众超过500万人，发放各类宣传资料超过

1000 万册；通过公共电视和公交媒体等渠道播放科普视频时长超过 3000 分钟。打造长三角科普联盟、云游中心站、迎亚运健康跑等特色品牌活动，开创地震科普宣传工作新局面。

（浙江省地震局）

安徽省

一、地震监测预报工作

1. 震情跟踪工作情况

编制《长三角区域联合地震会商工作方案》，组建地震预报专家库，牵头负责联合会商和震情监视跟踪工作，制定并严格落实各单位轮值制度，做好杭州亚运会、第六届进博会等重要活动地震安保工作。优化《安徽地区震情短临跟踪与会商研判技术方案》，全年提交异常核实报告 10 篇，完成日常和加密等各类会商 139 次，完成全国两会、中高考等重点时段地震安全保障服务工作。在霍山 2.6 级、蒙城 2.2 级、微山 3.2 级等地震前填报短临预测卡 3 份。监测预报业务参加 2022 年度全国评比，20 项进入前三名。

2. 台网运行管理

开展“地震监测质量提升年”活动，推进全省地震监测站网分级分类管理，压实市县台站运维主体责任，搭建市县资源运行管理技术平台，通过人员培训和备机备件库建设提升市县运维保障能力。开展全省地震台站自查自改，加强台站标准化建设与改造及清单化、规范化管理。建立全省监测站网运行情况月通报机制，开展全省地球物理监测资源评估，全省测震和地球物理站网仪器运行率及数据连续率均超过 99%。做好台站观测环境保护工作，积极妥善处置 8 起环境保护事件。

3. 台网建设情况

完成国家地震烈度速报与预警工程安徽子项目全部建设任务并通过验收，建设台站 136 个（改造基准站 24 个、新建基本站 56 个、新建一般站 56 个），总建筑面积 336 平方米；建设 1 个Ⅱ类省级中心，集成 1 个省级通信网络中心节点、1 个省级数据处理中心、1 个省级紧急地震信息发布中心。推进省防震减灾“十四五”重点项目安徽省地震烈度速报与预警工程建设，完成预警台址的勘选、背景噪声测试等工作，专业设备、通用设备顺利完成招标采购。

4. 监测预报基础研究与应用

联合中国科学技术大学、中国地震局地球物理研究所等高校和科研院所，在霍山佛子岭水库开展分布式光纤－气枪源激发实验。

在安庆 3.0 级地震震源区布设一条由 120 个短周期地震台组成的线性密集台阵，探测主要断层地下速度精细结构。

开展金寨重力基线场绝对重力场值分布和安徽省流动重力测网监测能力评估研究、相对重力仪与冷原子绝对重力仪对比观测研究。

5. 地震速报预警信息服务

安徽省地震速报信息服务平台向全省地震系统发布地震短信 200 余次，共计

238563 条。

安徽省地震预警信息服务系统部署安装Ⅰ型预警终端 10 套，覆盖 10 家抗震救灾成员单位。自采预警终端 4 套，用于信息服务测试。以上终端设备均按照有关技术约定接入紧急地震信息服务系统，具备地震远场大震预警发布的功能和条件。

二、地震灾害防御工作

1. 抗震设防要求

印发《安徽省重大工程场地地震安全性评价工作管理规定》。发布实施《安全性评价项目范围清单》。安全性评价监管进入全省行政许可清单系统。编制全省地震安全性评价项目备案实施清单、重大工程抗震设防行政审批事项实施清单及办事指南。

2. 地震安全性评价

更新完善地震安全性评价技术审查专家库和局现场监管技术顾问团队。完成跨市地震安全性评价项目备案 1 项，完成场地安全性评价、区评报告技术审查 67 项，出具批复 60 项，总数位居全国前三位。召开全省地震安全性评价技术服务“一改两为”工作恳谈会、活断层探测工作推进会、现场施工观摩会、业务建设调度会。先后 13 次专题约谈 4 家安全性评价从业单位，对存在弄虚作假行为的单位进行通报，予以信用评价扣分、降级处理，并报送信用中国（安徽）网站向社会公示。对 3 家设计单位、4 家地震安全性评价从业单位开展地震安全性评价检查工作。

3. 震害预测

组织编制《2023 年安徽省地震灾害损失预评估工作方案》《安徽省“十四五”期间地震灾害损失预评估工作总体计划》。

4. 活动断层探测

推进全省 13 个市级城市活断层探测项目实施，召开全省活断层探测项目推进工作会议和现场工作会议，完成 13 个市 32 个子专题成果结题验收、4 个市野外联排钻工作验收，开展铜陵标准孔、浅震等专题野外验收。成立地震构造环境探查规划编制工作领导小组和实施组，编制完成《安徽省地震构造环境探查规划》，2023 年 10 月，第一批次通过中国地震局评审。推动宿州泗县等重点地区 1∶5 万活动断层避让区划成果应用实践。

三、防震减灾公共服务与法治建设

1. 防震减灾公共服务

印发《中共安徽省地震局党组关于进一步加强新时代新征程防震减灾公共服务的实施方案》，建立和完善全省公共服务实施方案落实情况基础数据库，完成 2023 年度防震减灾公共服务需求调查评估工作，编制《安徽省地震局 2023 年度防震减灾公共服务需求调查报告》、需求清单和政策清单，完成 2023 年度全省地震系统权责清单及公共服务清单行政权力中介服务清单集中调整工作，组织开展国家防震减灾公共服务平台内部试用。

2. 防震减灾法治建设

组织行政执法人员赴相关水库和抽蓄电站开展执法检查。推动将《安徽省防震减灾条例（修订）》作为第一层级“条件比较成熟、任期内拟提请审议的法规草案”列入安徽省人大常委会立法规划，并纳入2024年立法调研计划。实施《地震系统法治宣传教育第八个五年规划》中期评估、《地震安全性评价管理条例》《建设工程抗震设防要求管理规定》立法后评估，开展2023年全国“宪法宣传周”暨防震减灾法治宣传系列活动。

3. 防震减灾科普宣传

印发《安徽省防震减灾科普工作管理办法（试行）》《安徽省地震系统2023年宣传科普工作计划》《安徽省防震减灾科学传播师管理办法》，完成《“十四五”防震减灾科普规划》中期评估。在滁州举办“地震科普 携手同行”主场宣传活动。向省内17所学校、新疆149所学校、贵州100所学校共赠书12241册，全省地震系统在238所学校开展讲座、演练及主题班会活动，覆盖师生超百万人。开展重点时段科普示范活动，组织参加安徽省“全国防灾减灾日”主题宣传周启动仪式，指导“2023年安徽省防震减灾科普宣传周暨合肥市第八个防震减灾宣传演练月主场活动”，赴安徽省科学技术馆和科大国创软件股份有限公司开展科普志愿服务活动，全省各级地震部门累计开展科普活动460余场次、各类演练4000余场次，发放各类宣传资料300余万份，服务社会公众约1000余万人。组织参加2023年全国暨安徽省文化科技卫生“三下乡”集中示范活动。探索“防震减灾科普+文旅”宣传模式，指导协助多部门结合旅游特色打造“防震减灾科普+文旅”品牌。联合安徽省教育厅、应急厅、科协，在全国率先开展省级防震减灾科学传播师认定工作，积极探索从制度制定、评审认定、发布管理等方面制定面向全社会、系统外的认定管理办法。创建2个国家级防震减灾科普示范基地和7所科普示范学校，获评数量全国第一。会同安徽省教育厅、科协、应急厅联合完成省级防震减灾科普教育基地和科普示范学校认定，认定省级基地13个、学校60所。

（安徽省地震局）

福建省

一、地震监测预报工作

1. 震情跟踪工作情况

密切关注闽台地区震情发展变化，对闽台地区年度异常开展重点跟踪分析，健全震情跟踪协同工作机制，持续开展短临预测指标体系更新与应用，完善震情跟踪研判技术方案，严格按照技术方案中的要求开展各类会商。2023年共完成周会商46次、月会商10次、半年和年度会商各1次，提交周、月会商意见56份，异常零报告46份，半年和年度会商意见摘要2份，闽台地区2024年度地震趋势研究报告1份。加强群测群防工作，严格落实宏观观测上报制度，每日上报宏观观测情况，快速开展异常核实与判定。

2. 台网运行管理

完成2023年度地球物理台网运行年报、数据跟踪分析年报。2023年基准站运行率99.23%、基本站运行率99.56%、预警台网运行率98%。地球物理台网数据连续率99.91%，仪器运行率99.8%，数据有效率99.66%，地球物理台网获得全国监测预报质量评比产出与应用系列第一名，完善以测震、强震、烈度计、GNSS组成的“四网融合”监测预警系统。

3. 台网建设情况

建成由120个基准站、85个基本站和900个一般站组成的监测预警站网，形成具备秒级地震预警、分钟级烈度速报、地震速报的预警中心。在台湾海峡成功布设2个实时传输的浮标式海洋地震观测站。实施2023年度福建省地震局漳州地震监测中心站优化改造建设。完成邵武、长汀、屏南、永安、大田5个重力台的建设任务。变更建设地震监测预报宏观观测点14个。

4. 监测预报基础研究与应用

完成全国地震大形势跟踪研究数字地震学数据库在福建地区的建设工作、震源机制解和小震重新定位数据库信息填报工作。开展中国台湾地区地震研究工作，梳理中国台湾地区5.0级以上地震震群分布，对中国台湾地区5.0级以上地震存在后续强度升级的地区进行空间网格化处理，为震后趋势快速研判提供参考依据，加强台湾西部地震带7.0级以上地震对东南沿海地区及中国大陆影响的研究。

5. 地震速报预警信息服务

完成地震速报33次，共处理福建和中国台湾地区75次有感地震（其中M4.0以上25次），启动Ⅴ级应急响应3次，完成地震分析事件2505个，其中地震编目事件1510个，非编报事件995个，分析震相总条数达到87041条。国家预警工程预警信息发布终端在线运行率达90%以上。

二、地震灾害防御工作

1. 抗震设防要求

福建省行政审批制度改革工作小组办公室将福建省重大工程抗震设防要求审定纳入“五级十五同”行政许可事项清单，经福建省政府常务会议审议通过。福建省政府批准《福建省应当开展场地地震安全性评价的建设工程范围》，并于2023年2月1日公布执行。编制印发《福建省重大工程抗震设防要求行政许可实施细则（暂行）》《福建省重大工程抗震设防要求行政许可服务指南》等，重大工程抗震设防要求审定行政许可入驻福建省网上办事大厅，实现在网上提供办理服务，2023年已办理11项行政许可。

2. 地震安全性评价

编写印发《福建省重大工程场地地震安全性评价报告技术审查管理细则（暂行）》《福建省地震安全性评价从业单位信用管理办法（暂行）》《福建省地震安全性评价从业单位管理办法（暂行）》等3项制度。2023年共计收到送审的地震安全性评价报告47份，合同额1876万元，完成报告技术审查43项，其中区评项目5项。

3. 震害预测

编制印发《福建省地震灾害损失预评估工作总体计划》，制定《福建省地震局2023年地震灾害损失预评估工作方案》，开展石狮市地震灾害损失预评估试点工作，完成《2023年度福建省石狮市地震灾害损失预评估报告》及简本、《预评估现场调查报告》等成果报告。开展台湾东部重点危险区年度地震灾害损失预评估工作，成果报告报送福建省政府、福建省人民政府台湾事务办公室、福建省应急管理厅，供其参考。

4. 活动断层探测

编制《福建省地震构造环境探查规划》，加强城市活动断层探测，推进县级城镇的城市活断层探测。开展龙海区县级活动断层探测试点工作。依托福建省地震灾害风险普查工程继续实施莆田市城市活断层探测和地震危险性评价项目，通过中国地震局组织的总验收。此外，指导福州、莆田、泉州、三明、南平等地积极争取当地政府支持，推进实施浅层地球物理勘探项目，并做好项目验收工作。

5. 地震应急保障

印发《福建省地震应急响应方案》《2023 年度防震减灾救灾工作要点》，强化地震灾害防抗救工作统筹协调。组织开展“闽动－2023”地震应急综合演练。组织参加 2023 年度华东地震应急联动协作区现场工作演练。与福建省应急管理厅联合在福州市永泰县举办全省地震应急工作培训班。组织联合检查组赴漳州、泉州等地开展 2023 年地震灾害防范应对准备工作检查。

三、防震减灾公共服务与法治建设

1. 防震减灾公共服务

福建省抗震救灾指挥部暨防震减灾联席会议办公室组织开展抗震救灾指挥部暨防震减灾联席会议成员单位、重点领域和重点区域公共服务需求调查工作，基于需求调查结果梳理形成需求清单、政策清单，提出工作对策建议。完成台湾东部重点危险区年度地震灾害损失预评估工作，编制预评估报告供省政府和应急管理等部门参考。同时，组织制定本省预评估总体计划、年度工作方案，选取石狮市开展试点。

2. 防震减灾法治建设

制定年度法治建设工作计划，纳入中国地震局年度法治建设重点工作内容。编制《福建省地震局 2022 年度法治政府建设年度报告》，按要求在局门户网站上公告发布。2023 年 3 月，在三明举办了一期市县防震减灾法治建设培训班，市县地震部门负责领导、执法人员和各地震监测中心站相关人员共 60 余人参加培训，培训班邀请中国地震灾害防御中心、福建省司法厅、福建省地震局等单位专家解读现行防震减灾法规制度。参加由应急管理部、中国地震局举办的应急管理（地震）行政执法资格培训（考试），推荐 9 名监测预报、震害防御、公共服务等部门行政执法人员参加培训，并全部通过考试。

3. 防震减灾科普宣传

制定印发《2023 年福建省重点时段防震减灾科普工作方案》《关于做好 2023 年“5·12”全国防灾减灾日期间防震减灾宣传工作的通知》，联合福建省教育厅、民宗厅和科协等单位印发《关于开展“地震科普　携手同行”主题活动的通知》，协助中国地震局拍摄制作《“云游”中国地震局厦门海洋地震研究所》科普片。在泉州晋江成功举办全省防震减灾科普讲解大赛，并组织获得省赛一等奖的 3 位选手参加全国大赛，获得 1 个二等奖和 1 个三等奖的好成绩，福建省地震局获得优秀组织奖。2023 年 6 月 30 日，“地震科普　携手同行”主题活动启动仪式在莆田市秀屿区实验小学（城东校区）成功举行，向新疆，贵州和福建省泉州、漳州260余所学校捐赠科普图书13000余册。完成2022年度泉州、漳州、南平、宁德14所示范学校、1个示范基地的实地核验和认定工作，推荐5所学校、2个基地参加国家级评选。组织开展重要时段强化宣传，“5·12”期间，安排部署全省8个主题宣传任务，收集公告全省62个重点宣传活动。

（福建省地震局）

江西省

一、地震监测预报工作

1. 震情跟踪工作情况

严格落实年度震情跟踪工作任务，定期组织召开会商会议，跟踪研究江西省最新震情发展趋势。印发《2023年江西省震情监视跟踪和应急准备工作方案》，全面部署年度震情监测与应急工作任务。督促11个设区市制定行政辖区的震情跟踪方案并备案。2023年5月、10月分别召开年中与年度地震趋势与震情跟踪会议，科学研判2024年度地震趋势，及时上报中国地震局，通报省政府相关部门，为地震灾害防范和应急备灾提供信息支撑。

2. 台网运行管理

围绕提升观测数据质量，每月做好测震站网和地球物理站网数据质量分析报告。根据查摆问题，有针对性地加强智能电源监控，及时开展测震、地球物理台网仪器更换和故障修复，部分台站加装无线信道备份，部署2023版前兆处理软件，完成老旧设备更新升级。2023年，测震台网运行率达99.77%，地球物理台网运行率达99.67%。

3. 台网建设情况

按项目进度要求，完成国家地震烈度速报与预警工程江西子项目单位工程验收、试运行前检查评估和试运行，子项目测试验收和竣工验收工作，完成上饶横峰基本站搬迁工作，完成台站观测系统改扩建专业设备三期合同签订及地震计安装、低噪声台站设备安装工作；完成地震监测台网项目石城和安源监测站设备安装及数据回传、改扩建台站专业设备和通用设备采购工作；完成2023年度10个台站标准化改造任务，分别为柘林、三清山、信州、修水（测震）、修水（地球物理场）、婺源、昌江、章贡、会昌、吉安地震监测站；完成“北斗地基项目”贵溪GNSS基准站建设和设备安装工作。

4. 监测预报基础研究与应用

稳步推进“2111”地震科技创新平台建设（“九江野外站”“研究生工作站”“工程研究中心”“氡平台”和“公共服务创新基地”），在研项目课题46项，发表论文23篇，获得实用新型专利10余项、软著3项。发挥地震科技在服务防震减灾高质量发展方面的关键支撑作用，瞄准找矿探矿服务需求，联合中国科学技术大学、江西省地质局等高校、科研院所开展赣南稀土台阵观测试验，服务矿产产业经济；与南方科技大学合作，推进安源矿区地震立体监测和信息服务示范工作；在永武修支线开展滑坡隐患高风险点的非天然地震事件监测试验；围绕天然气管道变形监测和安全服务需求，探索地震分布式光纤在天然气管网安全防入侵监测预警方面的应用。完成江西重点工业园区、开发区区域性地震安全性评价项目9个，完成重大工程地震安全性评价项目20个，有效保障了全省地震安全性评价工作质量，进一步提高了全省地震安全保障水平。

5. 地震速报预警信息服务

江西测震台网共速报地震26个，其中速报省内最大地震为2023年4月3日江西寻乌发生的2.6级地震，速报省外最大地震为2023年3月8日广东河源4.5级地震。

2023年2月，举行了《江西省地震预警管理办法》新闻发布会，标志着江西省地震预警管理工作步入法治化轨道。为做好预警信息发布和拓展信息发布渠道工作，江西省地震局成立了预警信息发布技术测试小组；与厦门帝嘉科技有限公司合作，成功将预警测试信息推送至IPTV网络电视，实现预警测试信息电视弹窗告警的技术验证；与省联通开展大喇叭云广播平台的技术验证工作；与江西广播电视台、支付宝小程序公司、江西省突发事件预警信息发布中心等单位对接，洽谈了预警信息服务事宜。2023年11月报送《江西省地震预警信息对外服务方案》至中国地震局，并获得批复。

二、地震灾害防御工作

1. 抗震设防要求

组织完成了全省50年63%、10%、2%和100年1%四个超越概率水准地震灾害建筑物直接经济损失风险、人员死亡风险评估，形成16项省级地震灾害风险评估核心成果数据集，16张成果专题图件以及市、县两级地震灾害风险评估成果专题图件1776幅。《江西省地震灾害风险评估区划技术报告》和《江西省第一次地震灾害风险普查报告》顺利通过验收，圆满完成了江西省地震灾害风险普查工作。积极推进房屋设施加固工程，建立健全加固工程清单管理长效机制，联合江西省住建厅、应急厅开展实地督导检查，瑞金、会昌、寻乌、安远加大实施力度，采集录入各类房屋设施加固工程200余处。“重大工程抗震设防要求审定”被列入《江西省行政许可事项清单（2023年版）》，依托江西省建设工程项目审批管理系统，建立重大工程抗震设防要求审定系统，并组织开展相关培训。

2. 地震安全性评价

印发《江西省地震安全性评价从业单位和人员信用评价管理办法》《关于印发〈关于进一步推进江西省区域性地震安全性评价工作的指导意见〉的通知》《江西省地震局关于进一步加强和规范地震安全性评价现场工作监督管理的通知》3个文件，备案并公示从业单位6家，约谈从业单位2家。围绕省政府“优化营商环境”一号改革工程，完成临川经济开发区等10个园区区评工作，完成新钢集团南昌研发中心项目工程、江西永丰抽水蓄能电站工程等20项重大工程地震安全性评价。

3. 震害预测

印发了《2023年度江西省地震灾害损失预评估项目工作任务》，确定安远县与瑞金市2个目标工作区，根据中国地震局预评估业务化部署新要求，组织完成目标区实地抽查、基础数据收集等相关工作，形成地震灾害损失预评估和应急处置要点报告（详本）和实地调查报告，其中详本获中国地震局三类地震局评比一等奖，简本获中国地震局评比三等奖。

4. 活动断层探测

各设区市全面贯彻落实《江西省地震构造环境探查总体方案（2022—2030）》，积极推进当地地震构造环境探查立项工作，2023 年共有宜春市、九江市、抚州市、吉安市 4 个城市的活动断层探测项目获批立项，经费预算分别为 1160 万元、980 万元、860 万元和 600 万元，由省市两级共同承担，分 3 ~5 年实施，其中宜春市完成了项目设计与监理的招标工作。

5. 地震应急保障

进一步完善地震应急机制。一是修订地震应急服务响应清单，明确责任。2023 年 9 月 15 日，局务会审议通过《江西省地震局地震应急服务响应等级和震后 12 小时应急服务响应行动清单》《江西地震局地震应急服务响应指挥调度参考手册》，指导各中心站修订《中心站震后 12 小时应急服务响应行动清单》。二是加强区域联动协作，强化现场队伍建设，修订地震应急现场工作方案及现场工作队管理规定。2023 年 6 月 25—27 日，组织现场工作队，赴安徽省六安市参加 2023 年度华东地震应急联动协作区地震应急演练。2023 年 4 月 23—24 日在萍乡市举办特殊状况下地震应急处置工作研讨会。2023 年 8 月 23—25 日召开全省地震业务培训班，围绕地震监测环境保护、仪器维修、市县应急处置等方面进行了专题授课。三是做好地震应急服务响应，强化地震安全保障服务。稳妥处置广东河源 4. 5 级、寻乌 2. 6 级、广东东源 3. 7 级等省内及周边有感地震，做好震情监测、趋势研判、信息报送等工作，有力维护社会大局稳定。圆满完成全国两会、全省两会等特殊时段地震安保任务。

三、防震减灾公共服务与法治建设

1. 防震减灾公共服务

服务行业内氡观测仪器检定检测，完成 41 套测氡仪校准与测试。服务社会公众需求，公共服务产品与数据目录上线国家防震减灾公共服务平台。为自然资源、水利等部门提供国土空间资源利用、水库安全、天然气管网安全、GNSS 数据共享与服务。与中国科学技术大学、南方科技大学等高校签订战略合作协议，在赣州先后开展两期超浅层探测实验，为中国稀土先导性战略研究提供科学数据。服务矿山安全生产，在萍乡安源煤矿开展光纤阵列和 4G 节点台阵立体监测；在天然气管道永武修支线，布设 5 套短周期地震计，开展滑坡事件监测；联合深研院、中国科学技术大学等单位在天然气新建分输站、安远会昌段麻州分输站布设光纤地震仪，开展天然气安全相关监测工作。

2. 防震减灾法治建设

2023 年 2 月，江西省政府新闻办、江西省司法厅和江西省地震局举行《江西省地震预警管理办法》新闻发布会，全面推进预警管理办法宣贯工作。2023 年 9 月 27 日，江西省第十四届人民代表大会常务委员会第四次会议审议通过《江西省防震减灾条例》修改稿，对必须开展重大工程抗震设防要求的范围进行了修改。赣州、新余、萍乡等市分别出台了地震群测群防工作管理办法、建设工程抗震设防监管暂行办法、地震预警管理办法等，进一步强化防震减灾工作法治化、规范化建设。

3. 防震减灾科普宣传

深入实施《加强新时代江西省防震减灾科普工作的实施意见》，省防震减灾科普教育基地入选国家防震减灾公共服务“3 + 5 + N”体系，防震减灾科普工作纳入江西社科大讲堂，赣教云平台开设地震科普版块，江西公众号定期转发地震科普文章。举办全省防震减灾科普讲解大赛，吸引 63 万人在线观看，“地震科普　携手同行”主题活动“五个一”覆盖全省中小学师生 15 万人。新增国家科普示范学校 5 所、示范基地 2 个。原创作品《地震救援中的无言英雄——搜救犬》获“2022 防震减灾科普作品大赛”短视频类二等奖，科普动画《地震来了跑不跑?》《江西也有地震吗?》入选中国地震局 2022 年度防震减灾融媒体优秀科普作品。

（江西省地震局）

山东省

一、地震监测预报工作

1. 震情跟踪工作情况

制定年度震情监视跟踪与应急准备工作措施台账，向山东省地震系统部署年度震情跟踪工作。修订震情短临跟踪和会商研判技术方案，补充完善震例库、异常库、干扰备注库，完成异常数据及图像数据填报，预测指标不断优化。强化省、市、中心站震情跟踪和会商工作，组织多形式震情会商，压实工作责任，提升会商研判和异常核实能力。坚持开门办会商，邀请局外专家参加年度会商会，科学研判 2024 年全省震情趋势。举办黄河流域中东部地区 2023 年下半年震情跟踪联防研讨会。平原 5.5 级地震发生后，第一时间制发《德州市平原县 5.5 级地震震情跟踪工作方案》，会同中国地震台网中心、邻省和有关市召开各类紧急、专题、加密会商等共 20 次，准确把握震后趋势。加强震情信息服务，每月向省委省政府报送震情简报，主动报送土耳其地震情况及启示两期。圆满完成全国两会、高考、汛期等重点时段和中国地震局要求特殊时段的地震安保工作。

2. 台网运行管理

完成《山东省地震监测站网规划（2021—2030 年）》编制并得到中国地震局监测预报司批复同意。强化质量管理，建立业务运行、数据质量和仪器设备通报问题反馈整改工作机制以及地球物理观测资料质量审核工作机制。全省测震站网、地球物理站网运行率分别达到 99.72% 和 99.88%，在全国地震观测资料检评中取得 25 项前三名。完成全省市县测震和地球物理站点资源评估，监测效能进一步提升。深化校企合作，共同开展煤矿灾害风险治理研究，推动新巨龙和鲍店煤矿专用地震台网数据接入，提升矿震监测能力。

3. 台网建设情况

完成国家预警工程山东子项目建设任务，顺利通过法人单位竣工验收，共建设基准站 90 个、基本站 148 个、一般站 1230 个。组织完成巨灾防范工程地震监测预报体系分项可研报告编制。推动省防震减灾“十四五”规划监测类项目实施。完成 20 个一般监测站标准化改造、6个台站15套地球物理仪器升级改造任务。

4. 监测预报基础研究与应用

持续加强科技创新团队建设，完成2支团队期满考核，新增“人工智能地震监测预测”和“震灾风险评估”2支团队。编制《山东省地震局关于加强海洋地震工作　服务海洋强省建设的意见》和海洋地震工作团队建设方案，明确海洋地震重点工作任务。加强对外科技合作与交流，与中国海洋大学等签订合作协议，与校企合作联合共建海洋地震监测与前沿技术联合研究中心、泰安国家野外科学观测研究站等创新平台。

5. 地震速报预警信息服务

开展国家预警工程山东子项目试运行，各类站点和业务系统安全规范运行。加强制度体系建设，制定预警业务运行管理制度8项。积极与省广电局、山东移动、山东广电等开展工作对接，完成预警信息发布测试。拓展地震安全服务保障领域，为国核示范电站提供地震速报预警信息服务。

二、地震灾害防御工作

1. 抗震设防要求

推动地震易发区房屋设施加固工程。充分发挥省级加固工程协调工作组办公室作用，起草加固工程2023年工作要点，纳入省委防灾减灾救灾领导小组年度工作。加强与行业部门协同联动，压实市县职责，组织征集全省加固工程典型案例，选取示范性、典型性和实操性的案例上报。在公布的51个全国典型案例中山东省有5个成功入选。组织重点地区汇总加固工程2022年度任务完成情况，制订2023年度计划任务清单，同步开展2022年房屋设施抗震设防信息采集，全年采集加固信息超1.3万条。

2. 地震安全性评价

做好重大建设项目地震安全性评价、区域性地震安全性评价监管。依据行政许可实施细则和技术审查管理细则，认真组织开展安全性评价、区评项目技术审查，审定98项重大工程抗震设防要求和12项区域性地震安全性评价结果。组织开展建设工程抗震设防要求和地震安全性评价工作检查，推进地震安全性评价“互联网+监管”。加强安全性评价市场秩序监测监管，建立健全动态更新通报高风险从业单位的预警机制，在山东省地震局门户网站及时发布从业能力不足的高风险单位。

3. 震害预测

制定《山东省“十四五”期间地震灾害损失预评估工作总体方案》《山东省2023年度地震灾害损失预评估工作方案》，组织开展枣庄、临沂2地级市和滕州县级市地震灾害损失预评估。创新推进业务化试点，围绕济南市历下区甸柳街道开展城市片区地震灾害风险精细化评估试点，以房屋设施承灾体数据为基础，以平原县为试点，评定承灾体地震灾害隐患等级，掌握重点隐患清单，提出治理建议。

4. 活动断层探测

深入摸排山东地震构造环境探查工作程度，组织编制《山东省地震构造环境探查规划》，经中国地震局震防司审查通过并印发报备。持续推进地震活动断层探测，济南莱芜区、钢城区，临沂国际生态城等探查项目通过总验收，威海、济南长清等在探项目进展顺利。

5. 地震应急保障

组织山东省地震局现场工作队、中心站和市县地震部门人员开展演练培训，做好应急现场调查物资储备管理。平原 5.5 级地震发生后，现场工作队迅疾集结，震后 100 分钟抵达震中区域。第一时间组织开展震情监视跟踪和分析研判、流动监测、灾情调查、应急宣传等工作，有效发挥了服务保障作用。开展加密会商，滚动研判震情趋势。仅用 56 小时即完成地震烈度图发布。

三、防震减灾公共服务与法治建设

1. 防震减灾公共服务

印发《山东省地震局党组关于进一步提升新时代新征程山东省防震减灾公共服务能力的实施意见》和《山东省地震局党组关于开展防震减灾基层治理现代化示范创建的意见》。召开公共服务领域试点示范建设座谈会，8 个设区市作汇报交流。选定 26 个示范创建试点（市级 8 个、县级 12 个、乡镇级 6 个），参与指导评定 2023 年度 113 个省级综合减灾示范社区。制定《防震减灾事业基层治理现代化示范创建指标体系》。《山东省防震减灾科技园区对外服务》获评中国地震局公共服务优秀案例，组织评选《济南市创新性开展抗震设防要求智慧审管服务保障建设工程地震安全项目》等 8 个山东省防震减灾公共服务优秀案例。入围全国首批国家防震减灾公共服务平台省级建设及对接工作试点单位，山东省防震减灾公共服务平台建成试用。在部分地区和企业开展公共服务需求调查评估。

2. 防震减灾法治建设

成立法治建设领导小组，制定防震减灾法治建设实施方案和年度工作计划，修订印发《山东省地震系统权责清单》《山东省地震局防震减灾法治建设实施方案》《山东省地震行政执法文书格式范本》等文件。三项地震行政许可事项纳入《山东省行政许可事项清单（2023 年版）》。举办两期全省地震行政执法培训班。

3. 防震减灾科普宣传

召开山东省防震减灾科普宣传工作会议。会同省科协、省教育厅、团省委等组织开展防震减灾科普讲解大赛、大学生诗文朗诵大赛和小学生手抄报大赛。积极开展“地震科普携手同行”活动，向中西部地区捐赠图书 2.8 万册，中国灾害防御协会在临沂市举办了“童声唱诵防震减灾”专项活动。开展应急演练和科普活动 22.89 万场次，防震减灾科普讲座 2860 场，防震减灾主题班会 2350 次。策划《开学第一课》电视节目，张培震院士、孙柏涛研究员受邀为全省近 2000 万名中小学生讲防震减灾课。命名新一批山东省防震减灾科学传播师 106 人，举办全省防震减灾科学传播师培训班。平原 5.5 级地震后科普工作及时有效，省级融媒体发布采访地震专家的科普报道 9 篇、视频 4 个，有力平息群众恐慌、引导舆情走向。完成社会公众地震应急避险实训基地的项目概念性设计与运营初步方案编写，与山东文旅集团、山东省中投慈善公益基金会签订共建实训基地框架协议。

（山东省地震局）

河南省

一、地震监测预报工作

1. 震情跟踪工作情况

印发实施并两次修订更新《2023 年度河南省震情跟踪短临跟踪方案》，投入河南震情跟踪工作中。落实省领导在《许昌市长葛市 2.9 级地震（续报一)》上作出的重要批示，编报《河南地震台关于许昌市长葛市 2.9 级地震的报告》。围绕 2023 年 5 月 20 日河南长葛 2.9 级地震、7 月 7 日禹州 2.9 级地震和 9 月 10 日鹤壁 3.4 级地震开展深入研究工作，震后第一时间配合局领导向省领导汇报河南省震情趋势。

2. 台网运行管理

台网运行平稳高效。狠抓监测质量管理，测震台网系统运行在中国地震局评比中获得一等奖，测震台网地震编目在中国地震局评比中获得三等奖。地球物理台网观测质量系列获全国第二名；洛阳信息节点获二等奖，洛阳台地电场、兰考豫 11 井水位分别获三等奖。自 2009 年以来，河南测震台网系统运行连续 14 年位居全国前两名，2019—2022 年连续 4 年获全国第一。

3. 台网建设情况

印发河南省地震监测站网规划（2021—2030 年），推动优化全省站网布局。完成河南省地方标准《煤矿地震监测站网技术规范》的立项与评审，规范河南省煤矿地震监测站网建设。建设河南省地震监测站网智能监控平台，进入试运行，该系统可有效提升河南省地震仪器监测的智能化水平。推进台站观测功能恢复，实施老旧设备更新升级项目，为河南省防震减灾事业发展添砖加瓦。

4. 监测预报基础研究与应用

监测质量监督管理体系初见成效。有序推进震情研判。全年开展各类会商共计 95 次，上报异常零报告 71 份，强化异常核实工作。全年开展异常核实工作 10 次，宏观异常核实 2 次，编写异常核实报告 10 篇。

5. 地震速报预警信息服务

深入推进预警项目建设，按照国家预警工程法人工作安排，通过中国地震局评估组两次现场检查，组织召开预警中心、台站观测系统、紧急地震信息服务系统单位工程验收；参与完成《河南省地震预警系统运维工作手册》等相关制度编写。2023 年 9 月参与预警工程总验收，保障预警工程河南子项目顺利通过验收，并且在河南 2.9 级地震和 3.4 级地震中高质量产出预警产品，系统试运行稳定可靠。

推进新型地震速报预警业务建设，全年完成 500 个基准站、基本站、一般站的噪声及监控能力计算及 200 个基准站、基本站的标定工作，完成 93 个一般站更名。截至 2023 年 11 月，产出预警运行周报 30 期，月报 5 期，专报 3 期，烈度速报报告 3 期。预警系统提交地震编目 243 个，完成 2.0 级以上地震编目对比分析报告。

二、地震灾害防御工作

1. 抗震设防要求

大力推进抗震设防“放管服”改革及地震安全性评价相关制度体系建设。在河南省地震局官网发布《重大工程抗震设防要求审定办事指南》，为全省“重大工程抗震设防要求审定”行政许可实施提供制度保障，指导行政相对人进行业务办理，全省正式实施重大工程抗震设防要求行政许可。2023 年受理行政许可事项 20 件，共完成评审并批复 20 件。

强化建设工程地震安全监管工作，印发《河南省地震局关于开展地震安全性评价工作检查的通知》，组织各省辖市、济源示范区、航空港区应急管理局协调住房城乡建设、交通等行业部门成立工作组，梳理 2022 年 9 月以来在河南省行政区域内开展的地震安全性评价项目有关项目信息，对 30 个重大工程和 6 个区域性地震安全性评价项目开展检查，并赴信阳市开展实地抽查检查；对在河南省行政区域内开展地震安全性评价工作的从业单位开展单位检查和专业技术人员检查。

2. 地震安全性评价

加强事中事后监管，规范安全性评价从业行为。加强“互联网 + 监管”，补充行业领域专家进入地震安全性评价专家库，充实专家库力量，完成 20 项重大工程抗震设防要求审定行政许可事项，每月在官网公示河南省地震局行政许可事项办结情况。及时掌握重大建设工程地震安全性评价项目信息，安全性评价从业信息、专家信息和安全性评价报告评审意见，加强行业监管。

区域性地震安全性评价方面，经区域性地震安全性评价项目承担单位申请，河南省地震局共组织开展 45 个区域性地震安全性评价项目的评审工作，其中 23 个通过，8 个复审后通过，14 个不通过。

3. 震害预测

完成地震灾害风险普查省级任务和全省地震灾害风险区划。编制全省地震灾害风险核心成果图件，实现省内评估全覆盖。积极推进全省县级 157 个普查单元评估工作，共完成评估图件 4239 张，评估报告 157 份。通过门户网站、“两微一端”、专用渠道等将风险调查、评估、区划成果对外共享，提高普查成果应用水平。

联合河南省住房和城乡建设厅、河南省财政厅、河南省民政厅、河南省乡村振兴局印发《河南省农村低收入群体等重点对象住房安全保障工作实施方案》，持续开展Ⅶ度及以上高烈度抗震设防地区农村低收入群体等重点对象农房抗震改造，不断提高农房抗震性能。加强市县指导，全省累计发展信息采集员 2. 5 万余名，录入数据 15. 8 万余条，实现全省抗震设防信息采集常态化业务化运行。编制全省 2022 年度地震易发区房屋设施加固工程完成情况和 2023 年度计划清单。组织完成地震易发区房屋设施加固工程典型案例征集工作，申报 10 个案例，3 个入选全国典型案例选编。地震危险性区划图编制业务获全国评比二等奖，2 个专项获三等奖。

4. 活动断层探测

积极推动全省城市活动断层探测和省地震构造探查工程项目实施，2023 年印发《河南省城市活动断层探测和省地震构造探查项目工作动态》12 期，组织 6 市 1 县 1 项目参加全国活动断层项目执行情况检查，完成内黄县城市活动断层探测方案论证。开展全省地震构造探查、城市活动断层评审验收和地震安全性评价区评评审 60 余次。

开展重点县市断裂活动性鉴定，完成 9 条钻孔联合剖面和 8 口参数钻孔探测，共实施钻孔 85 个，累计钻探进尺 7760 米，编制单孔钻孔综合柱状图 85 幅，钻孔联合地质剖面图 9 幅。更新聊兰断裂、盘谷寺—新乡断裂等 8 条主要断裂的精确位置、上断点埋深及最新活动时代；积极开展河南省三维地质模型构建，完成聊兰断裂、盘谷寺—新乡断裂等 41 条断裂的空间三维断层模型 V1.0 版。这为研究构造定量解析，解剖历史地震、三维构造建模和构造力学机制等起到了示范作用。

5. 地震应急准备

建立《特殊情况下地震现场工作队队员情况动态更新机制》，印发《河南省地震局非常态管理期间地震应急备勤方案》《河南省地震监测中心站地震应急服务响应行动清单》。牵头在南阳市淅川县举办鄂豫陕三省地震应急联动演练，会同河南省应急管理厅组织“使命 - 2023”河南地震应急救援综合演练，提升全省地震系统应急处置能力。

三、防震减灾公共服务与法治建设

1. 防震减灾公共服务

制定贯彻落实中国地震局加强防震减灾公共服务实施意见工作方案。召开黄河流域九省（自治区）防震减灾公共服务协作交流座谈会。试运行河南省地震构造探查公共服务平台，创新构建立体化空间探测信息服务模式。为 10 个产业园区、重大工程提供选址意见，应邀出席济郑高铁全线开通仪式。指导平顶山地区开展非天然地震监控站网建设。建立基于“慢地震”科研实践与地质灾害日常监测高度融合的灾害诊断与预警系统，服务三门峡灵宝市特大型地质灾害隐患点监测。开展古建筑抗震特色公共服务。加强与河南省文物局、许昌鄢陵、安阳等文物保护单位沟通，研究古建筑抗震能力，提出科学有效的抗震对策。深化与河南大学、华北水利水电大学合作力度，通过技术研发，开展古建筑的维护和抗震加固工作设计，形成具有河南特色的古建筑抗震保护新方案，促进城乡建设中历史文化的保护传承。

2. 防震减灾法治建设

《河南省地震安全性评价管理办法》修订工作成功纳入河南省 2024 年行政规章审议项目。《河南省防震减灾条例（修订草案）》《〈河南省防震减灾条例（修订草案）〉起草说明》《河南省地震安全性评价管理办法（草案）》《〈河南省地震安全性评价管理办法（草案）〉起草说明》按要求征求相关省直部门和社会公众意见。地震地方标准建设扎实开展。《应急指挥技术系统建设规范》《煤矿地震监测站网技术规范》通过专家审查，《河南省医院地震紧急处置》《河南省区域性地震安全性评价技术规范》《中小学校地震应急避险指南》3 项标准申请立项。

制定《河南省地震监测站网规划（2021—2030）》规范性文件 1 个，制定符合权限、内容合法，并严格按照规定的程序、期限和方式进行备案。规范性文件合法性审查率 100%。

组织开展全省大型水库专用地震监测台网建设情况行政检查。此次检查，推动了市县地震行政执法工作开展，进一步厘清了省市县三级执法主体责任，初步形成齐抓共管的地震行政执法工作机制，促进了防震减灾法律法规贯彻实施。

3. 防震减灾科普宣传

在“5·12”全国防灾减灾日、“7·28”唐山大地震纪念日、全国科普日、科技活动周、国际减灾日等重点时段组织开展防震减灾网络知识答题，媒体记者走基层、走进地震局，防震减灾科普知识讲座，防震减灾知识“六进”等品牌亮点活动；参加河南省减灾委牵头的综合应急演练活动。在微信、微博平台举办“防震减灾网络知识有奖答题活动”3场。成功承办第七届全国防震减灾科普讲解大赛预赛，4名选手进入决赛，1名选手获二等奖，3名选手获三等奖，河南省地震局获优秀组织奖。建设融媒体演播室，在“学习强国”平台发布宣传作品1部，在中国地震局融媒体平台发布9部，制作微视频2部，出版《企业防震减灾科普知识》。有序开展涉震舆论引导工作，持续做好示范创建工作，“地震科普携手同行”主题活动获优秀等次。

（河南省地震局）

湖北省

一、地震监测预报工作

1. 震情跟踪工作情况

印发《2023年地球物理重力流动观测方案》，指导完成全国2023年度重力流动观测。组织召开重力与形变学科发展研讨会，组织开展2024年度全国地震趋势重力和GNSS学科专科会商。组织编制《重力变化异常判定方法、指标和震例》标准，积极服务全国地震分析预报。开展周、月、年中、年度全省地震趋势会商，向省政府上报年度地震趋势会商意见1份，向省减灾委报送地震灾害风险研判会商意见12份。

2. 台网运行管理

全省现有测震台站38个、地球物理台站28个。2023年，湖北省测震台网运行率99.84%，地球物理台网平均仪器运行率99.97%，数据汇集率100%，数据有效率99.93%。

3. 台网建设情况

牵头的地震监测台网项目重力台分系统进展顺利，恩施中心站地磁观测手段迁建项目完成初设方案编制。重大工程专用地震台网建设更加规范，完成三峡地震监测台网升级改造，建成利川红星页岩气田专用地震监测台网并完成数据接入，重点区域地震监测和分析能力得到提升。推进神农架、安陆、远安、红安、郧阳等地震台站建设，完成荆州、荆门、黄冈、竹山、房县等地震台站标准化改造。

4. 监测预报基础研究与应用

开展三峡库区地震活动特征规律、长周期倾斜固体潮观测、基于地基GNSS检测电磁卫星监测地震电离层异常效能、多尺度时序夜光检测地震灾害损失方法等基础研究，推进

GNSS 数据处理软件平台、卫星数据解析软件、公共安全数据资源池与服务系统、地球物理台网数据异常监控程序等的开发应用。编写《连续重力观测资料质量评估细则》《地震重力站网运行管理技术细则》《湖北省尾矿库遥感监测方案建议》。

5. 地震速报预警信息服务

国家地震烈度速报与预警工程湖北子项目通过竣工验收，湖北省地震观测与地震预警仪器测试基地正式开工建设。做好地震速报信息服务，省内及周边有感地震事件发生后，快速向省委、省政府、省应急管理厅及市县地震部门通报震情。土耳其 7.8 级震群发生后，及时分析报告此次地震对湖北省防震减灾工作的启示，服务政府决策。

二、地震灾害防御工作

1. 抗震设防要求

省委将城市活动断层探测、断裂带避让、强化城市地震灾害风险防范等纳入省域规划。全省广泛开展抗震设防信息采集工作，组织采集加固工程信息 6341 条、新建工程信息 26112 条，信息数量和质量大幅提升。与湖北省住房和城乡建设厅、湖北省交通运输厅、湖北省水利厅、湖北省卫生健康委员会等多部门联合赴武汉、黄冈开展重大工程抗震设防要求落实情况抽查复核，与省人大教科文卫委联合赴十堰开展防震减灾执法调研。市县地震部门广泛开展抗震设防要求落实情况抽查检查和地震安全性评价项目现场检查。推进加固工程，竹山、竹溪、英山及时编报加固清单，十堰召开加固工程座谈会，黄石、十堰、宜昌、荆州、荆门、鄂州、仙桃、天门等地开展农村建筑工匠抗震技能培训，武汉瑞阳化工有限公司抗震加固改造工程、英山县国省道危桥改造工程入选全国加固工程典型案例。武汉市建成国内最大规模的超高层建筑强震动监测台阵。

2. 地震安全性评价

印发《湖北省重大工程抗震设防要求审定行政许可实施细则》《湖北省重大工程场地地震安全性评价报告技术审查管理细则》，科学审定地震安全性评价报告，规范实施行政许可。完成 46 个重大工程抗震设防要求行政许可和 9 个区域性地震安全性评价报告审定工作，服务经济社会发展。对符合要求的 26 家从业单位及其从业人员，组织开展 2 次地震安全性评价从业单位信息核查公示，主动接受社会公众监督。组织对 38 个地震安全性评价项目的现场工作开展情况进行检查。

3. 震害预测

完成第一次全省地震灾害风险普查，在重大工程选址等领域得到推广应用；省减灾委办公室和省防震减灾工作领导小组办公室联合印发《湖北省地震构造探查规划》；对 365 座大中型水库和 321 个重大基础设施进行地震安全风险摸排。编制 1∶25 万湖北省地震危险性区划图，组织 26 个市县深入开展地震灾害调查和风险区划工作；配合第六代区划图编制，组织完成 1000 个钻孔数据的整理入库工作，占全国总数的 7.6%。实施武汉市大震巨灾情景构建试点项目，开展南漳县地震灾害损失精细化预评估，完成团风县罗霍洲大桥地震灾害风险一般性评估工作。

4. 活动断层探测

印发《湖北省地震构造环境探查规划》，明确武汉、宜昌、襄阳、十堰优先开展城市活动断层探测工作。推动仙女山断裂探查工作落地。利用湖北省防震减灾专项资金，支持宜昌市200万元用于仙女山活动断层探查工作，并积极争取地方资金支持。该项目已完成招投标工作，项目方案已通过中国地震灾害防御中心审查。

5. 地震应急保障

做好2023年1月中旬南漳县2.8级、3.2级、3.6级地震应急响应工作，及时向各级政府报告应急处置情况和震情趋势分析研判意见。开展荆州、宜昌、随州、郧阳等地有感地震事件应急响应工作，有序处置2023年7—8月利川市建南镇多次地面震动事件、8月底秭归县郭家坝镇微震群事件和12月底长阳县龙舟坪镇地面震动事件，做好宜昌、十堰等地涉震舆情引导，维护社会秩序稳定。在咸宁、荆州、襄阳分别开展鄂东、鄂西南、鄂西北片区地震应急联动演练，参与鄂豫陕三省地震应急联动演练、中南片区地震应急区域协作联动演练，提高区域协作联动能力。

三、防震减灾公共服务与法治建设

1. 防震减灾公共服务

继续推进公共服务需求调查。编制《中国地震局地震研究所科技服务清单》。积极参与国家防震减灾公共服务平台建设，报送的《地震电梯开关设备研发与示范应用》《襄阳大厦高层建筑强震动健康监测服务》入选防震减灾公共服务优秀案例。定期更新省“12345”热线平台数据资源，形成了日常问答题库并持续更新。依据《湖北省地震预警管理办法》新增一地方监管事项“对应当依法设置地震预警信息自动接收和播放装置并实现应急自动处置的建设工程的监管”，并组织市县地震部门认领。

2. 防震减灾法治建设

《湖北省地震预警管理办法》正式通过了省政府常务会议审议，以湖北省人民政府令第426号的形式公布，自2023年5月1日起施行。《湖北省政府五年立法规划（2023—2027年）（草案）》已将《湖北省水库地震监测管理办法》和《湖北省地震活动断层探察管理办法》列入。启动《地震预警信息发布》《页岩气地震监测台网技术规范》《高层建筑强震动监测台网运维》三个标准（规范性文件）编制。湖北省地震局申报的《相对重力联测技术规范》入选中国地震局2023年地震行业标准制修订项目计划，中国地震学会发布湖北省地震局作为牵头单位编制完成的《基于地震预警信息的电梯地震开关技术规范》（T/SSC 1—2023）团体标准。武汉地震计量院主持起草的《监测型全自动全站仪在线校准规范》《回声测深仪校准规范》获批发布。2023年12月6日，湖北省人大常委会委员、教科文卫委员会主任委员郭忠一行赴十堰市调研《湖北省防震减灾条例》的贯彻落实情况。

3. 防震减灾科普宣传

与省教育厅、省民宗委、省科协等部门共同推进“地震科普　携手同行”主题活动，组织全省各地做好“5·12”防灾减灾日、国际减灾日等重点时段防震减灾科普宣传，活动情况得到《人民日报》《湖北日报》等主流媒体报道。原创地震科普作品入选国家新闻出版署《2023年农家书屋重点出版物推荐目录》和2023年湖北省优秀科普微视频，编绘的科普图书《谆谆说防灾之探索地震》在地震出版社出版发行。向“中国地震局”“地震人”

“震知道”投稿并被采用各类新闻宣传类稿件20篇，制作推出“100万+”作品1部，“50万+”作品1部，“10万+”作品5部。创建认定41个省级防震减灾科普示范学校、1个省级防震减灾科普教育基地，全省防震减灾科普阵地进一步壮大。

（湖北省地震局）

湖南省

一、地震监测预报工作

1. 震情跟踪工作情况

制定并组织实施《湖南省地震局2023年度全省震情监视跟踪和应急准备工作措施台账》；召开年中、年度全省地震趋势会商会，向省委省政府上报、向省应急厅通报会商意见；做好全国全省两会、高考、湖南汛期、成都大运会、杭州亚运会、“一带一路”国际合作高峰论坛等重大活动、特殊时段及重大节假日期间的地震安全保障工作；加强异常现场调查核实，组织开展郑家河跨断层短水准下降、湘阴水位上升等异常现象的现场核实；开展省内2.0级以上地震速报，快速有效应对“2·5”长沙浏阳、“7·27”常德津市有感地震事件。

2. 台网运行管理

完善站网运行管理流程，提升台网运维能力和水平。仪器运维做到了1小时响应、2小时判断故障、24小时内完成现场维修。做好通用及专业设备储备，进行备机备件采购。完善体制机制，补充湖南地震台内设机构负责人1名，长沙站承担辖区内一般站运维任务，邵阳站处理辖区内站点运行故障问题。加强值班管理，严格履行24小时值班职责，持续推进测震值班和分析预报值班融合。

提高地震速报、编目等业务水平，做好测震、前兆技术系统运行维护工作，测震、地球物理站网全年运行率均在99%以上，数据质量保持在全国平均水平。做好全国地震监测专业设备全生命周期运维管理系统运维工作，保障台网系统运行连续可靠。建立测震、地球物理台网备机备件库，管理仪器出入库，严格按需求做好备机备件采购计划，缩短仪器运维周期。将中心站辖区内的台站分批次移交，做好交接工作。对市县台数据质量进行评估，将数据质量较好的地方台观测测项纳入全国评比，按规范进行运维管理。继续完善台网基础资料，为台网各项评比打好基础。

3. 台网建设情况

国家地震烈度速报与预警工程湖南子项目基本建设完成，通过中国地震局竣工验收，实现系统全链条的贯通，业务系统正式投入运行，在湖南省实现远场大震预警和县级城市地震烈度速报能力，地震参数速报能力进一步提升。完成地震监测台网项目全部土建工程，仪器设备已完成安装调试，并开展试运行，观测数据全部接入中国地震台网中心。

基本完成省预警项目年度投资任务，监理服务、钻孔与场地测试、基本站一般站建设运维服务、基准站及台网优化台站仪器设备（第一批）的项目招标采购工作已完成，钻井及土建工程已开工。完成第一期10个台站的标准化改造工作，完成怀化通道、岳阳公田、常德深井建设，推进汝城地球物理综合监测站征租地。

4. 监测预报基础研究与应用

积极组织开展课题研究。组织申报中国地震局“星火计划”课题2项，三结合课题3项；申报应急青年项目1项；申报地方标准立项项目1项。

5. 地震速报预警信息服务

完善信息网络运行与安全监控技术应用与平台设施建设，建立平台创新合作机制，制定平台运行管理制度，成立平台创新团队，提升平台创新内涵，依托平台获取一批创新成果。

与省应急厅协调联动，开展地震工作检查督查，对6市开展地震灾害防范应对工作进行现场指导服务；参加省减灾委每月自然灾害风险会商会，做好本行业自然灾害风险分析研判；参加省安委办“地震自然灾害风险监测和研判”专题会议，提交湖南省地震风险监测预警和研判意见；参加省抗震救灾指挥部2023年全省地震和地质灾害应急管理工作视频会议，分析研判年度地震和地质灾害趋势和防范重点工作；与省自然资源厅开展数据共享合作，报送遥感影像数据需求，共享地震动峰值加速度区划数据。服务经济社会发展，针对黔吉铁路、宜常铁路拟建线路开展吉首地震台、花垣地震台和澧县地震台搬迁工作，制定搬迁方案和进行经费估算。

二、地震灾害防御工作

1. 抗震设防要求

完善重大工程抗震设防要求审批体系。积极落实《国务院办公厅关于全面实行行政许可事项清单管理的通知》、省政府办公厅《湖南省行政许可事项清单（2022版）》要求，完成《湖南省重大建设工程抗震设防要求管理办法》的编制、专家论证、部门征求意见等工作，报送省政府办公厅印发。

实施辖区内重大建设工程地震安全性评价报告技术审查和重大工程抗震设防要求审定许可事项，2023年共批复13个重大工程项目安全性评价报告，按时批复率100%。

积极开展建设工程抗震设防要求应用情况事中事后监管。组织开展大型水库抗震设防要求落实情况监督检查，衡阳市地震局分别对湘江土谷塘航电枢纽水库、近尾洲水电枢纽水库、白渔潭电站水库抗震设防情况进行行政执法检查，对祁东经济开发区归阳工业园区域性地震安全性评价工作及告知承诺制实施情况进行监督检查，规范告知承诺的审批环节及《建设工程抗震设防要求告知承诺书》格式，将相关执法检查数据填报至湖南省“互联网+”监管、“互联网+”执法平台。

2. 地震安全性评价

编制印发《湖南省地震安全性评价单位信用管理办法》，规范湖南省行政区内地震安全性评价单位信用信息的归集、评价、发布和管理，建立以统一社会信用代码为标识的地震安全性评价单位信用信息档案。对地震安全性评价单位违反法律法规和政策规定产生失信行为予以扣分。对信用良好的单位在项目招投标、公共资源交易等方面予以扶持奖励，对信用不好的单位适当加大日常监管力度，从而达到推进地震安全性评价市场信用体系建设，保障地震安全性评价市场健康发展的目的。

开展湖南省地震安全性评价从业单位及从业专业技术人员信息收集和信息更新工作。

3. 震害预测

推进自然灾害风险防治两项重点工程。14 个市州积极配合开展地震灾害风险普查，国家任务顺利通过验收。湖南省地震局与省发改委等部门积极配合，协调指导常德、岳阳、益阳市持续推进地震易发区房屋设施加固工程，健全工作机构，完善工作机制，建立全年任务台账并动态更新，开展加固工程抗震设防数据采集。

深入实施区划评估业务。组织开展重大基础设施地震灾害风险评估工作试点，完成第六代地震区划图编制湖南省任务。编制长沙市地震韧性城市示范建设实施方案、地震灾害防治国土空间规划。完成长沙芙蓉区地震灾害损失预评估工作以及 15 个重大项目地震安全性评价技术审查工作，业务质量评估获全国二等奖。完成全省地震构造环境探查总体规划编制并通过中国地震局评审。

4. 活动断层探测

完成常德城市活动断层探测项目立项、设计、招投标等系列工作，顺利开工实施，并已完成常德活动断层探测项目一期部分专题工作。

5. 地震应急保障

修订完善湖南省地震局地震应急服务响应等级和震后 12 小时响应清单，调整湖南省地震局地震应急响应指挥部及其工作组人员组成，组织开展局地震应急响应演练，赴海南参加年度中南片区地震应急协作联动演练。落实地震应急服务值班备班制度，并进行抽查督促落实。做好全国全省两会、全国高考等重大活动、特殊时段及重大节假日期间的地震安全保障工作。

三、防震减灾公共服务与法治建设

1. 防震减灾公共服务

积极拓展公共服务渠道。丰富国家防震减灾公共服务平台内容，上传地震构造图、区划图与钻孔联合剖面等震害防御领域公共服务产品。积极开展对外服务，2023 年横向项目服务金额达 200 余万元，积极开展世界标准日活动或标准宣贯培训，获得市场监督管理局立项地震地方标准 2 项。深入实施区域合作共建，推动湘鄂赣三省签订防震减灾合作协议，推进长江中游城市群地震安全服务保障一体化发展。深入落实“四个纳入”要求，全省 14 个市（州）成立抗震救灾指挥部，将防震减灾工作纳入对市（州）直部门、县（市、区）党委政府考核体系或安委会考核指标，市县防震减灾基础得到进一步夯实。衡阳、郴州、湘潭、邵阳、益阳、娄底积极推动将防震减灾工作纳入政府重要议事日程，召开市委常委会或市政府常务会研究防震减灾工作。贯彻落实国务院抗震救灾指挥部《关于进一步健全完善防震减灾体制机制的意见》，衡阳、邵阳、益阳、娄底、怀化出台实施意见或实施方案。结合主题教育专项整治工作，会同省应急厅对 6 个市（州）开展防震减灾工作指导督导，推动地方政府落实防震减灾工作主体责任，提高市县地震部门履职能力。

2. 防震减灾法治建设

邀请省国安厅、省司法厅有关专家给干部职工讲法普法，在国家安全教育日等重要时间段多次开展普法宣传活动；联合省司法厅、省应急厅开展《湖南省地震预警管理办法》立法调研。配合省人大开展《中华人民共和国防震减灾法》实施情况调研。贯彻落实国务院部署要求，联合省应急厅起草加强防震减灾救灾工作的意见，提请省政府出台重大建设工程地震安全性评价管理办法等规范性文件。建立省级安全性评价单位信用评价等管理制度，实施备案管理。组织干部职工参加地震行政执法培训，进一步提升地震行政执法能力。组织市州地震部门开展地震安全性评价、重大工程抗震设防要求执行情况监管检查，组织开展水库地震监测专用台网建设专项执法检查。

3. 防震减灾科普宣传

加强地震科普创作传播，发布 8 个科普社会化项目，创作融媒体作品 10 部。深入开展“地震科普　携手同行”主题活动，“小小科普员”、科普讲解大赛、防灾减灾竞答、科普作品创作大赛等活动成效突出。采购 3672 册地震科普图书，赠予湖南省级和长沙市级科普示范基地和学校，为长沙市 11 所、常德市 13 所、怀化市 3 所学校捐赠了一批防震减灾科普书籍，向云南 100 所学校支援图书 4000 册。举办防震减灾科普教师暨防震减灾科学传播师在线视频培训，培训人数 9800 余人，扩大了“地震科普　携手同行”活动影响力。会同湖南省教育厅、团省委等单位联合举办第二届省防震减灾科普作品创作大赛，得到社会广泛参与，共有 100 余所（家）学校、企业等近 2000 人参加比赛活动，创作防震减灾科普作品 700 余部。会同省教育厅、省应急厅、省科协举办防震减灾“小小科普员”活动，组织中小学校师生创作防震减灾科普作品。优秀作品在全省 14 个市州的公交车上滚动播放，全省每天累计播放量达到一亿次，湘西、怀化等市州还将作品投放到广场、超市等户外广告屏上。选拔 2 名选手参加全国防震减灾科普讲解大赛，1 人获三等奖。聘请华语乐坛歌手袁树雄为湖南省防震减灾科普宣传公益大使，制作宣传视频，传播防震减灾知识，提高公众防震避险技能。为全省地震系统干部职工及配偶开通视频彩铃，将湖南省防震减灾科普宣传公益大使袁树雄的宣传视频制作成彩铃，通过彩铃传播防震减灾知识。夯实防震减灾科普教育平台，深入推进防震减灾科普教育示范学校创建工作，湖南省 2023 年认定省级科普示范学校 32 所、科普基地 4 个，创建国家级科普示范学校 6 所、科普基地 1 个，在全国处于前列。

（湖南省地震局）

广东省

一、地震监测预报工作

1. 震情跟踪工作情况

印发《2023 年广东省震情监视跟踪和应急准备工作方案》和《广东省地震局关于加强 2023 年下半年震情监视跟踪和地震应急准备工作的通知》。2023 年共完成 14 次异常核实工作，包括汕头市南澳县后宅镇鱼群跳上海滩、汕头潮阳龙井社区燕子聚集、广东地磁场日变化地磁逐日比等。按时组织广东省地震趋势月度、年中、年度会商和东南沿海构造协作区年中会商。落实开门会商原则，邀请南方科技大学、中国地震局地球物理研究所等高校和科研院所学者参加年中、年度会商；邀请港澳地震管理部门参加年度会商；落实中心站预报职责，中心站，年度危险区内地市，广州、佛山和湛江等地市每月参加会商；落实东南沿海构造协作区周报制度，按时报送动态变化。

2. 台网运行管理

广东测震台网、国家地震速报灾备中心等业务系统常年保持正常运行，国家地震速报灾备中心系统与国家中心在技术上已实现24小时双活热备状态。测震台网等站网运行率超过98%，地球物理数据连续率和有效率均超过99%，预处理完成率达到100%。

3. 台网建设情况

（1）国家地震烈度速报与预警工程广东子项目建设。2023年4月，广东子项目的台站观测系统、省级预警中心、国家预警备份中心和紧急地震信息系统等4个单位工程通过专家验收。2023年5—8月，广东子项目及备份中心正式进入试运行。2023年10月10—13日，地震系统7名行业专家组成专家组，对广东子项目以及备份中心进行验收测试，测试结果为通过。2023年10月，广东子项目通过中国地震台网中心组织的竣工验收，广东子项目共建设台站1172个、国家级备份中心1个、省级中心1个、市级信息服务平台21个、服务终端243个。2023年12月，广东子项目向中国地震台网中心申请正式对外信息服务，并于2024年1月1日起完成了全部预警终端上线测试工作，正式进入业务化运行并对外提供地震预警信息服务。

（2）地震监测台网建设项目广东省地震局单位工程建设。广东省地震局单位工程2023年度完成深井台场址变更、线缆集成方案变更；完成3个岛礁台用地协调；完成3个综合台土建验收和设备安装，完成4个岛礁台土建工程以及3个岛礁台设备安装；完成1个深井台用地重新选址，以及土建工程2040米钻井、深井地表工程施工和验收，以及井下光学、电学设备安装集成和地表设备安装集成，完成深井专业设备各分系统初步验收。

（3）地震监测台站改造。完成24个地震监测台站的标准化改造，召开1次片区台站改革经验交流研讨会，推进省级地震台站改革；完成对省级地震台网速报预警技术系统进行系统维护和技术支持等工作；完成各项监测运维项目工作任务，预警项目70个基准站、200个基本站、5个测震台站、44个国家“十五”强震动观测站、地球物理台网12个台站运行各项指标达到行业标准和中国地震局相关要求；完成国家地震烈度速报与预警工程广东子项目272个基准、基本站运维管理，包括272条通信链路的正常运行、台站设备维修维护和日常巡检等工作。

4. 监测预报基础研究与应用

按计划结题“广东省防震减灾科技协同创新中心”等7项课题及“基于新丰江水库地震数据利用深度学习方法判别初动极性并反演震源机制”等9项局青年科学基金课题。申报“基于地震监测台站的运维业务智能化服务平台”等4项课题及“广东省及周边地区地震应急基础数据收集及更新入库”等7项结余经费立项项目。

5. 地震速报预警信息服务

广东省地震局紧急地震信息服务系统共发布11次地震预警信息，即2023年2月5日佛山市三水区 3.2 级地震、2023 年 2 月 11 日河源市源城区 4.3 级地震、2023 年 3 月 8 日河源市东源县 4.5 级地震、2023 年 3 月 8 日河源市东源县 3.4 级地震、2023 年 3 月 29 日佛山市三水区 3.4 级地震、2023 年 6 月 24 日北部湾 5.0 级地震、2023 年 7 月 3 日河源市东源县 3.7 级地震、2023 年 7 月 4 日河源市东源县 3.1 级地震、2023 年 10 月 16 日阳江市阳西县 2.8 级地震、2023 年 10 月 23 日汕头市南澳县海域 5.0 级地震、2023 年 11 月 4 日江门市恩平市 4.3 级地震，11 次地震预警均正常发布地震预警信息，内部测试终端也正常接收到预警信息。

二、地震灾害防御工作

1. 抗震设防要求

发挥联席会议协调作用。联合省应急管理厅组织召开省抗震救灾指挥部全体会议暨防震减灾工作联席会议，部署重点地区地震灾害风险防范工作，并联合开展督导检查。联合省教育厅印发《进一步加强校园地震灾害风险应对的通知》，开展“平安校园”创建实地考评和校园应急避险演练达标督查，推进震灾预评估业务化，完成年度危险区震灾风险预评估并转发有关市政府，推动预评估成果应用。印发《广东省“十四五”地震灾害损失预评估总体方案》，在汕头市南澳县开展基本评估单元业务化试点。夯实震防基础业务。编制完成各层级地震灾害区划与评估报告 144 套，其中省级 1 套、地市级 21 套、区县级 122 套，组织住建等部门持续推进加固工程，动态更新风险普查和加固工程数据库。完成《广东省地震构造环境探查规划》《汕头市抗震防灾规划》编制。完成“广州市生命线管网地震灾害风险点危险源排查”项目并通过专家评审验收。湛江市田洋—屯云岭活断层探测取得阶段性进展，野外工作已通过专家组验收。佛山市陈村镇青云小学加固工程被中国地震局评为技术推广类典型案例，深圳市第二人民医院、佛山市沙滘初级中学加固工程被中国地震局评为管理创新类典型案例。加强依法行政。《广东省防震减灾条例》修订项目列入省人大立法规划。加入“粤执法”平台，实现移动执法、无纸化办案。完成省内 4 座大型水库专用地震监测台网行政检查。

2. 地震安全性评价

加强地震安全性评价管理，检查和清理从业单位，完成抗震设防要求审定行政许可 19 项，完成园区区域地震安全性评价 5 项，联合省工信厅推动化工园区区域评估 24 项。广州市地震局制定印发区域地震安全性评价工作指引，指导各区地震工作主管部门切实履行属地监管责任。广州市、佛山市制修订地震安全性评价诚信管理办法，完善信用监管模式，并联合应急管理局开展行政执法。韶关市加强与地震监测中心站合作，联合开展地震安全性评价现场工作检查。

3. 活动断层探测

省防震减灾“十四五”规划重点项目“榕江断裂活断层探测”2500 万元纳入 2024 年省财政预算支持。

4. 地震应急保障

做好应急准备工作。指导各地级市及以上地震工作部门编制辖区震情监视跟踪和应急准备工作方案，完成2023年度广西合浦—广东罗定5.0～6.0级地震重点危险区地震灾害预评估工作，明确了各有关单位和市县地震部门职责任务，建立了措施台账。

高效开展地震应急处置工作。有力有序应对省内河源东源县4.5级、3.7级和3.1级，河源源城4.3级，佛山三水3.2级和3.4级，湛江麻章海域3.1级，北部湾5.0级，汕头南澳海域5.0级，江门恩平4.3级等地震，全年妥善处置省内外17起显著地震事件。2023年共向省政府报送突发事件信息专报45期，向省委报送震情信息44期，向中国地震局报送值班信息36期、震情专报26期。针对给广东省造成较大影响的地震向省政府报送应急处置或震情形势分析等专报5期，供省政府决策参考。

全力做好重大活动地震安全保障。组织开展全国两会、高考、习近平总书记访粤期间的地震安全保障服务3次，以及成都大运会、杭州亚运会等特殊时段网络安全保障服务4次。

三、防震减灾公共服务与法治建设

1. 防震减灾公共服务

制定印发广东省地震局落实《中共中国地震局党组关于进一步加强新时代新征程防震减灾公共服务的实施意见》的实施方案。结合主题教育调查研究、地震应急准备检查督导、地震灾害损失预评估、粤港澳科技交流合作等专项工作和具体工作，向广东省应急管理厅、广东省地质局、南澳大桥管理处技术部、乐昌峡水利枢纽、高州水库、白盆珠水库、香港天文台、澳门地球物理暨气象局、中广核惠州公司共9家单位开展有针对性的防震减灾公共服务需求调查，向中国地震局报送《广东省地震局2023年防震减灾公共服务需求调查报告》。获得中国地震局防震减灾公共服务优秀案例1项。办结12345热线平台公众诉求5单，办结率100%。

2. 防震减灾法治建设

推进防震减灾立法。《广东省防震减灾条例》修订项目正式列入十四届省人大常委会立法规划。加强地震行政执法。印发实施广东省地震局《行政执法公示办法》《行政执法全过程记录办法》《重大行政执法决定法制审核办法》。按照中国地震局关于开展大型水库专用地震监测台网建设运行情况行政检查的工作部署，赴乐昌峡水利枢纽、白盆珠水库、高州水库开展调研，并对调研对象进行相关法律法规规章的普法。申请开通“粤执法”平台账号，全面实现了移动执法、无纸化办案。加强规范性文件合法性审查、发布、备案以及清理等工作，全年完成33份重要文件、重大合同的合法性审查。组织局执法岗位人员参加应急管理部行政执法资格培训，全部学员顺利通过考试。在全民国家安全教育日期间，利用户外大屏幕、微信公众号开展国家安全宣传教育，组织开展《中华人民共和国民法典》学习，举办了《中华人民共和国民法典》合同篇讲座。

3. 防震减灾科普宣传

组织推荐10所学校申报2023年度国家级防震减灾科普示范学校，6所通过认定。联合省教育厅、省民宗委、省科协，在东莞市开展2023年度“地震科普　携手同行”主题活动，向新疆、云南1200多所民族学校赠书60050册。在全国“防灾减灾日”科普活动期间，充分利用国家烈度速报和预警工程建设成果，依托遍布全省的1400多个预警终端，采用线上线下相结合方式开展以“防范灾害风险、护航高质量发展”为主题的科普宣传。在“防灾减灾日”和“防灾减灾宣传周”期间，全省主办主题科普活动（含应急演练）187场次（线下165次、线上22次），参与线上线下活动820多场次，共散发各类宣传资料51万多册，受益群众达1200多万人次。组织2名选手参加第七届在河南南阳举行的全国防震减灾科普讲解大赛。

（广东省地震局）

广西壮族自治区

一、地震监测预报工作

1. 震情跟踪工作情况

科学判定异常性质，2023年撰写14份异常核实报告，2份分别获全国评比二等奖、三等奖。注重地球物理场的动态跟踪，完成1期流动重力、2期流动地球化学、1期流动地磁和28期跨断层水准流动监测。全年召开12次月会商会、51次周震情监视例会、48次加密会商会，填报99期零异常报告表。完善震情短临跟踪和会商研判技术方案，及时处置北部湾5.0级、崇左3.3级地震及大化、灵山等显著震群事件，报送8期震情专报。完成春节、高考、全国两会、中国—东盟博览会等特殊时段地震安保工作。

2. 台网运行管理

印发《“地震监测数据质量提升年”实施方案》，梳理广西地震监测预报预警体系相关规章制度；摸清自治区地震监测仪器底数，筛选出7个优先测震台站和5个地球物理台站，申请纳入全国地震监测质量评估台站范围；通过每日断记台站情况整点推送、动态跟踪台站故障处置等，提高各类台站运行率。2023年广西28个参评测震台站平均运行率为99.21%，19个参评强震动台站平均运行率为99.45%。纳入运行监控的省级地球物理站网平均数据汇集率99.82%，数据有效率99.30%。

2023年8月23—25日，在南宁举办全区地震行业职工职业技能竞赛，地震监测竞赛团体赛的内容为流动台架设，18支队伍逐项完成台站选址、台基处理、地震计架设、参数配置、数据传输等工作。

3. 台网建设情况

依托广西地震背景场观测网络项目完成宾阳甘棠、马山里当等18个基准站和横州平马等4个基本站的台站设备安装。地震监测台网项目完成涠洲岛深井台的观测设备安装。

共建成12个地球物理观测站。其中，依托广西地震背景场观测网络项目建成了横州、上林、大新、全州、岑溪、田林、西林那佐、西林马蚌、那坡、防城峒中10个GNSS基准站和藤县观测站1个地下流体台站，依托一带一路地震监测台网项目建成灵山GNSS基准站。

广西地震监测站网共有666个站点，其中：测震类站点624个（含企业专用39个），包括测震台 38 个、基准站 96 个、基本站 324 个、一般站 166 个；地球物理站点 42 个。全区地震监测能力达到 1.5 级，其中龙滩、岩滩水库区和南丹大厂矿区地震监测能力达到 0.5 级。

4. 监测预报基础研究与应用

申报省部级课题 2 项、厅局级课题 8 项，在核心及以上期刊发表论文 16 篇。广西地震烈度速报与预警项目、国家地震烈度速报与预警工程广西子项目完成验收。提炼有典型预测意义的学科预测指标，依据震例确定不同学科指标的预测权重以及各学科的权重信息集成，为危险区概率预测提供依据。研究团队获得粤桂交界地区 78 个地震震源机制解，运用震源机制解和获得的 0.25°×0.25°网格的小震综合节面解分别反演并分析研究区构造应力场，计算防城—灵山等 6 条断层不稳定性参数并定量评价其发震急迫性；获得靖西 5.2 级地震序列的精定位结果，为进一步厘定发震断层提供科技支撑；获得靖西 5.2 级地震震源区 P 波和 S 波速度结构，为震源区的介质性质及地震发生的深部环境特征研究提供了基础资料，为广西防灾减灾事业发展提供科技支撑。

5. 地震速报预警信息服务

速报广西陆地及北部湾范围内 2.0 级以上地震 19 次，地震编目共计 517 条；向自治区党委人大政府政协报送《防震减灾要情》73 期；发送地震、政务短信息 1.7 万多条；高质量完成了重大活动和特殊时段共计 201 天的地震安全保障。

为做好地震速报预警信息服务，在服务方式渠道上，通过 12322 手机短信、微信工作群等方式为党委、政府，应急厅和地震系统，紧急救援队等相关人员，以及南铁、防城港核电、龙滩水电等特殊行业提供地震速报信息服务。通过官网、微信公众号、微博等方式为社会民众提供实时的地震速报信息和重大地震专题信息服务，同时通过地震速报信息共享平台为设区市地震工作机构和南铁、防城港核电提供地震紧急信息服务。此外，依托国家地震烈度速报与预警工程、广西地震烈度速报与预警工程为自治区抗震救灾指挥部 17 个成员单位、地震系统 21 个单位、89 所中小学和 2 个特殊行业单位（南宁铁路局、防城港核电站）共 129 个单位安装了 272 个紧急地震信息服务终端设备。

二、地震灾害防御工作

1. 抗震设防要求

开展建设工程抗震设防要求落实情况检查，确保一般建设工程达到国家强制性要求。为建设单位提供场地地震安全性评价、场址区选择等服务。参加重大工程专题协商会议和可行性研究报告审查会等，提出重点建设项目应在设计前完成地震安全性评价，并报自治区地震局批复。将加固工程纳入自治区抗震救灾指挥部办公室协调会重要议事议题，印发《广西地震易发区房屋设施加固工程 2023 年工作要点》，报送《广西地震易发区房屋设施加固工程工作报告》，广西壮族自治区博物馆改扩建项目被列入全国地震易发区房屋设施加固工程典型案例。

2. 地震安全性评价管理

编制《广西壮族自治区重大工程地震安全性评价工作范围操作指南》，印发《广西壮族自治区地震安全性评价现场工作技术规定》，修订《广西壮族自治区地震局重大工程场地地震安全性评价报告技术审查管理细则》《广西壮族自治区地震安全性评价从业单位和从业人员管理办法》。2023 年共组织开展了 42 个重大工程、13 个区域性地震安全性评价报告技术审查，出具 21 项行政许可批复。

3. 活动断层探测

广西合浦城市活动断层探查项目获得立项，对合浦县城及周边 200 平方千米的范围开展了遥感解译和地质调查，针对南流江东断裂的关键段落开展了 23 千米的浅层地震勘探，开挖了 3 个大型探槽，进行了 4 条跨断层钻孔联合地质剖面勘探。在现场调查和资料收集整理的基础上，全面开展了深部构造分析、历史地震分析和精定位、第四纪沉积环境研究。这些工作，精确确定了南流江东断裂的具体位置、地下延伸形态和埋藏深度，初步推断该断裂有较强的活动性，具备发生 6.0~6.5 级地震的能力。

4. 地震应急保障

向自治区党委报送了《中共广西壮族自治区地震局党组关于落实刘宁书记批示有关情况的报告》，并赴危险区开展现场督查。组织专家赴年度危险区开展实地调研，印发《2023 年度广西合浦至广东罗定地区地震灾害损失预评估报告》，将预评估成果通报地方政府，派专家赴合浦县政府专题授课，提出针对性应急对策建议。召开预评估现场推进会，完成田东、博白县的预评估试点工作。获 2023 年度预评估业务质量评估 A 类第三名。派出专家组指导广西“应急使命·2023”地震地质灾害综合实战演练。拨付广西地震灾害紧急救援队 15 万元日常运转经费，举办 2023 年全区防震减灾综合业务能力培训班。广西壮族自治区地震局在全国地震现场应急工作质量评估中获得三等奖。迅速应对“6·22”广西北部湾 5.0 级地震、“8·27”扶绥 2.3 级地震、“9·2”崇左江州 3.3 级地震等，密切关注震情，做好地震监测和应急准备工作，确保了社会稳定。

三、防震减灾公共服务与法治建设

1. 防震减灾公共服务

联合广西群众艺术馆及 3 所高校开展 2023 年广西防震减灾志愿服务活动。组织专家调研了解企业需求，主动开展精准服务，为广西重大项目和民生行业及时提供地震安全性评价、地震应急预案制定、专家授课指导等各项服务。6 次参加广西重大项目“审批直通车”活动，为 230 人提供政策宣贯服务。广西 14 个地市将抗震设防参数查询 100% 纳入地方政务服务平台，广西数字一体化平台通用业务系统录入政务服务事项 14 项，首次将 21 项重大建设工程抗震设防审批结果在信用（中国）网站上公示。完成广西壮族自治区地震局 2023 年公共服务事项清单、产品清单的调整，不断丰富 12345 平台智能问答防震减灾知识库。与自治区市场监督管理局及南宁市应急管理局以“双随机、一公开”监管督查方式开展地震安全性评价建设单位和从业单位执法检查。

2. 防震减灾法治建设

制定 2023 年立法调研工作方案，赴山东、江苏、海南开展预警立法调研，向自治区司法厅报送调研报告。会同自治区党委宣传部等 6 个单位联合印发《广西地震预警信息发布管理规定（暂行）》。会同应急管理部大数据中心、南宁市应急管理局、百色市防震减灾服务中心组成两个执法检查组，分别赴大藤峡、大龙洞、大王滩、大化、澄碧河、仙湖水库开展专用地震监测台网建设运行和抗震设防情况的行政检查，梳理行政执法典型案例。推动局机关全体人员考取行政执法证，并配备综合行政执法制式服装和标志，成立防震减灾行政执法工作组。邀请专家为全局干部职工讲授民法典、防震减灾法律法规等相关内容。

3. 防震减灾科普宣传

成功承办在玉兰路小学举办的全国主题活动启动仪式暨首场活动，在北海民附学校举办“童声唱诵防震减灾”专项活动广西启动仪式。联合自治区教育厅、民宗委、科协印发《关于联合开展2023年“地震科普　携手同行”主题活动的通知》，完成2400所学校“五个一”活动，完成全区4235名科普传播师的线上培训、课程考核。

联合省教育厅、科技厅、应急厅、科协，柳州市人民政府举办第三届广西防震减灾科普讲解大赛，组织开展全国防灾减灾日等重点时段防震减灾科普宣传活动，在灵山县深入开展灵山6.8级地震87周年地震科普宣讲活动，组织地震监测中心站开展地震科普宣传活动。

评定南宁市兴望小学等19所学校为2023年度广西壮族自治区防震减灾示范学校。广西壮族自治区地震局荣获中国科协办公厅2022年全国科普日优秀组织单位。

（广西壮族自治区地震局）

海南省

一、地震监测预报工作

1. 震情跟踪工作情况

海南省地震局加强震情跟踪，建立省台、中心站、辖区市县地震部门三级异常核实工作机制，完善与地方应急部门联动的上报、核实工作流程。扩大开放会商，邀请北京大学、应急管理部等权威专家研判地震趋势，增强会商研判科学性。

有效应对2023年6月24日北部湾海域5.0级和2023年7月2日昌江海域3.4级有感地震，快速产出震后会商研判意见，第一时间向省委、省政府及相关单位报送震情信息。

2. 台网运行管理

强化台网运行管理，健全完善台站工作机制，建立国家中心指导、省地震台统一调度、中心站负责实施的运维新机制，压实中心站监测运维和铁塔、通信等第三方保障责任，台站故障24小时修复率上升到100%，测震站网故障修复平均用时1.3小时，地球物理站网修复平均用时3.1小时。狠抓站网数据质量提升，实施“一台一策”、分类整改，站点运行率、数据质量上升到全国中上游水平。

实施观测环境刚性避让保护，将台站观测环境避让纳入海南省“机器管规划”“国基平台”，通过自动化检测监管，成功规避琼海、定安等地2起工程建设对观测环境的干扰。

3. 台网建设情况

持续推动站网现代化提升工程，将该项目纳入省级“十四五”规划，落实2023年度省财政资金750万元，实施8个地磁观测站、10个GNSS观测站以及测震站点双链路通信改造等，建成5个水库地震监测站和全省唯一温泉地热观测网。抓好一带一路项目实施，完成定安台、东方台土建工程GNSS观测墩建设。多方筹措经费200多万元，用于三亚中心站优化改造，优化台站观测环境和基础设施保障。

4. 监测预报基础研究与应用

强化科研项目管理，组织科技人员申报“星火项目”2项，组织1人申请海南省自然科学基金项目。在国内刊物上以第一单位身份共发表论文5篇，其中核心期刊2篇。1人参加全国地球物理管理系统开发团队，参与全国地球物理管理系统升级工作。1人作为地震行业标准《地震台网运行监控　台网基础信息基本数据项》团队骨干人员，参与该项标准制定工作。

5. 地震速报预警信息服务

国家地震烈度速报与预警工程海南子项目主体建设任务全部完成。2023年5月11日完成单位工程验收，5月12日经过台网中心的评估，于6月1日进入试运行，并于11月4日通过竣工验收，基本实现了全省范围的地震预警与烈度速报能力。2023年12月19日，面向全省地震系统举办地震预警业务培训班，进一步规范地震预警管理工作，提升地震预警业务能力。

二、地震灾害防御工作

1. 抗震设防要求

强化建设工程抗震设防要求监管工作，抽查3个重大建设工程抗震设防工作落实情况，指导各市、县、自治县开展工程建设项目抗震设防要求检查，确保重大建设工程均符合抗震设防要求。

城乡并重推进加固工程，健全地震易发区房屋设施加固工程清单管理长效机制，协调将“持续推进农村危房改造和抗震改造”纳入《中共海南省委　海南省人民政府关于做好2023年全面推进乡村振兴重点工作的实施意见》。

稳步推进地震易发区房屋设施抗震设防信息采集和动态更新机制工作，累计采集新建和加固房屋设施信息共计10703条。

2. 地震安全性评价

深化地震安全性评价管理改革，进一步规范重大工程和区域性地震安全性评价工作。实施抗震设防要求审定全流程“零跑动”，加强安全性评价从业单位、从业人员备案管理和事中事后检查，全省新备案安全性评价从业单位7家，印发《海南省地震局关于公布海南省地震安全性评价技术审查专家库的通知》，正式组建海南省地震安全性评价技术审查专家库。全年完成海上风电场等12项重大工程安全性评价和文昌国际航天城等6个产业园区区评。

3. 震害预测

加强地震断裂危险源和房屋设施风险源探查，编制海南省探查规划。与相关厅局建立数据共享机制，获取省级房屋建筑和市政设施普查单体数据，开展重点隐患评估工作。推动海南第一高楼海口塔项目开展结构健康监测。

收集基础资料，建设地震区划基础数据库，开展第六代地震动参数区划图编制和海南省地震危险性区划图的编制，并首次获得地震系统评比二等奖。

推进地震灾害评估工作，在文昌开展地震灾害损失预评估工作，对定海大桥进行工程地震安全评估。完成 24 个市县（区）地震灾害风险评估与区划工作，取得风险评估与区划核心成果 16 项。

4. 活动断层探测

以查明马袅—铺前断裂带（海口段、东段）断层分布情况及其地震活动性为目标，利用省财政经费 750 万元开展琼北地区马袅—铺前活动断层探测和地下结构背景噪声成像工作，利用普查经费 75 万元开展琼华—莲塘活动断层补充调查工作。

5. 地震应急保障

强化地震应急响应服务能力，制定地震科考工作预案，修订应急联动协作方案，将大震应急物资需求纳入海南省应急物资保障体系，作为专项任务予以保障。举办 1 期全省地震系统“强使命、铸本领”主题教育暨业务能力提升培训班。2023 年 5 月 12 日，联合省减灾委员会办公室等单位在海口市开展“临震不乱　防患未然”地震海啸应急演练；11 月 28—30 日，联合湖北省、湖南省、广东省、广西壮族自治区地震局在海南省澄迈县开展 2023 年中南片区地震应急协作联动演练暨业务大比武活动。

做好地震安全保障服务，与海南核电公司、文昌国际航天城、市县地震部门等建立安保联动工作机制，完成全国两会、博鳌亚洲年会、消博会等重大活动和高考、汛期等特殊时段地震安全保障服务。妥善应对北部湾海域 5.0 级地震和昌江棋子湾 3.4 级有感地震，迅速派出工作组，指导市县开展现场应急工作。

三、防震减灾公共服务与法治建设

1. 防震减灾公共服务

探索公共服务体系建设，服务海南自贸港建设重大战略部署，联合中国地震局地球物理研究所、中国地震局地震预测研究所、中国科学技术大学、南方科技大学、哈尔滨工程大学开展自贸港封关震动试验，获得公安、海事等 10 余厅局高度认可。赋能增效，主动服务重大基础设施建设，将地震构造探查数据应用于国土空间规划，助力五指山机场、三亚新机场选址。“海口市江东新区活断层精细探测　助力海南自贸港经济建设”入选中国地震局典型公共服务案例。

2. 防震减灾法治建设

推动省政府颁布《海南省地震预警管理办法》、省人大颁布《海南省防震减灾规定》，实现 2 年制修订 2 部法规规章，协调省政府办公厅印发规范性文件，加强海南省地震重点监视防御区防震减灾工作，进一步健全完善防震减灾法规体系。联合省委宣传部召开《海南省地震预警管理办法》《海南省防震减灾规定》新闻发布会 2 次，协助开展“筑梦公益　普法先行”普法云直播活动，宣贯防震减灾法律法规。

落实政府法律顾问制度、公职律师制度，配备部门公职律师和法律顾问各 1 人。提升应急管理（地震）行政执法能力，制定印发《海南省地震局行政执法制式服装和标志管理规定》，会同省应急厅开展全省应急领域执法制服着装仪式。

3. 防震减灾科普宣传

制定《海南省地震局2023年度重点时段防震减灾科普工作方案》，联合省教育厅、省民宗委、省科协部署海南省2023年“地震科普　携手同行”主题活动，联合中国灾害防御协会开展“童声唱诵防震减灾”活动。获省科技活动月“先进集体”“先进个人”荣誉称号，组织参加第七届全国防震减灾科普讲解大赛，1人获三等奖，1人获优秀奖。

组织开展防震减灾科普宣传“六进”活动。联合海口市电影公司深入全省各市县乡村、社区、学校等开展“防范灾害风险　护航高质量发展”百场电影下基层主题活动。联合省教育厅在省电视总台少儿频道播放防震减灾科普宣传短片《如何做好地震应急准备之地震时如何自救互救》，组织全省19个市县1000多所学校153万余名师生收看。

（海南省地震局）

重庆市

一、地震监测预报工作

1. 震情跟踪工作情况

地震监测业务体制机制不断完善。组织健全地震监测预报预警管理制度体系，形成制度汇编，完善观测质量评估反馈整改机制，与重庆铁塔、电信等企业建立运维协作保障机制，将区县地震工作部门纳入运维保障体系，实现简易故障属地快速处理，全年站网运行率保持在99%以上。震情跟踪研判技术能力不断提升。编制完善《重庆市震情短临跟踪和会商研判技术方案》，提炼完善预测指标，优化会商技术系统。“抓大震、抓异常”得到有力落实。深入总结历史强震异常演化时空特征，建立健全异常判定标准，组织开展现场核实异常8次，异常识别更加科学严谨。

震情监视跟踪工作扎实开展。邀请市级相关部门、周边省局、科研院所开展年度、年中联合会商，会商质量不断提高。全年开展各类会商78次，其中震后紧急会商9次，较好把握了全年震情趋势，及时向党委政府和有关部门报送震情信息，有效服务党委政府决策，有力保障社会稳定。全国监测预报学科评估成绩稳步提升，在地震监测预报观测资料质量评估中荣获日常分析预报二等奖、年度地震趋势报告二等奖等9个奖项。

2. 台网运行管理

重庆地震监测站网主要由数字遥测地震台网和地球物理观测台网组成。经过“十五”至“十四五”期间的持续建设，全市在网运行地震监测台站达到467个，共享台站277个，形成涵盖测震、强震、预警、地壳形变、地下流体、地电、电磁等学科的综合性地震监测站网。全市监测能力稳步提升，中心城区地震监测能力达到1.0级，三峡库区达到1.2级，其他地区达到1.5级。

在国家地震烈度速报与预警工程以及重庆市地震烈度速报与预警工程建设成果基础上，

通过整合川渝两地监测资源，融合形成川渝地区地震预警一张网，融合后共计接入地震预警站点2798个（四川1669个、重庆410个、川渝邻省719个），形成全域秒级地震预警能力。

3. 台网建设情况

站网规划建设稳步推进。组织编制《重庆市地震监测站网规划》并获中国地震局批复。有力推动增发国债项目、“十四五”规划地球物理台站建设核心项目立项工作，推动21套老旧设备升级纳入重点地区地球物理监测仪器升级项目。组织完成国家地震烈度速报与预警工程重庆子项目台站建设、预警中心及紧急地震信息发布系统等各单位工程验收及项目改扩建，开展台站建设质量与预警业务体系风险隐患排查，顺利通过档案验收、子项目竣工验收。

组织实施重庆市地震烈度速报与预警工程“决战决胜”攻坚，全面完成362个一般站建设及验收，40个基准/基本站土建施工、设备安装及70台预警终端安装调试工作。预警业务体系建设初见成效。组织充实预警业务团队，梳理预警业务运行全链条，厘清部门责任，明晰业务流程，组织编制业务大全，制定预警业务管理及运行制度28项，完善岗位操作值班手册，建立业务系统定期检查机制。

4. 监测预报基础研究与应用

地震科技管理制度不断完善。全面贯彻2022年全国地震科技工作会议、地震科技创新和科技服务现场会议精神，印发《重庆市地震局落实地震科技发展“十四五”规划实施方案》，制修订《重庆市地震局地震科技工作奖励办法》《重庆市地震局科技成果转化管理办法》。赴市科技局开展科技成果转化调研，推进制度实施，激发科技创新活力。科技创新平台不断拓展。获准成为国家自然科学基金依托单位，获批重庆市技术创新与应用发展专项重点项目1项，申报面上项目3项。按照中国地震局关于《四川盆地地震科学研究》重大部署，组建团队并开展渝西地区工业开采区域地震研究。科技交流合作不断加强。落实与市委党校合作协议，共同开发实训课程，选派专家为党校学员授课。与广电、电信、电力等开展深度交流合作，拓展地震科技服务。参与山地城市减隔震技术规范编制工作。

5. 地震速报预警信息服务

川渝预警一体化工作有力推进。认真贯彻落实闵宜仁同志调研讲话精神，在监测预报司指导下，会同中国地震台网中心、四川省地震局完成《川渝地区地震预警一体化工作方案》编制工作并获得中国地震局批复，联合成立川渝地区地震预警一体化工作机构，实现重庆预警站网第一批数据接入四川预警中心测试系统运行。与重庆广电合作推进地震预警广播电视播发渠道建设，相关硬件设施已搭建完毕。

二、地震灾害防御工作

1. 抗震设防要求

深入推进重大工程抗震能力专项整治。督促区县地震主管部门根据专项整治台账开展专项整改整治，全市共对上千个重大建设、生命线工程进行排查，督促上百个重大工程落实整改。开展黔江河大桥地震灾害风险一般性评估工作。

2. 地震安全性评价

强化地震安全性评价监管。开展从业单位核查，完成 32 家从业单位材料审查并及时公示。对重庆市 6 家安全性评价从业单位开展书面检查，对 2 家安全性评价从业单位及 2 个建设项目开展现场检查。组建地震安全性评价技术审查专家库，入选专家 98 名。

3. 震害预测

推动完成地震灾害风险普查任务和成果应用。完成重庆市 1∶25 万地震危险性图和 1∶25 万地震灾害风险区划图的编制工作，全市 41 个区县已完成地震灾害风险预评估工作。与四川省地震局共同开展成渝地区双城经济圈地震灾害风险评估与区划工作。搭建重庆市地震风险普查成果应用平台，有效为市、区县政府提供地震安全服务。推选的《重庆十八梯传统风貌区项目优秀历史建筑物（善果巷 35 号）》入选中国地震局加固工程典型案例。

4. 活动断层探测

组织编制第六代地震动参数区划图。梳理重庆地区地震地质构造资料，修订历史强震资料，建立重庆市地震工程地质条件勘察数据库，编制本市及邻区 1∶100 万潜在震源划分图和潜在震源划分报告。

5. 地震应急保障

地震应急保障能力建设全面加强。承办 2023 年度西南片区测震流动演练，指导涪陵区开展 2023 年页岩气开采区地震应急实战演练，组织开展全局地震应急桌面演练，积极参加协作区地震现场应急演练及联动支援工作，切实提高应对突发地震灾害事件的处置水平。地震应急准备持续强化。赴区县检查地震应急预案体系建设情况、地震应急准备工作情况。大震应急物资日常维护管理机制不断完善。制定大震应急物资相关制度，组织检查应急物资库，督促及时更换临、过期食品和药品，对缺损物资进行及时采购，确保应急物资随时调用。应急队伍不断优化，业务能力不断提升。进一步优化应急响应职责分工与工作流程，更新现场工作队员名单；组织开展地震应急与信息青年重点任务申报；组织对区县地震工作部门进行地震应急业务培训，开展全局现场工作队员培训，提高现场工作队特别是新进人员的业务综合能力。地震应急响应与地震安保工作有力有序开展。及时有序组织完成荣昌 4.0 级、巫溪 2.8 级等有感地震应急响应工作。圆满组织完成 2023 年全国两会、高考、汛期等地震安保工作。

三、防震减灾公共服务与法治建设

1. 防震减灾公共服务

开展政务服务事项办事指南要素标准化整改工作，标准化进度达 100%。推动各区县将抗震设防参数纳入地方政务服务平台。优化“重大工程抗震设防要求审定”承诺办理时限、申请材料和办事指南。邀请 16 个市级部门和有关单位开展座谈，了解防震减灾公共服务需求。做好公共服务平台建设，组织相关部门和单位丰富国家防震减灾公共服务数据资源目录。

2. 防震减灾法治建设

申请将《重庆市防震减灾条例（修订）》纳入地方五年立法规划。推动《重庆市地震预警管理规定》制订和《重庆市地震安全性评价管理规定（修订）》立法进程。完成《地震安全性评价管理条例》《建设工程抗震设防要求管理规定》的立法后评估。组成市县联合检查工作组，前往彭水水电站、江口水库开展行政执法检查。牵头推进《地震灾害风险评估技术规范》《山地建筑减隔震技术应用标准》的编制工作。

3. 防震减灾科普宣传

加强防震减灾科普宣传。举办重庆市防震减灾科普讲解大赛，选拔选手参加第七届国家防震减灾科普讲解大赛并荣获二等奖，重庆市地震局荣获优秀组织奖。联合四川省地震局、重庆市科学技术协会组织成渝地区双城经济圈网络知识有奖答题活动，参与人次突破100万，重庆地区参与人次近28万。

（重庆市地震局）

四川省

一、地震监测预报工作

1. 震情跟踪工作情况

全年召开各类会商会266次，其中紧急与加密会商会84次、半年会商会1次、年度会商会1次。处置地震预测意见29份。每周定期与中国地震台网中心、西部5省等开展联合视频会商，每月参加全国滚动月会商，每日上报异常零报告，完成宏微观异常核实21起，提交异常分析报告19份。优化完善四川震情短临跟踪和会商研判技术方案，推动震情跟踪研判从定性向定量转变。持续加大开放合作力度，邀请中国科学院地质与地球物理研究所、南方科技大学、成都理工大学、西南交通大学和中国科学院成都山地灾害与环境研究所等单位10位专家参加全省年中、年度会商会。

2. 台网运行管理

按时上传中国地震局质量评比事件波形和连续波形文件，共上传速报地震事件12个，单台连续波形文件600个，产出数据文件242298个，数据量6892GB，刻录光盘800张；每日汇总本省站网运行率、故障及维修情况，测震台网年平均运行率为99.03%。2023年备份预警台网数据流服务器存储341天，连续波形容量达21TB，波形数据已按台网卷归档，备份预警3级以上地震事件111个，处理波形大异常次数超阈值台站共计385台次。

完成强震动台站远程检查工作81984台次，远程处理强震动台站仪器故障65台次，处理强震动数据监控平台、数据处理系统故障3次，下发仪器检查标定5232次，回收仪器标定2804组记录。上报融合专报16期，编写并上报烈度速报专报15份，完成余震序列统计上报共计28期，共计处理4级以上强震动记录数据348条，向中国地震台网中心提交上报强震动数据表10份，编发强震动观测简报10份。共发送地震自动速报短信222条，共计288600人次接收；共发送地震正式报短信194条，共计252200人次接收。

2023年运维地震监测站点2002个，其中九寨沟灾后恢复重建项目221个站点、国家烈度速报与预警工程1198个站点、川滇示范项目150个站点、西部监测能力提升70个站点、强震监测 224 个站点、地球物理站网 139 个站点，站网总体运行率较 2022 年有所提高，总体运行平稳，满足运行指标。对 7 个国家台站、16 个区域台和 6 个测震台网 2022 年的资料保存、日常运维、仪器特性、数据质量等多方面进行综合评估，进一步提升地震监测预报预警质量。完成《四川测震预警站网运行管理体系》编制工作，提升站网运维效能。完成四川片区预警项目观测站数采升级任务，消除软件漏洞隐患，严防预警误报风险。编制《四川地震烈度速报和预警工程备机管理办法》，有力优化备机存储与调度，合理协调预警备机资源，保障预警站网平稳运行。

3. 台网建设情况

（1）测震台网。完成国家烈度速报与预警工程四川子项目建设工作并顺利通过验收，共建成预警站点 1198 个，包括 210 个基准站、261 个基本站、727 个一般站。地震台站平均间距由 50 千米缩小为 14 千米，基本消除了地震监测空白区，地震监测能力由全省 M_L2. 5 提升至全省 M_L1. 6，在重点监视防御区域内地震监测能力达到 0. 5 级左右。建成涵盖站点运转、网络通信、软件运行、数据质量的全流程实时运维监控系统，建成包含设备测试、定型、入网、质量监控、软件测试、检测评估的全链条技术支持与保障体系。实现对系统运行率、故障与处理情况、观测数据质量、系统产出情况、发布信息的准确性和时效性等质量参数的快速统计分析，提高了台站观测数据质量、站网规范化运行水平和站网运行维护效率，保障监测站网长期高质量运行，进一步夯实监测基础。

（2）地球物理台网。国家台网地球物理台站 40 个，在运行仪器 166 套，数据采集率 99. 85%，数据有效率 98. 87%；产出观测数据约 50 万组，学科质量监控反馈 200 余条，异常跟踪分析记录 4000 余条，区域中心各类报告 20 余份，新增数据量约 100GB。2022 年四川地球物理站网参评仪器数据平均汇集率 99. 80%，平均有效率 98. 74%，同比分别提升了 0. 01% 和 0. 13%。参与“9 · 5”泸定地震灾后恢复项目立项论证。参加震情会商 45 次和重大异常 9 次现场核实。推进龙门山断裂带台站改造、数据质量提升与“共享共建”工作。进行台站观测环境保护检查和指导工作。持续推进“市县资源共建共享”；已将映秀、天元、德阳川 08 井、北川 41 井、北川 43 井纳入国家台网观测，并取得三等奖的优异成绩；将雅安市地震局作为试点局开展市县共建共享研究，地球物理站网运行管理制度得到加强；制订《四川省流体学科技术管理细则》和《四川地球物理台网备机备件运行管理制度》；召开台网管理办法专题会议进行宣贯。针对脱气装置、地电阻率观测问题和形变干扰问题邀请国家学科组专家举办专题培训，提升台站数据观测质量，提高台站人员观测技术水平。在 2022 年全国地震监测预报观测资料质量评估中获评 7 项奖项，其中二等奖 1 项、三等奖 6 项。

（3）地震预警台网。四川简易烈度计地震预警示范系统自 2017 年 3 月 20 日开始试运行，共接入简易烈度计台站 270 个，同时接入区域测震台 292 个，2020 年青白江地震后接入预警工程建成的一般站，2021 年 6 月预警攻坚结束后，地震烈度速报与预警系统开始“先行先试”试运行，部署波形交换管理、地震预警、地震烈度速报、融合决策、紧急信息服务、运维监控等软件，通过预警服务终端、广播电视、川观新闻和支付宝小程序等途径对外服务。根据预警项目台站建设进度和数据质量监控结果进行动态调整，2023 年接入台站 2945 个，其中包括四川一般站 1083 个，新建基本站、基准站 289 个，改建基准站 57 个，邻省共享站点1516个。四川预警中心核心数据处理软件采用一主一备的方式部署，备机采用冷备方式。预警主用与备用系统均部署在预警专用21网段，共部署了4套地震预警软件，包含2套JEEW、2套EEW。地震烈度速报系统以一主一备的方式部署在预警专用21网段，承载着四川地区地震烈度速报产品产出任务。

4. 监测预报基础研究与应用

四川省地震局积极鼓励支持科研人员从事监测预报基础研究与应用，积极开展新方法、新技术实践应用。持续推进智能编目新系统部署试用，部署试用新参数速报系统和综合波形分析系统，为系统性能的稳定提升提供依据。对部署的智能地动系统、自动编目系统开展震例分析及总结，不断改善人工智能系统的产出效能。持续总结前震识别前期试验应用工作经验，结合四川地区实际和前震序列判定标准，进一步推进前震序列识别判定业务化工作。发表涵盖发震构造、热红外、震源参数及特征、速度模型构建、地震事件的自动检测与评估、强震动记录分析、测试技术发展等多个方面SCI论文9篇、EI论文1篇、核心期刊论文3篇，获得软件著作权2项。

5. 地震速报预警信息服务

（1）地震速报。全年共完成地震速报94次，其中$M<3.0$地震16次，$M3.0$至$M3.9$地震64次，$M4.0$至$M4.9$地震10次，$M5.0$至$M5.9$地震3次，$M6.0$至$M6.9$地震1次；分析产出地震目录28831条，计算省内258次地震的震源参数和29次地震的震源机制解；产出12期地震观测报告和地震月报；完成EQIM平台的维护，完成智能地动系统和RISP自动编目的运维产出。

（2）地震预警信息服务。四川省紧急地震信息服务平台连续稳定运行无故障，平台接收并发布地震预警信息133条，其中最大预警地震震级5.5级（四川甘孜泸定5.6级地震），最小预警地震震级3.0级，四川省境内发布地震预警信息125条；接收并推送地震速报信息1128次（正式报），省内地震78次；3.0级以上地震产出乡镇仪器烈度图、PGA/PGV等值线图等烈度速报产品；共建设预警终端3501套，正式运行的各类预警终端达1235套，整体在线率保持在95%以上。平台用户对外服务方面，主要面向政府部门、重要企业、救援队伍、社会公众等，其中终端用户主要面向政府部门、企业、救援队伍、学校，覆盖人群百余万人；紧急地震信息APP主要面向社会公众，注册用户已达67000余人。第三方转发平台方面，已与蚂蚁金服支付宝、腾讯、四川省戒毒管理局、中安科信、石棉县应急管理局、生态环境部核与辐射安全中心等单位签订授权协议，其中支付宝地震预警小程序用户已达104万人，四川地震台微信公众号和小程序累计关注用户达86万余人；已开通全省620万户广播电视机顶盒地震预警信息服务，未来继续拓展开通全省IPTV电视地震预警，形成千万级的用户信息服务覆盖能力。

二、地震灾害防御工作

1. 抗震设防要求

落实抗震设防督导责任。四川省地震局联合应急厅、住建厅等单位开展四川省防震减灾专项督查，将抗震设防要求落实作为重要内容，牵头对成都、宜宾等9个市（州）开展专项督查并印发整改通知。对房屋设施抗震能力和加固保障情况进行检查，重点针对学校、医院、应急避难场所、农村房屋等进行资料查阅和现场检查，指出存在问题并提出合理化建议。成都市将抗震设防参数查询纳入“天府通办”。

2. 地震安全性评价

重构重大工程抗震设防要求监管体系。四川省地震局调研10家省局和住建、应急、生态环境3个行业部门管理经验和制度建设情况，完成制度顶层设计，印发《四川省地震局关于进一步加强地震安全性评价监管工作的通知》《四川省地震安全性评价技术审查专家管理实施办法（试行）》《四川省地震安全性评价报告编制监督管理办法（试行）》《四川省地震安全性评价报告编制能力建设指南（试行）》《四川省地震安全性评价单位和技术人员信息公开管理规定（试行）》《四川省地震安全性评价单位和技术人员失信行为记分办法（试行）》等制度。按照“互联网＋监管”和数字四川建设要求，组织开展全省地震安全性评价监管服务平台建设，以实现监管全链条、各环节的信息化管理。凝聚监管工作合力，建立市县牵头区评实施方案评审和现场工作检查机制，指导广安市应急管理局开展全省首次区评现场工作检查。邀请多行业、多领域专家参与技术审查，完成33个区评报告审查和33项安全性评价审定。

3. 震害预测

持续开展地震易发区重大基础设施摸排工作。四川省地震局开展场地条件调查，收集1991个场地钻孔资料。推动全省房屋建筑地震灾害隐患评估，制定工作方案，推动应急厅、住建厅强化协作，获取全省房屋建筑单体数据。开展四川省房屋抽样调查工作，涉及16个市（州）11071栋房屋；累计收集加固工程数据36637条，新建工程数据63222条，合计99859条。印发《关于建立健全地震易发区房屋设施加固工程清单管理长效机制的通知》，推动重点市（州）建立10项长效工作机制。联合广元市防震减灾服务中心承办西南10省巨灾防范工程方案集中审查，组织完成震防领域可研报告编制。甘孜州、自贡市2个加固工程入选全国典型案例，自贡市在“全国房屋设施抗震设防信息数据汇交和定期动态更新工作试点工作总结会议”上作经验交流发言。

全覆盖式开展全省地震灾害风险评估与区划工作。四川省地震局印发《四川省地震灾害风险普查评估与区划工作实施方案》《关于加强市县地震灾害风险评估与区划工作调度和指导的通知》，全省183个县（市、区）完成地震灾害风险评估与区划报告编制，初步建成省级层面地震灾害风险评估与服务平台。阿坝州13个县（市）及州本级率先整体完成地震灾害风险评估与区划工作。

推进预评估提效升级全国试点。四川省地震局面上摸需求，2023年6月和7月，以省抗震办名义组织2次面向需求侧座谈，召集14家省级单位和14个市县部门负责人了解需求；点上挖需求，2次与试点县政府领导和部门座谈共商，研究县级“十四五”规划和重点项目，深度挖掘需求，建立需求清单；逆向融需求，建立从需求研究到数据收集7个环节的逆向工作方法，省市县三级联动协作，实现2个转变。

推进地震灾害风险感知与评估全国试点。四川省地震局与国家超算成都中心、甘孜职业技术学校合作，在超算中心召开全国试点启动会。成都、宜宾、甘孜等地积极协助开展全国城市地震灾害风险感知与评估、预评估提效升级、重大基础设施地震灾害风险一般性评估等全国性试点工作。

4. 活动断层探测

组织完成四川省活动断层普查项目成果集成，开展布拖县、马尔康市、乐山市市中区、宜宾市城市活动断层普查，完成绵阳市城市活动断层普查项目验收。"边实施，边应用"，运用四川省活动断层普查项目成果对21个市级和160个县级国土空间总体规划进行了审查。成立四川省构造探查规划编制组，编制完成《四川省构造环境探查规划》并通过审查。针对重点地区和主要断裂带编制《四川省地震重点危险区重大地震灾害源探测项目建议书》。助力市县化工园区认定工作，结合活动断层探测成果，出具14个化工园区地震地质情况文件。

5. 地震应急保障

成功应对处置泸定5.6级等4级以上地震18次，圆满完成成都大运会地震安保服务。编制应急清单。制定印发市（州）职责、任务、督查"三张清单"，修订四川省地震局及7个中心站应急预案和震后12小时行动清单，制定应急服务响应后评估实施细则。印发《四川省地震局关于建立地震现场应急力量定期更新机制的通知》，建立地震现场应急力量定期更新机制，完善物资清查及前置方案。完成部分县市重特大地震应急救援行动方案编制。强化实战演练。举办地震现场应急工作培训，协助开展全省大震巨灾综合实战演练，参与西南片区区域协作联动演练。编制《四川省抗震救灾指挥部办公室实战化运行建议方案》，抽调人员参与省抗震救灾指挥部办公室实战化建设，提升应急实战能力。加强协作联动。联合住建厅等6单位印发《关于做好农村居民点选址避让自然灾害工作的通知》，推进农村居民点规划选址。推进与重庆局开展城市群联防联控，牵头组织成渝地区双城经济圈地震灾害风险评估与区划。

三、防震减灾公共服务与法治建设

1. 防震减灾公共服务

四川省地震局制定新时代新征程防震减灾公共服务实施意见贯彻落实方案，出台《政务数据资源汇集内部工作规则》，组织开展2023年度省政务数据共享更新与发布，组织事业单位开展地震系统数据资源汇集与目录编制，向国家防震减灾公共服务共享平台推送。拓展防震减灾公共服务渠道，参与谋划四川防震减灾公共服务平台与数据中心建设。地震预警信息服务获评中国地震局十佳防震减灾公共服务优秀案例。获评优化营商环境先进集体、服务四川经济社会发展"优秀"。

2. 防震减灾法治建设

预警立法取得突破性进展。《四川省地震预警管理办法》提请省政府审议；完成《四川省建设工程场地地震安全性评价管理规定》废止工作；《四川历史破坏性地震数据库规范》地方标准发布实施，《地震灾害风险评估与区划技术标准》《地震预警系统测试技术规程》《地震预警信息发布规范》3项地方标准获批立项。制定印发《四川省地震局关于进一步加强地震安全性评价监管工作的通知》《四川省地震安全性评价技术审查专家管理实施办法（试行）》《四川省地震安全性评价报告编制监督管理办法（试行）》3个规范性文件。

组织开展54座大型水库抗震设防、专用台网建设执法，7项重大工程安全性评价报告审批、从业单位管理和设计单位安全性评价结果应用等检查，12人通过行政执法资格考试。

3. 防震减灾科普宣传

四川省地震局推进科普转型升级，编制公众逃生避险实训基地方案，开发“走进地震监测中心站”系列科普视频，举办科普知识、讲解、作品3大赛事，推进省级防震减灾科普示范创建工作；深化与教育厅的合作，联合开展全省“开学第一课”防震减灾科普知识进校园活动，组织完成11个重点时段的科普宣传。科普产品入选央视每日优质稿件，官方微博荣获首届川渝科普大会“具有影响力的四川科普平台”荣誉称号。向新闻媒体供稿18篇，深入开展“防震减灾高质量发展进行时”主题宣传活动。

（四川省地震局）

贵州省

一、地震监测预报工作

1. 震情跟踪工作情况

全年召开周会商、月会商、加密会商、紧急会商等各类会商会199次。圆满完成全国两会、全省两会、高考、数博会等重大活动和特殊时段地震安保工作。在年度地震重点危险区开展地球化学观测，在北盘江流域、页岩气开采区、重点监视防御区开展地震流动监测。

2. 台网运行管理

制定了《贵州省地震局地震监测台站运维工作管理制度》《全省地震站网仪器设备故障处理办法（试行）》《贵州省地震局预警业务运行管理细则（试行）》等20项运维管理制度。改造提升17个预警基准站，优化改造了贵阳中心站，现场维护台站47台次，远程断记维护206次。地震站网运行率保持在99.5%以上。

3. 台网建设情况

贵州省地震局承建的国家地震烈度速报与预警工程贵州子项目属中央项目，总投资1970.45万元。2023年10月贵州子项目通过总体竣工验收。通过该项目的实施，贵州境内已建成一个由106个预警监测台站组成的台站观测系统（包括改造基准站18个、新建基本站44个、新建一般站44个）、一个通信网络系统、一个数据处理系统、一个紧急地震信息服务系统和一个技术支持与保障系统。贵州省地震监测能力提升项目属省级项目，总投资2650万元，全部建设完成并通过验收。建成了20个测震台站及4个地球物理台站，提高了全省地震监测能力，填补了贵州西部没有地球物理台站的空白，观测数据已被应用于测震分析及地震趋势判定。

贵州已建成地震监测站点201个（其中基准一类站4个、基准二类站34个、基本一类站44个、基本二类站44个、水库台网监测站点66个、地方监测站点5个、地球物理观测站4个），实现全省2.0级以上、西部地区1.5级以上、水库库区0.5级以上地震监测能力。

4. 监测预报基础研究与应用

滚动更新《贵州省地震局震情短临跟踪和会商研判技术方案》，强化震情研判与应对，按期报送异常零报告，召开全省2023年下半年震情趋势会商会和全省2024年度地震趋势会商会，科学研判震情形势，并将会商结论及时报告省委省政府，抄送省抗震救灾指挥部有关成员单位。协同参与南北带南段和中段构造协作区震情跟踪工作。加强地震预报决策服务，落实贵州省地震局重大震情评估通报实施细则要求，及时将会商意见和地震重点危险区预评估结果报省政府和当地市县政府。

5. 地震速报预警信息服务

国家地震烈度速报与预警工程贵州子项目建成一个紧急地震信息服务系统，安装地震信息预警终端140台套，实现了地震参数速报、地震烈度速报、远场大震预警能力和面向用户的有效服务能力，为政府应急决策、公众避险逃生、重大工程紧急处置、灾情快速评估等提供紧急信息服务。在北盘江流域、页岩气开采区、重点监视防御区架设监测设备，开展流动监测，保障企业及地方地震安全。利用地震监测定位技术开展火箭残骸定位回收11次，定位精度在百米以内，提高了火箭残骸回收效率。

二、地震灾害防御工作

1. 抗震设防要求

制定施行《贵州省地震安全性评价从业单位管理办法（试行）》。2023年完成14个贵州省行政区域内的重大工程抗震设防要求审定行政许可批复，行政许可公示情况合规率达到100%。持续推进公共服务需求调研工作，推进国家防震减灾公共服务平台试运行，将专用地震台网申请备案等事项纳入全省通办，全省通办率、全程网办率达100%。

在威宁全县和赫章6个乡镇开展地震巨灾保险示范试点，为威宁、赫章139万群众提供地震灾害保险。全面开展农村房屋安全隐患排查，共排查地震易发区479.57万户房屋，加快推进地震易发区房屋设施加固工程，推动实施农村危房改造和农村抗震改造30574户，六盘水市钟山区大湾镇农房抗震加固试点入选全国典型案例。加强城乡新建房屋抗震设防管理，审查房屋建筑设计项目4339个。

2. 震害预测

完成评估成果更新汇交、元数据回流，完成24个市县风险普查及成果审核验收，普查成果应用在国土空间规划、城乡抗震防灾规划和应急平台建设等方面，为全国地震灾害风险普查工作贡献了贵州智慧和经验。

地震灾害损失预评估。制定实施《贵州省推进地震灾害损失预评估业务化工作方案和三年总体计划（2023—2025年）》。对重点地区开展地震灾害损失预评估工作，将预评估结果和对策建议报送省政府、当地政府及相关部门，为政府决策提供有力帮助。

3. 活动断层探测

推进贵阳市、六盘水市活动断层探查项目进展，编写可研及预算报告。六盘水市活动断层探查项目成功争取到国家生态文明资金500万元。

4. 地震应急保障

2023 年 5 月 9—11 日，贵州省地震局协同省消防救援总队举行“使命召唤　会战盘州”2023 年跨区域地震救援实战拉动演练；6 月 15 日，由省抗震救灾指挥部办公室、省应急厅、省地震局和六盘水市人民政府联合主办的贵州省 2023 年地震和地质灾害综合应急演练在六枝特区成功举行；8 月 24—25 日，省地震局在罗甸举行贵州省 2023 年度地震应急联动演练，省应急厅、各市州应急局、威宁县应急局等相关单位和部门负责同志参加。贵州省地震局在中国地震局组织的 2023 年度地震现场工作质量评比中获得三等奖。

三、防震减灾公共服务与法治建设

1. 防震减灾公共服务

贵州省地震局强化防震减灾科技创新，赋能经济社会高质量发展。2023 年 6 月，与省高速公路集团公司签订合作协议。2023 年 9 月，与贵州东方世纪股份有限公司签订乌江流域水库监测数据分析服务合同。完成黔西南州水库地震监测关键技术研究与应用项目阶段性任务。提供火箭残骸定位服务，得到相关单位的高度认可，获评省高质量发展创新项目一等奖。编制《局省共建“中国天眼”地震安全服务工程项目建议书》，争取中央资金支持“中国天眼”地震安全服务工程。获贵州省科学技术进步二等奖 1 项，国家级实用新型专利 1 项。

2. 防震减灾法治建设

清理地方性法规、行政规范性文件 101 件。地震预警管理办法、地震安全性评价管理规定、防震减灾条例纳入省 2023—2027 年立法规划，地震预警管理办法列入 2024 年立法计划。

3. 防震减灾科普宣传

联合省教育厅、省民宗委、省科协在全省民族地区学校开展“地震科普　携手同行”主题活动，为 1100 所学校捐献图书 4.4 万册，培训 2100 名防震减灾科学传播师，认定省级防震减灾科普示范学校 6 所、科普教育基地 1 个。举办全省防震减灾科普讲解大赛、贵州省首届防震减灾新媒体作品创作大赛和展播活动。开展“炫动文创联‘萌’”活动，围绕贵州省地震 IP 形象震宝设计 1 条推文、3 条视频，并在中国地震局微信公众号、省内天眼新闻等平台展播，点击量过万。组织全省地震部门开展防震减灾科普宣传活动，举办各类讲座 1000 余场次，指导中小学和社区居民应急演练 1200 余场次，受众人数超过 150 万人次。通过抖音、微信等做好震后科普宣传，有效引导社会舆论。

（贵州省地震局）

云南省

一、地震监测预报工作

1. 震情跟踪工作情况

印发《2023 年云南省震情监视跟踪和应急准备工作方案》，制定《云南地区大形势跟踪工作方案》，优化《云南省震情短临跟踪和会商研判技术方案》，局领导带队组成 13 个专项工作组，到重点危险区涉及的重点州（市）、县（市、区）开展两轮次震情通报，与州（市）党委、政府主要负责同志共商防震减灾工作措施。开展 30 口地下流体观测井（泉）地球化学普查，提高区域异常识别能力。完成 134 个测点流动地磁、396 个测段流动重力、81 个站点流动 GNSS 和 11 处跨断层观测。上报宏微观异常零报告 439 期。组织召开 245 次震情会商会。科学解读镇雄异响震动事件和“滇池鱼跃”等特殊自然现象，及时回应社会关切，圆满完成两会、大运会、高考、中考等地震安全保障服务工作。

2. 台网运行管理

组织编制《云南地球物理站网规划（2023—2030 年）》《云南测震站网规划（2023—2030 年）》，认真落实《云南省地震监测预报质量提升行动方案（2021—2023 年）》。开展全省 124 个州（市）、县（市、区）地震监测站点效能评估，全年测震台网平均运行率达 98.68%，地球物理台网运行率达 99.75%，全年处理触发地震事件 147 次，编目地震 18694 个，产出 $M \geqslant 3.0$ 地震震源参数 101 个，$M \geqslant 3.5$ 地震震源机制 8 个，发送地震短信息 32 万余条，在全国地震监测预报质量评估中，获前三名 53 项，并列全国第一。

3. 台网建设情况

深化中心站改革，优化台网布局，实施观测站点标准化改造，完成楚雄观测山洞和元谋凉山观测站环境整治，加快推进泸水、丽江、华坪等台站观测环境保护工作，加强观测仪器设备运维管理，提高数据产出质量。持续实施云南火山监测能力提升项目。完成地震监测台网项目云南分项目主体建设任务，地震监测预报预警基础得到持续夯实。

4. 监测预报基础研究与应用

完成专群结合云南试点工作，总结相关成果并形成推广方案。持续实时汇集昭通地区 90 套地球物理以及 193 个测震监测站网数据流。开展基于 AI 的自动化宏观异常监测系统试验观测与研究，有效提升滇东北地区地震监控能力。完成会商地震目录库的建立，实现震后 30 分钟快速研判意见的本地化自动产出。开展序列参数计算方法应用流程研发，实现震后序列类型判定、余震序列目录以及区域历史地震类比等工作自动化产出。

5. 地震速报预警信息服务

云南地震预警系统通过中国地震局验收，正式投入运行，具备全省秒级地震预警、分钟级地震参数速报和地震烈度速报能力。全力推进全省中小学校预警终端全覆盖工程，完成 11800 所中小学校地震预警终端安装部署，实现 2023 年度重点危险区中小学校全覆盖，全省中小学预警终端覆盖率达 87.5%。具备向全省 1000 余万用户提供电视预警服务的能力，实有用户超过 860 万人。云南地震预警系统运行和信息服务成效被中国地震局总结为

“云南模式”。

二、地震灾害防御工作

1. 抗震设防要求

编制并公布重大工程抗震设防要求审定实施规范和办理指南，印发《云南省重大工程抗震设防要求审定行政审批实施细则（暂行）》和《云南省重大工程场地地震安全性评价报告技术审查管理细则（暂行）》，全年完成42项重大工程抗震设防要求审定行政许可。

印发《建设工程抗震设防要求监管实施方案》，组织推进全省重大工程、重要工程、学校医院等人员密集场所建设工程、一般建设工程的有效监管，组织完成高层建筑、交通、能源、水利等71项建设工程的抗震设防要求落实情况检查。

2. 地震安全性评价

修订《云南省区域性地震安全性评价工作技术实施细则（试行）》，印发《地震安全性评价现场工作检查实施方案》，省、州（市）、县（市、区）三级联动对22项地震安全性评价现场工作开展检查，对2个区域地震安全性评价现场工作开展检查，组织完成5个区域地震安全性评价项目验收。向省发展改革委报送支持8个产业园建设的地震安全防御措施。组织开展全省地震安全性评价现场工作检查培训和建设工程抗震设防要求监管培训。加强对地震安全性评价从业单位及人员的服务及监督管理，对备案符合条件的从业单位进行信用等级评价和公示，其中1家从业单位的信用等级从B级降为C级。

3. 震害预测

印发《云南省“十四五”期间地震灾害损失预评估工作总体计划》，完成2023年度地震重点危险区地震灾害损失预评估工作，开展兰坪县全域地震灾害损失精细化预评估，预评估报告在全国评比中获第一名。启动风险感知与评估试点，完成巧家双河、腾冲龙江特大桥地震灾害风险评估试点评估工作，完成昆明、巧家、玉溪3个城市典型建筑的地震灾害风险感知与评估试点。开展新一代地震动参数区划图编制云南地区工作，编制全省1∶25万地震危险性区划图和1∶25万地震灾害风险区划图。

4. 地震灾害风险普查

编制印发《2023年地震灾害风险普查工作方案》，全面完成评估区划阶段工作任务并通过验收。基于普查成果数据，在“应急使命·2023”高山峡谷地区地震救援演习中，科学计算、设定模拟地震的震情灾情背景，使演习更加贴近实战。全力推进地震灾害风险普查成果转化和推广应用，全省国土空间规划及“三区三线”划定工作等方面利用了全省地震构造分布情况和风险区划成果，完成以寻甸县为模板的普查成果展示“一张图”编制。研发《云南省地震灾害风险普查成果应用查询系统》《云南省活动断裂避让查询系统》《云南历史地震灾害信息服务系统》等服务产品，提供不同需求的公共服务。

5. 活动断层探测

聚焦地震灾害“危险源”，完成全省地震构造环境工作程度摸排，编制《云南省地震构造环境探查规划》。在宁洱、寻甸天生桥、东川四方地、泸西产业园、思茅倚象镇、昆明西山区、昆明杨林、耿马勐简、宾川州城等地开展了浅层地震勘探工作，为城市活断层探测工作做准备。配合完成红河断裂北段机载 Lidar 填图（50 千米）。

6. 地震应急保障

修订印发相关制度，规范地震应急行动，开展系列业务培训。举办 6 期地震应急“第一响应人”教官培训班，培养教官 400 余名。指导市县开展第一响应人培训 124 场，培训 14150 余人。出版发行《村级地震应急第一响应人实用手册》并发放 5000 册，编制 10 个标准课件、6 部教学视频、1 本《云南省地震救援第一响应人培训教材》和 1 个村组地震应急预案模板并在全省推广。

参与并圆满完成“应急使命·2023”演习，组织开展大震应对桌面推演暨灾害调查比武竞赛活动，组织开展 2023 年西南片区地震应急协作联动演练，作为示范向全国推广并作经验交流。高效有序开展 2023 年 5 月 2 日隆阳 5.2 级、12 月 2 日芒市 5.0 级地震应急处置，做好震区灾害调查、烈度评定与损失评估等工作。

三、防震减灾公共服务与法治建设

1. 防震减灾公共服务

印发《中共云南省地震局党组关于进一步加强新时代新征程防震减灾公共服务的实施方案》，构建云南“防震减灾 +”服务新格局。“地震预警信息服务”入选全国防震减灾公共服务典型案例。开展防震减灾公共服务平台建设，完成 39 件行政许可“双公示”。

2. 防震减灾法治建设

《云南省建设工程场地地震安全性评价管理规定》正式列入省政府 2023 年立法计划二档项目，组织 2 场法治专题讲座。加强防震减灾行政执法工作，联合省水利、能源等部门制定《云南省大型水库专用地震监测台网建设运行情况行政检查实施方案》，组织全省 16 个州（市）地震、水利、能源等部门开展全省 50 座大型水库行政检查工作。

3. 防震减灾科普宣传

联合省教育厅、民宗委、科协等开展“地震科普　携手同行”主题活动，全省 2250 所学校参与，捐赠 9 万册科普图书，开展讲座 2251 场、演练 2370 场、主题班会 9537 场，培养科学传播师 2350 人。扎实做好防震减灾科普“六进”活动，发放科普宣传材料 147 万册，覆盖人数约 7 万人。组织参加 2023 年度全国优秀科普作品、科普人物，“典赞·2023 科普中国”评选，1 个团队入选。举办全省防震减灾科普讲解大赛、知识竞赛。联合省教育厅组织开展 2023 年度省级科普示范学校创建，52 所学校获得称号，2 所学校入选国家科普示范学校。

（云南省地震局）

西藏自治区

一、地震监测预报工作

1. 震情跟踪工作情况

严格执行会商制度。按要求开展周、月、年中、年度及震后应急地震趋势会商会，积极邀请中国地震台网中心、协作区、科研院所等专家参与会商，提升震情会商科学水平。健全完善联合会商机制，常态化开展西藏地震台与各中心站月联合会商，进一步完善协作区联合会商机制，开展会商100余次。

2. 台网运行管理

西藏测震台网整体运行良好，平均运行率为96.05%。绝大部分区域的地震监测能力可达到M_L2.7。严格速报管理规定，完成人工速报96条，最大地震为2023年11月4日尼泊尔5.9级地震。每月报送西藏地区地震活动情况。

3. 台网建设情况

西藏测震台网在网运行的测震台站61个，西藏地球物理台网在网运行台站5个，观测仪器22套，含形变仪器8套、电磁仪器8套、流体仪器2套、辅助观测仪器4套。

西藏地球物理台网数据汇集率为98.44%，数据有效率为99.35%。西藏南部地区台站以地磁和重力观测为主，西藏中部地区台站以形变综合观测、电磁综合观测、地下流体综合观测为主，西藏西北部地区台站以形变综合观测、地磁观测以及流体辅助观测为主。台站基本分布在西藏主要的地震构造带附近，包括嘉黎—察隅断裂带、喀喇昆仑断裂、班公湖—怒江断裂及雅鲁藏布江断裂。

4. 监测预报基础研究与应用

严格执行观测资料异常变化现场核实工作规范，对观测资料异常进行持续跟踪和分析研判，做到重大异常不过夜。向中国地震台网中心提交异常核实报告6份。

主动服务地方，严格履行重大震情通报制度。在按规定向西藏自治区政府报送2023年下半年和2024年地震趋势预测意见的基础上，常态化向西藏自治区政府主要负责同志报送速报信息、震情专报。每季度和每月向应急厅、消防等部门报送震情月报和震情趋势研判意见。区内重大活动等特殊时段每日向西藏自治区政府报送震情信息服务，累计报送震情日报19期。

5. 地震速报预警信息服务

（1）西藏子项目概况。项目共建设1个省级预警中心，部署30个预警专用终端，建设三类台站共212个，拉萨重点预警区平均台站间距约18千米。完成了五个技术系统的建设，具备了秒级地震预警、分钟级地震参数速报和地震烈度速报、紧急地震信息服务等业务产出能力，打通了地震信息“观测—产出—发布—服务”全链条，达到了项目的设计目标，业务处理系统各项功能目标和性能指标满足子项目建设的各项要求。于2023年10月22日通过项目竣工验收。

（2）系统运行。西藏预警台网在线基准站平均运行率96.32%，平均延时0.91秒；基本站平均运行率95.78%，平均延时0.99秒；一般站平均运行率93.30%，平均延时0.92秒。西藏自治区地震局预警中心核心机房各项功能运转正常，通信网络运行基本稳定，计算存储各项资源利用合理，无重大网络安全事故发生，业务系统运行正常。

（3）预警信息服务渠道开通。2023年11月1日，《西藏自治区地震预警管理办法》由西藏自治区政府正式发布，西藏自治区地震局不断推动地震预警信息发布服务，加快实现城乡监测预警信息共享，主要通过地震专业预警终端发布地震预警信息。已在重点预警区内的各级政府、自治区抗震救灾指挥部成员单位、各中小学校部署了30台（套）地震预警终端，可以为用户提供实时地震预警信息服务。

新采购30台（套）地震预警终端，计划部署在学校、商场及文物保护单位，以强化重点地震预警区的预警能力。

在地震预警系统正式运行后，同时开展新的服务渠道拓展工作，探索与西藏广电、西藏电信及移动IPTV客户端等单位对接预警信息接入工作，并服务社会。

二、地震灾害防御工作

1. 抗震设防要求

进一步规范西藏自治区重大工程抗震设防要求审定行政许可行为。制定了《西藏自治区地震局重大工程场地地震安全性评价报告技术审查管理细则（暂行）》《西藏自治区地震局重大工程抗震设防要求审定行政许可实施细则（暂行）》《西藏自治区地震安全性评价从业单位管理办法（暂行）》。进一步加强重大工程抗震设防要求管理。为重大工程支线机场，川藏、青藏铁路，电力、水利工程等项目选址意见提供技术支撑和服务。地震灾害风险普查项目顺利通过验收。

2. 地震安全性评价

全年共组织完成13项地震安全性评价报告评审，对13项地震安全性评价报告进行备案。

3. 震害预测

组织专业人员完成2023年度地震灾害重点危险区的预评估调查工作并报送西藏自治区抗震救灾指挥部办公室，形成文件上报西藏自治区人民政府，西藏自治区分管领导对报告做出了重要批示。各市（地）结合各自实际情况开展应急疏散演练、桌面推演、专业救援队伍拉练等地震应急演练。

4. 活动断层探测

编制完成《西藏自治区地震构造环境探查规划》，明确了西藏自治区地震构造环境探查规划的各项工作目标和任务。

5. 地震应急保障

编制印发《西藏自治区地震应急联动实施方案》《西藏自治区地震局2023年度地震现场工作方案》《西藏自治区地震局现场应急手册》等。有效应对洛隆县4.8级地震，第一时间派出地震现场工作队赶赴地震现场开展工作，协助当地政府部门调查灾情和开展应急处置工作，并完成了《西藏洛隆4.8级地震烈度图》。积极深入地震重点危险区域，检查地震灾害防范应对工作开展情况，加强督导检查，进一步强化应急准备。

三、防震减灾公共服务与法治建设

1. 防震减灾公共服务

推动西藏自治区防震减灾公共服务提质增效。印发《中共西藏自治区地震局党组关于进一步加强新时代新征程防震减灾公共服务的实施方案》，完成《西藏自治区地震局2023年科学素质纲要实施工作总结》；为重点工程选址提供公共服务。为西藏自治区自然资源厅、发改委等单位60余份区内重点项目选址意见提供技术支撑和服务。规范行政审批事项。全面清理行政审批事项，保留了一项行政许可事项，积极对接自治区“互联网+政务服务平台”，完善行政审批事项流程。开展全区防震减灾公共服务需求调查。组织召开2023年全区防震减灾公共服务需求调查座谈会，自治区教育厅、科技厅等18家区直单位参会。完成了《西藏自治区地震局2023年防震减灾公共服务需求调查评估报告》。积极推进示范学校、基地创建。2023年创建5所国家级科普示范学校，5所自治区级示范学校，1所自治区级科普示范基地。持续开展“地震科普　携手同行”主题活动。向全区350所学校捐赠科普图书5000余册。在全区各中小学校开展防震减灾知识培训，指导应急疏散演练；扎实开展“科普边疆行”和防震减灾科普知识“七进”活动，惠及各族农牧民群众近10万人次。指导地方地震应急演练。指导林芝市、山南市开展2023年抗震救灾实战化演练活动。

2. 防震减灾法治建设

印发《西藏自治区地震局法治宣传教育第八个五年规划（2021—2025年）》，完成了《西藏自治区地震局〈地震系统法治宣传教育第八个五年规划（2021—2025）〉中期评估报告》和《西藏自治区地震局2023年度法治政府建设情况》。局领导带队赴山南、林芝、昌都、那曲四市，实地调研《西藏自治区实施〈中华人民共和国防震减灾法〉办法》贯彻落实情况。组织四川省地震局、西藏自治区能源局、昌都市地震局对位于川藏交界的苏洼龙水电站开展行政检查。组织4人参加并通过了应急管理部、区司法厅的执法培训和考试。

3. 防震减灾科普宣传

建立全区防震减灾科普教育协同机制，联合区教育、民委、科协在拉萨市、山南市开展“地震科普　携手同行”活动启动仪式，开展科普讲座15次、应急演练15次，举行“五个一”系列活动，受众学生超过2000人次，向75所学校捐赠图书约2329册。

（西藏自治区地震局）

陕西省

一、地震监测预报工作

1. 震情跟踪工作情况

制定地震灾害风险防范应对措施、年度震情监视跟踪和应急准备工作方案以及全省重防区年度防震减灾任务清单，强化震情监视、异常核实、趋势研判等工作，把握震情发展趋势。制定《陕西省地震局地震会商技术系统业务化应用工作方案》和《陕西省地震局地震会商技术系统业务化技术方案》，推进智能会商系统本地化和业务应用，全年组织各类会商157次，现场核实异常21次。制定地震安保工作方案并完成习近平总书记来陕考察、中国—中亚峰会、全国两会等重大活动、重要时段的地震安保任务。

2. 台网运行管理

完善监测系统运行制度和操作规程，建立监控平台和质量管理体系，全省全年地震台网平均运行率99.37%，处理地震事件2413个，速报地震12个，编目地震1035个，向省委、省政府报送震情信息47期。

贯彻落实《关于进一步深化地震监测中心站改革工作的若干意见》，开展地震监测中心站改革评估工作，明确中心站在站网运维、异常核实、震情会商等方面的工作任务。推进站市共建，全部中心站与辖区市级地震部门签订共建协议，共同开展站网运维、震情会商、科普宣传等工作。

3. 台网建设情况

施行“百日攻坚”计划，开展全省1000个一般站的现场检查和质量评估，完成国家地震烈度速报与预警工程收尾攻坚，通过子项目竣工验收。持续推进地震监测站标准化建设，组织完成安康GNSS监测站等6个站点的标准化改造工作。

4. 监测预报基础研究与应用

加强地震预测科学研究，推进会商技术系统建设，完善震情短临跟踪与会商研判技术方案。开展了地震大形势跟踪研究等20项震情研判专题研究，从大震震例总结、地震活动参数跟踪、数值模拟和概率预测等多个方面开展探索研究，为震情跟踪研判提供科技支撑。

5. 地震速报预警信息服务

国家地震烈度速报与预警工程陕西子项目建设任务顺利完成，提交了预警信息服务申请。健全地震速报预警业务系统运行和信息发布制度体系，制修订《陕西省地震烈度速报与预警业务运行管理办法》等7项制度，明确预警系统运维管理工作责任，完善规范工作流程。

二、地震灾害防御工作

1. 抗震设防要求

依托“陕西政务服务网”和“陕西地震安全性评价管理系统”，完成12项重大工程抗震设防要求行政许可。推动重大工程抗震设防要求审定行政许可纳入投资项目在线审批、工程建设项目审批等管理平台。组织开展全省一般性建设工程抗震设防要求抽查，检查学校211所、医院70所、一般建设工程763个。

2. 地震安全性评价

持续规范和加强地震安全性评价工作，修订《陕西省防震减灾条例》，对地震安全性评价相关条款进行修正，经省政府同意印发《陕西省建设工程地震安全性评价工作范围》，出台《关于进一步规范和加强地震安全性评价工作的通知》和《关于开展全省地震安全性评价从业单位及相关技术人员检查的通知》。完成13项重大工程抗震设防要求审定，抽查检查安全性评价工作现场和当年度安全性评价报告，配合中国地震局完成2021年以来安全性评价报告质量抽查。联合省自然资源厅、省发改委等十部门印发《陕西省“标准地”改革工作指引》，明确地震区评工作要求、审查审批流程、成果应用等，检查“标准地”改革落实情况。

3. 震害预测

深入推动“两项工程”实施，“一个平台、两本专著、三套图册、四项服务”普查成果落地应用。举办全省地震易发区房屋设施加固工程现场工作会，落实房屋设施抗震设防信息采集动态更新机制，累计采集加固工程信息18.8万项，新建工程信息3.6万项。完成第六代地震动参数区划图陕西省内的四项基础资料成果收集整理。依托“陕西省地震灾害风险防治服务系统”建立陕西省地震区划基础数据库，实现了地震构造、钻孔、历史地震、潜在震源划分等基础数据的全部入库和动态更新。完成了陕西省1∶25万地震危险性图的编制和2023年度陕西省五代区划图乡镇街道地震动参数列表更新。出台“十四五”期间地震灾害损失预评估总体计划，组织开展宝鸡、渭南等重点地区预评估工作，强化地方政府决策服务力度。

4. 活动断层探测

临潼区活断层探测项目和沣西新城活断层探测项目完成实施方案编制，方案通过专家评审并组织实施。编制陕西省巨灾风险防范工程震防领域实施方案、可行性研究报告。出台《陕西省地震构造探查规划》，健全基础震害数据调查常态化投入和实施机制，地震活断层探查工作纳入省应急管理专项资金支持范围。联合西安、咸阳、铜川、渭南、杨凌示范区印发《西安都市圈防震减灾发展规划》，统筹区域协同发展。

5. 地震应急保障

组织地震现场合训演练、市县灾情速报演练、应急指挥技术系统演练，牵头举办西北区域地震应急协作联动演练。配合省抗震救灾指挥部安排年度防震减灾和地震应急准备工作，联合开展防震减灾、抗震救灾工作大检查。会同省应急管理厅举办“应急时刻·2023”全省地震应急演练。加强与应急管理厅、国家矿山安全监察局陕西局、榆林市等协调沟通，强化煤矿塌陷地震监测和应急处置，实现塌陷地震信息实时共享，有效处置塌陷地震事件。常态化报告和通报震情形势，妥善处置富县3.1级、神木2.0级等6次省内地震事件和甘肃积石山6.2级地震事件影响。

三、防震减灾公共服务与法治建设

1. 防震减灾公共服务

印发《中共陕西省地震局党组进一步加强新时代新征程防震减灾公共服务实施方案》，持续构建“防震减灾 +”服务新格局。修订地震科技服务项目管理办法，围绕地方经济、企业发展需要，拓宽地震预警信息服务范围，为三星公司开发专用紧急地震信息服务平台。加强与秦始皇帝陵博物院（兵马俑）合作，兵马俑地震灾害风险评估与预防装备研发取得进展。编写《陕西省地震局防震减灾公共服务需求调查报告》，梳理公共服务清单。陕西省地震局2个案例入选防震减灾公共服务优秀案例。推动陕西省地震局防震减灾公共服务平台与国家平台对接。

2. 防震减灾法治建设

省人大常委会审议通过《陕西省防震减灾条例（修正案）》。研究编制了《陕西省建设工程场地地震安全性评价管理办法》修订草案，申报2024年立法计划项目。编制省级地震行政执法事项清单，完成政务服务平台行政许可事项目录认领和实施清单编制，完成权责清单事项规范编码工作，开展基层防震减灾救灾体制机制情况调查评估，对水库、大桥等重大基础设施开展行政执法检查和风险评估。组织完成地方标准《地震小区划制图规范》《陕西省地震预警信息发布标准》的审定发布。

3. 防震减灾科普宣传

深入实施防震减灾科普“六进”活动，举办第七届全国防震减灾科普讲解大赛陕西选拔赛，选拔4名选手代表陕西参加全国预赛，获优秀组织奖。围绕“5·12”防灾减灾日等重点时段，共安排重点科普宣传活动75项，其他宣传活动550多项，发放各类防震减灾宣传资料超50万份（册），展出展板1.2万次，举办专题讲座、报告750余场，组织各类地震应急疏散演练4800余场，直接参与群众达1000万人次。全年科普宣传均通过陕西省地震局官方微博、微信公众号等新媒体直播宣传，直播场次超20场，互动频次超50万次。创建省级防震减灾科普示范学校38所。1部科普作品在国家级、省级融媒体平台被广泛宣传，3部作品获省级优秀科普作品奖。

（陕西省地震局）

甘肃省

一、地震监测预报工作

1. 震情跟踪工作情况

一是认真落实重大决策部署。研究制定了《甘肃省地震局党组关于进一步提升地震监测预报预警服务能力的实施意见》《甘肃省地震局2023年度震情监视跟踪和应急准备工作方案》，明确了50项具体工作任务和责任单位，实现目标任务清单化、具体化管理。二是及时召开工作部署会。组织召开了 2023 年全省震情监视跟踪和应急准备工作部署视频会，研究部署 2023 年全省震情监视跟踪和应急准备工作，地震重点危险区涉及的 8 个市州地震局均制定了本地区震情监视跟踪和应急准备工作方案。三是编制震情研判技术方案。编制了甘肃省和南北地震带北段《震情短临跟踪研判技术方案》。四是完成重防区 2023 年度各项工作任务。制定印发《甘肃省地震局落实全国地震重点监视防御区（2021—2030 年）2023 年度防震减灾工作任务清单》，明确了 40 项落实措施和 42 项年度重点工作任务。五是贯彻落实应急管理部重要部署。六是持续做好震后应急工作。完成甘肃酒泉市肃北县 4.7 级、5.5 级、5.0 级地震，积石山 6.2 级地震和平川区 4.9 级地震应急处置工作；组织中心站修订震后 12 小时应急服务响应行动清单；参与局地震应急桌面演练和 2023 年地震现场应急工作队拉动演练，并派员参加了 2023 年西北地区地震应急区域协作联动演练。七是做好地震安全服务保障工作。制定印发全国两会地震安全保障服务实施方案，组织完成杭州亚运会、亚洲残运会，成都大运会等重大活动地震安全保障服务工作。八是深化“1 +3 + *N*”地震预报业务工作机制。确定以张掖、天水两地为“1 +3 + *N*”地震预报业务试点，全面深化构建“1 +3 + *N*”地震预报业务工作机制，指导张掖、天水中心站联合市地震局印发《“1 +3 + *N*”地震预报业务（试点）工作实施方案》，加快推进适应甘肃省防震减灾现代化需求的地震预报业务体系建设。

2. 台网运行管理

一是加强站网运行管理。全年共印发《甘肃地震监测预报业务运行情况通报》12 期，2023 年获全国地震监测质量评比前三名 38 项，位居全国第二名，2023 年测震站网运行率 99.30%。年度速报超限均在 5% 以内，地球物理站网平均数据汇集率 99.98%，观测数据连续率 99.79%、有效率 99.65%。二是完成标准化改造和全国重点地区老旧设备更新升级任务。2023 年完成了 11 个一般监测站标准化改造任务和重点地区地球物理监测仪器升级项目的 5 套设备更新升级，并按要求完成项目自验收工作，同时，自筹经费完成了武威市扎子沟、天水市街子金龙观测站站点仪器设备升级改造工作。

3. 监测预报基础研究与应用

一是强化大震短临跟踪制度建设。严格执行《甘肃省地震宏观观测工作管理办法》和《甘肃省地震局地震预报群测群防工作方案》，进一步压实责任，明确具体工作措施，规范宏观观测和群测群防管理工作。二是组织召开震情趋势会商会。年内先后组织召开全省和南北地震带北段年中、年度地震趋势会商会，要求协作区各单位扎实做好震情跟踪和应急准备工作，持续完善重点危险区震情短临跟踪和会商研判工作计划，进一步加强地震大形势基础性工作，提高业务信息化水平。三是开展震后应对处置会商优化工作。严格执行《甘肃省地震局震后应对处置会商优化工作方案和技术方案》，按要求处置甘肃省内 18 次 3.0 级以上地震的震后趋势研判，报送预测意见，并针对甘肃酒泉市肃北县 4.7 级、5.5 级、5.0 级地震召开震后加密会商和专题会商会，在规定时间内报送《震情专报》11 期，无遗漏情况。

4. 地震速报预警信息服务

一是预警项目顺利通过竣工验收。国家地震烈度速报与预警工程甘肃子项目于 2023 年 9 月顺利通过竣工验收，并组织省地震台、信息中心完成了 6 个竣工报告、整改报告的修改完善，制定了地震预警信息服务方案。二是持续强化预警工程制度建设。新制定或修订印发《甘肃省地震预警信息发布终端运行管理规定》《甘肃省地震监测站网管理规定》和《甘肃省地震烈度速报与预警工程观测站运行管理规定》等11项制度规定，进一步提升地震预警业务全链条运行水平。三是完成省预警项目一期建设任务。省预警项目完成新建161个多类型地震烈度速报与预警台站，改建10个地震烈度速报与预警台站，购置安装配套设施。

二、地震灾害防御工作

1. 抗震设防要求

依据《甘肃省地震安全性评价管理条例》严格落实市县地震局对辖区内安全性评价工作的监管责任，2023年向市州地震局发送监管通知58份，省市县级地震部门协调联动，对58项重大工程场地地震安全性评价现场工作开展了巡查，地震部门将安全性评价现场巡查工作作为贯彻落实省市防震减灾工作会议精神，深入开展“三抓三促”行动的重要抓手，联合相关职能部门认真开展巡查工作，认真履行抗震设防监管工作职责，对进一步规范安全性评价现场工作和提高安全性评价报告质量具有重大促进作用。认真做好抗震设防要求行政审批，目前甘肃省境内所有重大工程抗震设防要求审定工作全部通过甘肃省人民政务大厅省地震局窗口办理。2022年重大工程抗震设防要求审定纳入行政审批之后，省地震局办件量显著提升，窗口同志会同震害防御处认真落实好《甘肃省地震安全性评价管理条例》和《重大工程抗震设防要求审定行政许可办事指南》要求，以优质高效的服务极大地提高了办件效率，细心热心提供咨询服务，受到工程建设单位和安全性评价从业单位的好评。

2. 地震安全性评价

严格落实中震防发〔2022〕19号文件开展重大工程场地地震安全性评价报告技术审查相关要求。印发《甘肃省地震局关于进一步加强全省地震安全性评价工作管理的通知》《甘肃省地震局关于公布甘肃省重大工程场地地震安全性评价报告技术审查专家库成员名单的通知》，加强地震安全性评价报告的质量管理。根据安全性评价工作实际情况需求，向省地震局，省内外相关大学、研究所、勘察设计院所等广泛征集地震安全性评价技术审查专家，建立了120人的技术审查专家队伍，专家以正高技术职称为主。共开展重大工程地震安全性评价报告技术审查52项，完成区域性地震安全性评价报告技术审查2项。

3. 震害预测

一是不断推进地震灾害损失预评估业务化工作，编制完成《甘肃省2023年度地震灾害损失预评估工作方案》《甘肃省“十四五”地震灾害损失预评估工作总体计划》，按照业务化工作要求，完成皋兰县、玛曲县现场调查，编制完成地震灾害损失精细化预评估报告详本和简本。甘肃省地震局在2022年度和2023年度地震现场应急工作质量评估评比中均获得第一名。二是持续做好地震灾害风险普查工作，组织项目组完成了14个市州86个县区和兰州新区地震灾害风险评估与区划图件及报告，并将图件、报告和总结及时报送省普查办和中国地震局。建设完成甘肃省地震灾害风险普查成果应用服务平台，实现普查成果的统一汇聚，为全省地震灾害风险防治提供信息化服务。在甘肃省自然灾害综合风险普查成果应用交流会上甘肃省地震局 2 个普查成果成功应用案例被介绍。利用地震灾害普查成果，为全省地震灾害危险区避险搬迁范围及对象复核认定提供科学依据，共完成三级认定 19871 户。三是持续推进地震易发区房屋加固设施工程，联合省应急厅以省减灾办名义印发《关于进一步加强地震易发区房屋设施加固工程的通知》。进一步加大加固工程抗震设防信息采集力度，采集 2022 年度加固、新建工程有效信息 30321 条。征集优选本省案例，征集 16 个加固工程案例，经评审甘肃省 4 个案例入选国家典型案例集。四是推动甘肃省地震局地震构造探查工作，组织专家对甘肃省地震构造环境探测业务工作程度进行摸排，并编制完成《甘肃省地震构造环境探测工作程度摸排报告》，编制完成《甘肃省地震环境探查规划》，并通过中国地震局组织的评审。组织开展大震震源探查项目，完成大震震源探测的现场工作验收和解译验收。全面完成武威市活动断层探测与地震危险性评价项目，和武威市人民政府联合召开项目成果新闻发布会，推动探测成果服务国民经济建设。五是着力开展地震评估区划业务，在完成省内重大基础设施摸排的基础上，积极对接省级行业部门，实施甘州 750kV 变电站开展地震监测与风险评估工作。在中国地震局的支持下，选取陇南市和兰州市建筑物进行健康监测，并完成地震灾害风险评估。推动完成全省 1∶25 万地震危险性区划图编制工作，完成《甘肃省地震危险性区划图编制技术报告》和 1∶25 万地震危险性图编制，并被中国地震局综合评审为一等。

4. 活动断层探测

根据武威市城市发展规划（2015—2030 年），城市未来主要向南东方向发展，为使武威城市规划及新建工程尽可能地避开地震活动断层，开展活动断层探测与地震危险性评价，为该城市未来规划建设和重要工程布局提供科学依据和技术指导。

一是区域探查与目标区主要活断层鉴定。通过对已有地震、地质与地球物理等文献资料的收集、汇编、整理，以及地形图、地质图数字化，遥感图像的处理与解译等，开展控制性中深层和浅层人工地震探测、地震地质调查、控制性钻孔探测和第四系地层划分等，确定目标区活动断层分布概况，初步估计其活动性及需进行地震危险性评价的主要活断层数量和位置。二是地震活断层鉴定与危险性评价。在目标区主要断层活动性鉴定的基础上，通过剖面清理或探槽工程开挖、年龄样品的系统测试等，对目标区内主要活动断层的活动性和地震危险性进行评价，确定目标区主要活断层未来地震的发生地点和最大震级。条件具备时，提供活断层各地震破裂段落的发震概率。三是地震活断层详细探测。在控制性探测和钻探验证的基础上，对隐伏状的活动断层进行详细探测，并对其进行高精度测量与定位，确定主要活断层的空间位置。在此基础上，综合编制目标区 1∶5 万主要活动断层分布图等图件。四是目标区地震活动断层的危害性评价。根据断层的远近场强地震动评价分析结果，对目标区进行基于潜在发震活动断层的危害性综合评价，为城市规划和工程建设提供科学的基础数据。五是活断层数据库建设与综合制图。基于地震活动断层探查数据中心提供的活动断层探测数据库模板，完成武威市活动断层探测与地震危险性评价基础数据库建设，用于城市规划建设与活动断层避让等。

5. 地震应急保障

2023 年 4 月 20 日，甘肃省人民政府组织召开 2023 年全省防震减灾救灾工作电视电话会议，印发了省防震减灾工作领导小组成员单位 2023 年度工作要点。印发了省防震减灾工作领导小组成员单位2022年度工作要点。联合省应急厅完成国务院抗震救灾指挥部对甘肃省进行的地震灾害防范应对检查工作，通报检查反馈问题并及时整改。修订甘肃省地震局《地震应急服务响应等级》《震后12小时应急服务响应清单》，制定《地震应急物资装备库管理规定》。参与“陇原砺剑·2023”抗震救灾实战演习，承担主演习场演习科目和9个分演场工作指导组的工作。参加西北区地震应急区域协作联动演练。组织地震现场工作队拉动演练，拉动永靖县开展地震现场调查评估的培训与实操。

三、防震减灾公共服务与法治建设

1. 防震减灾公共服务

制定印发《中共甘肃省地震局党组关于落实〈中共中国地震局党组关于进一步加强新时代新征程防震减灾公共服务的实施意见〉的工作措施》。开展防震减灾公共服务需求调查，重点开展“高地大”项目、大城市及城市群、抗震救灾指挥部成员单位、地震重点监视防御区、乡村振兴和新型城镇化需求调查，完成14个市州、86个县区市约500多个单位的调查工作，统计调查问卷600余份，形成《甘肃省地震局2023年防震减灾公共服务需求调查评估报告》。制定印发《甘肃省地震局防震减灾公共服务产品标准化规范化工作方案》，完成37项服务产品说明和产品样例编制工作（其中公众服务10项、专业服务15项、决策服务12项），优化服务流程，加强服务保障。推进甘肃省防震减灾公共服务平台建设，上线地震探测数据、地震调查数据、地震观测数据、防震减灾综合数据、地震专题数据、实验与试验数据等相关数据资料，开展数据汇交，为行业用户、社会公众提供防震减灾公共服务。

2. 防震减灾法治建设

完成《甘肃省地震监测设施和地震观测环境保护规定》修订工作调研，形成修订草案、修订前后对照表和修订说明上报省司法厅。依据《中华人民共和国防震减灾法》《甘肃省防震减灾条例》等有关法律法规，梳理省级地震行政执法事项9项，其中行政许可1项、责令改正1项、行政处罚6项、行政检查1项，完成重大工程抗震设防要求审定行政许可事项实施要素和办事指南的编制。开展了卓尼九甸峡水库、文县碧口水库专用地震监测台网建设情况地震行政执法检查和调研，督导九甸峡水电公司和碧口发电厂补充建设水库专用地震监测台网。落实“谁执法谁普法”工作责任，开展《中华人民共和国防震减灾法》和新修订的《甘肃省防震减灾条例》《甘肃省地震安全性评价管理条例》普法宣传，编印《防震减灾法律法规汇编》，编制《〈甘肃省防震减灾条例〉释义》，累计发放防震减灾法律法规学习资料20000余册。举办2023年全省防震减灾法治教育和地震行政执法培训，全省市县地震部门、地震监测中心站和省局相关部门、单位300多人参加培训，有效提升全省地震系统工作人员的法治意识和执法能力。

3. 防震减灾科普宣传

研究制定《甘肃省2023年防震减灾科普宣传工作方案》，以省防震减灾领导小组办公室名义印发实施。组织开展3月27日全国中小学安全教育日防震减灾科普宣传活动，全省6827所中小学校2683680名师生观看中国地震局3月27日在广西南宁举办的“地震科普携手同行”主题活动2023年首场直播。4月1日，在永靖县举办第六届全国防灾减灾千场科普讲座启动仪式。4月2日，联合省应急厅、教育厅、民委、科协，在永靖县成功举办了“阳光永靖杯”2023年甘肃省防震减灾科普讲解大赛暨第七届全国防震减灾科普讲解大赛甘肃赛区选拔赛。制定印发《甘肃省地震局2023年“5·12”防震减灾宣传周活动方案》，5月6—12日，组织市县地震部门等，开展一系列形式多样的防震减灾科普宣传活动和应急演练活动，覆盖面广、影响力大，营造了良好的舆论氛围和社会环境。5月12日在兰州成功举办了第七届全国防震减灾科普讲解大赛决赛，全国19个代表队32名选手参加决赛，100多人现场观摩，线上观看直播人数超400万人次，我省获一等奖2项，二等奖1项。联合省应急厅、教育厅、民委、科协举办了“地震科普　携手同行”主题征文活动，评选一等奖21个，二等奖38个，三等奖75个，优秀奖194个。完成2023年全省防震减灾科普示范学校和科普教育基地认定工作，新认定省级防震减灾科普示范学校38所，科普教育基地1个；新认定国家级防震减灾科普示范学校2所。高效开展积石山6.2级地震现场应急科普，组织地震现场工作队、科普宣传队8个小组、20多人到大河家镇、刘集乡、石塬镇、陈家河村等集中安置点、中小学校、村党群服务中心等为受灾群众讲解地震应急、逃生避险、自救互救等知识，张贴地震知识挂图4000余张，发放《陇小佑讲地震》等防震减灾科普宣传资料6000余册。

（甘肃省地震局）

青海省

一、地震监测预报工作

1. 震情跟踪工作情况

2023年，提升震情监视跟踪能力，制定了《青海地区6.5级地震短临跟踪研判工作方案》《青海地区震情短临跟踪与会商研判技术方案》《7号危险区跟踪技术方案》，召开2023年第一次青藏高原内部构造协作区震情监视跟踪工作研讨会、2023年年中和2024年度全省和青藏高原协作区会商会。提高监测资料质量，组织召开全省地震观测资料质量评估工作会议，完成2022年度资料评估，每月报送地震监测预报预警业务质量月评估结果改进落实清单。健全地震监测预报工作机制，完善震情会商技术方法动态评价机制，落实地震异常分级分类现场调查核实工作流程，建立宏观异常信息汇集机制。加强地震监测预报科技支撑，成立前震识别小组、地震会商技术系统建设小组、6.5级地震跟踪组。

全年组织会商155次，编写会商意见142份，开展异常核实工作38次，撰写前兆异常核实报告26份，撰写测震学分析报告6份。

2. 台网运行管理

切实加强台网运维保障，提升台网监测效能，进一步完善各部门运维职能职责，并结合监测预报通报制度对业务系统运行状况通报进行动态检查督导，及时解决存在问题。全年测震台网、地球物理台网连续可靠运行，其中测震台网包含11个国家数字测震台站、28

个区域数字测震台站及1个小孔径台阵，年平均运行率99.16%；地球物理台网包含形变台站7个、重力台站3个、地磁台站9个、地电台站6个、流体台站19个、辅助观测台站11个，年平均运行率为98.96%，数据完整率为98.14%。

3. 台网建设情况

承担国家地震烈度速报与预警工程青海子项目、青藏高原监测能力提升项目等重大项目的建设任务。

国家地震烈度速报与预警工程青海子项目建设任务全部完成，共建设台站479个，省级中心1个，市级信息服务平台6个，服务终端108个，实现了省内重点预警区的地震预警和烈度速报能力，2023年9月，通过中国地震局组织的竣工验收。各系统运行稳定、产出正常。

青藏高原监测能力提升项目完成全部28个测震、强震同址观测台站的建设任务，试运行期间设备运行正常、系统运行稳定、观测数据质量合格，2023年7月，通过竣工验收，进一步提高了青藏高原青海地区的地震监测能力。

4. 地震速报预警信息服务

持续强化震情速报服务，共完成青海及邻区 $M\geqslant3.0$ 地震速报84次，向省委省政府提供震情信息39期，其中最大地震为2023年12月18日甘肃积石山6.2级地震，最大省内地震为2023年2月3日青海德令哈4.9级地震。

青海预警台网于2023年6月进入试运行，试运行以来重点预警区内共发生17次3级以上地震，预警系统产出正常，平均预警首报用时7.6秒，震中位置偏差2.9千米，震级偏差0.4。

二、地震灾害防御工作

1. 抗震设防要求

在地震系统内率先开展对重大工程抗震设防要求落实的跨部门监管工作，将重大工程抗震设防要求监管纳入省政府跨部门综合监管事项清单。进一步规范重大工程抗震设防要求审定行政许可行为，全年办理重大工程抗震设防要求审定行政许可事项29项，办理从业单位备案5家。

2. 地震安全评价

制定印发《关于进一步规范地震安全性评价管理工作的通知》，压实从业单位责任，加强行业监管，抽查3个从业单位和3个安全性评价报告，并对抽查结果进行通报。

全年共完成《青海盐湖工业股份有限公司4万吨/年基础锂盐一体化建设项目》《果洛联网第二回330千伏线路工程项目》《海北州海晏县西海镇银湖大桥》和《西宁曹家堡机场三期扩建工程T3航站楼高填方区工程场地地震动参数复核报告编制项目》等8项安全性评价报告。

3. 活动断层探测

编制果洛州大武镇活动断层探查成果及建议，并将相关成果应用于省、州、县国土空间规划。同时，推行区域性地震安全性评价，完成北川工业园区区域性地震安全性评价，实现青海省此项工作“零”的突破。编制《青海省地震构造环境探查规划》，投入近80万元启动大震震源探查项目——青藏高原东北缘250千米地形地质剖面测量工作。

4. 地震应急保障

启动地震应急响应7次，均按照预案进行了有效处置，共向省委省政府和中国地震局报送值班信息11期，为领导决策提供科学依据，在一定程度上稳定了震后群众情绪。尤其是“12·18”甘肃省临夏州积石山县6.2级地震发生后，青海省地震局按照中国地震局和省委省政府安排部署，积极开展地震应急处置、稳定社会、地震趋势研判、烈度调查、中川乡地质灾害调查等工作，作为省抗震救灾指挥部成员，为省委省政府抗震救灾、灾后恢复重建决策部署发挥积极作用。

三、防震减灾公共服务与法治建设

1. 防震减灾公共服务

不断拓展公共服务实效，制定《中共青海省地震局党组关于贯彻落实〈中共中国地震局党组关于进一步加强新时代新征程防震减灾公共服务的实施意见〉的方案》，对全省防震减灾公共服务工作提出了具体的贯彻落实措施。在地震系统内率先开展对重大工程抗震设防要求落实的跨部门监管工作，将重大工程抗震设防要求监管纳入省政府跨部门综合监管事项清单；同时，扩大防震减灾公共服务内容，积极推进防震减灾“互联网+”，完善青海省政务服务平台审批服务。全年线上办理许可申请28项；提供地震安全性评价技术服务10余次；提供地震灾害快速评估服务15次；开展玛尔挡水电站监测专用台网建设，强化防震减灾服务重大基础建设。结合全省大型水库专用地震监测台网建设运行情况检查结果，为黄河上游梯级电站以及相关水库管理单位建设专用地震监测台网提供技术支持及咨询服务。创新政府信息公开途径，先后在《青海日报》上公布《青海省防震减灾“十四五”规划》《青海省地震预警管理办法》等5项重大规划及规章制度。

同时，加强地震预报决策服务，完善地震“长、中、短、临”预报产品清单；主动为两会、高考、青洽会和环青海湖自行车赛等重大活动或特殊时段提供地震安全保障专项服务。

2. 防震减灾法治建设

1月6日，《青海省地震预警管理办法》经省人民政府第123次常务会议审议通过，3月1日起施行。另有2项立法计划列入2024年青海省重点调研立法项目，1项列入筹备酝酿立法计划。联合水利厅对省内11座大型水库开展水库专用地震监测台网建设运行管理行政检查并反馈整改意见，跟踪落实情况，保障重大基础设施地震安全。2023年将5家地震安全性评价从业单位移出备案，对3家从业单位进行约谈。切实发挥法律顾问作用，出具合同合法性审查意见31份、咨询法律意见书2份。

3. 防震减灾科普宣传

制定《青海省地震局2023年防震减灾科普宣传工作方案》，并与省应急管理厅、省教育厅、省科协联合在全省组织开展宣传活动，海东市为主会场；在全国中小学生安全教育日、全民国家安全教育日、第十五个全国防灾减灾日持续开展防震减灾科普宣传活动。同时，海西地震监测中心站开展了“4·17”怀头他拉地震20周年纪念活动；西宁地震监测中心站与西宁市城西区胜利路小学签订防震减灾教育活动合作协议。组织开展青海省2023年防震减灾科普讲解大赛暨第七届全国防震减灾科普讲解大赛，并推荐2名选手参加全国防震减灾科普讲解大赛；开展“地震科普　携手同行”主题教育，为250所学校捐赠图书。全年进行320余场科普讲座、400多次应急演练、600余次主题班会。

同时，联合省政府新闻办召开专题新闻发布会、甘肃积石山6.2级地震第一次新闻发布会和地震烈度图新闻发布会；召开媒体咨询会，邀请新华社、中国新闻社等13家国内和省内主流新闻媒体开展座谈，积极宣传青海防震减灾工作成效。

（青海省地震局）

宁夏回族自治区

一、地震监测预报工作

1. 震情跟踪工作情况

坚持“抓异常、抓大震”，认真实施震情趋势动态跟踪研判工作方案，加强震情短临跟踪和会商研判，制定《宁夏回族自治区震情趋势动态跟踪研判工作方案》，形成了适合宁夏回族自治区地域特色的长中短临地震监测预报工作思路和方法。按照《宁夏回族自治区地震局2023年度震情监视跟踪和应急准备工作方案》，深入落实6个方面30项具体措施，全年组织开展异常现场核实工作82次，召开各类会商会169次，处置地震预测意见5份，报送震情监视报告12份、震情专报6份，提交异常现场核实分析报告11份。5月23日、10月26日分别召开2023年年中和2024年度地震趋势会商会，组织完成地震重点危险区判定，分析形成震情趋势会商意见并报告自治区人民政府。

2. 台网运行管理

加强业务管理及质量控制，按照地震行业观测规范为“宁电入湘”“西气东输”等重点工程提供路线规划意见，严格执行全区观测资料质量年度评比、地震监测中心站季度考评和业务运行情况月度通报机制，高标准开展观测站网年度巡检2次、日常运维100余次，全年观测资料连续可靠，测震、地球物理、预警等站网运行率均高于中国地震局标准要求，达99.8%以上。

强化地震网络安全保障，通过“全面自查+重点核查”的方式，完成网络安全问题隐患整改、弱口令专项整治等自查自纠工作12次，及时有效排除观测数据中断故障2次，圆满完成成都大运会、中阿博览会、杭州亚运会等网络安全保障工作。

3. 台网建设情况

聚焦台网建设，编制《宁夏回族自治区地震监测站网规划（2023—2030年）》，选取18个观测点和26套仪器开展市县地震监测资源自评估，完成银川望洪、海原GNSS和固原炭山3个监测站标准化改造，升级更新银川胜利水位仪、固原东山坡水温仪等8套老旧设备，加快形成台站标识统一、设备布设合理、布线标准规范的观测站网新格局。

4. 监测预报基础研究与应用

持续推进会商机制改革，开展地震预报效能评估，完善震情会商预测指标体系，优化《宁夏回族自治区地震局震情短临跟踪和会商技术方案》，加大前震识别指标、邻区 GNSS 资料等新方法、新资料在地震危险区短临跟踪中的应用力度。

5. 地震速报预警信息服务

建成宁夏地震烈度速报与预警系统，在持续做好地震台网建设、监测站网运维、震情监视跟踪、趋势会商研判等日常工作的基础上，经过 5 年的不懈努力，全面完成国家地震烈度速报与预警工程宁夏子项目、宁夏地震监测预警工程建设任务，总投资达 5576 万元，新建改建扩建 1 个省级预警中心、406 个地震监测站、172 套发布终端，完成信息升级布设，并接入周边内蒙古、甘肃和陕西三省区 296 个地震监测站，实现了全区中强以上地震后 10 秒左右发布地震预警信息、2 分钟内产出自动速报信息、10 分钟正式提供地震速报信息的目标，2023 年 11 月底顺利通过中国地震局竣工验收。

着力构建预警信息服务发布平台，印发《宁夏回族自治区地震烈度速报与预警信息发布系统管理规定（暂行）》，在政府机关、学校、医院和社区等人员密集场所安装预警发布终端 254 个、大喇叭 184 个，组织完成预警系统检查评估、试运行和验收测试，形成“数据处理—产品发布—信息接收”全链条业务，具备对外提供分钟级烈度速报和秒级预警的信息服务能力。

二、地震灾害防御工作

1. 抗震设防要求

深化“放管服”改革，协调民政部门更新全区 243 个乡镇（街道）地震动参数数据，督导各地严格按照第五代地震动参数区划图确定一般建设工程抗震设防要求，除中卫市外，抗震设防行政审批统一纳入当地审批局管理。

2. 地震安全性评价

服务保障宁夏回族自治区重大发展战略，推动完成黑山峡水利枢纽工程抗震设防许可，加强地震安全性评价单位、从业人员、工作流程、技术审查、现场工作和档案管理等全链条监管检查，对河东国际机场、宁电入湘、宝中铁路复线改造等重大工程地震安全性评价工作开展现场检查 5 次，组织完成国能宁夏中卫电厂 4×660MW 机组扩建项目、国网宁夏建设分公司宁夏至湖南 ±800kV 直流输电工程（送端）、石嘴山市疾病预防控制中心和张骞葡萄郡等地震安全性评价技术审查 4 项。

3. 震害预测

初步建立探查区划评估业务体系，编制《宁夏回族自治区地震构造环境探查规划》，对大震震源探查、区域地震构造探查、城市活动断层探测工作程度进行摸排分析；配合编制全国第六代地震动参数区划图，完成宁夏地震目录、微震精定位、震源机制解、大地电磁测深剖面、大地测量等资料的收集整理；开展宁夏及邻区潜在震源划分，建立潜源数据库；深化地震灾害损失风险预评估改革，制定年度工作方案和 5 年期工作规划，建立预评估基础数据库，完成固原市、中卫市地震灾害损失预评估工作，相关成果提交当地政府参考使用。

全面完成地震灾害风险普查任务，完成全区 1∶25 万地震构造图和危险性图、17 个县（区）活动断层分布及避让区划图、22 个县（区）地震灾害风险普查评估与区划工作，投入 456 万元开发建设“宁夏回族自治区地震灾害风险防治与服务平台”、购置分布式高精度地震仪，《宁夏回族自治区地震灾害风险普查成果图集》获得国家减灾委秘书长、国务院普查办主任郑国光充分肯定，普查成果有效服务宁夏“三区三线”划分、新建工程抗震设防和既有工程风险防治。

继续推进地震易发区房屋设施加固工程，印发《关于建立地震易发区房屋设施加固工程清单长效机制的通知》，实现清单动态更新常态化、全覆盖，完成加固工程数据采集年度任务，采集新建工程和加固工程数据 4134 项。

4. 活动断层探测

贯彻落实自治区党委十三届四次全会精神和《关于自然灾害综合防治工作的方案》部署要求，印发《全区地震活动断层避让及强化抗震设防管理工作方案》，系统组织各地各级对已探明活动断层进行主动避让，探索形成的银川市活动断层避让保护利用“141”工作体系（“夯实一个基础、强化四重保障、摸清一个底数”），在《中华人民共和国防震减灾法》修改专家座谈会上作典型案例交流。

5. 地震应急保障

加强地震应急准备，落实地震重点监视防御区和年度危险区工作要求，优化地震应急技术系统和产品产出，修订完善行政值班管理办法、地震（涉震）突发事件信息报告工作规范、应急服务响应等级和行动清单、应急物资储备管理办法等，圆满完成春节、全国全区两会、中阿论坛博览会等重大活动、重要时段地震安全保障服务工作；联合开展桌面演练、校园演练、西北五省区联合应急演练等 10 余次，指导各级各地进一步完善地震应急预案。

高效完成应急响应处置工作，针对 11 月 24 日银川市灵武市 4.0 级、11 月 18 日中卫市海原县 3.3 级等显著地震事件，第一时间报送震情灾情，开展会商研判，派出现场工作队伍，加强应急科普和舆情监控，较好把握了震情发展趋势；派出现场工作队伍 14 人次，支援甘肃积石山 6.2 级和新疆乌什县 7.1 级地震应急处置，配合完成现场调查和烈度图绘制，工作成效受到中国地震局和自治区政府充分肯定。

三、防震减灾公共服务与法治建设

1. 防震减灾公共服务

贯彻落实中国地震局党组 1 号文件精神，印发《中共宁夏回族自治区地震局党组加强新时代新征程宁夏回族自治区防震减灾公共服务工作方案》，谋划部署 4 个方面 20 个具体措施，编制公共服务支撑项目，组织完成国家防震减灾公共服务平台第一阶段数据上传试用工作。

2. 防震减灾法治建设

加强地震行政执法队伍建设，编印《防震减灾法规制度选编》，取得应急管理部行政执法资格 4 人、自治区行政执法资格 5 人，组织开展市县地震部门业务能力提升培训，着力提升防震减灾基层管理人员的综合业务水平和行政执法能力。

3. 防震减灾科普宣传

加强防震减灾科普阵地建设，精心开展“地震科普 携手同行”主题活动，组织全区 900 余所中小学校、近 50 万师生观看首场直播，向 450 所中小学校捐赠图书 18000 册、开展应急演练 1000 余次、举办讲座 50 余场、培训认定科普传播师 1400 人；成功举办宁夏回族自治区防震减灾科普讲解大赛，宁夏回族自治区选手在第七届全国防震减灾科普比赛中荣获三等奖；举办宁夏回族自治区防震减灾科普作品大赛，征集各类作品 2266 件，获奖作品被“科普·中国”选用、展示，赛事被授予“典赞·2023 科普宁夏”年度科普活动称号，并被宁夏主流媒体竞相报道；成功创建防震减灾国家级科普教育基地 1 个、示范学校 4 所，新认定自治区级科普教育基地 1 个、示范学校 5 所。

（宁夏回族自治区地震局）

新疆维吾尔自治区

一、地震监测预报工作

1. 震情跟踪工作情况

完善震情短临跟踪和会商研判技术方案，每月滚动会商研判地震趋势，每季度组织召开协作区短临跟踪工作震情会商会。提交震情短临跟踪和会商研判技术方案，组织召开周滚动会商 43 次，月滚动会商 12 次，新疆天山地震带强震形势研讨会 4 次。对危险区及附近地区井泉开展 1 期地球化学流动观测。全年完成乌苏泥火山野外观测及取样分析流动观测 12 次，在南疆柯坪断裂带开展流动地球化学观测 2 期，数据分析结果被应用于会商研判。成立 2 个 2023 年度重点危险区震情短临跟踪工作组，健全 6.5 级以上大震短临跟踪工作机制，积极开展短临预报实践，与中国地震台网中心、中国地震局地震预测研究所等联合开展震情会商研判。针对突出震情及有影响地震，主动向自治区党委政府及应急管理等部门报送相关震情信息。全年向自治区党委政府报送震情专报 21 期，提供震情信息服务 15 期，向中国地震局报送震情专报 57 期。以书面形式向应急管理厅等单位提供月会商研判意见。

2. 台网运行管理

新疆测震台网运行率达 99.54%，强震台运行率达 100%。完成地球物理场流动观测任务 106 个 GNSS 观测点、42 个 GNSS 剖面点，重力 240 测段，地磁 95 点次，跨断层流动水准 2 期。完成地质所国家重点研发 83 个流动 GNSS 站点勘选和观测。

3. 台网建设情况

完成 17 个综合台 GNSS 观测墩、17 个综合台光伏供电土建工作，完成 3 个重力台绝对重力仪器室、超导重力仪（微漂重力仪）观测室和配套房间及 GNSS 观测墩土建工作。完成综合台 187 台套设备采购及安装调试、重力台 9 套专业设备采购及安装，完成数据传输系统 86 台套设备的招标采购和安装工作。已实现 17 个测震台、17 个 GNSS 及气象观测数据汇集。

4. 监测预报基础研究与应用

完善综合预测指标、地震风险概率预测、会商研判技术方案，加强岩石地温、热红外、电磁卫星等研究成果应用，加强异常识别，及时梳理震例，服务震情跟踪研判。完成 7 项三结合课题，3 项震情跟踪课题。

5. 地震速报预警信息服务

新疆子项目自 12 月 1 日正式对外服务后，在重点预警区内发生 12 月 19 日阿图什 5.5 级地震。满足地震预警信息发布策略的地震共 14 个，预警信息发布 10 个，新疆紧急地震信息发布平台于震后平均用时 13 秒发布地震预警首报，地震预警信息发布延时均小于 1 秒，1000 多台终端达到响应级别。

二、地震灾害防御工作

1. 抗震设防要求

印发《2023 年度防震减灾和抗震救灾工作要点》《关于加强 2023 年自治区地震灾害防范应对工作的措施》，邀请中国地震局专家开展新疆重点地区震灾风险防范应对调研，完成地震灾害防范应对调研指导工作，实地调研抗震设防要求落实情况。联合水利厅开展水利工程设防监管检查，协调推进地震易发区房屋设施加固工程，开展 2022 年信息录入工作。全年审查重大建设工程场地地震安全性评价报告 49 份。

2. 地震安全性评价

积极开展安全性评价从业单位备案、重大建设工程地震安全性评价及区域性地震安全性评价。全年签订各类科技服务项目地震安全性评价合同 58 项，涉及水利水电、能源石油化工、交通等领域，合同额 2185 万元。

3. 震害预测

组织完成 2023 年度地震重点危险区地震灾害损失预评估，整理重点风险隐患清单，进行重点隐患危害等级评估，针对性提出防治对策建议。

4. 活动断层探测

新疆城市活动断层探测项目立项实施，包含自治区 8 个重点城市和兵团 4 个师市。依托各类专项及地震安全性评价项目积极开展地震活动构造探查工作。全年对焉耆盆地南缘、北缘，库尔特，额尔齐斯河，阿拉套山南缘，库色木契克山前等断裂开展详细野外调查工作，采集年代学样品，精细化研究活动断层。依托东南天山探测区大震震源探测项目，实施南天山段 60km 的深地震反射探测，测线沿线地质地貌调查以及包尔图断裂、小尤路都斯盆地南缘断裂填图工作。

5. 地震应急保障

按照“第一次全国自然灾害综合风险普查”工作要求，完成全疆 26 个重点县市 1∶5 万活动断层、新疆 1∶25 万地震构造图数据库汇交，顺利通过中国地震局验收。完成全疆 26 个重点县市活动断层避让图编制。完成自治区、兵团评估与区划 21 类核心成果数据汇交。

组织开展抗震救灾综合实战演练（巴楚县）、自治区“应急天山·2023”抗震救灾实战综合演练，调研指导地州开展地震灾害防范应对准备工作，实地查看物资储备库、消防救援力量、学校、医院等场所，开展业务培训12场次，双盲演练10场次，受众接近2万人次。组织人员开展地震现场应急工作视频培训3次，完成全国高考、全国两会等重大活动及时段地震安全服务保障工作，参与西北区域地震应急协作联动相关工作。共计完成4次5级以上地震和多次4级地震应急响应与处置工作，完成1月30日新疆沙雅6.1级地震现场调查评估和烈度图编制工作，累计派出地震现场应急人员4批、20人次，协助地方政府开展应急处置工作。

三、防震减灾公共服务与法治建设

1. 防震减灾公共服务

起草《新疆维吾尔自治区地震局党组关于贯彻落实〈中共中国地震局党组关于进一步加强新时代新征程防震减灾公共服务的实施意见〉实施方案》。开展防震减灾公共服务需求调研，先后组织6批次10余人赴12个县市开展需求调研，对收集的意见进行梳理评估，形成不同行业领域需求清单，完成3份调研报告。加强政务服务事项标准化建设，推进重大工程抗震设防要求审定事项纳入自治区行政许可事项平台。配合开展防震减灾公共服务平台建设，依照国家防震减灾公共服务平台试运行工作部署，对试运行工作和数据目录上传工作进行指导，并完成试运行工作。

2. 防震减灾法治建设

印发《新疆维吾尔自治区地震局2023年普法依法治理工作要点》，明确各项普法依法治理任务，制定《新疆维吾尔自治区地震局普法责任清单》等。组织开展“4·15”全民国家安全教育日、“美好生活·民法典相伴”、宪法宣传周等普法宣传活动。印发《新疆维吾尔自治区地震局法律顾问工作规则》，全年法律顾问共参与审定合同68份。经自治区司法厅审定，两位同志获批担任新疆局公职律师。配合陈小军副局长一行来疆开展《中华人民共和国防震减灾法》修订专题调研，为修订《中华人民共和国防震减灾法》提供参考。开展《地震安全性评价管理条例》《建设工程抗震设防要求管理规定》立法后评估工作。组织3个部门15人参加应急管理综合行政执法资格培训并配发制服标志，制定印发《新疆维吾尔自治区地震局应急管理综合行政执法人员制式服装管理办法》。开展大型水库专用地震监测台网建设运行情况和抗震设防情况行政检查，对恰甫其海水电站等3项水利工程开展水库地震监测台网和抗震设防情况检查工作。开展2023年度重大工程抗震设防要求执行情况监管检查，组织各地对9个重大工程开展监管检查。

3. 防震减灾科普宣传

持续开展“地震科普　携手同行”主题活动。2023年完成4817所学校图书发放任务，发放图书17.69万册，各中小学累计完成防震减灾科普讲座1.9万次，应急疏散演练5.5万次，开展参与主题班会的班级11.2万个。共授予9个地州（市）432名中小学教师“防震减灾科学传播师”荣誉称号。在中国地震局“地震科普　携手同行”年中考评中，新疆维吾尔自治区地震局被评为优秀等次。以移动科普馆为载体，先后开展科普“六进”活动80

场次。2023 年新疆维吾尔自治区地震局被自治区减灾委授予“科普基层行”旗帜。由新疆维吾尔自治区地震局原创的家庭防震避险科普视频获“我身边的灾害风险科普作品大赛”二等奖，《地震仪是如何监测地震的?》在防震减灾科普作品大赛中获短视频类三等奖。联合自治区应急管理厅、教育厅、科协命名乌鲁木齐市第四十中学等 40 所学校为自治区防震减灾科普示范学校，命名乌苏市防震减灾科普教育基地为自治区防震减灾科普教育基地。拜城县第二中学等 4 所学校获评防震减灾科普示范学校，乌鲁木齐市科技馆获评国家防震减灾科普教育基地。

（新疆维吾尔自治区地震局）

中国地震台网中心

一、地震监测预报工作

1. 震情跟踪工作情况

优化年度危险区确定规则，坚持长中短临预报一体化思路，定量化开展预测效能评价，推进危险区综合研判从定性向定量发展。重点从“抓异常”“建指标”“抓地震”等关键环节强化震情短临跟踪和会商研判策略，细化异常判定标准，牵头制定全国短临跟踪方案，增强震后趋势研判的科学性。2022 年以来，中国大陆共发生 5.0 级以上地震 56 次，其中 41 次发生在年度危险区。对 2022 年 1 月 8 日青海门源 6.9 级地震、6 月 1 日四川芦山 6.1 级地震和 9 月 5 日四川泸定 6.8 级地震做出短期预测，取得较好效果。

2. 台网运行管理

保障地球物理台网各项工作平稳推进，台网监测运行、产出与服务等各方面取得明显成效。制度建设方面，推进《地球物理站网运行管理技术要求》（〔2022〕19 号）制度全面实施，加快《省级业务中心业务质量评估细则》编制；台网运行方面，全国台网在网运行仪器 3342 套，新增入网仪器 69 套，停测退网仪器 26 套，年平均仪器运行率 99.67%，年平均数据汇集率 99.88%，年平均数据有效率 99.13%，总体运行质量与 2022 年相比稳步提升；数据质量方面，年平均数据质量达到“优秀”的仪器数与 2022 年相当，稳定在 80% 左右；数据分析方面，2023 年全国地球物理台网数据跟踪分析工作顺利开展，针对全国台网 2169 套仪器开展数据分析，各台网数据分析年平均完整率达 97% 以上；产出与服务方面，继续推进专业产品产出与深入挖掘工作，重力、定点形变站网产品发布平台相继开发并正式运行，天地一张图打造三维立体地球物理观测产品现雏形，产出内容持续丰富，积极为地震分析预报业务提供数据服务。

3. 台网建设情况

全力推进国家地震预警工程建设，全国 33 家参建单位均已基本完成建设任务，基本实现项目设计目标，具备验收条件。其中全国 31 家省局单位均已进入预警试运行阶段且系统运行状态良好。各单位正在持续排查预警系统风险隐患，健全制度体系，明确岗位职责，提高数据质量，完善软件功能。台网中心接入各类站点共18347个，其中基准一类站166个，基准二类站1876个，基本一类站3356个，基本二类站12890个，市县测震站点59个。基准一类站和基准二类站中1196个站点参与速报业务，其中1066个站点参与评比；所有基准站和基本站合计18288个站点参与预警业务。

4. 地震速报预警信息服务

国家中心紧急地震信息发布系统方面，完成了试运行期间的相关工作，系统运行正常，终端总体在线率在95%以上；积极准备中心子项目验收工作，顺利通过测试组专家信息服务运行系统检查，未有扣分项。加强对省级预警信息发布工作的技术指导，完成31家省局单位信息服务试运行工作检查。建立国省运行管理工作机制。每月对31家省局运行月报进行试评比，并督促各省局单位及时产出预警发布简报，全年产出37份地震简报。完善运行制度3项，加强对全国省级中心开展第三方信息服务工作指导。加强全国预警信息服务渠道建设管理。要求31家省局制定本省预警信息发布策略并向国家中心报备，定期更新和报备变更事项，建立了全国发布渠道和发布策略一张表。

二、防震减灾公共服务与法治建设

1. 防震减灾公共服务

（1）地震信息服务体系建设。地震新媒体平台。地震新媒体平台主要由地震速报微博、微信公众号、抖音号、快手号、云平台网站及客户端组成，用户量达千万级，年度服务人次过亿，社会效益十分显著，是地震系统对外服务的重要窗口。中国地震台网速报微博新增粉丝50万，累计拥有粉丝超过1200万；速报微信公众号新增粉丝超过57万，累计拥有粉丝突破206万；中国地震台网快手号累计拥有粉丝17万，抖音号累计拥有221万粉丝；中国地震台网云平台网站、客户端的访问量及用户量也在不断提高。

社交平台震感自动汇集系统。2023年，基于地震新媒体平台的长期发展与震后应急的实际需求，台网中心公共服务部协同新浪公司开发了社交平台震感自动汇集系统，初步实现了震后公众微博信息汇集与提取的自动化，并在多次影响力较大的地震中及时响应，产出了震感分布图，被运用于震后应急、舆情报告，成效显著。特别是8月6日山东平原的5.5级地震，由于此次地震发生在东部，震级较大，整个华北地区的公众都不同程度地感受到了这次地震。在这次地震中，社交平台震感自动汇集系统自动发布了震感汇集链接，收到了万余网友的震感强度反馈，同时，结合微博现场大数据，绘制了“人感热力分布图”，该分布图与此次地震的实际影响范围非常吻合，一经发布，被中央级媒体《人民日报》官方微博及其他各类媒体转发，总阅读量超千万次。

12322速报短信服务平台。防震减灾公益热线12322速报短信服务平台是地震信息服务的重要依托。2023年，12322速报短信服务平台完成了网关专线通信保障，充分利用自有技术团队的力量，协同10余个省市地震局完成短信系统的升级改造，短信服务能力大幅提升。2023年度，该平台累计为27家单位共计5万用户提供短信服务，全年累计发送短信约1300万条，日均约3.45万条。

紧急地震信息服务。中国地震台网中心公共服务部作为预警工程信息服务建设的主要责任部门，在预警信息服务建设方面，顺利完成了预警工程台网中心子项目地震紧急信息服务分项、预警科普系统、高铁预警示范等项目建设；预警信息服务运维方面，针对预警信息服务发布的渠道管理、运维管理、产出机制、评比管理等全链条工作在制度上进行了明确，先后编制并印发了多项紧急地震信息服务相关管理办法。此外，2023 年，中国地震台网中心公共服务部还完成了中国地震台网中心子项目及预警总项目的档案验收工作，并编制档案报告及竣工报告。

（2）地震数据服务体系建设。地震科学数据是地震科学研究的重要基础，是地震系统服务国家经济社会发展的重要依托。数据资源标识（DOI 和 CTRS）在数据共享网新增数据集中得到广泛应用。资源建设方面，测震、强震动、地电、地磁、流体等台网数据产品持续更新，年度新增数据约 105.85TB（含科技项目数据汇交 30.37TB，306.5 万条记录），累计达 811TB；行业服务方面，GNSS、地球物理场、电磁卫星数据和波形数据服务稳定，为地震监测预报业务提供相关数据支撑；对外服务方面，数据中心在线服务系统访问总量为 246 万人次，服务 200 余个项目；数据汇交方面，新增 11 个国家重点研发计划项目的数据汇交，网站陆续开放共享 2021 年度已汇交项目的数据。

2. 防震减灾科普宣传

“震知道”地震科普工作进一步推进，科普视频新增 5 则原创科普作品，文创产品新增 1 件。持续完善“震时 + 重要时间节点 + 平日”的科普宣传机制，2023 年在全国防灾减灾周、国际减灾日及多次重大突发性地震事件后及时、快速地回应社会公众关切，并为相关媒体做好地震科普产出供给，取得了较大的社会影响力。特别是在 2023 年防灾减灾周中，中国地震台网速报微博主持话题“#全国防灾减灾周地震频道#”，发布科普作品，阅读量共 3416 万；同时，在“5·12”防灾减灾日当天，与应急管理部、科普中国等社会力量联合开展了关于地震应急演练、科学辟谣等线上宣传，效益显著。

（中国地震台网中心）

中国地震灾害防御中心

一、地震灾害防御工作

1. 抗震设防要求

牵头编制全国新一代区划图。开展地震危险性模型、地震动预测模型、场地模型的研究，推进面向三维潜源的概率地震危险性计算、随机地震事件集的生成等软件的研发，同步推进京津冀地震危险性区划图试编。编制印发《省级地震危险性区划图编制技术指南（2023 版）》，推动构建全国地震区划工作常态化、业务化工作机制，持续为各省局技术能力的提升提供技术支撑。

推进地震易发区房屋设施加固工程。持续做好全国房屋设施抗震设防信息采集及管理平台升级与运维，对全国加固工程数据进行汇总、整理和分析。已完成全国加固工程数据审核入库199.98万余条。协同征集全国206个典型案例，评选出51个典型案例，为省局持续做好加固工程提供指导。

2. 地震安全性评价

开展地震安全性评价工作。服务“长三角”一体化发展建设，完成池州市城市活动探测与地震危险性评价、铜陵市活断层探测等工作，厘定了该区域活动断层活动特征和发震能力，科学评价了该区域地震危险性和危害性，为城市地震安全和国土空间规划提供科学依据。持续为国家核电、重大水电项目等提供地震安全服务，完成江苏徐圩核能三维场地分析、河北海兴核电地震安全性评价复核等工作。

服务海南自贸港空间规划。承担海南2023年活动断层探查工程，其中野外跨断层钻探已取得初步成果，将改变以往对马袅—铺前断裂的认识，项目成果将释放海口城区南部大量土地，解决海口市城市规划向南发展长期受地震断裂限制的困扰，为海南自贸港建设提供精准地震安全服务。

3. 震害预测

完成全国地震灾害风险普查年度任务。履行地震灾害风险普查办公室职责，指导省局完成省级地震灾害风险评估核心成果汇交和质检，组织完成普查任务验收，牵头编制总结报告。完成地震行业数据库建设，建立与国普办数据库互通接口平台。完成4批次的房屋格网、经济人口格网、风险评估结果数据的更新与省局数据回流工作。完成普查成果应用案例汇编，举办成果应用研讨会，加强成果应用推广，支撑杭州亚运会等重大活动地震安保。

开展重大基础设施一般性评估试点。积极落实协同配合单位的工作职责，组建管理和技术团队，参与重大基础设施地震灾害风险一般性评估试点。提供了试点地区地震环境构造探查基础背景资料，参与重大基础设施场址地震危险性评价分析，组织《一般性评估技术指南（试行）》的解读和技术培训，完成苏州斜港大桥和硫磺沟大桥地震灾害风险一般性评估2个范例报告，为形成试点工作经验、探索建立长效工作机制提供有力支撑。

开展年度危险区预评估工作。组织完成2023年度12个地震重点危险区地震灾害损失预评估，共涉及13个省（自治区），84个市（州），292个县（市、区）。持续推进预评估业务化转型升级，编制《地震灾害损失预评估技术指南（2023版）》和《地震灾害损失预评估业务工作质量评估标准（2023版）》，全面支撑预评估业务化定型。研发地震灾害损失预评估业务系统，组织完成两期地震灾害损失预评估工作指南和业务系统平台应用培训。

4. 活动断层探测

牵头完成《地震构造环境探查业务工作程度指标》《1∶10000活动断层填图（探测）工作指南》等4个政策文件或标准规范的编制工作。编制实施方案和工作计划，启动青藏高原东北缘等六个区域试点工作，完成相关省级地震局实施方案技术论证并指导承担单位推进实施，圆满完成中国地震灾害防御中心承担的青藏高原东北缘探测区和新疆东南天山探测区探测任务。

5. 地震应急保障

开展山东省德州市平原县5.5级地震和甘肃省酒泉市肃北县5.5级地震应急处置，产出震中区域地震构造图、地震动峰值加速度图、基于遥感影像和经验估计的房屋抗震能力初判图等地震应急产品，派出专家参与中国地震局工作组前往山东平原县开展灾害调查评估与烈度评定工作，召开山东省德州市平原县5.5级地震烈度调查评定专家审查会，为震后决策服务、及时高效发布地震烈度图提供支撑和保障。

二、防震减灾公共服务与法治建设

1. 防震减灾公共服务

推进地震灾害预防领域标准化建设。在推进震防领域急需标准制修订方面取得较大进展。一是积极申报2023年度中国地震局标准制修订计划项目，成功立项4项。二是作为标准编制牵头单位，地震行业标准《活动断层探查　成果报告编写规则　第1部分：基本规定》正式发布实施，地震行业标准《活动断层探查　地震勘探　第1部分：浅层反射/折射法》通过技术审查。

2. 防震减灾科普宣传

完成“地震科普　携手同行”主题活动科普图书发放。按照上级部门要求，积极完成“地震科普　携手同行”主题活动防震减灾科普知识进校园2023年度图书发放工作，向云南省100所学校发放科普图书4000册。

开展重点时段科普活动。在“5·12”全国防灾减灾日、“7·28”唐山地震纪念日及国际减灾日期间，利用网站、微信群发布相关科普宣传信息，在单位宣传栏张贴宣传画，摆放科普图书，开展科普宣传活动。

开展全国防灾减灾日系列科普宣传活动。联合朝阳区地震局、亚运村街道办事处、安慧里社区等多家单位在亚运村地区防震减灾科普教育基地开展防震减灾宣传活动，地区居民、地区社会单位共计200余人参加此次活动，为宣传活动提供科普视频2部、宣传手册1500册、折页800张、图书60本、挂图10套。积极配合应急管理部老干部局开展科普讲座活动，在朝阳区和平街道科技苑社区、东城区和平里街道兴华社区、大家养老朝阳社区及清华附小举办的四场科普讲座中，我单位累计提供宣传资料700余份、挂图十套（52张）以及课件数份。

牵头编报土耳其强震启示并主动回应社会关切。2月6日土耳其7.8级强震发生后，牵头组织编报了土耳其强震启示。通过央视《环球视线》第一时间主动发声，田勤俭研究员从地质学角度解读“为什么在土耳其南部会发生这样强烈的地震”。

（中国地震灾害防御中心）

中国地震局发展研究中心

高质量完成新时代防震减灾事业战略研究工作，系统研究提出防震减灾事业发展总体战略、分类战略和运作战略建议等研究成果，为中国地震局党组贯彻落实习近平总书记重要指示批示精神、谋划实施事业发展战略提供参考。全面实施中国地震局重大战略政策理论与实践课题研究，完成“十四五”国家防震减灾规划中期评估，持续推进现代化指标体系构建研究。聚焦世界地震科技前沿和最新理念，创建《防震减灾前沿动态》平台，扎实开展防震减灾信息服务。开展全年24小时应急宣传值班值守，完成重点时段、重大活动地震安保任务。

大力引领防震减灾科普转型升级，建成防震减灾融媒体中心，在全国地震局长会议，春节、国庆等重要节点策划选题7期，融媒体矩阵产出“10万+”作品150多个，开展防震减灾融媒体培训，3个班次1000余人次参加，推动融媒体建设进入常态化运行和高质量发展阶段。策划开展防震减灾科普活动，在“5·12”防灾减灾日、“7·28”唐山大地震纪念日、“10·13”国际减灾日等重要活动时段，开展科普直播、知识竞赛、文创联“萌”等科普活动20余场，邀请公众人物助力公益科普，受众超1亿人次。评审2023年度全国科普示范学校和科普教育基地，实施2023年度防震减灾科普社会化项目，策划推出陈运泰院士、周福霖院士团队系列科普作品。

（中国地震局发展研究中心）

中国地震局地球物理勘探中心

一、地震监测预报工作

1. 震情跟踪工作情况

中国地震局地球物理勘探中心（简称物探中心）高度重视震情监视跟踪工作，按照中国地震局要求统一部署安排，成立2023年度震情监视跟踪工作领导小组，制定年度震情跟踪工作方案，明确具体职责任务，密切跟踪监测地区的重力场变化情况和震情发展趋势。

11月30日，内蒙古自治区阿拉善盟阿拉善左旗发生4.1级地震后，及时分析处理地震附近区域重力资料，与重力学科组相关专家和内蒙古地震局沟通，提出震后趋势判定意见。密切监视测区的震情发展趋势，按照《中国地震局关于实行宏微观异常零报告制度的通知》的要求及时上传异常零报告。完成全国两会、中秋国庆、党的二十届二中全会等重大活动和假期期间的地震安全保障震情值守工作。强化监测预测工作，将野外流动观测与震情跟踪分析联动，野外观测小组及时报送观测资料，分析预报人员实时接收处理资料，并将核实后的重力场异常变化及时上报。

2. 台网运行管理

物探中心重力测网运行正常。测网主要涉及北京、天津、河北、山西、内蒙古、安徽、河南、湖北、陕西、甘肃、宁夏和新疆12个省（自治区、直辖市）。召开流动重力观测野外安全生产专题会议，根据工作量、测量地域及其交通状况制定野外施工方案，统一配备现场施工装备、数据记录与处理系统等外业工具。对B515、B602两台重力仪器进行检查调整，对两台仪器性能及一致性进行标定；对B515、B602、G793、G1132、G808、G843六台重力仪器进行检查调整，对四台仪器性能及一致性进行标定。通过检调及标定确保仪器性能处于最佳状态，以得到更好的观测数据。

全年野外测量总行程 7.5 万千米，全年共完成 297 个测点、436 个测段、68 个闭合环、3496 点次的重力复测任务。流动重力测量数据质量优秀，全年安全无事故，圆满完成了 2023 年监测任务。

3. 台网建设情况

为即将被破坏的 1 个测点选建了新点，并进行了新老测点之间的联测工作，确保流动重力观测资料的连续性；测网中 6 个原有测点被破坏，3 个测点被覆盖，无法观测，均新建临时点进行观测。

4. 监测预报基础研究与应用

完成地震监测预报、震情监视跟踪及前兆异常落实和 2024 年地震活动趋势分析研究，全年共提交异常零报告 54 期，开展月会商 12 次；向中国地震台网中心、中国地震局地震预测研究所和重力学科组提交 2023 年年中和 2024 年年度地震趋势研究报告；参加重力学科专题会商会、河南省 2023 年年中和 2024 年年度地震趋势会商、2023 年度河南省防震减灾学术研讨会、黄河流域中东部地区 2023 年上半年震情跟踪联防研讨会、2023 年中国地球科学联合学术年会、2023 年中国地震学会地震科技信息专业委员会学术会议暨云南澜沧—耿马地震 35 周年纪念会等；参加分析预报地震地质基础理论和方法培训班；重力观测资料与处理结果与中国地震局第一监测中心、中国地震局第二监测中心、河北省地震局等多家兄弟单位共享。

二、地震灾害防御工作

1. 抗震设防要求

统筹推进地震灾害风险探查区划评估发展战略研究，加强与第六代全国地震动参数区划图编委会沟通，开展第六代区划图深部构造及地球物理场资料收集整理和华北平原沉积层结构模型构建等工作，参与新一代区划图编制。

2. 地震安全性评价

承担完成西峡—十堰—安康管道项目地震安全性评价、睢阳风电场地震安全性评价、太康风电场地震安全性评价、虞城风电场地震安全性评价、华润新能源内黄县 100MW/200MW 独立共享储能电站项目等 10 余项地震安全性评价项目，为当地提供强有力的地震安全技术保障。

3. 震害预测

开展长白山和大同火山区密集地震台阵观测工作。布设高频三分量地震仪，开展流动地震台站的观测和数据回收工作。

开展大震震源探测地球物理勘探项目。在库尔勒隐伏断裂活动性鉴定项目的目标区内，利用反射波勘探和折射波层析成像方法对目标断层的位置、性质和近地表结构进行成像；在张掖盆地探测目标区，采用背景噪声成像方法对张掖盆地及沉积层结构进行成像。

开展黑龙江省中部地区地震监测台网项目科学台阵分系统野外陆地 60 个观测点初值测定工作。收集调查 60 个台阵站点宽频带地震记录和附近地质、地理、交通、干扰源条件。

选取 72 个整小时地震噪声记录进行噪声分析处理，计算噪声功率谱密度曲线及动态范围。

开展洪泽盐盆特殊地下空间资源调查评价与协同利用试点项目微地震监测工作。分析盐矿区微小震活动特征及地震活动性，判断地震类型，为洪泽盐盆未来地震灾害风险评估、盐矿盐穴资源安全高效开发提供地震学依据。

4. 活动断层探测

联合承担墨脱断裂带与喜马拉雅构造带深部结构探测工作。该项目对雅江电站和希让电站枢纽选择、抗震评价至关重要。

开展中国地震科学实验场跨断层观测阵红河断裂科学钻探工程物探选址项目。完成 3 个主动源中深反射地震勘探剖面共 29.1 千米，超额完成合同约定任务。项目的探测成果将为中国地震科学实验场红河断裂科学钻探工程提供布设钻孔位置的参考依据和地震剖面成像结果的对比依据。

开展河南省地震构造探查工程（9）项目，通过浅层人工地震探测判定上述断裂的位置、可分辨的上断点埋深，初步估计最新活动时代，为布设相应的跨断层钻孔联合地质剖面提供依据。

开展乌恰县、喀什市等多个新疆重点城市活动断层探测项目中的浅层地震勘探工作。

开展常德市活动断层探查项目（第 1 期），在常德目标区内开展标准钻孔探测与第四纪地层剖面的建立工作。

5. 地震应急保障

（1）修订印发《中国地震局地球物理勘探中心地震应急响应预案》，组织应急队员开展灾害损失评估应急演练。

（2）参加华北片区地震应急演练及业务培训、华北地区地震应急区域协作与联动支援联席会议及应急演练、河南省 2023 年防震抗震（抗震救灾）指挥部会议暨全省防震减灾工作会议，邀请河南翔龙航空科技有限公司专家开展无人机技术应用专题讲座。

（3）开展重要时段应急值班值守，完成节假日期间及两会期间地震应急安保工作。

三、防震减灾公共服务与法治建设

1. 防震减灾公共服务

一是编制实施《中国地震局地球物理勘探中心新时代防震减灾公共服务体系建设工作方案》。二是开展公共服务需求调查评估工作，总结上报《中国地震局地球物理勘探中心 2023 年度防震减灾公共服务需求调查评估报告》。三是深入开展系列科普宣传活动，完成以深部构造探查为主题的作品《人工地震是什么黑科技》，在“学习强国”平台专题展播。四是组织开展防震减灾公共服务优秀案例的推荐评选工作，“淮安盐矿区地震安全服务”被评选为 18 项防震减灾公共服务优秀案例之一，完成“淮安盐矿区地震安全服务”改革情况宣传材料。

2. 防震减灾法治建设

完成《中国地震局地球物理勘探中心“十四五”防震减灾科普规划中期总结评估报告》《中国地震局地球物理勘探中心法治宣传教育第八个五年规划中期总结评估报告》《中

国地震局地球物理勘探中心2023年实施“防震减灾+”重点工程情况报告》《中国地震局地球物理勘探中心法规标准工作情况报告》等多个法治建设相关报告的编制报送工作。

3. 防震减灾科普宣传

一是联合金水区应急管理局、金水消防救援大队、郑州市人民医院、东风路街道办等多家单位，共同以“防范灾害风险　护航高质量发展”为主题开展宣传活动。二是进乡村、进企业、进社区、进校园，科普专家作防震减灾知识讲座，赠送地震科普资料。三是充分发挥网络新媒体平台作用，开展线上主题宣传。在物探中心门户网站开设“5·12”防灾减灾日专栏，利用微博、微信和钉钉等平台，面向社会展示中国地震局及局属单位发布的防震减灾作品。四是主动对接属地郑州的新闻媒体，6篇新闻宣传作品被《河南日报》等省级以上主流媒体采用。

（中国地震局地球物理勘探中心）

中国地震局第一监测中心

一、地震监测预报工作

1. 震情跟踪工作

制定《中国地震局第一监测中心年度震情监视跟踪和应急准备工作措施台账》，建立野外监测动态信息化跟踪工作机制。全年完成GNSS（130点）、相对重力（240段）、绝对重力（16点）、地磁矢量（72点）、地磁总强度（154点）、区域水准（189km）、跨断层场地（25处/12期）7项流动监测任务。

不断夯实监测基础，积极提升成果质量。一是作为跨断层学科牵头单位，组织研讨制订年度全国跨断层观测计划。二是建立健全流动监测预算管理与绩效改革方案，持续规范流动监测预算管理，激发监测工作活力。三是对云南省地震局、四川省地震局等多个单位提出的跨断层场地优化改造进行了论证和技术指导，编制跨断层场地测量规范，进一步夯实全国跨断层形变观测资料共享服务。四是组织对全国20个单位区域水准、跨断层台站和跨断层流动场地等分项观测资料进行检查验收和评比；五是完成全系统41家单位地震监测运维重点项目的绩效评价工作。

制定年中和年度震情趋势会商实施方案，组建新一届地震预报评审委员会，完善会商工作流程和机制。组织参加全国滚动月会商，年中会商，构造协作区、大形势等会商工作，提升会商综合水平。

扎实做好重点地区和重要时段地震安全保障服务，圆满完成2023年全国两会、杭州亚运会等地震安保工作。

2. 台网运行管理

强化业务制度建设，促进长效机制建立。一是成立工作专班，高位推动国家地震计量站通过国家市场监管总局调研组现场考察，获批筹建。二是强化备机备件管理，编印《国家地震烈度速报与预警工程备机管理办法（试行）》，规范预警工程备机备件存储与调度。三是协同建立业务运行质量协同工作机制，制定业务评估结果整改落实台账，强化跟踪检查，促进业务运行质量提升。四是建立与仪器厂商的互动反馈机制，初步搭建起与仪器供应商的沟通联络渠道。五是加强技术牵头引领，积极组织申报国家计量技术规范编制项目，光纤旋转地震仪等 6 项地震国家计量技术规范获批立项。

紧盯重点项目实施，着力夯实基础能力。一是有序推进仪器更新升级工作，牵头实施"2023 年度重点地区地球物理监测仪器升级项目"，对项目全过程进行指导把关，为 18 个省局 103 个台站更新 153 套地球物理类仪器。二是协同推进"地震计量专业设备购置和基础设施建设（二期）"项目实施，2023 年新建重力实验室等 5 个实验室，新增检测项目 16 项，22 个校准项目获 CNAS 认可。三是升级建成地震监测站运维监控管理系统，完成对省级业务中心、中心站的应用培训，开展业务化试运行，提供信息化管理平台。四是牵头统筹谋划片区地震仪器维修基地建设，形成 1 个国家中心、6 个片区地震仪器维修基地分布式建设方案。五是着力谋划巨灾防范工程项目，组织细化计量检测实验室建设、全网智能化监控系统升级、片区地震仪器维修基地建设内容，配合天津市地震局完成项目立项。

提升业务运行质量，推进牵头职责落实。一是强化装备管理与站网运行监控，推进地震监测专业设备分类动态管理，纳入全国统一运行监控的地震监测专业设备全部实现统一信息化管理。持续开展设备运行监控，建立业务评估结果整改落实台账，并跟踪整改成效。加快提升预警工程站点设备运行监控能力，初步建立预警工程站点设备运行评估指标体系。强化备机备件运维，向浙江省地震局、四川省地震局调配预警工程备机 61 台，有力保障杭州亚运会和成都大运会的成功举办。二是不断强化计量检定业务牵头引领。规范设备入网检测，制定二氧化碳红外分析仪等定型测试技术规范，组织开展 41 个型号地震监测专业设备和 89 个型号地震预警终端定型检测。强化牵头作用发挥，组织完成地震预警技术测试实验室等 3 个检测实验室能力评估。推进移动标校体系建设，研发"预警工程测震仪器移动标校处理软件"，编制《测震设备移动标校技术规范》，规范业务实施流程，组织在 5 个中心站开展移动标校示范应用。持续做好计量检定、校准、测试服务工作。

助力台站深化改革，做好专项工作任务。一是高质量完成中心站改革评估工作。围绕"中心站建强"的改革目标，设计了 12 项指标 34 项评价要素，对中心站改革开展了系统性评估工作，形成了《地震监测中心站改革评估报告》，汇编全国监测预报工作会议台站改革交流材料，遴选先进典型，宣传优秀中心站改革经验和丰硕成果。二是牵头开展地震监测站标准化建设。组织编制《地震监测中心站建设技术规范（试行）》《地震监测中心站建设技术规范附图及说明（试行）》，为中心站标准化建设奠定基础。组织实施 2023 年度地震监测站标准化改造工作，促进地震监测站充分展现行业特色。

二、地震灾害防御工作

1. 地震安全性评价

在山西、天津、内蒙古等省、直辖市、自治区累计完成 14 个项目的地震安全性评价工作，项目类型涵盖工业园区、重大工程、线路工程、重要设施等，为项目所在地的震害防御工作提供了坚实的技术支撑。

2. 活动断层探测

深入开展了三门峡、安庆、运城、巩留等重点市、县的活断层探查工作，相关工作的实施为摸清项目所在市、县灾害风险隐患提供了基础保障。

3. 地震应急保障

进一步强化地震现场应急流动观测装备、队伍和制度建设，编制《中国地震局第一监测中心监测和地震应急服务响应工作三年行动方案》《国家地震烈度速报与预警工程备机管理办法（试行）》；高质量完成天津市地震应急演练，提升队伍应急响应处置水平；组织全国六大片区开展地震流动测震台网演练，强化各省局及中心站人员参演规模，强化风险防范准备。

强化地震安全服务备机备件保障，规范预警工程备机备件存储与调度。

在新疆阿克苏 5.1 级地震和甘肃积石山 6.2 级地震应急服务响应工作中，及时快速编制应急流动观测方案，组织协调观测力量，快速高效完成观测任务，产出相关应急数据产品，为扎实开展地震应急响应处置工作积累了宝贵经验。

三、防震减灾公共服务与法治建设

1. 防震减灾公共服务

统筹谋划“防震减灾 +”服务工作思路，充分利用自身优势加强对外交流合作，不断提升中心科技服务能力，拓展科技服务领域，提升科技服务效能。

编报《中国地震局第一监测中心防震减灾公共服务需求调查 2023 年阶段性报告》。2023 年新签订科技服务合同 60 余项，办理技术合同认定登记 70 余项。

先后与天津地质调查中心、天津华北地质勘查局等单位开展合作研讨，充分发挥专业优势，拓展科技服务领域；服务国家重要基础设施建设方面，与中国铁道科学研究院，重点针对川藏铁路沿线区域的断裂活动性、路基边坡形变、点面状监测、北斗应用开发等领域进行合作研讨，并签订相关合同；开展的新疆重点城市活动断层探测项目（巩留县活动断层探测项目），为新疆巩留县灾害风险排查和治理提供科学的基础资料；承接西藏地震监测能力提升项目，有助于提升我国西部地区地震监测能力，服务地方地震监测能力建设。

服务重大项目需求，完成预警工程设备采购三期项目 22 个型号设备的标前测试，以及预警工程超低噪声台项目 54 套设备、预警工程三期项目 20 套设备和地震监测台网项目 1011 台套设备的验收测试，及时发现并督促整改 2 个型号地震计和 2 个型号地震烈度仪影响仪器性能的设计问题，有力保障防震减灾工程项目质量和资金安全。组织开展 2023 年度重点地区地球物理监测仪器升级项目仪器验收测试工作，完成 88 台地球物理监测设备验收测试。服务国家安全，配合市相关部门开展手机监测非天然地震能力技术论证；服务航天事业，为中国科学院国家空间科学中心开展星载温度测量系统的定制化测试工作；支撑海洋监测，开展海底地震仪测试方案设计和仪器测试工作。不断提升市场意识和服务意识，深化与中国铁路设计集团有限公司、中航长城计量测试（天津）有限公司、国家水运工程检测设备计量站等单位的计量测试合作。

东部形变数据分中心平台对外提供数据产品服务，2023 年度向 23 家固定用户提供产品下载，向 4 家用户提供离线数据服务。

2. 防震减灾法治建设

履行地震标准化工作职能，做好年度地震行业标准的复核、评价和宣贯工作。完成地震标准复核工作 15 项次，参与地震标准起草 3 项，完成行业标准的出版印刷工作 7 项，报批地震行业标准 6 项，参加预警工程标准集中工作 1 次，开展 10 月 14 日世界标准日宣传活动。

履行地震计量委秘书处工作职能，编制发布《地震预警信息服务专用终端定型测试技术规范》《二氧化碳红外分析仪定型测试技术规范》和《绝对重力仪定型测试技术规范》3 项定型测试技术规范。完成 2023 年度国家计量规范制修订项目征集、审议、答辩，光纤旋转地震仪等 6 项国家规范获得立项，并向相关单位下达编制任务。组织立项地表地震计等 3 项部门计量检定规程，地震技术规范体系进一步健全。加快推进已立项规范编制，完成 2 项国家规范和 3 项部门规程的征求意见工作。

3. 防震减灾科普宣传

编报《中国地震局第一监测中心 2023 年防震减灾科普工作方案》。中国地震局第一监测中心地震科普团队暨流动监测队陆续在民族地区开展“地震科普　携手同行”活动。同时，在地震科普宣传重点时段开展相关活动。与地震出版社、云南省地震局对接，完成共计 100 套 4000 册科普图书的采购和对口支援发放任务。

总结地震计量体系建设成果，完成《国家地震计量站宣传册》以及计量大楼大厅、实验室展板和装置展示牌的设计制作。开展一系列“5・20”世界计量日主题宣传活动。

（中国地震局第一监测中心）

中国地震局第二监测中心

一、地震监测预报工作

1. 震情跟踪工作情况

编制全国地球物理场流动观测实施管理办法，动态跟踪任务进展。完成青藏高原东北缘跨断层场地水准形变监测任务 152 处次、陕西秦岭北缘断裂带区域精密水准测量 205 千米、GNSS 流动监测 130 个站点、绝对重力观测 17 点次、相对重力观测 379 测段。及时共享形变资料分析结果，为强震趋势跟踪和地震危险区判定提供重要参考。

2. 台网运行管理

完善全国地震监测数据质量评价技术方案，健全评价指标体系，建成 8 类Ⅰ级指标、32 类Ⅱ级指标；加强评估业务机制建设，编制完成地震监测数据质量评估方案和评估细则，明确数据质量评价业务流程，建立地震监测预报业务评估工作的基础信息共享校核、月报校核机制，建立每月数据质量问题台账及落实改进机制；持续优化月报分析工作，每月定期产出地震监测数据质量分析月报和学科报告，以及省局数据质量问题改进台账，并督促检查落实情况。优化质量监控平台功能模块，满足国家业务中心、省地震台、地震监测中心站三级质量控制业务需求。

3. 监测预报基础研究与应用

综合利用地表变形的区域运动学模型和板块边界地震活动性全局定标方法，估算模拟华北平原西部汾渭断陷带的长期平均地震活动性；利用地震矩平衡方法，将基于能量平衡的地震矩亏损分析和传统的概率预测相结合，对川滇地块东边界最大潜在震级、复发周期及未来地震危险性进行了概率分析。

开展基于不同地震孕育模式的强震震前地形变异常研究、利用多期 GNSS 资料研究青藏高原东北缘现今地壳形变与地震活动时空特征、基于时序 InSAR 技术的大震前异常指标计算的震例回溯研究、同震形变自动化产出流程的构建、基于同震破裂模型研究汶川地震震前形变异常分布特征等相关工作。

二、地震灾害防御工作

完成地震安全性评价项目 22 个。完成西安市高陵区地震活动断层探测和地震危险性评价项目。开展甘肃积石山 6.2 级地震应急流动观测工作。参与杭州亚运会、成都大运会等重要时段地震安全保障工作。

三、防震减灾公共服务与法治建设

1. 防震减灾公共服务

（1）完成国家防震减灾公共服务平台功能开发，实现防震减灾数据目录、产品目录、技术服务目录为主体的在线服务，组织局属 41 家单位开展试运行，编制平台管理办法及配套制度，为平台正式上线运行奠定良好基础。

（2）国家地震数据灾备中心安全备份全国地震监测数据，备份全国 1275 个测震台站数据、3239 套地球物理仪器观测数据。云平台为地震会商技术系统等 14 项重要业务系统和 30 余项一般业务提供信息化服务。

（3）开展防震减灾公共服务需求调查，完成 35 家企事业单位需求调查，收集 73 条服务需求。针对国家防震减灾公共服务平台的框架内容、服务方式、合作共享等需求开展调查。

2. 防震减灾法治建设

加强法治建设。将法治宣传教育纳入中心年度工作计划，建立工作落实责任制。组织开展《中华人民共和国宪法》《中华人民共和国防震减灾法》《中华人民共和国测绘法》等法律法规的学习。组织开展国家安全日宣传活动。在国家宪法日开展线上法律知识有奖答题活动。

3. 防震减灾科普宣传

组织参加全国科技活动周展览，三维大地电磁方法揭示吉林龙岗火山群深部岩浆系统展项参展。在重要时段，深入高校、中小学、幼儿园以及企事业单位等，通过知识展板、科普视频、专家讲座等形式开展 7 次集中宣传活动。在国家防灾减灾日到杨凌职业技术学院开展科普讲座，在唐山大地震纪念日与西安市高新区防灾减灾工作委员会联合举办地震科普宣传讲座，人民网客户端、陕西交通广播等媒体对活动进行了报道。全年制作文字、视频等作品 15 个。

（中国地震局第二监测中心）

中国地震局地球物理研究所

一、地震监测预报工作

1. 震情跟踪工作情况

（1）危险区重点断层基础性研究工作。在安宁河断裂和小江断裂带北段，开展 62 个站点密集台阵观测，产出了 b 值和视应力等数据产品；作为流动地磁观测牵头单位，组织完成全国流动地磁观测任务，协调组织了云南省地震局、河北省地震局等 13 家单位开展流动地磁监测工作；在川滇地区，建立中国地震科学实验场三维速度模型。

（2）参加中国地震台网中心专题会商会。组织专家参加云南相关危险区专题会商、全国地震趋势会商、月趋势会商等，组织了流动地磁学科专科会商，编写了相关会商报告。

（3）震情应急处置方面。组织完成 2023 年 2 月 6 日土耳其 7. 8 级双震、2023 年 8 月 6 日山东德州平原 5. 5 级地震等国内外典型地震的应急工作，牵头开展兴文地震、镇雄异响事件的调研和报告编制，参加 2023 年 9 月 9 日摩洛哥 6. 9 级地震的应急处置工作。

2. 台网建设情况

积极推进地震监测台网项目实施，会同各建设单位加强组织管理，压实责任，狠抓关键环节实施和质量把控，基本完成项目主体建设任务。

2023 年境内站点土建工作已基本完工，累计建成站点 957 个，占比 99. 38%，正在施工站点 3 个。境内站点专业设备已全部购置并基本完成安装，累计完成 9197 台（套）设备购置，占比 96. 99%，其中专业设备 7276（套）；累计完成 7142 台（套）专业设备到货。

境外台网方面，2023 年累计完成蒙古国、吉尔吉斯斯坦、泰国 3 个国家 15 个站点土建合同签订，完成 12 个站点（蒙古国综合台网、吉尔吉斯斯坦地磁台）土建建设、1 个站点土建验收（吉尔吉斯斯坦地磁台），完成 8 个站点（巴基斯坦综合台网）设备安装。

3. 监测预报基础研究与应用

（1）全国流动地磁场数据产出应用。协调组织云南省地震局、河北省地震局等 13 家单位开展流动地磁监测工作，牵头组织流动地磁年度异常区域研判与确认，撰写流动地磁年度会商报告。共牵头组织数据处理 880 点次，组织数据的共同处理及异常核实 3 次，组织流动地磁学科学术交流 4 次，形成 2022—2023 年度岩石圈磁场年度变化产品 1 套。

（2）川南能源开采区微震监测与研究。开展宽频带流动台阵的巡台、维护及短周期密集台阵的布设等野外工作，并进行观测数据的备份和预处理等。利用密集台阵数据，对研究区进行高分辨率的速度和波速比成像。利用107个宽频带台站所记录的波形数据，采用基于深度学习震相拾取方法构建观测区的高分辨率地震目录。

二、地震灾害防御工作

1. 抗震设防要求

在第六代地震动参数区划图工作支撑方面，已完成地震活动性模型和地震动预测模型的搭建，待潜源模型确定后完成全国模型参数；京津冀地区地震活动性模型已被应用于京津冀地区地震危险性图试编。

2. 地震安全性评价

积极响应国家战略需要，开展喜马拉雅东构造结地区地震危险性评价工作，组织召开“新一代地震区划图编制技术研讨会”，全年完成18项涉核工程地震科技服务项目，涉及山东、辽宁、福建、海南、广东等省份；完成6个抽水蓄能电站工程地震科技服务项目。

3. 地震应急保障

在地震应急科技支撑方面，不断强化地震应急科技支撑产出，完成应急科技支撑工作33次，在微信公众号上发布的《2023年12月18日甘肃积石山6.2级地震研究简报》一文总阅读量超过10000；组织6名科考队员赴土耳其完成土耳其地震现场科考任务；组织开展了2023年12月甘肃积石山6.2级地震的地震现场应急和科考工作，13人赴现场开展工作。

三、防震减灾公共服务与法治建设

1. 防震减灾公共服务

编制贯彻落实中共中国地震局党组《关于推动省级地震局赋能增效促发展的实施意见》的工作方案及贯彻落实《中共中国地震局党组关于进一步加强新时代新征程防震减灾公共服务的实施意见》实施方案，形成了地震科技公共服务事项清单（2023年版），与辽宁省地震局、山东省地震局、中国地质大学（北京）、国家超算成都中心、百度、华为等企事业单位“结对子”，拓宽地震科技服务新赛道，“干热岩开发地震监测与风险评价技术服务”“地震智能编目系统研发与推广应用”等入选防震减灾公共服务优秀案例。

2. 防震减灾法治建设

（1）全国地震标准化技术委员会秘书处日常工作。对《防震减灾术语　第1部分：基本术语》等5项地震国家标准开展了立项论证，并将标准立项材料审核完成，上报主管部门。完成地震行业标准《地震专题图分类与代码》技术审查及报批工作。召开《地震专题图分类与代码》技术审查会，对审查会后的报批稿进行审核，提交主管部门。完成国家标准《活动断层探测》英文版、《中国地震烈度表》英文版和俄文版报批工作。

（2）参与地震标准制修订。完成《防震减灾术语　第1部分：基本术语》《防震减灾术语　第2部分：专业术语》《地震台站观测环境技术要求　第1部分：测震》《地震台站观测环境技术要求　第2部分：电磁观测》《水库诱发地震危险性评价》5项国标立项论证工作。完成行业标准《地震专题图分类与代码》技术审查及报批工作。完成国家标准《活动断层探测》英文版、《中国地震烈度表》英文版和俄文版报批工作。

3. 防震减灾科普宣传

积极结合世界标准日组织开展科普宣传活动，广泛普及防震减灾科学知识。按照中国地震局党组关于防震减灾科普转型升级工作要求，积极开展中国地震科普元宇宙基础场景模型库构建工作。

（中国地震局地球物理研究所）

中国地震局地质研究所

一、地震监测预报工作

1. 震情跟踪工作情况

（1）利用极轨卫星热红外遥感数据对地震危险区进行跟踪监测，提供旬、月不同时间尺度的地表温度背景场图像，提供单日红外异常监测图像，提供典型断裂带地表温度变化曲线。执行中国地震局关于前兆跟踪异常零报告制度和异常核实工作规程，参加月会商、年度会商及专题会商，为7.0级地震短临监测跟踪和震情研判提供支撑。

（2）依托建设的川滇和新疆地区地温－地下流体观测网，跟踪监测和分析川滇和新疆地区及其周边的基岩地温与地下流体水位－水温变化情况，开展基于基岩地温－地下流体观测结果的地震前兆异常分析提取以及地壳应力变化与大震趋势的耦合关系探索性研究，为大震震情研判提供科学依据。

（3）跟踪分析川滇和新疆地区及其周边的GPS观测结果，开展基于GPS观测结果的地震前兆异常分析提取以及现代地壳运动与大震趋势的耦合关系探索性研究，为大震震情研判提供科学依据。

（4）监视和跟踪川滇地区15个极低频观测台站自2015年仪器正常记录以来的观测数据，分析川滇地区电磁场和地下电性结构变化特征，逐步建立电磁场和地下电性结构的时空背景变化，通过背景变化对比确定和分析观测区的异常性质，判断可能的变化趋势，为大震震情研判提供科学依据。

2. 监测预报基础研究与应用

（1）国家重点研发计划“基于多物理场的地震监测技术研究”开发的地震异常信息监测软件系统在四川省地震局与甘肃省地震局两个应用示范区进行了安装部署，开展了示范运行。该系统不仅包含了项目最新收集、整理或采集的形变、卫星红外、地球化学、示范区活动断层、历史地震等数据，还包含了热红外、高光谱、地球化学等多种异常提取算法，凝练了最近几年科研人员在地震异常识别方面的研究成果。另外还集成了有限元模拟模块，为形变场、温度场、流体场的三场协同分析提供了统一平台，为震例总结和综合监测预测评估应用提供了更灵活易用的软件平台。

（2）组建“全球地震与火山推进组”团队，2023 年及时对摩洛哥地震、冰岛火山喷发等全球重大地震与火山灾害事件开展了分析研判，为国家战略决策和外交提供依据。

（3）2023 年 5 月 14—20 日，由中国地震局地质研究所承办，陕西省地震局、中国地震局第二监测中心协办的“分析预报地震地质基础理论和方法培训班”在陕西省西安市举行，来自各省局和直属单位预报部门的预报骨干人员参加了本次培训。培训分别从断层地震构造特征、活动构造与地震、盆地活动构造、断裂力学与地震机理、地壳变形与发震断层特征、相关地震科考案例等方面开展从基本理论到最新成果的生动讲解，取得了良好的教学效果。通过培训，学员们对地震地质研究的基础理论和方法有了较为系统的认识。

二、地震灾害防御工作

1. 地震安全性评价

主动服务国家核工程、新型能源开发、交通干线、城市规划等国家重大工程项目 62 项，连续 4 年稳步增长，为国家地震安全提供科技支撑。在中国地震局科技与国际合作司的统筹协调下，中国地震局地质研究所牵头组织各相关单位推进西藏重点地区地震科考工作方案实施，为西藏重点地区工程规划选址、抗震抗断设计、监测预警、工程建设和运行维护提供全链条、全生命周期的地震安全综合保障方案。

2. 震害预测

牵头完成京津地区高震级潜在震源调查和全国 1∶100 万地震构造图编制，编制《全国 1∶100 万区域地震构造图编制技术规范》等五项一般性技术标准规范，为全面开展地震灾害风险普查提供了有力的理论支撑。通过 ISO 9001 质量管理等三体系认证，建立科技服务项目执行与管理环境质量控制机制。

3. 活动断层探测

阿坝州（含盆地地区）1∶25 万活动断层普查等地质所承担的 9 项四川省活动断层普查项目及四川省 1∶25 万活动集成项目顺利通过验收，为四川省国土综合规划利用、城乡规划建设、抗震设防要求管理以及震后灾情发布等提供科学依据。

4. 地震应急保障

2023 年中国大陆发生 5. 0 级以上地震 11 次，其中 10 次发生在年度危险区及边缘，中国地震局地质研究所相关业务部门的专家和牵头管理部门在震后第一时间提交应急产品。特别是土耳其、甘肃积石山地震发生后，分别派出应急科考工作队奔赴现场，树立地震科考样板。

在预评估理论和技术方法方面，开展针对北京市的考虑建筑物功能类型分类和人口实施动态变化的精细化预评估和风险评估技术研究，并以北京市为例给出逐小时工作日/非工作日人员死亡评估结果。在预评估技术应用方面，参与 2023 年 9 月在西安举办的西北五省区地震应急演练，指导基于致死性的预评估相关工作。在年度危险区预评估方面，参与西藏危险区的预评估调研，并协助编写预评估报告。

三、防震减灾公共服务与法治建设

1. 防震减灾公共服务

中国地震局地质研究所与泸州市应急管理局、四川省第六地质大队将发挥各自优势，聚焦川南地区，在基础地质构造调查、构造精细探测与定量研究、地震动态监测、断层活化与强震孕育关系、区域地震发震机理、地震危险性评估、断层稳定性定量分析、断层滑动趋势、防震减灾关键技术研究、科研项目立项等方面加强交流合作，深化组织、科技、业务、服务等合作机制，着力解决实际工作中面临的问题，促进防震减灾工作见成效并形成示范，全面提升地震灾害综合防范和减灾能力，切实保障人民群众生命和财产安全，为成渝地区双城经济圈建设提供强有力的技术保障。

2. 防震减灾科普宣传

围绕“5·12”全国防灾减灾日重要时间节点，中国地震局地质研究所精心筹划，开展以“防范灾害风险，护航高质量发展”为主题的防灾减灾科普宣传活动。5 月 11 日，30 位来自中国科学院大学的师生来所参加科普讲座及系列参观活动。

在全国防灾减灾宣传周期间，组织一系列丰富多彩的科普宣传和学术交流活动。郭彦双副研究员和陈正全副研究员受邀前往中科院第四幼儿园，为教师和小朋友们做了精彩的科普讲座；许建东研究员、李传友研究员受邀分别参加了防震减灾优秀科普作品创作沙龙和地震科学大家谈访谈活动；“科普小馆”上新，以“新年代学方法”为主题制作并发布了释光测年法、14C 测年法、ESR 测年法、裂变径迹测年法、树轮测年法等五期科普视频；举办了土耳其地震科学考察学术研讨会，会议邀请了多位知名专家学者作报告。

（中国地震局地质研究所）

中国地震局地震预测研究所

一、地震监测预报工作

强化国内外地震趋势动态研判。牵头国内外地震趋势动态研究工作，组织开展全球地震活动对中国趋势影响的分析，完成土耳其 7.8 级强震、摩洛哥 6.9 级地震、阿富汗 6.0 级震群、尼泊尔 5.9 级地震、班达海 7.1 级地震、菲律宾棉兰老岛 7.6 级地震等 10 篇趋势影响分析报告，牵头完成外交部东南亚地区地震趋势分析报告，受到局领导肯定。

牵头做好地震大形势跟踪。编制 2023 年全国地震大形势跟踪研究工作方案，组织季度、年中和年度全国地震大形势会商，综合各类观测资料异常变化，滚动研判长期地震重点危险区发震紧迫程度，积极参与重点构造区动态跟踪研究，科学研判未来一定时间全国地震趋势及强震大震主体地区。编写《2021—2030 年中国大陆地震危险区与地震灾害损失预测研究》，进一步加强地震预报攻关计划的科学性和可行性。构建地震中长期预报业务基础数据库，加强信息化支撑，完成359个GNSS、638条断层、7775个震源机制解数据，73000条小震精定位数据汇交。

做好震情监视跟踪和应急准备工作。编制中国地震局地震预测研究所2023年震情监视跟踪和应急准备工作方案，制定15项工作措施并落实到具体业务部门。圆满完成全国两会、成都大运会等安保服务工作。全年参与震后首次会商37次、周会商46次、滚动会商12次，组织和参加专题会商24次、省局和协作区会商21次。强化值守备勤力量，开展值班人员震后首次会商工作培训，组织18期业务培训、3期管理培训，提升震后会商能力。

深化专群结合短临预报实践。持续跟踪试验数据，每周组织开展短临跟踪分析并编制周报，为周会商提供科技支撑。开展新仪器现场布设和观测试验，完善试点地区强震短临预测指标，优化完善地震短临预报专群结合综合分析平台；全面梳理地震短临预报专群结合研究试点工作3年实施情况，归纳成效，推出亮点，找准存在的问题和不足，科学、准确评价试点工作，形成《川滇地区新时代专群结合工作方案》，充分发挥试点工作的示范突破、带动作用。

二、地震灾害防御工作

制定科技服务清单，支撑第六代区划图编制工作，用好预测所地震预测、地质构造和高分遥感工作成果，提供地震与地质基础数据和遥感解译资料。拓展对外服务场景，积极参与新疆伽师等城市活断层探查项目，与三峡集团、中石油合作开展诱发地震研究，与通信公司合作开展分布式光纤城市地下空间探查技术研究，为国家电网信息中心应急平台建设提供地震灾害信息服务。

开展地震安全性评价工作，与水利水电、油气运输、铁路公路等系统的企事业单位开展广泛合作，完成和实施中的科技成果项目20余个。参与新疆维吾尔自治区地震局城市活动断层探测工作，承担“新疆重点城市活动断层探测项目（第3包：伽师县）”项目。

三、防震减灾公共服务与法治建设

持续开展重点监视防御区公共服务工作，实地调研辽宁、内蒙古、贵州、新疆、四川、陕西等省（自治区）对重防区公共服务的需求，形成多个地市的公共服务项目建议。加强与企业的交流合作，与正元地理信息集团股份有限公司开展战略合作，进一步集成项目成果。重防区公共服务研究团队受到中国地震局通报表扬，是地震系统“四比”活动24个先进团队之一。

开展防震减灾科普宣传工作。制订中国地震局预测研究所2023年全国防灾减灾日科普活动方案，开展科普进学校、科普地方行和台站科普开放日活动，前往北京市2所小学、1所大学讲授地震基础理论和应急避险知识，赴云南昆明市1所小学开展科普宣传并赠送科普读物，邀请九三学社中国地质大学基层委员会、中国地震局支社和北京市地质研究所支社代表前往十三陵地震科学实验基地参加台站开放日科普活动。积极参加全国科技活动周科普宣传活动，围绕地震预测理论方法和观测技术遴选4件科普展品，参加科技周启动会和科普直播活动，《科普时报》对中国地震局地震预测研究所地震预警与互动科普机器人进行了专题报道。

（中国地震局地震预测研究所）

中国地震局工程力学研究所

一、地震监测预报工作

1. 监测预报基础研究与应用

完成国家地震烈度速报与预警工程国家技术支持与保障中心建设；开展中心运维工作，包括中心机房硬件、软件的日常管理；组织协调预警系统整体与单元测试。北京燕郊测震仪器检测平台完成了“重大基础设施地震灾害风险评估”“国家地震烈度速报与预警工程”等多个项目的仪器检测和测试工作。

2. 地震速报预警信息服务

完成20次国内外破坏性地震的强震动数据应急产出工作，产出强震动观测简报20期。为国内49家单位，包含高校、科研院所（中心）、省局和企业的科研人员共83人次提供了23万余条强震动数据记录，数据量达到45.3GB。

二、地震灾害防御工作

1. 地震安全性评价

完成漳浦六鳌海上风电场二期项目的工程场地地震安全性评价工作。对区域及近场的地震构造和地震活动性进行分析，确定场地周围潜在震源区的划分方案及其地震活动性参数，确定适用于该地区的地震动参数的衰减关系。完成工程场地地震危险性概率分析计算，收集中国地震局厦门海洋地震研究所完成的场地区浅地层和多道地震探测联合测线成果3条，其中北东向1条、北西向2条，总长度98.47千米。收集上海勘测设计研究院有限公司完成的场地区31个深度均大于100米的工程地质钻孔及其剪切波速测试数据，获取土样133组，完成89组土样的土动力学参数测试。完成30台风机和1个升压站的土层地震反应分析并确定其地震动参数。完成风电场砂土液化、软土震陷、地震海啸等地震地质灾害的评价。

2. 震害预测

与中广核集团苏州热工研究院有限公司签署框架合作协议，并提供技术支撑。

3. 地震应急保障

组织开展土耳其7.8级地震、甘肃积石山6.2级地震应急响应工作。在接收地震三要素信息后，中国地震局工程力学研究所启动地震应急预案，按照中国地震局统一部署，迅速开展应急响应工作。派出王涛、林旭川参加中国救援队，赴土耳其实施国际救援。风险评估团队及时组织开展地震灾害损失快速评估，编制快速评估报告。强震动观测业务中心迅速开展强震动观测数据应急处理工作，及时提交了仪器地震烈度分布图、峰值加速度分布图、峰值速度分布图、加速度反应谱等图件。撰写 2 次地震震害与启示，报送中国地震局。此外，组织撰写摩洛哥 6.9 级地震启示并报送中国地震局和黑龙江省科协。

三、防震减灾公共服务与法治建设

1. 防震减灾公共服务

开展防震减灾公共服务需求调查评估工作。选取中国科学实验场相关重大及特殊工程结构为调查对象，对大型桥梁、隧道、超高层建筑、引水管道、风机塔等涉及国计民生的重要工程开展调研，围绕国家交通、水利、能源等重大及特殊工程公共服务需求，对地震反应监测、工程地震损伤评估、结构健康诊断、地震安全报警等比较典型的行业服务事项需求进行评估，编制了需求调查报告。为进一步加强新时代新征程防震减灾公共服务，更好地推进防震减灾工作高质量发展，编制《中国地震局工程力学研究所防震减灾公共服务事项清单（第一批）》。

2. 防震减灾科普宣传

依托“5·12”全国防灾减灾日重要时间节点，系统性开展防震减灾科普宣传活动。5 月 9—12 日，全国防灾减灾日宣传周期间，围绕主题“防范灾害风险　护航高质量发展”，多途径开展系列科普宣传活动。5 月 9 日，张昊宇围绕“地震形成原因”与“地震自救知识”两个方面为黑龙江省小记者协会的小记者们讲解了防震减灾知识。5 月 9 日，副所长张令心为哈尔滨市一六三中学校的学生们讲解了“填充墙 RC 框架结构台阵振动台”试验原理及 RC 框架结构地震破坏特征。5 月 9 日，在“纪念汶川地震十五周年——共话防震减灾”直播讲座活动中，曲哲作题为“土耳其地震、医院建筑与‘正常使用要求’”报告。5 月 10 日，副所长王涛受邀参加科普访谈节目《地震科学大家谈》。5 月 11 日，汪云龙受邀走进哈尔滨市一六三中学校，为 200 余名师生作题为“地震与地震灾害的认识”的防灾减灾知识科普讲座。5 月 12 日，王啸霆、马健参加由燕郊高新区应急管理局主办的“综合防灾减灾与高质量发展”大讲堂主题活动，并分别作报告。5 月 12 日，曲哲、戴君武、陈龙伟撰写的科普文章《推进建筑隔震技术应用，防范大地震灾害》《从近期大地震看我国城市建筑抗震防灾》《土壤液化：地震中奇妙但危险的自然现象》发布在中国地震局网站。参与防震减灾融媒体东北协作区工作，联合开展“不能忘却的纪念——防震减灾十五年之变”主题融媒体联动活动，协同制作 5 集系列纪录片。

（中国地震局工程力学研究所）

防灾科技学院

防灾科技学院生态环境学院、应急管理学院联合组织申报的“河北省资源环境灾变机理及风险监控重点实验室”获批立项建设，助力全面提升河北乃至京津冀地区资源环境灾变风险的监测、预报和预警能力。

防灾科技学院土木工程地震灾害防治创新团队王波等一行 5 人赴泸州市和宜宾市，联合四川省地震局开展典型结构地震监测工作。防灾科技学院“河北省地震灾害防御与风险评价重点实验室”通过验收，并纳入省级学科重点实验室管理序列。

继续统筹推进防灾科技学院行业服务支撑行动任务落实，深化校地、校局产学研用交流合作。基于山西省地震灾害风险普查基础数据开展全省承载体地震易损性数据库构建工作，服务山西省“韧性城乡”建设。与南昌市应急管理局对接，开展自然灾害风险普查成果应用服务，完成大南昌都市圈防震减灾规划编制项目。与中国地震局地震预测研究所等开展涉震舆情分析服务合作，编制各类舆情分析报告 40 份，高质量完成 2023 年杭州亚运会地震安保舆情服务工作。与中国灾害防御协会共同举办第二届国家灾害治理与风险保障论坛，联合举办首届“防灾减灾 · 志愿中国行”大学生社会实践活动。赴云南丽江参加“应急使命 · 2023”高山峡谷地区地震灾害空地一体化联合救援演习，同地震系统兄弟单位参加华东地震应急联动协作区现场工作演练。

防灾科技学院教师李思汉的科普视频《地震自救与互救》荣获 2023 年度河北省科普微视频大赛优秀奖，教师杨月巧的《震校，安》入选应急管理部宣教中心首届全国防震减灾科普作品创意征集遴选活动“展播精品榜单”并获铜奖。教授沈军荣获 2023 年廊坊市“最美科技工作者”称号，教授李平荣获 2023 年三河市“最美科技工作者”称号。

9 月 20 日，全国科普日三河市系列活动启动仪式在防灾科技学院举行，三河市科协、市委宣传部相关人员，三河市科技工作者，各界科技科普人员代表及学校科协委员、各二级学院师生代表等共计 150 余人参加活动。活动邀请学校原副校长、教授迟宝明作题为“弘扬黄大年科学家精神　勇攀防灾减灾科技高峰”的报告。

（防灾科技学院）

中国地震局机关服务中心

积极协调驻地周边学校，签订防震减灾科普教育共建协议，组织科普图书捐赠、地震专家授课、抗震避险演练等活动，协助申报防震减灾科普示范学校，有力推动防震减灾公共服务深度落实。

11 月，中国地震局机关服务中心、北京市地震局和海淀区地震局联合开展的防震减灾科普“大篷车”进校园活动在北京市育英中学拉开帷幕。本次活动依托北京市育英中学“科学在身边”主题科技节，通过科普讲解、沉浸式互动体验，促进学生们认识地震、感知地震，掌握应急避险知识和技能，点亮同学们的科技梦想，营造浓厚的科普文化氛围。

（中国地震局机关服务中心）

台站风貌

河南省周口地震监测中心站

周口地震监测中心站位于豫东平原周口市北郊后石店行政村东 1000 米，距淮河支流沙颍河北岸 5 千米，豫东平原为黄河冲积平缓平原，洪积河积塑造。海拔高程 48 米，地势平坦，地表为第四系覆盖。台站占地面积约 11000 平方米。

1. 台站概况

周口地震监测中心站为省级监测台网所属的区域地震台，隶属河南省地震局。周口地震监测中心站 1976 年建台，2013 年划入原郑州中心地震台管理，2021 年成立中心站。台址周围无大型的干扰源，交通、生活较为便利，观测环境优良，具有较好的可持续发展条件。

2. 观测手段

辖区范围为周口市、开封市、商丘市、漯河市，辖区内测项涵盖测震、电磁、流体、形变四大学科。中心站履行辖区内地震监测工作职责，承担辖区内地震监测设施运行维护保障、地震灾害风险防治和应急响应等业务。

3. 荣誉成果

周口地震监测中心站多次获得中国地震局评比优秀奖和河南省地震局评比前三名，为河南省地震监测预报提供了大量宝贵的资料。积极与地方协作，开展区域科技攻关项目，获周口市科技进步二等奖。

辽宁省朝阳地震监测中心站

朝阳地震监测中心站位于华北地区东北，内蒙地轴与燕山沉褶带交界的辽西古中断陷部分，位于近南北走向的朝阳—北票断裂和大凌河谷地之间。中心站占地约 3700 平方米，监测用房建筑面积 397 平方米，编制 18 人，现有职工 15 人。台址周围无大型的干扰源，交通、生活较为便利，观测环境优良，具有较好的可持续发展条件。

1. 台站概况

朝阳地震监测中心站始建于 1970 年，台址在北票市（县级市）桃花吐乡，是隶属于辽宁省地震局的国家级台站，1978 年搬迁到现台址，“九五”项目改造之后，于原址新建监测楼，建筑面积 397 平方米。

2. 观测手段

朝阳地震监测中心站辖区为辽宁省朝阳市、阜新市，属辽西、辽蒙交界地域，是现区域内唯一的监测手段齐全的国家级综合台站。

3. 荣誉成果

朝阳地震监测中心站以改革为契机，积极投身新一轮中心站深化改革，实现硬件、软件双提升，在辽宁省地震局年度考核中连续三个季度绩效考核获得“优秀”等级。

青海省海西地震监测中心站

青海省海西地震监测中心站地处素有“聚宝盆”之称的柴达木盆地北缘，位于海西蒙古族藏族自治州州府所在地德令哈市市区东北，海拔3010米左右。2022年1月，通过中心站改革，整合原德令哈地震台、都兰地震台，成立海西地震监测中心站。

1. 台站概况

海西地震监测中心站辖区为德令哈市、都兰县、天峻县、乌兰县。中心站编制12人，占地面积16827.4平方米，监测用房建筑面积700平方米。海西地震监测中心站地处青海省地震重点监视防御区和地震重点危险区，历史上该区域多次发生3.0级以上地震，2022年1—4月连续发生三次5级以上地震。

2. 观测手段

海西地震监测中心站是现区域内唯一的监测手段齐全，测项较多的国家级综合性中心台站。观测手段有测震、形变、流体、电磁、GNSS、北斗等。

3. 荣誉成果

台站自建台以来，已有40多年的观测历史，对青海省柴达木地区的中小地震监测和地球物理观测具有位置上的重要性。多年来积累的前兆观测资料，为全省地震速报、地震预报研究，以及柴达木地区震情跟踪提供了大量的观测数据。

福建省漳州地震监测中心站

漳州地震监测中心站位于漳州市龙海区九湖镇，地处长乐—诏安断裂带南段，九龙江断裂从台站南西侧通过，台站岩性为花岗闪长岩，海拔42.3米。台站占地11415.8平方米。台站编制16人，现有职工12人。台址周围交通、生活较为便利，观测环境优良，具有较好的可持续发展条件。

1. 台站概况

漳州地震监测中心站是隶属于福建省地震局的国家基本台，履行辖区内地震监测工作职责，承担长乐—诏安断裂带南段和闽粤交界震情监测任务，负责辖区内地震监测设施运行维护保障、地震灾害风险防治和应急响应等业务。

2. 观测手段

辖区现有219个地震监测站点，其中地球物理站点4个、GNSS连续观测站10个、基准站21个、基本站18个、一般站150个，以及由16个子台组成的海峡观测台阵1个，涵盖测震、电磁、流体、形变等学科。

3. 荣誉成果

漳州地震监测中心站经过多年发展，观测系统得以全面升级，仪器设备高度集成，信息化程度得到进一步提升。在福建省地震局年度考评中多次获得前三名。

海南省三亚地震监测中心站

三亚地震监测中心站于2021年10月31日挂牌成立，位于海南省三亚市吉阳区半山半岛果岭路9号，辖区范围为三亚市和三沙市（含南海海域），距离三亚凤凰机场23千米、三亚高铁站15千米，占地面积近20亩，现有约2000平方米办公和生活场所，台站依山傍海，环境优美。

1. 台站概况

三亚地震监测中心站是我国最南端的地震监测台站，编制16人，设置综合室、业务室、运维室3个内设机构，现有人员6人，其中地球物理、地球化学等专业硕士研究生3人。中心站党支部现有党员3人，由中共三亚市直属机关工委管理。

2. 观测手段

三亚地震监测中心站辖区配备了测震、预警、重力、水化、地热、地磁、GNSS、气象等观测仪器和技术系统。三亚地震监测中心站与中国科学院深海研究所、哈尔滨工程大学、中国地震局地球物理研究所等多家科研机构和高校开展交流学习和项目合作。

3. 荣誉成果

三亚地震监测中心站成立以来，综合观测楼焕然一新，功能完善，分区合理，台站供电设备扩容升级，基础设施更加完善，监测环境全面提升，同时作为防震减灾省级科普教育基地，以真实案例普及防震减灾知识，增强公民防震减灾意识，提升科普对象防震减灾能力。

（中国地震台网中心）

科技创新与成果推广

主要收载获国家级、省部级、中国地震局局级科技成果奖励，以及通过省部级、中国地震局鉴定的项目，重大科技项目及科技成果的推广及应用情况等。

2023年地震科技工作综述

一、狠抓规划布局和项目立项实施

完善顶层设计和规划布局。加强科技战略小组作用发挥，印发防震减灾人工智能专项规划及三年行动方案，有序推进地震科技中长期发展规划和国际合作规划落地实施。下好科研项目“先手棋”。预研究“十五五”地震科技重大需求，凝练“大震危险源识别与灾害风险评估及防范”重大专项动议，做好前瞻布局。多个科研项目成功获批。地震数值预报、巴颜喀拉大震危险性、跨断层重大设施大震危险性研究3个重点研发项目获批，72个自然科学基金项目获批，1个国家科技基础资源调查专项和1个亚洲合作项目获批。强化有组织科研。评选立项64个地震科技星火项目和15个预测开放基金项目，组织申报2024年网信领域青年课题，推动中国地震局党组赋能增效等决策部署落地落实。

二、不断强化科技创新条件平台

“一场一室一中心一基地”平台建设取得重要进展。实验场初设和投资概算进入发改委评审环节，印发实验场建设管理办法，召开实验场第五届学术年会。成立国重重组领导小组，并做好答辩准备。形成地震科学国际数据中心数据产品清单和服务规范。完成地震灾害风险防治新型研发基地组建实施方案设计。同时结合主题教育调研形成科技创新平台建设运行思路，提出地震科技创新和科技服务评估指标体系。平台运行管理制度不断完善。制定中国地震局野外站管理办法，总结局属重点实验室和野外站运行成效，向中央科技委提出中国地震局条件平台清理规范建议。平台整合资源凝聚人才作用更加凸显。召开首届地球物理野外站学术研讨会和首届长白山火山野外站学术研讨会，推动组建地球物理领域野外站联盟和华北野外观测台站联盟。

三、大力推进地震科技服务

召开科技服务现场会议。作为中国地震局历史上第一个科技服务工作会议，该会议明确了未来三年科技服务工作目标和保障机制。地震科技支撑业务现代化。印发现代化建设任务清单，推进科技创新成果业务化应用。建立全球重大地震事件对中国地震趋势影响研究工作机制，调研兴文系列地震，服务震情研判。地震科技服务经济社会发展。组织编制雅下地震科考方案并组织现场考察，明确“卡脖子”关键问题。组织编制盐穴地震风险监测工作方案。中国地震局地质研究所火山研究成果为长白山世界地质公园申报提供关键科技支撑。

四、持续深化科技体制改革

开展研究所中长期绩效评价。编制局属研究所“十四五”绩效目标指标，组织中国地震局预测研究所、中国地震局地质研究所参加科学技术部 2023 年度绩效目标抽查。开展“使命导向”管理改革试点。指导中国地震局地质研究所编制“使命导向”管理改革试点实施方案，以改革试点推动中国地震局地质研究所管理效能提升。持续推动科技领域“放管服”改革。加强工作调研，督促局属研究所持续落实 2022 年度“为科研人员办实事”事项清单。改革深研院法人治理结构。调整深研院决策机构，修订章程，优化薪酬方案，编制 5 年任期目标，推动高管换届。

五、强化网络安全和信息化工作

调整信息化管理体制机制，在科技与国际合作司新设信息化指导处，加强全系统信息化工作统筹指导，平稳承接网络安全和信息化相关任务。完善网信工作制度标准体系，出台地震网络安全参考指南，完善网络安全和信息化业务运行质量评估体系。加强地震信息化基础设施建设，配合做好巨灾防范项目涉及信息化建设内容审核，完善和推广应用信息化管理系统。提升网络安全防护能力，完成网络安全自查，开展电子邮箱及管理软件等网络安全排查整改。圆满完成全国两会、大运会、亚运会等期间网络安全保障工作。

（中国地震局科技与国际合作司）

科技创新与科技进展

2023 年度省部级科技成果奖列表

序号	单位名称	奖励名称	成果名称	获奖人	颁奖单位	奖励等级	单位排序
1	北京市地震局 浙江省地震局	北京市科学技术奖	京津冀一体化地震灾害快速评估与辅助决策系统研发及应用	谭庆全　孙柏涛　薄　涛 李东平　陈相兆　张　新 王　飞　张桂欣　马立广 刘　群	北京市人民政府	二等奖	1 4
2	贵州省地震局	贵州省科技进步奖	富水高边坡地震灾害应急评价与韧性消能防治关键技术	李世杰	贵州省人民政府	二等奖	1
3	中国地震局地球物理研究所 中国地震局地质研究所	中国地球物理学会科学技术奖科技进步奖	南北地震带及华北地区大规模宽频带地震台阵探测及应用	丁志峰　袁松湧　王未来 陈九辉　许卫卫　王兴臣 常利军　宋丽莉	中国地球物理学会	二等奖	1 4
4	中国地震局地质研究所	第十二届中国地球物理科学技术进步奖	活动断裂带形变全过程集成监测与震源参数反演关键技术及地震危险性判定	单新建	中国地球物理学会	二等奖	1
5	中国地震局工程力学研究所	灾害防御科学技术奖	中国地震巨灾模型	曲　哲	中国灾害防御协会	二等奖	4
6	防灾科技学院	内蒙古自治区科学技术进步奖	考虑盐渍土腐蚀效应的混凝土桥梁抗震设计关键技术与应用	孙治国	内蒙古自治区人民政府	一等奖	2
7	防灾科技学院	中国轻工业联合会科学技术进步奖	数字化智能缝制车间智能互联生产线研发与应用	房庆丽	中国轻工业联合会	一等奖	3

（中国地震局科技与国际合作司）

2023 年度立项的重点研发计划等国家级科研项目列表

序号	所属专项名称	项目名称	项目负责人	牵头单位	执行时间	经费/万元
1	重大自然灾害防控与公共安全	巴颜喀拉活动地块强震丛集机制与高危险区预测	何宏林	中国地震局地质研究所	2023－11－1 至 2026－10－31	1974.8
2	重大自然灾害防控与公共安全	面向跨断层重大基础设施的大地震危险性分析关键技术	李小军	中国地震局地球物理研究所	2023－11－1 至 2026－10－31	1572.61
3	重大自然灾害防控与公共安全	基于动力学模型的中长期地震数值预测关键技术研究	邵志刚	中国地震局地震预测研究所	2023－11－1 至 2026－10－31	1596.38

续表

序号	所属专项名称	项目名称	项目负责人	牵头单位	执行时间	经费/万元
4	科技基础资源调查专项	我国大地震基础资料整编及《中国大地震科学志》编研	张永仙	中国地震局地震预测研究所	2023－09－01 至 2027－08－31	598
合计						5741.79

（中国地震局科技与国际合作司）

2023 年中国地震局重大政策理论与实践问题研究指令性课题立项计划

序号	课题名称	承担单位	指导部门
1	融合传播背景下地震应急科普公众需求调查与对策建议	中国地震局发展研究中心	公共服务司
2	地震系统国有资产管理研究	防灾科技学院	规划财务司
3	财政预算一体化背景下财务管理信息系统演进研究	防灾科技学院	
4	深化政治监督有效途径研究	湖北省地震局	直属机关党委
5	加强基层党组织建设研究	安徽省地震局	

（中国地震局办公室）

2023 年中国地震局重大政策理论与实践问题研究竞争性课题立项计划

序号	课题名称	承担单位
1	大应急体制下基层防震减灾管理模式研究——以新疆为例	新疆维吾尔自治区地震局
2	中长期地震预测信息适度公开形式、条件与社会稳定风险评估研究	中国地震局地震预测研究所
3	地震预测信息意见适度公开的社会条件与社会价值研究	华北科技学院
4	人工地震深部构造探测业务质量评价方法及应用	中国地震局地球物理勘探中心
5	地震大数据安全管理与保障体系研究	防灾科技学院
6	地震系统省局及直属事业单位科研项目资助及成果业务应用化调研与分析建议	中国地震台网中心
7	建筑地震安全监测技术及成果应用研究	清华大学
8	防震减灾科普全媒体传播格局构建研究	复旦大学
9	防震减灾科普宣传教育的目标指标和实施路径研究	应急管理部国家减灾中心
10	防震减灾宣传科普融媒体传播效果评估研究	东北师范大学
11	基于 ISEET 的城市防震减灾公共服务供给侧改革研究	江苏省地震局
12	地震应急领域公共服务现状和改革对策建议研究	中国地震台网中心
13	新时代我国防震减灾高质量公共服务能力提升研究	西北大学

（中国地震局办公室）

北京市

1. 科技项目

北京市地震局获批立项1个北京市自然基金面上项目、1项地震应急与信息青年重点任务；获批2024年度地震科技星火计划项目1个；另申报2024年度北京市自然基金3项、三结合课题6项、开放性预测研究基金项目2个、地震应急青年重点任务1项。批复2024年局内科技项目34个，其中5个面上项目，29个技术微创新项目。科研氛围日趋浓厚，科研能力逐步提升。科技项目的产出成果被应用于异常核实、数据质量监控、中心站管理、震后服务产品产出等方面，应用效果逐步显现。科研人员的科研能力和科学素养也在稳步提升。

2. 科技成果

作为第一主要完成单位完成的“京津冀一体化地震灾害快速评估与辅助决策系统研发及应用”，获北京市科学技术奖科学技术进步奖二等奖，7项科技成果获中国地震局科技成果奖。全年发表科技论文18篇，其中SCI论文3篇、EI论文1篇、核心期刊6篇。

3. 开放合作

联合北京市地质矿产勘查院，2023年通过“基于GPS和水准的北京地区现今地壳形变特征研究”开展基岩标技术在隐伏断裂断层运动监测试验，对3个基岩标进行2期水准观测和GNSS连续观测，为获得北京平原区黄庄—高丽营、顺义—良乡等隐伏断裂的运动特征和地壳形变数据提供了新方法，研究成果已经被用于巨灾项目设计中。联合北京市规划和自然资源委员会、北京市地质矿产勘查院，通过“北京地区地热井和温泉地球化学观测及预测研究”项目，完成了10个监测点的流动采样工作，并建设了2个连续地球化学监测站，产出的数据在年度震情会商中发挥作用。在会商中使用水务局北京地区降雨量数据分析进行异常分析，排除干扰。与南方科技大学合作开展地震影响评估模拟研究，构建北京市地震局业务平台，实现模拟能力的本地化提升。创新团队方面，形成《北京市地震局创新团队实施情况评估报告》，完成3支创新团队成员组成和研究方向调整工作，新建“地震应急服务响应技术系统创新研发”团队，团队建设进入新阶段。

（北京市地震局）

天津市

天津市地震局获批省部级项目3个，其中“天津地区沉积层介质物性时变特征及对地震灾害的影响研究”获批天津市自然基金（面上）项目，“‘震’安津门　防患未‘燃’”青少年科普宣传活动和具备地震预警功能的防灾减灾互动科普终端的研发与推广获批天津市科学技术普及研发项目。联合天津大学，以第二承担单位的身份获批科技部青年科学家项目“面向公众的安全图谱构建与培训演练关键技术研究”。

（天津市地震局）

河北省

依托中国地震局地震科技星火计划项目“利用测震台网数据研究张渤带地震各向异性”，开展张渤地震带近场和远场剪切波分裂计算，获取了地壳和上地幔各向异性参数及各向异性特征。与过去多利用近场剪切波分裂研究地壳介质各向异性特征相比，该研究开展地壳和上地幔介质各向异性综合分析，对区域垂直方向地质构造特征进行分析，比较壳幔介质各向异性参数差异，研究获取的张渤地震带及邻区应力环境特征在震情会商中得到应用，为分析区域应力状态提供了参考。

河北省地震局获得发明专利2项，其中“一种建筑物震害信息检测提取方法”属于地震灾害评估技术领域，通过三维激光扫描仪扫描震后建筑物获取三维点云数据，快速提取建筑物震害信息，能够为震后的应急救援和损失评估提供技术支撑和科学保障；“一种管中管地下流体分层采样装置”属于地下流体采样和测温技术领域，通过内外管的进出水和过滤装置以及水温测量传感器和显示屏进行不同层段的水样过滤、存储以及水温测量，能够实现不同层段的水样采集和水温测量，为异常核实和日常水样采集提供保障。

（河北省地震局）

山西省

山西省地震局持续加强科技创新，修订印发《山西省地震局科研项目（课题）管理办法》和《山西省地震局防震减灾科技成果评审奖励办法》。积极拓展科研项目申报渠道，获批各类科研项目16个，其中地震科技星火计划项目2个、地震监测预报科研三结合课题2个、震情跟踪定向工作任务6个、地震应急与信息青年重点任务1个、太原大陆裂谷动力学国家野外科学观测研究站课题5个。山西省地震局立项科研项目30个。组织评选出山西省地震局防震减灾科技成果奖励项目11个，其中二等奖3个、三等奖8个。山西省地震局职工以第一作者身份发表论文75篇，其中核心期刊论文13篇（被SCI收录5篇、被EI收录2篇）、普通期刊论文55篇、会议论文7篇（被EI收录4篇）；取得计算机软件著作权登记14项。

完成地震科技星火计划项目结题4项，分别为“山西地震数据开放平台”“山西断陷带及邻区高分辨率速度结构及其变形特征”“山西大同阳高震区静态库仑应力研究”“山西地区流体观测井－含水层系统水文地质参数特征研究”。项目科技成果分别在地震数据资源及服务产品共享、地震预测和震情研判、地震趋势会商、地震前兆异常核实、地震数据处理等方面得到推广应用。

（山西省地震局）

内蒙古自治区

内蒙古自治区地震局印发《支持科技创新和科技服务工作的若干措施》，完善局长基金项目管理，梳理重点研究领域和方向，设立攻关项目，自主科研经费投入同比增长达到1.5倍。获批自治区自然科学基金—联合基金依托单位，首次获得联合基金支持。2023年度获批面上项目2个，重点研发和成果转化计划项目1个，获得自治区科研经费支持70万元；获批中国地震局预测开放基金1项、三结合课题5项、局长基金课题30项。筹备建设矿山防灾监测实验室和大青山正断层系统野外观测站。

（内蒙古自治区地震局）

辽宁省

1. 科技创新成果

辽宁省地震局高级工程师、震防中心主任贾晓东申报的软科学一般项目“辽宁省地震灾害风险防治战略研究”获得辽宁省科学技术厅立项，项目提出加强辽宁地区大中城市和重点区域防震减灾工作的总体思路、发展目标、重点任务和对策措施，研究拟定辽宁地区未来地震灾害风险防治工作的战略目标和重点任务，通过系统总结国内外地震灾害风险防治经验，聚焦新发展阶段辽宁省地震灾害风险防治开展战略研究，有针对性地研究提升辽宁区域地震灾害风险防范能力，加强重点城市地震灾害韧性的战略举措。

2. 科技进展

高度重视科技创新与科技服务，设立科技成果转化（赋能增效促发展）办公室，选派专职同志统筹管理科技创新创造、科技成果转化、科技社会服务工作，构建以市场机制为导向的地震科技服务新模式，鼓励事业单位组成联合体参与市场竞争，协调各单位科技合作对接，提供全链条一体化服务。不断强化科研管理工作制度建设，2023年先后制修订《辽宁省地震局防震减灾科技成果奖励办法》《辽宁省地震局防震减灾科技成果奖励办法实施细则》《辽宁省地震局科研项目间接经费管理办法》《辽宁省地震局一类事业单位职务科技成果转化实施细则》《辽宁省地震局科技创新和科技成果转化工作推进实施方案》等重要制度。激发局属各单位干事创业活力，压实年度科技服务以及科技成果转化工作职责，为局属事业单位办理事业单位法人证书、开设账户并设立对应绩效分配标准，激励局属各单位争做科技服务的先行者。

进一步加大对局属科研团队的建设力度。为整合优势科研资源，发挥集聚效应，2023年8月成立4支科研团队，有力支持辽宁省地震局在各层面科技项目的申报和立项工作。2023年，辽宁省地震局申报的6个中国地震局地震科技星火计划项目全部获批，先后给予5名发表SCI论文、EI论文的同志足额奖励，通过“正向激励”进一步促进全局科技工作者释放干事动力、创业活力。

进一步推动与系统内各领域研究所保持沟通与合作，实现资源共享及优势互补，为辽宁防震减灾工作高质量发展提供技术支撑。与大连理工大学、辽宁大学、辽宁工程技术大学、沈阳理工大学等高校签署框架合作协议，邀请知名学者作学术报告，邀请相关领域专家参与地震趋势会商，更好地为辽宁防震减灾工作精准把脉。

（辽宁省地震局）

黑龙江省

1. 科技成果

2023 年黑龙江省地震局科技人员共发表论文 12 篇（其中 EI 收录 1 篇，核心期刊收录 9 篇），获得软著授权 2 项，制定地方标准 2 项，通过验收的局内科研项目 14 个。

完成 2023 年度黑龙江省地震局防震减灾科学成果奖评审工作，“高寒地区断层逸出气强化跟踪与温度变化响应特征研究”项目获评基础研究与应用基础研究类成果一等奖，“音像视频出版物《彩虹当空》”项目获评软科学研究类成果二等奖，“基于网络地图引擎的震区地理信息查询系统”项目和“黑龙江省地震局 GNSS 数据处理平台建设与应用”项目获评应用研究与技术开发类成果三等奖。

黑龙江省地震局内科研项目批复 17 项，对外申报项目 14 项，局内科研项目经费支持金额 8.6 万元，依托局微信公众号进行 5 期优秀科研成果展示。结合赋能增效促发展方案，针对特色服务业务新增三个科技创新团队，方向分别为火山、深震和地震数据处理，推动黑龙江省区域特色科研问题的研究。

2. 科技进展

“地震会商数据自动产出研究”和“利用重力数据识别我省及周边地区潜在震源区”依托黑龙江省地震局内科研项目开展相关研究。其中重点科研项目“基于 python 的黑龙江省地震应急会商自动产出研究”通过运用 python 语言整合相关地震数据，实现了震情专报及震后会商材料的自动产出功能，并在地震应急演练和实际地震应急工作中得到应用和检验。局内重点科研项目“黑龙江及邻区重力场与地震活动关系研究”通过开展重力场研究，反演岩石圈有效弹性厚度，分析黑龙江及邻区有效弹性厚度与地震活动性的关系，研究成果已经被应用在 2023 年年中和年度会商工作中。

（黑龙江省地震局）

上海市

聚焦重点，强化科研攻关。围绕上海地震科技“十四五”发展规划，关注海域地震监测和人工智能新技术应用，完善科技创新布局，组建业务团队，开展项目申请与研究攻关。积极争取将“深海探测与监测技术”研究方向纳入2023年度上海科技创新行动计划社会发展领域研究指南，联合中国科学院上海光学精密机械研究所申请“基于海洋光纤网络的地震波信息定量化监测技术研究”，获得上海市科学技术委员会项目资助。支持“八角亭石油平台地震观测恢复以及数据处理”等项目研究团队开展创新研究。组建“基于AI的地形变倾斜类观测数据的临震预报模型研究”项目团队，申请地震科技星火计划自主创新项目并获资助。

注重支持成果推广运用。通过实施“上海市高分辨率三维地壳结构成像关键技术”等一批上海市科研计划、地震科技星火计划项目，提升地震科技服务社会发展能力和作用。“震后快速趋势研判系统研究及应用”等2个上海市科学技术委员会项目已完成研究任务并通过上海市科学技术委员会验收。由佘山野外站资助开发的“中心站地球物理站网智能监控及信息处置平台”成果在全国10余个中心站推广使用。“双IP+串口转换功能的测震台站信道快速备份系统的应用研发”项目开发的系统在大洋山台和天平山台测震台站进行先期安装，取得显著效果。积极落实地震系统科技服务现场会议精神，制定地震科技服务工作方案，明确未来三年地震科技服务目标和任务。强化制度建设，致力于突破制约科技服务业务发展的壁垒。

持续推动创新平台建设。上海佘山地球物理国家野外科学观测研究站以海洋地震监测、城市灾害风险评估等为重点，资助“基于海底通信光缆的岛礁基底背景噪声高精度成像研究”等4项开放基金课题和“八角亭石油平台地震观测恢复以及数据处理”等3项重点课题开展创新研究。择优评审立项“上海市厚覆盖土层对地震动特征影响初步研究”等8项研究室课题。与南方科技大学等单位共同举办“密集地震台阵壳幔结构探测新技术与新应用”研讨会。连续三年举办佘山学堂，采用线上平台授课和线下上机实践相结合的方式，邀请高级学者分享最新研究成果。

（上海市地震局）

江苏省

制定印发《江苏省地震局学习贯彻落实全国地震科技工作会议精神实施方案》《江苏省地震局地震科技发展任务分工方案》。明确贯彻落实全国地震科技工作会议精神措施6项，科技服务措施6项，科技创新举措10项。修订《江苏省地震局促进科技成果转化办法》《江苏省地震局局长科研基金项目管理办法》《江苏省地震局青年科学基金项目管理办法》。调研报告《江苏地震科技创新工作经验与发展对策》刊登在中国地震局《政策研究参阅》第4期，为积极推动省级地震部门科技创新发展提供参考。

拓展科研项目申报渠道，获省科技厅、中国地震局对地震科技项目立项支持。申报省社发项目2项，省自然基金项目1项，1项产业前瞻项目获批。与长江三峡集团江苏分公司联合申报江苏省产业前瞻与关键核心技术课题“海上风电重大工程地震预警及安全监测关键技术研究与示范应用”获批，总经费1000万元。组织申报中国地震局地震科技星火计划项目15个，获批6个。申报三结合课题26项，获批10项。组织申报2项地震预测开放基金并获资助。新成立2个创新团队，全局创新团队达6个。

积极面向社会开展科技服务，在地震安全性评价、区域评估、活断层探测、专用地震台网、仪器研发生产等方面开展地震科技成果转化，社会效益、经济效益显著提升。科创发展平台不断升级，推进电磁中心改革，建设“中心、企业、基地”一体化平台，集中优势力量开展电磁科技创新和仪器研发攻关，自主研发的“全国电磁学科分析预报智能化系统”在多个省局推广使用并广获好评。加强《防灾减灾工程学报》“软平台”建设，着力提升地震科学国际影响力。

（江苏省地震局）

安徽省

获批中国地震局三结合（2024）课题6项、地震科技星火计划项目（2024）2项、中国地震局预测研究所地震预测开放基金项目（2024）1项、中国地震局震情跟踪（2023）2项、地震应急青年重点任务（2023）3项、蒙城野外站联合开放基金（2023）7项。

全年共发表核心期刊论文18篇，其中SCI论文6篇。“‘霍山窗’地震短临跟踪及安徽预报实践应用”项目，通过多年来在“霍山窗”地区的短临实践工作，提炼出霍山地区的开窗指标以及地球物理前兆，在近年来安徽及周边地区的多次显著地震前有所察觉，部分地震做到了较好的短临预测。此项成果被推广应用至江苏、江西等省份的日常震情跟踪中。

“宏观上报信息系统”项目在地震监测预警、灾害应对和救援工作中起着重要作用，可以提高对地震灾害的预警能力和应急响应效率，此项成果在兄弟省局得到推广应用。“电磁扰动数据处理系统”项目提升了地震电磁观测项目的数据质量与电磁学科的震情跟踪能力。此项成果被推广应用至多个市的地震部门等，效果得到使用单位认可。

（安徽省地震局）

福建省

1. 科技成果

加快推动创新成果应用于防震减灾工作实践，促进全省防震减灾事业发展。积极推进地震科技创新成果服务社会安全和经济发展的新模式，修订《福建省地震局科技成果转移转化实施细则》，加大科技成果转化应用力度。开展六鳌海上风电二期地震安全性评价项目地震危险性分析、沪舟通道工程涉海工程勘测项目多道地震调查等技术服务项目，取得了一批可转化科技成果，有效激励了科研人员的创新活力和科研的积极性、主动性。可转化科技成果合同额约1900万元。2023年度发表学术论文53篇，其中核心论文23篇，SCI论文2篇、EI论文1篇。

2. 科技项目

福建省地震局2023年承担2项国家自然基金项目，并完成国家自然科学基金重点研发项目“陆地水体气枪震源系统的研发与集成”的验收工作。承担中国地震局地震科技星火计划项目在研1个，申报福建省科学技术厅引导性项目1个。组织开展福建省地震局2023年度的海洋地震观测与探测综合试验方案、城市地震灾害观测试验方案、福建省及台湾海峡地震观测与探测试验实施方案、福建城市建筑震害实时仿真模拟技术研究及系统开发与应用、测震站网运维综合管理平台等项目评审。推进海洋地震科技创新平台建设，完成科考船改造工作，推进低频振动台、高压实验仓等监测平台计量资质认证，建立联合创新基地。

在监测预报预警方面，研究新一代监测预警技术系统架构，完成原型系统研发；完善“四网融合”监测预警系统，为新一代地震监测预警系统做好技术储备和系统支撑；深化震源参数快速测定研究，完成基于卷积神经网络的波形智能识别和烈度预测研究；开展基于能量震动图的大震破裂快速反演技术研究，用于修正大震仪器烈度分布；完善实时智能地震编目系统（RISP），实现震后4分钟内自动产出目录；积极开展“空地一体化”形变观测，构建海峡西岸及其近海GPS形变观测骨干网，开展形变场提取、建模与分析；开展分布式光纤传感（DAS）系统海底地震观测技术实验。

在震害防御方面，开展地震灾害风险评估与灾害情景构建研究，为中国地震构造环境探查提供借鉴经验；开展重大工程破坏与防御技术研究，进行重大基础设施一般性评估及重大基础设施地震灾害风险评估并给出评级；开展强地面运动模拟技术系统研制工作，并在泉州进行示范运用；开展东圳水库大坝的动力特性、地震响应观测与模拟、地震灾害风险评估、地震灾害监测等研究；开展海域第四纪活动断层、发震构造判别、潜在震源区划分、大震危险性评价等关键技术研究，进一步判断台湾海峡内滨海断裂带断层几何形态，断层的位置、走向和深度。

（福建省地震局）

山东省

（1）“华北地区连续重力观测背景噪声（DF信号）的预报效能分析”，项目负责人李惠玲，项目经费1.74万元，项目起止时间为2023年1月至2023年11月，按期完成结题并获得优秀。

（2）“一种新型真空脱气装置在地震监测中的应用研究”，项目负责人郭宗斌，项目经费1.3万元，项目起止时间为2023年1月至2023年11月，已提交结题报告并完成验收。

（3）“泮水镇断层土壤气地球化学特征与跨断层场地水准对比分析”，项目负责人董敏，项目经费1万元，项目起止时间为2023年1月至2023年12月，按期完成结题并获得优秀。

（4）“基于改进 BP 神经网络的地磁观测数据重构方法研究”，项目负责人尹玉振，项目经费 1 万元，项目起止时间为 2023 年 1 月至 2023 年 12 月，已通过项目验收。

（5）“基于微信平台的地震预警台站智能电源监控报警平台设计与研发”，项目负责人刘克辉，项目经费 1.05 万元，项目起止时间为 2023 年 1 月至 2023 年 12 月，已通过项目验收。

（6）“山东地区中小地震矩震级测定及与地方性震级经验关系研究”，项目负责人石玉燕，项目经费 1.5 万元，项目起止时间为 2023 年 1 月至 2023 年 12 月，已通过项目验收。

（7）“庙岛群岛及附近海域气体地球化学观测与震群短临预测研究”，项目负责人苏淑娟，项目经费 1.6 万元，项目起止时间为 2023 年 1 月至 2023 年 12 月，已通过项目验收。

（8）“基于新媒体数据的地震监测中心站舆情信息可视化系统设计与开发”，项目负责人赵一洁，项目经费 1 万元，项目起止时间为 2023 年 2 月至 2023 年 12 月，已完成结题验收答辩。

（9）“网络安全设备智能化联动响应运维管理研究”，项目负责人尹玉振，项目经费 1 万元，项目起止时间为 2023 年 1 月至 2023 年 12 月，已完成结题验收答辩。

（10）“基于 IPv6 – IoT 技术的地震无线传输组网研究”，项目负责人曹琦，项目经费 1 万元，项目起止时间为 2023 年 2 月至 2024 年 2 月，已完成结题验收答辩。

（11）“基于 FSDN 标准化数据的地震矩张量准实时反演软件研发及平台集成”，项目负责人刘承雨，项目经费 1 万元，项目起止时间为 2023 年 2 月至 2024 年 2 月，已完成结题验收答辩。

（山东省地震局）

河南省

科技创新持续加强。制定贯彻落实全国地震科技工作会议精神措施清单。与航天宏图、华为等高新技术公司开展交流。联合郑州大学举办科创中原论坛第 49 期，1 名院士参加学术交流。修订科研基金项目管理办法，与防灾科技学院签署合作协议，与中国地震局地质研究所联合申报城市地震地质安全工程技术研究中心获批，强化人才培养和科技创新。持续强化非天然地震研究与应用，开展新型浮球式数字水位仪研发。

人才队伍不断优化。开展科技人才遴选和考核，招聘 8 名高学历人才，推动构建优秀人才梯队和创新团队。多形式开展教育培训，安排 24 次业务培训。开展年度岗位聘用，落实岗位绩效工资制度。发放优秀科技人才绩效 6 万元，13 名青年人才获得绩效奖励，进一步激发干事创业热情。

（河南省地震局）

湖北省

科技创新水平稳步提升。湖北省科技厅批复支持湖北省地震局与中国地质大学（武汉）等单位联合共建湖北省地球科学基础学科研究中心。湖北省地震局获批省部级以上科研项目 13 个，获得发明专利 19 项、实用新型专利 15 项，发表 SCI 论文 21 篇、EI 论文 11 篇，武汉所获得的项目课题经费达到 2022 年的 3 倍。主办的英文刊《Geodesy and Geodynamics》获得创刊以来首个 JCR 影响因子 2.4，在地球化学和地球物理学科领域 ESCI 期刊中排名第一。

科技服务做优做强。高质量承办 2023 年地震系统科技服务现场会议。仪器院获得湖北省科技型中小企业创新奖（湖北省只有 15 家企业获奖），计量院获得 CMA 资质，仪器院、计量院获批为湖北省第五批专精特新中小企业。参与湖北省突破性发展北斗产业战略，自主开发的北斗计量测试技术成果入选国家首批产业计量成果库。研发的红沿河核电站地震仪表系统在 2023 年 8 月 23 日辽宁大连普兰店 4.6 级地震后成功发出地震事件报警，是国家核安全局首次获取的核电站所在区域地震报警信号。积极推进电梯地震开关应用，在省内外建成 30 个示范点；研制的 4 款产品通过煤安认证和矿安认证，与煤科院合作推进矿震监测等项目。

（湖北省地震局）

湖南省

积极推进创新合作，发挥科技创新团队优势，在原有 2 个创新团队的基础上，结合常德深井试验台优势，组建湖南省地震局深井地震科学研究创新团队。

充分发挥业务培训、学术交流的推动作用。组织召开 2023 年全省地震业务综合培训班，市州及区县地震部门业务骨干 90 余人参训。培训内容涉及地震监测、预报、预警、信息、应急、科技等各领域。与中国地震局形变学科组、湖北省地震局、湖南省气象局开展学术交流活动。

开展地震科技成果转化服务工作。湖南省地震局下属事业单位共承担技术服务科技成果转化项目 10 个，其中湖南地震台承担 3 个，震防中心承担 7 个，合同总额 217.3976 万元，净收入 165.5266 万元，科技成果转化奖励分配额度 115.8687 万元。

（湖南省地震局）

广东省

国家自然科学基金广东联合基金项目“粤港澳大湾区地震灾害主动防御关键技术研究”，广东省地震局承担粤港澳大湾区活动断裂与速度结构探测、地震灾害风险评估与防控等课题工作，已完成全部项目工作，申请结题验收。广东省地震局负责的课题完成了粤港澳大湾区深浅地壳速度结构模型构建，开展粤港澳大湾区中心城区地震风险评估及防控基础数据库建设，研发群体建筑非一致地震激励态动力响应分析模型及方法，开展地震风险评估及防控一体化展示系统研发，给出大湾区具有地域特征的地震灾害风险评估结果和防控措施建议。项目成果形成国内领先的技术方法 2 种；出版专著 2 部，在国内外核心及以上期刊发表学术论文 17 篇（第一标注 12 篇）；申请软件著作权 4 项。

广东省科技计划重点项目“广东省防震减灾科技协同创新中心”完成验收，项目构建了广东省三个典型强震构造区三维精细地壳结构模型，为广东省中长期地震预测、孕震机制研究和工程抗震设计提供重要基础数据；编制了《地震波形数据通道标识》《地震烈度速报与预警台站数据通信协议》两项行业标准及研发了“地震预警技术系统”，为国家预警工程实施提供了重要技术支撑；研发了“工程结构地震安全监测可视化系统”，为多个地标性工程和重大事件提供了技术服务，产生了较大的经济效益和社会效益。项目成果申请发明专利 3 项，授权 1 项，制定行业标准 2 项，申请软著 14 项，在国内外核心及以上期刊发表学术论文 22 篇。

“基于地震烈度速报的灾害损失评估系统研究与公共服务信息应用”是广东省科学技术厅社会发展科技协同创新体系建设重点专项，由广东省地震局和广东省科学院广州地理研究所共同承担完成，2023 年 5 月项目已通过验收。项目实施建设过程同时也是为广东地震应急提供技术服务的过程，在项目实施过程中注重技术成果在地震应急服务中的继续应用，新优化的人员伤亡评估模型已在软件中应用，评估产出成果已被应急管理部写进 2020 年、2021 年、2022 年广东地区地震危险区地震灾害损失预评估和应急处置要点报告。

“广州市主城区生命线管网工程地震灾害风险点危险源排查项目之地震危险性分析与生命线管网工程震害预测、评估”是广州市城市规划勘测设计研究院委托的科技咨询服务项目，2023 年 5 月项目已通过验收。该项目已形成软件著作权 1 个，涉及的计算模型和技术方法成熟、实用性强、国内领先，为生命线管网工程震害预测、评估及风险指标计算提供了科学的方法，具有良好的社会效益。

（广东省地震局）

广西壮族自治区

1. 科技成果

2023 年完成地震科技星火计划项目结题 2 项、自治区本级重点研发项目结题 1 项；与中国地震局地质研究所联合申报国家级项目1个、省部级项目1个，自主申报地震科技星火计划项目2个、预测基金项目1个、三结合项目2个，获批地震科技星火计划项目1个、预测基金项目1个，立项局科研合同制项目12个，开展地震科技服务政策理论课题研究1项；发表论文15篇，其中与中国地震局地质研究所联合发表SCI论文两篇，完成专著2部。

2. 科技进展

广西壮族自治区合浦城市活动断层探查项目获得立项，对合浦县城及周边200平方千米的范围开展了遥感解译和地质调查，针对南流江东断裂的关键段落开展了23千米的浅层地震勘探、开挖了3个大型探槽，以及4条跨断层钻孔联合地质剖面勘探。在现场调查和资料收集整理的基础上，全面开展了深部构造分析、历史地震分析和精定位、第四纪沉积环境研究。通过上述工作，精确确定了南流江东断裂的具体位置、地下延伸形态和埋藏深度，初步推断该断裂有较强的活动性，具备发生6.0～6.5级地震的能力。

深部结构与动力环境研究科技创新团队，重点开展桂东南地区大地电磁探测等研究，解决了钦－杭结合带南段（广西段）大地构造划分的地学难题，为地震区划和数值地震预报提供了深部构造模型和关键技术支撑。地震科技星火计划攻关项目“富宁—那坡断裂系北段地震构造环境研究”通过验收，在断裂带结构、断裂带沿线构造地貌、断裂带不同地点的ESR年代学方面有了新的认识，并通过构造物理模拟实验，对富宁北部地震的发震构造提出了新的理论模型。针对广西水利资源丰富、大型水库众多的区域特色，局科研团队开展水库地震定量化预测评价模型研究，为龙滩、岩滩、大化、乐滩、大藤峡和百色水利枢纽等企业提供地震活动性分析报告和地震趋势意见，提出通过控制库区蓄水速率避免破坏性水库地震发生的合理化建议，得到良好的推广应用。

（广西壮族自治区地震局）

四川省

四川省地震局2023年共牵头承担国家重点研发课题1项、专题11项，国家自然科学基金面上项目2个、青年项目1个，中国地震局地震科技星火计划项目7个；中国地震局科技与国际合作司项目地震短临预报专群结合研究试点1项；四川省科技计划5项。新建2支局创新团队，签订科技服务合同近百项。支持23项局科技专项立项，24项局科技专项完成验收。与科技厅签订“两服务”工作协议，强化属地科技联络支撑，提出2024年科技研发需求7项，1人申报天府青城计划，填报在川科技转化成果3项。申报科技创新与服务项目40余项，其中3项省部级项目获批立项、6项省部级项目通过验收（2项获评优秀）。2023年度以第一作者（含通讯作者）身份发表科技论文69篇，其中SCI论文收录16篇，EI论文收录3篇，获得专利授权7项，软件著作权33项。

（四川省地震局）

云南省

深入实施地震科技创新工程，云南省政府将中国地震科学实验场建设项目纳入重点任务清单和风险隐患清单，全面完成项目建设可研和初设、建设用地前置要件梳理、场地工程勘察、建设站点勘选，制定管理办法，组建工作专班，正式启动建设任务。特别国债巨灾防范工程成功立项并获可研批复。实施云南火山监测能力提升项目，挂牌成立腾冲火山和地震观测研究基地，完成火山区 2 个 GNSS 基准站建设，建设腾冲地震数据中心。完成地震监测台网云南分项目主体任务。

在研云南省重点项目 1 项，获批星火计划、三结合项目、预测开放基金等课题 10 项，自立项目 13 个。全年发表科研论文 99 篇，其中核心期刊论文 67 篇（7 篇 SCI 论文、4 篇 EI 论文）；出版专著 3 部；取得 2 项发明专利和 6 项软件著作权。组织 2023 年度云南省地震局防震减灾优秀成果奖评审，评出获奖项目 29 个，其中一等奖 3 个、二等奖 4 个、三等奖 22 个。

（云南省地震局）

陕西省

1. 科技项目

承担国家自然科学基金课题 2 项。“利用密集地震台站研究西秦岭造山带的地壳结构与变形特征”开展西秦岭及邻区地壳分层各向异性研究，提出壳内低速层的成因机制、青藏高原北东向生长的最新前沿和区域岩石圈变形模式的新认识。“基于 GNSS 时间序列的震后形变模型和物理机制的研究”拟以 2015 年 M_W7. 8 尼泊尔 Gorkha 地震和 2021 年 M_W6. 1 漾濞地震为研究对象，结合震后形变机制研究建立合理的形变模型，并提出迭代 PCA 和 ICA 方法对 GNSS 时间序列的震后形变进行精细化处理，研究两次地震的震后形变物理机制，并分析青藏高原不同区域的岩石圈流变学性质。

承担星火计划项目 1 项。“区域场地类别精细化划分研究及陕西省典型地区应用示范”项目拟建立一套合理、适用性强的场地分类方法和指标，使我们能够对场地条件进行快速判定与评估，将在建设工程可行性研究、初步设计阶段发挥重大作用，有效减少工程前期投入。

陕西省地震局获批陕西省自然科学基础研究计划项目 4 个、三结合课题 4 项。全年科技类成果产出 38 篇，其中 SCI 论文 5 篇，EI 论文 6 篇，核心论文 5 篇，一般期刊 22 篇。全年专利产出 5 项，软著产出 14 项。

2. 科技成果

完成西安市长安区常宁新区（引镇片区）、咸阳经济技术开发区、宝鸡市陈仓区新材料产业园、延安高新技术产业开发区 4 个区域性地震安全性评价工作；完成中核陕西铀浓缩有限公司铀浓缩五期工程、大唐韩城明星 100MW 农光互补发电项目、陕能赵石畔煤电一体化项目雷龙湾电厂二期（2×1000MW）工程、淳礼公路泾河大桥项目、安康市紫阳县瓦房沟水库、府谷县东丰启煤炭销售有限公司铁路专用线工程、扶风县兰郑长成品油管道迁改工程等 9 个涉及能源、交通、水利等行业工程项目的地震安全性评价工作，均通过专家审查。

强化与三星（中国）半导体有限公司地震信息产品服务合作，落实《防灾减灾战略合作谅解备忘录》，并从场地区域地震监测、地震速报预警信息服务、防震减灾咨询等方面提供全方位定制服务。目前地震信息服务项目（一期）已通过验收，顺利进入运维期，并签订运维合同。

立足区位资源、场地优势，依托“陕西西安地球深部构造野外科学观测研究站”，充分发挥西安综合观测山洞和乾陵地磁比测台站的平台作用，积极开展对外合作交流和科技服务，不断拓展服务领域，打造特色品牌。2023 年先后与西北工业大学签订惯性器件测试科技服务协议、与杭州微伽量子科技有限公司签订连续绝对重力观测服务协议、与北京市京核鑫隆科技有限责任公司签订地磁经纬仪测试技术服务合同，累计合同金额 19.0 万元。

（陕西省地震局）

甘肃省

组织完成 2023 年国家自然科学基金、省科技计划项目和星火计划项目的申报工作，获批国家自然科学基金面上项目 2 个，联合南京工业大学获批国家自然科学基金重点项目 1 个；获批省科技计划项目 12 个，获批星火计划项目 7 个。组织完成了 2023 年度基本科研业务费专项、局科技发展基金项目申报工作，受理基本科研业务费专项 9 项、局科技发展基金项目 34 个，评审立项基本科研业务费专项 6 项、科技发展基金 23 项（含野外站项目），资助经费 121 万元。2023 年，累计新增各类科研项目 53 个，新增科研经费 474.09 万元。组织完成了 2023 年度局防震减灾科学成果奖评审工作，受理 8 个项目，6 项获奖，其中一等奖、二等奖、三等奖各 2 项。

按照科学技术部的统一部署，组织完成了《国家野外站——地震灾害观测技术规范》的起草工作。完成了甘肃省黄土地震工程重点实验室和甘肃省岩土工程技术中心优化重组，获批建设甘肃省地震灾害监测与防治重点实验室。调整了兰州野外站管理机构和学术委员会，参加了中国科学技术大学第一届地球物理野外站联合学术交流会。与南京工业大学交通运输工程学院、中国科学技术大学地球与空间科学学院签订了战略合作框架协议。2023 年 7 月 22 日在定西市成功举办了纪念岷县漳县地震 10 周年学术研讨会。大力推进地震科技服务，工程院、兰州所、省地震台等全年争取各类科技服务项目 94 个，合同总额 2922 万元。其中，地震安全性评价项目 52 个，合同总额 2382 万元。

（甘肃省地震局）

宁夏回族自治区

强化地震科技创新战略支撑，落实《〈国家地震科技发展规划（2021—2035年）〉“十四五”落实措施清单》，印发《宁夏地震局科技创新团队考核实施细则》，培育科技创新团队4支，组织开展重点地区地下水地球化学特征、活动断层分布及活动性、山区边坡稳定性等基础性研究工作，完成重要科研课题20项。

实施项目课题带动战略，获批自治区自然科学基金15项、中国局震情跟踪课题4项、地震预测开放基金1项，立项局基金课题12项，落实科研经费达110.6万元；发表科技论文21篇（其中，SCI论文6篇、EI论文2篇、核心期刊8篇、公开期刊5篇），获得专利10项、软著15项，评选宁夏回族自治区防震减灾年度优秀成果一等奖2项、二等奖3项、三等奖5项。

（宁夏回族自治区地震局）

中国地震台网中心

承担的国家重点研发课题《CSEP引进、预测模块研发与系统集成》，与国际CSEP检验中心接轨，推进地震预测方法的标准化和实用化，在预测模块和检验模块的研发以及CSEP系统功能集成方面取得显著成效。自主研发了加卸载响应比（LURR）、地壳振动、态矢量和地震综合概率预测模块；引进了国外提出的图像信息（PI）、相对强度（RI）、传染型余震序列（ETAS）预测模型并完成模块研发；同时，遴选出Molchan、*R*值评分、*N*值和ROC四种国际认可的地震预报效能评价方法，以集成的方式搭建运行平台。作为开放性平台，通过不断纳入新的算法，着力提升地震预测能力、推进地震预测实践，将地震预报业务中常用的地震发生率、地震调制比、*b*值等预测方法纳入平台应用和检验。平台既能够完成回顾性预测检验，又能够实现前瞻性预测分析，相关研究成果将逐步应用到中国地震台网中心的中短期地震预报工作中。本课题围绕中国CSEP检验中心运行平台软件系统的开发，发表SCI论文10余篇，申请发明专利5项，取得软件著作权5项。

承担的国家重点研发课题“人工智能地震综合预测和应用示范”，开展了基于图神经网络的中短期地震预测研究，首先结合川滇地区局部构造和地震活动特征，对研究区进行不规则分区，以各分区内3级以上地震目录和地球物理观测资料为数据源，将不同时段内不同震级档地震频次、调制比和*C*值等地震活动参数和具有较高预测效能的地球物理观测异常作为机器学习模型的特征输入，将每个分区作为图的节点，区域彼此间构造相关性作为图的连接关系，建立图神经网络模型，通过模型训练和交叉验证，形成川滇地区短期地震预测模型。在人工智能综合预测系统的支撑下，分别在云南、四川地区开展了示范应用的向前预测实践，完成了“云南地区人工智能地震综合预测技术中短期地震预报应用示范方案”和“四川地区人工智能地震综合预测技术中短期地震预报应用示范方案”的论证。

（中国地震台网中心）

中国地震灾害防御中心

紧紧围绕发挥国家级业务中心的业务支撑和引领作用，不断拓宽科研业务，推动科技成果凝练与应用。2023 年，国家重点研发计划在研课题 2 项；国家自然科学基金项目申报 11 项，在研 4 项，结题 2 项；地震科技星火计划项目在研 2 项，新增获批 1 项，结题 6 项；地震应急青年重点任务获批 1 项，结题 2 项。发表 SCI 论文、EI 论文 5 篇，核心论文 4 篇。年度获得发明专利 4 项，申请发明专利 2 项，取得软件著作权 3 项。

提高科技创新成果产出。参与中国地震科学实验场国家重大科技基础设施项目工作，参加国家科技基础资源调查专项课题，负责实验场及其邻区历史大地震地表破裂带资料汇编并提交基于最新资料的活动断层数据库、活动断层分布图。按照中国地震灾害防御中心“十四五”规划任务清单，完成全国地震灾害风险普查技术和成果的转化应用，有序推进全国第六代地震动参数区划工作实施，基本完成国家地震灾害风险防治业务平台建设。年度获批 2 项国家重点研发计划课题，资助金额 628.5 万元；组织开展年度国家自然科学基金、北京市自然科学基金、地震科技星火计划等项目的推荐申报。

积极拓展成果转化应用。高效服务决策建议咨询，土耳其地震后，针对中国防震减灾工作薄弱环节，提出了系统查明中国大震危险源等 5 项工作建议，得到了上级部门的肯定。积极服务公众和行业，活断层数据中心网站在线发布活动断层分布图等矢量地图，累计访问量超 86 万次，在线地图服务请求突破 400 万次。区划图网站累计访问量突破 6200 万次。

成果推广应用取得新成果。持续服务国家重大战略决策，承担东南亚“东盟重点区域地震动参数区划服务”工作。持续支持和服务重点地区地震动参数区划建设，承担“全国地震动参数区划图编制（西藏部分）”和“墨脱断裂带与喜马拉雅构造带深部结构探测研究”。持续为重大建设工程提供地震安全服务，完成江苏徐圩核能三维场地分析、河北海兴核电地震安全性评价复核；全年共开展热电项目、LNG 接收站、轨道交通、机场空管、铁路改造、化工产业园等多项地震安全性评价、区评近 20 项；承担近 10 项抽水蓄能电站地震安全性评价项目。地震安全性评价计算软件应用范围不断拓展，2023 年与省市地震局、研究所、行业公司等签订服务协议 8 份，经济效益和社会效益显著。

（中国地震灾害防御中心）

中国地震局发展研究中心

贯彻落实全国地震局长会议部署，不断推进智库建设提质增效，为防震减灾事业现代化建设提供支撑。

新时代防震减灾事业发展战略研究取得突破，获得 2023 年度局综合考评工作创新奖。提出了防震减灾事业发展总体战略、分类战略和运作战略建议，提出综合抗御 7.0 级左右地震的能力等研究成果。对年度政策研究课题实施全过程管理。建立研究任务开题把关和二次验收机制，完成2022年22项课题验收、2023年18项课题过程检查和2024年11项课题立项工作。开展防震减灾“四个纳入”调查。相关成果在全国地震局长会议、地震科技大会等重要文稿起草中得到应用。完成《深入学习贯彻习近平关于应急管理的重要论述》2章节编写。

探索开展科技创新服务分类评估体系研究。聚焦地震部门核心职能和事业发展战略思路，围绕实现6个方面凝练66项指标，完善形成《省级防震减灾事业现代化指标体系（试行版）》。评估评价彰显政策实施效能。完成“十四五”国家防震减灾规划、科普规划、普法规划中期评估。完成67个项目预算评审、绩效评价及基建项目竣工财务决算审核，形成评审评价报告支撑财务决策。协助完成全局年度部门整体支出绩效目标指标构建。

（中国地震局发展研究中心）

中国地震局地球物理勘探中心

各类在研科技项目共29个，其中国家自然科学基金项目3个、国家重点研发计划专题2个、地震科技星火计划项目2个。发表核心以上论文16篇，其中SCI论文7篇、EI论文3篇，获国家发明专利1项。

国家重点研发计划专题“巴颜喀拉活动地块玛多—玉树及周缘岩石圈结构探测”完成75个宽频带台阵点位的设计与相关资料的收集。

国家重点研发计划专题“巴颜喀拉活动地块玛多—玉树短周期密集台阵探测”完成360个短周期密集台阵点位的设计与相关资料的收集。

国家自然科学基金面上项目“基于密集台阵的长宁6.0级地震区浅部精细速度结构研究”利用背景噪声成像、噪声自相关和远震P波尾波自相关方法，获得长宁6.0级地震区下方的S速度结构及界面结构，为长宁震区地震孕震机制等提供地震学依据。

国家自然科学基金青年项目“联合利用人工源和天然源地震资料重建华南大陆东南缘岩石圈速度结构”利用噪声成像和接收函数联合反演方法构建华南大陆东南缘岩石圈结构模型，为华南大陆东南缘岩石圈演化及岩浆岩的分布机制等提供依据。

国家自然科学基金青年项目“长宁震区地壳浅部精细结构成像及其深部动力学研究”构建四川长宁地区高精度地震目录以及地壳浅部三维精细结构，分析地震与工业活动的相关性、研究区地震构造与孕震机理，为地震风险评估与工业安全生产提供研究基础。

国家自然科学基金面上项目子专题“分布式光纤地震监测数据采集、处理与应用”完成约9km的分布式光纤小型模拟试验场地测绘、搭建工作。采集得到地震数据，开展面波频散曲线反演技术研究。

中国地震局地震科技星火科技攻关项目“多种数据联合反演南北地震带北段壳幔三维精细速度结构”获得南北地震带北段浅部地壳至上地幔顶部的三维 V_p、V_s 与 V_p/V_s 分布图像。

中国地震局地震科技星火计划攻关项目“横波主动震源数据高精度偏移成像技术研究

与应用”将研究成果和计算机软件应用于示范性应用研究实际生产数据，取得SH波高精度地下结构成像剖面。

中国地震局行业专项（科学实验场）项目“中国地震科学实验场建设——深部结构观测系统”完成90个宽频带流动观测站的运维和数据回收工作。项目研究成果产出纳入“透明地壳”工程年度报告。

中国地震局行业专项（科学实验场）项目“地震监测台网建设”完成承担建设工作任务的全部100个浅井式宽频带地震观测站点的土建施工、仪器安调、初值测定，观测系统进入试运行阶段。

（中国地震局地球物理勘探中心）

中国地震局第一监测中心

1. 科研项目

获批科研项目11个，在研项目24个，包括国家自然科学基金5个、天津市自然基金1个、星火计划9个、地震应急与信息专项5个、震情跟踪12个。继续拓展与地震系统内外科技的深度合作，作为国家重点研发计划专题承担单位，与中国地震局地质研究所、新疆维吾尔自治区地震局等单位联合开展新疆—中亚陆内俯冲带地壳形变与危险性分析，与四川省地震局联合开展川滇块体东边界GNSS动态形变特征研究，与天津市地质事务中心等单位联合申报并获批河北沧州平原区地下水与地面沉降国家野外科学观测研究站开放基金项目。

2. 科技成果

公开发表学术论文31篇，其中SCI论文17篇、EI论文4篇；获得国家发明专利4项和软件著作权17项；获得2023年度天津市地震学会防震减灾科学技术奖二等奖及2023年度天津市测绘学会青年优秀科技论文一等奖1项、二等奖3项、三等奖2项。

（中国地震局第一监测中心）

中国地震局第二监测中心

承担在研科研项目78个，总经费约2525.56万元。其中新获批国家自然科学基金项目2个，陕西省自然基金项目10个，中国地震局地震科技星火计划项目4个、国家野外科学观测站科研项目4个。2023年科技人员共发表科技论文34篇。

编制科技服务清单。服务川藏铁路建设，开展复杂艰险山区水准点重力改正工作，提升工程施工测绘精度。加强与地方市局合作，开展西安市高陵区城市活断层探测项目，服务城市大震巨灾风险防控。

（中国地震局第二监测中心）

中国地震局地球物理研究所

1. 科技成果

面向国家需求、面向人民生命安全，不断提升震情保障服务能力。积极开展20余次震后科技支撑工作，及时产出地震震源参数反演、地震动强度预测等科技产品。持续发挥六代图编制牵头单位的作用，产出的相关科技成果在2023年山东平原5.5级地震科技支撑中发挥重要作用。发布华北地区高精度地壳模型。围绕“四川兴文”“云南镇雄”等能源安全利用问题，积极为政府和企业提供科技决策服务。发布2023版地震科技公共服务事项清单，“干热岩开发地震监测与风险评价技术服务”“地震智能编目系统研发与推广应用”等入选防震减灾公共服务优秀案例。

2. 科技项目

立项推动喜马拉雅东构造结大震危险性先导研究。联合系统内外科研单位及高校组织申报2023年度国家重点研发项目3项，获批国家自然科学基金18项。组织开展地震科学实验场专项指南建议编制工作，形成了“川滇地区多尺度地壳4D结构与强震孕育发生物理过程研究”等8条建议。推进实验场科学研究，凝练国家重大科技项目实验场专项指南。

3. 开放合作

成功举办第四届“人工智能地震学”学术研讨会、首届地震大数据智能云服务黑客松大赛，召集社会跨界开发者参与行业软件开发并尝试解决行业技术瓶颈问题。与辽宁省地震局、山东省地震局、中国地质大学（北京）、国家超级计算成都中心、百度、华为、阿里云等企事业单位“结对子”，拓展地震科技服务新赛道。与建研院检测中心有限公司、深圳北斗通信科技有限公司等，共同推动建筑物动态监测和城市防震减灾工作。与自然资源部第二海洋研究所、中国科学院南海海洋研究所、中国地质调查局青岛海洋地质研究所等开展深地、深海科技合作。

中国地震局地质研究所

1. 科技项目

国家重点研发计划“基于多物理场的地震监测技术研究”已顺利完成结题验收，项目通过构建研究区弹性块体模型，揭示了川滇地区主要断裂带的震间闭锁–蠕滑分布，结合古地震、历史地震资料，识别出存在强震潜能的段落，为川滇区地震危险性分析提供了基础数据和强震风险底图。

国家重点研发计划“新疆—中亚陆内俯冲带大震震源识别与危险性分析”和“川滇地区活动断裂三维公共模型与大震危险性研究”已经全面完成任务书规定的年度考核指标。国家重点研发计划“巴彦喀拉地块强震活动特征和危险性预测研究”项目获批。牵头编制“华北强震预测与致灾机理研究”重大研究计划立项设想建议书。

2. 科技创新

围绕大陆地震构造与动力学、强震机理与预测、火山机理与喷发危险等主攻方向，申报获批国家自然科学基金项目26个，其中首次获批2个外国学者研究基金项目。以中国地震局地质研究所为第一标注发表SCI论文135篇，成果聚焦主责主业，其中《2021年5月22日青海玛多*M*7.4级地震深部环境及发震构造模式》论文获中国地球物理学会2023年陈宗器地球物理优秀论文奖，《2017年8月8日四川九寨沟7.0级地震InSAR同震形变场及断层分布滑动反演》论文获得中国科学技术信息研究所领跑者5000中国精品科技期刊顶尖学术论文。单新建团队以中国地震局地质研究所为第一单位申请的“活动断裂带形变全过程集成监测与震源参数反演关键技术及地震危险性判定”项目，获中国地球物理学会科技进步二等奖，陈九辉团队以中国地震局地质研究所为第二单位申请的“南北地震带及华北地区大规模宽频带地震台阵探测及应用”被评为中国地球物理学会科技进步二等奖。

3. 科研平台

持续推进四个野外站科研平台实体化、专职化建设，在数据连续观测、野外站建设、人才培养、科普宣传等方面抓细落实，召开或承办10次学术会议，20个研究课题立项。中国地震局地质研究所牵头与西藏自治区地震局合作，申请获批西藏自治区拉萨野外站，联合成都青藏高原研究所推动拉萨双野外站建设；新疆帕米尔站4月顺利通过野外站验收，有效服务中亚陆内俯冲重点研发计划项目实施和“一带一路”沿线地震安全；大力推进长白山天池火山监测预警系统建设项目；太原野外站召开华北野外观测站联盟学术研讨会，推进华北强震预测与致灾机理重大研究计划预研究。

（中国地震局地质研究所）

中国地震局地震预测研究所

积极共建中国地震科学实验场。协助完成实验场工程建设项目初设，以及地震数值预测实验系统4个子系统、30个模块、242个子模块的设计方案。开展地球化学网、水库地震观测、地电阻率观测、城市地下空间精细探查和监测等系统协助技术勘选。完成财政部实验场项目、基本科研业务费实验场联合专项实施工作。

有组织科研质效大幅提升。组织地震系统内外10家科研单位联合申请重点研发项目，获批项目“基于动力学模型的中长期地震数值预测关键技术研究”和课题“巴颜喀拉活动块体强震高危险区短临预测研究”，经费2045.04万元；获批科技部基础资源调查专项“我国大地震基础资料整编及《中国大地震科学志》编研”，经费599.7万元；获批国家自然科学基金项目12个，经费676万元，其中重点项目1个、面上项目6个、青年基金5个；获批外国专家项目4个，经费82万元；获批北京市自然科学基金项目3个，经费105万元；获得上海人工智能实验室经费支持150万元。以上经费共计3657.74万元，较2022年项目获批数量及经费大幅提升，创近3年来最好成绩。

人工智能应用发展逐渐清晰。牵头完成地震人工智能专项规划编制，提出3年行动方案。举办第一届防灾减灾博鳌论坛地震人工智能分论坛，协调地震系统内外单位，联合上海国家人工智能实验室推进人工智能应用基础性工作，并协商共同成立地震人工智能实验室。依托重点研发项目“基于大数据和人工智能的地震监测预测技术研究”实施培养地震专业和人工智能人才。

有效实施“解剖地震”计划。参加土耳其 7.8 级地震科学考察，开展国际地震科考联盟建设。深化大陆活动地块理论研究，在巴颜喀拉块体西缘、丽江—小金河断裂系等典型区域开展强震危险性研究；构建川滇地区动力学公共模型，推进地震概率预测模型 2.0 研发。加强地震观测技术研发，完善井下综合观测系统，发展城市地下空间光纤探测技术，积极与企业合作，开展金沙江下游梯级水库等重大基础设施地震监测和风险防范研究。

学术成果产出稳步提升。发表学术论文 144 篇，其中 SCI 论文 86 篇，包括 EPSL、CEE 等地学顶级期刊论文 3 篇。获得陈宗器地球物理优秀论文奖 1 项、第十三届李善邦青年优秀地震科技论文奖 2 项，出版专著 3 部，申报发明专利 6 项，获高分专项卫星应用优秀成果（应用案例成果）一等奖 1 项、三等奖 1 项，获中国遥感优秀成果二等奖 1 项，2 项规范列入行标项目。

增进国际学术交流合作。设置主题召开国际学术会议，联合美国地质调查局（USGS）围绕泸定 6.8 级地震和全球强震活动召开中美地震论坛，依托牵头的国际地球科学计划（IGCP）项目举办土耳其 7.8 级地震国际研讨会。邀请一批知名学者合作促进相关领域科研创新工作。编发《地震科考指南》英文版，相关工作为“一带一路”地震科学考察联盟列入第三届“一带一路”国际合作高峰论坛多边合作成果文件清单提供支撑。

（中国地震局地震预测研究所）

中国地震局工程力学研究所

孙柏涛、陈相兆、张桂欣 3 人参与完成的“京津冀一体化地震灾害快速评估与辅助决策系统研发及应用”项目获得 2022 年度北京市科学技术进步二等奖。该项目面向防范化解地震灾害风险国家重大需求，在京津冀协同发展国家重大战略背景下，提出并实现了匹配京津冀区域特征的建筑物抗震能力分区分类评价和地震灾害损失快速评估方法，创造性设计并实现了具有自主知识产权的离线式全自动化地震灾害快速评估与应急制图全链条技术体系，在北京及周边地区最近 30 多次地震应急处置中取得应用实效。

（中国地震局工程力学研究所）

防灾科技学院

积极拓宽项目申请渠道，提升科技创新水平，加大科技创新平台建设力度。获批各类科研和服务项目280个，其中国家自然科学基金项目5个、国家社会科学基金后期资助项目1个、教育部人文社会科学一般项目2个、中国地震局重大政策理论与实践问题研究课题3个、中国地震局地震科技星火计划项目4个、河北省自然科学基金项目4个；“地震地质灾害监测与防控科普教育基地”获批河北省科普教育基地，学校自然灾害科普馆通过四星评估。

科技创新水平稳步提升。各类项目合同金额总计6954万元，其中纵向合同金额1818万元，社会服务类合同金额5136万元。教师2023年度公开发表学术论文167篇，其中核心及以上论文153篇（SCI/EI/CSSCI检索论文94篇），公开出版专著2部，授权发明专利11项。荣获河北省科学技术进步奖二等奖1项、内蒙古自治区科学技术进步奖一等奖1项、中国轻工业联合会科学技术进步奖一等奖1项。获得河北省专利资助项目1个。河北省自然基金、社科基金等省部级项目结题3项，地震科技星火计划项目结题1项。

平台建设成效显著。新获批河北省重点实验室1个、技术创新中心1个；河北省高校智慧应急应用技术研发中心顺利通过考察评估，河北省地震灾害防御与风险评价重点实验室顺利通过验收。

（防灾科技学院）

科学考察

甘肃积石山6.2级地震科学考察

2023年12月18日，甘肃积石山6.2级地震发生后，中国地震局立即部署地震科学考察工作，并于12月19日正式启动。地震科考工作由中国地震局地震预测研究所、甘肃省地震局牵头，联合中国科学技术大学、天津大学、兰州大学、中国地质大学（武汉）、中国科学院青藏高原研究所、国防科工局重大专项工程中心以及中国地震局地球物理研究所、中国地震局地质研究所、中国地震局工程力学研究所、中国地震局第一监测中心、中国地震局第二监测中心、湖北省地震局、青海省地震局等单位共同开展，科考工作历时16天，科考总人数125人，其中现场科考人员达到80人。中国地震局党组成员、副局长王昆同志专门到地震科考现场指挥部指挥调度。

科考工作队重点开展发震构造、“小震大灾”原因机理、地震危险性等方面科学考察，取得基本认识：一是基于青海中川乡金田村泥流次生灾害的震前震后影像对比，震后第2天发现大面积泥流灾害，引发各界对泥流破坏的关注，科考现场开展的泥流区水样采集和地球化学测试表明引自黄河的灌溉水是泥流形成的重要原因之一；二是除黄土场地放大效应、农村自建房整体抗震性能弱外，科考发现当地民族特色建筑结构“水堂子”倒塌也是造成室内人员重大伤亡的重要原因；三是发现地震在地表形成了破裂，是新发现的活动断层。

地震科考结束后，科考队依据调查研究结果对灾区恢复重建、房屋抗震设防和地质灾害防范提出了工作建议，为该地区防震减灾工作提供了科学依据。

（中国地震局科技与国际合作司）

2023年12月18日，甘肃省临夏积石山县发生6.2级地震，中国地震局地质研究所派出由韩竹军、袁仁茂、范熙伟等17名地质和地震灾害防御领域专家组成的现场科考队，携带机载Lidar、无人机等科考调查装备，赶赴灾区协助开展地震现场应急处置工作。

中国地震局地质研究所现场工作队进入灾区后，根据指挥部统一安排部署，分为3个调查小组，在大河家镇、中川乡、塔加藏族乡、保安族东乡族撒拉族自治县等地区开展发震构造调查研究及致灾机理调查与烈度研究，并及时就科技支撑信息与现场指挥部沟通，为本次地震烈度图编制提供了科技支撑。科考队还发现了“水堂子”隔墙倒塌是致死因素之一，“水堂子”隔墙地震倒塌风险被《科技日报》报道，为当地政府灾后恢复重建提供咨询建议。

（中国地震局地质研究所）

甘肃积石山 6.2 级地震发生后，中国地震局工程力学研究所派出孙柏涛等 27 人开展工程震害科学考察工作，主要针对工程场地强地面运动、房屋与生命线工程及基础设施地震响应、地震地质灾害及次生灾害、人员伤亡原因等开展科考工作，为后续地震致灾机理的总结、抗震防灾措施建议的提出、地震预警工作的完善、基于调查烈度的仪器烈度改进等工作提供基础支撑。

（中国地震局工程力学研究所）

土耳其两次 7.8 级地震科学考察

2023 年 2 月 6 日，土耳其连续发生两次 7.8 级地震，造成严重人员伤亡和财产损失，引起国际社会高度关注。为进一步深化对土耳其地震的科学认识，应土耳其灾害应急管理局邀请，中国地震局联合同济大学组建了 25 人科考队，赴土耳其开展了为期 13 天的地震科学考察，取得了丰富的第一手科考资料，开启了中国国际地震科考的新篇章。

中国地震局高度重视此次科考工作，组建了由中国地震局地质研究所、地球物理研究所、地震预测研究所、工程力学研究所和同济大学等单位研究人员组成的科考队，科考队员从事的研究领域包括构造地貌、地球化学、强震动观测与建筑工程抗震等方向。科考前，中国地震局多次组织专家进行地震趋势紧急会商，举办国际研讨会，聚焦土耳其地震序列、发震断层、灾害特征、未来地震发展趋势及其对欧亚地震带国家和地区可能产生的影响等进行深入研讨，召开土耳其地震科学考察工作会议，研究部署科考工作，明确科考任务目标和具体要求。科考期间，队员们努力克服暴雨、降雪等不良气候条件，冒着余震危险完成了既定科考任务。主要开展了 2 条断裂，累计 550 千米、120 个位错点的地震地表破裂调查，20 个强震动台站及其周边场地和穿跨越断层震害调查，百余栋医院、学校、住宅等建筑物震害调查，采集地质学年代样品、地球化学样品共计 60 个。

此次地震科考是中国地震局首次成规模地执行国际地震科考任务，获得了土耳其灾害应急管理局的高度肯定，有效促进了中土两国地震科技领域的全方位合作，为全球科学家携手努力，共同提升地震科学研究水平和地震灾害抵御能力迈出了扎实的第一步，以实际行动诠释了命运与共、风雨同舟的理念，为构建人类命运共同体书写新的中国故事。

（中国地震局科技与国际合作司）

2023 年 2 月 6 日，土耳其连续发生两次 7.8 级地震后，中国地震局地球物理研究所组织 6 名科考队员赴土耳其完成土耳其地震现场科考任务。科考队员齐心协力完成了 20 个强震动台站及其周边场地和穿跨越断层震害调查，协同完成了 2 条断裂，累计 550 千米、120 个位错点的地震地表破裂调查，为后续深入开展科学研究奠定了基础。此次地震科考是中国地震局首次成规模地执行国际地震科考任务，开启了中国国际地震科考的新篇章。

（中国地震局地球物理研究所）

2023 年 2 月 6 日，土耳其连续发生两次 7.8 级地震，造成严重人员伤亡和财产损失，引起国际社会高度关注。

在中国地震局统一指挥下，中国地震局地质研究所牵头组织土耳其地震科考工作。科考队由来自中国地震局地质研究所、地球物理研究所、地震预测研究所、工程力学研究所和同济大学的研究人员组成，主要从事构造地貌、地球化学、强震动观测与建筑工程抗震等领域的科研工作。

科考队主要开展了 2 条断裂，累计 550 千米、120 个位错点的地震地表破裂调查，20 个强震动台站及其周边场地和穿跨越断层震害调查，百余栋医院、学校、住宅等建筑物震害调查，采集地质学年代样品、地球化学样品共计 60 个，取得了丰富的第一手科考资料。通过此次现场科考，从采集的构造地貌、流体地球化学、强地面运动场与工程震害特征等第一手资料中，获得对地震发震构造、构造变形机制和地震破坏机理的新认识，为土耳其灾后恢复重建提供科学建议，有效促进了中土两国地震科技领域的全方位合作，为全球科学家携手努力，共同提升地震科学研究水平和地震灾害抵御能力迈出了扎实的第一步，同时科学考察成果对中国的防震减灾工作也具有很重要的借鉴意义。

（中国地震局地质研究所）

2023 年 2 月 6 日，土耳其连续发生两次 7.8 级地震后，根据中国地震局统一部署，组织开展土耳其 7.8 级地震科考工作，中国地震局工程力学研究所派出戴君武、曲哲、任叶飞、陈龙伟、杨永强、陈相兆、王啸霆共 7 人开展现场科学考察工作。主要调查场地破坏、工程震害特征与破坏机理，收集构造地貌、强地面运动场与工程震害特征等第一手资料，获得对地震破坏机理的新认识，为土耳其灾后恢复重建提供科学建议，也为后续灾害风险的防控等提供理论数据支撑。

（中国地震局工程力学研究所）

合作与交流

主要收载地震系统双边、多边国际合作项目，以及重要学术交流活动概况等。

2023 年防震减灾国际合作与港澳台工作综述

一、大力推进“一带一路”地震减灾合作

召开第三届“一带一路”地震减灾协调人会议，来自阿尔及利亚、埃及、哈萨克斯坦、吉尔吉斯斯坦、亚洲地震委员会、非洲地震委员会等 15 个“一带一路”国家和国际组织的代表出席会议。会议期间，与会代表就国家或区域地震减灾热点问题、优化地震减灾机制运行模式及建立“一带一路”地震科考联盟等议题进行了交流磋商，达成广泛共识并签署了会议纪要。中国地震局第三届“一带一路”地震减灾协调人会议纪要和“一带一路”地震科学考察联盟被列入多边合作成果文件清单。贯彻落实中国—中亚峰会精神，编制《中亚五国地震安全报告》。与哈萨克斯坦地震研究所联合召开天山地震国际学术研讨会。举办发展中国家地震学与地震工程等 6 期培训班，为 12 国 80 名学员提供防震减灾技术培训。联合同济大学执行土耳其地震科考，召开“土耳其地震国际研讨会”。全力推进“一带一路”地震监测台网项目，完成与俄罗斯、哈萨克斯坦、吉尔吉斯斯坦等国地震科技合作协议签署。首个境外地磁台站吉尔吉斯斯坦地磁台站土建工程顺利通过验收。派员赴老挝执行 6 期地震监测台网运维驻场任务。开展尼泊尔强震带 GNSS 站点布网设计及勘选工作。与巴基斯坦商谈“一带一路”地震监测台网建设及未来合作意向。

二、全面开展防震减灾国际合作

联合美国地质调查局举办“近期中国西部、美国和全球破坏性地震”线上学术交流会议。推进与智利、墨西哥、埃及、摩洛哥、荷兰、意大利等国在地震监测预警、地震灾害风险防控、共建联合实验室与火山研究领域的双边务实合作。开展国际组织任职和人才储备工作，成功继任国际组织重要职位，选派优秀专家参加国际组织科技类专业人才培训。鼓励专家参加 IUGG 学术年会，组织召开 IUGG 成果交流会，推动实现“一团出国，全局受益”。选派专家参加《全面禁核试条约》组委会核查工作组等会议并积极发声。参加科技部中塔、中土、中哈、中吉双边科技委员会分委会会议，地震科技合作内容被列入会议纪要。加快推进地震科学国际数据中心平台建设，成立中心理事会，初步形成数据产品清单和服务规范，完成硬件平台设计和建设，为打造全球数据产品服务平台奠定基础。

在争取部委资源方面，获批外交部亚洲合作资金项目、科技部国家重点研发计划“政府间国际科技创新合作”重点专项，科技部国家外国专家项目 4 个，立项总经费达 531.9 万元。积极商请自然资源部，争取南极科学考察机会，保障中国在南极地区的地震监测能力，有效服务国家安全。

三、深化港澳台合作交流

与香港天文台商谈地震监测预警、数据共享、高层机制性互访合作事宜。召开粤港澳地区、闽台地区地震科技交流合作研讨会，与香港天文台签署合作协议，与香港理工大学等联合开展共建实验室，协助香港国际机场开展地磁观测，获批国台办对台重点项目 1 项。

四、持续加强外事管理

批复并执行2023 年度外事计划。严格执行因公出国（境）管理和接待监管，2023 年度共审批 79 个出访团组 278 人次、62 个接待团组 166 人次，审批线上外事活动 15 项 143 人次。

（中国地震局科技与国际合作司）

国际及港澳台合作交流项目

2023 年出访项目

2 月 17 日—4 月 17 日，中国地震台网中心韩宇飞高级工程师等 6 人赴老挝执行援建地震监测台网项目任务，开展台网运行维护、流动重力联测及系统设备维护等工作。

2 月 26 日—3 月 9 日，中国地震局地震预测研究所张永仙研究员等 4 人赴新西兰参加第 11 届亚太经合组织地震科技国际合作（ACES）学术年会，并在会后顺访新西兰地质与核科学研究所。

3 月 12—17 日，中国地震局地质研究所颜丽丽副研究员赴日本参加亚洲火山共同体第 5 次野外现场培训会。

3 月 21 日—4 月 2 日，中国地震局地球物理研究所、地质研究所、地震预测研究所、工程力学研究所共 25 人赴土耳其开展同震地表破裂带、砂土液化、滑坡和温泉流体等科学考察任务。

4 月 21 日—6 月 19 日，中国地震台网中心李瑜高级工程师等 4 人赴老挝执行援建地震监测台网项目，开展台网运维、现场技术培训、数据中心系统维护等工作。

4 月 16—23 日，中国地震局地球物理研究所陈学良研究员等 2 人赴美国参加美国地震学会年会。

5 月 11 日—8 月 8 日，中国地震局工程力学研究所林旭川研究员赴日本参加科学技术部 2022 年青年科技人才中长期出国（境）培训专项任务。

6 月 3—11 日，中国地震局地质研究所王萍研究员赴美国参加地质学会彭罗斯会议。

6 月 9 日—7 月 4 日，中国地震局地球物理研究所李丽研究员等 4 人赴尼泊尔执行援尼泊尔地震监测台网运维、探讨双方未来合作事宜等工作任务。

6 月 10 日—7 月 4 日，中国地震局地质研究所杨会丽副研究员赴丹麦开展合作研究并参加第 17 届国际释光与电子自旋共振测年学术会议。

6 月 16 日—8 月 15 日，中国地震台网中心刘洋洋工程师等 4 人赴老挝执行援建地震监测台网项目任务，开展台网运维、信息发布平台前期部署、地震台建设、技术系统升级等工作任务。

6 月 24 日—7 月 4 日，中国地震局地质研究所陈杰研究员等 6 人赴丹麦参加第 17 届国际释光与电子自旋共振测年学术大会。

7 月 1 日—9 月 30 日，中国地震局地震预测研究所刘琦副研究员赴新加坡围绕震源模型反演、地震破裂过程模拟、强地面运动预测等展开交流合作。

7 月 2—9 日，中国地震局陈小军副局长等 6 人赴荷兰、意大利就强化地震科技研究、深化科研合作等开展相关工作。

7月8—16日，中国地震局地震预测研究所李营副所长赴法国参加2023年度戈尔德施密特国际地球化学大会，并就强化地震科技研究、深化科研合作等开展工作。

7月8—16日，中国地震局地质研究所马严研究员等2人赴法国参加2023年度戈尔德施密特国际地球化学大会。

7月11—21日，四川省地震局、山西省地震局、湖北省地震局、中国地震台网中心、中国地震局地震预测研究所、中国地震局地球物理研究所共26人赴德国参加第28届国际大地测量学和地球物理学联合会学术大会（IUGG2023）。

7月23日—8月6日，中国地震局地质研究所张丁丁副研究员等2人赴澳大利亚参加第6届国际太古代研讨会。

7月24—28日，中国地震局地震预测研究所欧阳新艳副研究员赴蒙古国乌兰巴托，开展亚太空间合作组织地震二期项目磁力仪台站勘选工作。

7月27日—8月2日，中国地震局工程力学研究所温瑞智研究员等3人赴印尼开展雅万高铁地震预警系统建设任务。

7月29日—8月4日，湖北省地震局、中国地震台网中心、中国地震局地质研究所、中国地震局地球物理研究所共9人参加亚洲大洋洲地球科学学会第20届大会（AOGS2023）。

8月11日—10月9日，中国地震台网中心李建勇高级工程师等4人赴老挝执行援建地震监测台网项目任务，开展台网运维、台站建设、信息平台部署等工作。

8月16—26日，中国地震局地球物理研究所赵明副研究员等2人赴韩国首尔国立大学开展学术交流。

8月17日—9月9日，中国地震局第一监测中心宋成科高级工程师等3人赴吉尔吉斯共和国开展“一带一路”地磁台站中期检查。

9月1日—11月3日，防灾科技学院袁四化教授赴奥地利萨尔茨堡大学开展学术交流。

9月2—10日，中国地震局地质研究所庞建章副研究员等3人赴意大利参加第18届国际热年代学会议。

9月2日—11月1日，中国地震局地质研究所童莫副研究员赴意大利参加第18届国际热年代学会议，并赴土耳其安卡拉大学开展学术交流。

9月6—10日，中国地震局地质研究所苏鹏助理研究员赴韩国釜山大学，就东亚大陆边缘海域构造活动等问题开展学术交流。

9月10—19日，中国地震局工程力学研究所王自法研究员赴美国哥伦比亚大学开展学术交流。

9月14—27日，中国地震局地球物理研究所田鑫高级工程师赴巴基斯坦开展地震监测台网项目相关工作，执行台站和数据中心安装集成和人员培训等任务。

9月15—23日，中国地震局地质研究所李传友研究员赴希腊参加第8届历史地震、古地震、地震构造国际学术研讨会。

9月17日—10月6日，中国地震局地质研究所袁兆德副研究员等6人赴塔吉克斯坦开展访问交流和野外考察。

9月19日—10月8日，中国地震局地球物理研究所李丽副所长等5人和湖南省地震局等2人赴哈萨克斯坦开展境外综合台站点勘选、测震技术指导、GNSS台站环境测试、仪器设备检查运输等任务。

9月20—29日，内蒙古自治区地震局张晖高级工程师等5人赴蒙古国开展地震监测台网项目相关工作。

9月25—30日，新疆维吾尔自治区地震局、中国地震台网中心、中国地震局地球物理研究所、中国地震局地质研究所、中国地震局工程力学研究所共29人赴哈萨克斯坦参加第十一届天山地震国际学术研讨会。

10月3—8日，中国地震局工程力学研究所王涛研究员赴意大利参加第10届欧洲不规则和复杂结构地震行为研讨会。

10月7—11日，中国地震局地震预测研究所孟国杰研究员等3人赴泰国开展学术交流，讨论关于GNSS数据处理和观测结果的地球物理解释等内容。

10月9—26日，甘肃省地震局辛长江高级工程师、中国地震局地球物理研究所袁洁浩等共6位同志赴泰国开展“一带一路”地磁台站项目相关工作。

10月12日—12月10日，中国地震台网中心祝杰工程师等2人赴老挝执行国家地震监测台网项目技术驻场相关工作。

10月14—22日，中国地震局闵宜仁局长等6人赴智利、墨西哥开展防震减灾领域科技合作。

10月15日—2024年10月13日，中国地震局地质研究所张雷等2人赴德国参加科学技术部2022年青年科技人才中长期出国（境）培训专项任务。

10月15日—11月27日，中国地震局地震预测研究所张盛峰副研究员入选科学技术部2023年“中国—新西兰科学家交流计划”，赴新西兰开展地震科学交流。

10月19日—12月9日，中国地震局第一监测中心宋成科高级工程师赴吉尔吉斯共和国开展“一带一路”地磁台站验收、仪器安装调试和运维技术培训等相关工作。

10月20—23日，中国地震局工程力学研究所王涛研究员赴日本京都大学围绕建筑地震安全监测开展短期交流访问。

10月23日—11月23日，中国地震局第二监测中心胡亚轩高级工程师赴日本北海道大学地震与火山研究所开展学术交流。

10月25—29日，中国地震局地质研究所许建东研究员等4人赴新加坡开展短期交流访问，交流中新合作项目研究成果。

11月4—11日，中国地震局阴朝民副局长等6人赴埃及、摩洛哥开展防震减灾领域合作。

11月5—11日，中国地震局工程力学研究所戴君武研究员等3人赴土耳其参加第18届结构隔震消能及主动控制国际会议。

11月7—11日，中国地震局工程力学研究所王多智研究员等3人赴韩国参加第12届国际钢结构研讨会。

11月19—24日，中国地震局工程力学研究所王自法研究员赴日本东京，就城市地震损失模拟、城市工程系统间耦合作用分析等开展短期交流访问。

11月20—23日，甘肃省地震局王兰民研究员赴日本参加第二届国际建筑资源环境可持续技术大会。

11 月 20—29 日，河北省地震局周剑青高级工程师等 4 人赴蒙古国开展地磁台建设任务。

12 月 10—17 日，中国地震局地球物理研究所陈学良研究员赴美国参加美国地球物理学联合会秋季会议。

12 月 11—17 日，中国地震台网中心张锐副主任等 5 人赴老挝执行援老挝国家地震监测台网项目，运维服务期项目。

12 月 16 日—2024 年 2 月 3 日，中国地震局地球物理研究所常利军研究员赴南极参加中国第 40 次南极科学考察。

（中国地震局科技与国际合作司）

2023 年来访项目

1 月 6 日，中国地震局接待法国国家科学研究中心中国代表处主任安睿来访。

2 月 13 日—3 月 8 日，中国地震局地质研究所接待加州大学洛杉矶分校沈正康教授来访。

2 月 17 日，中国地震局地球物理研究所接待蒙古国科学院院长雷格德尔·达格尔等 2 人来访。

2 月 25 日—3 月 25 日，中国地震局工程力学研究所接待德国卡塞尔大学助理教授纳赛尔·穆罕默德·翰罗来访。

3 月 9 日，中国地震台网中心接待美国佐治亚理工学院彭志刚教授来访。

3 月 23 日，中国地震局接待巴基斯坦气象厅厅长萨希布扎德·汗等 3 人来访。

4 月 1—30 日、11 月 11—30 日，中国地震局地质研究所接待德国地学研究中心汪荣江研究员来访。

4 月 24 日—5 月 13 日，中国地震局地质研究所接待日本教授嶋本利彦来访。

5 月 3 日—8 月 3 日，中国地震局地质研究所接待美国南加州大学西维尔·巴勃特副教授来访。

5 月 9—23 日，中国地震局地质研究所接待伦敦大学伯贝克学院教授詹姆斯·哈蒙德来访。

5 月 18—22 日，中国地震局地球物理研究所接待俄罗斯科学院地球物理中心主任安纳托利·索洛维耶夫等 4 人来访。

5 月 23—29 日、7 月 4—11 日，新疆维吾尔自治区地震局接待塔吉克斯坦国家科学院地质、地震工程与地震研究所所长等 10 人来访。

5 月 27—29 日，中国地震局工程力学研究所接待美国伊利诺伊大学香槟分校教授苏磐石教授来访。

7 月 11—16 日，中国地震局工程力学研究所接待加拿大多伦多大学副教授权吴圣来访。

7月12日，中国地震局地震预测研究所接待美国南加州大学副教授西维尔·巴勃特来访。

7月12—15日，中国地震局工程力学研究所接待日本东京工业大学翠川三郎教授等2人来访。

7月17日，中国地震局接待伊朗驻华大使馆技术与创新合作参赞赛义德·亚瑟·穆赫辛尼·佐努齐来访。

7月23日—8月1日，中国地震台网中心接待老挝气象水文厅厅长奥斯等6人来访。

8月8—10日，湖北省地震局接待尼泊尔特里布万大学兰詹·库马尔·达哈尔教授来访。

9月1—27日，甘肃省地震局接待泰国矿产资源部环境地质局环境地质处凯文等5人来访。

9月2—7日，中国地震局地球物理研究所接待阿尔及利亚天文、天体物理和地球物理研究中心地震研究部门负责人赫鲁比·阿卜杜拉齐兹等18人来访。

9月3—9日，中国地震局地质研究所接待新加坡南洋理工大学苏珊娜詹金斯副教授等7人来访。

9月7—10日，中国地震局地球物理研究所接待尼泊尔矿产地质厅厅长拉姆·普拉萨德·吉米雷等2人来访。

9月9日—12月3日，中国地震局地质研究所接待荷兰乌德勒支大学荣誉教授克里斯托弗·詹姆斯·斯拜尔斯来访。

9月14—20日，甘肃省地震局接待日本东京大学东田郁生名誉教授来访。

9月15日，中国地震局地球物理研究所接待剑桥大学尼克·罗林森教授来访。

9月16日，新疆维吾尔自治区地震局接待吉尔吉斯斯坦国家科学院院长卡纳特别克·阿布德拉赫马托夫等2人来访。

9月21日—11月17日，中国地震局地震预测研究所接待美国国家工程院院士张捷来访。

9月24日，福建省地震局接待剑桥大学尼克·罗林森教授来访。

9月28日，中国地震局地球物理研究所接待东京大学地震研究所木下正高教授来访。

10月10日—11月11日，中国地震局地震预测研究所接待美国康涅狄格大学刘澜波教授来访。

10月12—17日，中国地震局地球物理研究所接待俄罗斯科学院远东分院阿穆尔州地质与自然资源利用研究所研究员弗拉基米尔·日惹林等2人来访。

10月19日，中国地震局地球物理研究所、地质研究所接待吉尔吉斯斯坦国家科学院院长卡纳特别克·阿布德拉赫马托夫来访。

10月23—24日，山东省地震局接待土耳其棉花堡大学地质工程系主任哈利来访。

10月26日，中国地震局地球物理研究所接待南方科技大学风险分析预测与管控研究院院长迪迪埃·索内特来访。

10月27日，中国地震局地球物理研究所接待加拿大西安大略大学教授洪汉平来访。

11月20—29日，中国地震台网中心接待老挝气象水文厅尚素克·西奥多姆等6人来访。

11 月 25—29 日，中国地震局地质研究所接待加拿大西安大略大学教授姜大志来访。

11 月 27 日—12 月 2 日，中国地震局地震预测研究所接待新西兰地质和核科学研究所工程师肯尼格·雷厄姆来访。

11 月 28 日，中国地震局地震预测研究所接待荷兰乌得勒支大学荣誉教授克里斯托弗·詹姆斯·斯皮尔斯来访。

12 月 10—19 日，河北省地震局接待蒙古国科学院天文与地球物理研究所所长德姆贝雷尔·索德诺姆桑布乌等 9 人来访。

12 月 14—16 日，中国地震局工程力学研究所接待美国伊利诺伊大学香槟分校教授苏磐石来访。

（中国地震局科技与国际合作司）

2023 年港澳台合作交流项目

2 月 7 日，中国地震局接待香港天文台高级科学主任林静芝等 3 人来访。

3 月 8—10 日，广东省地震局黄剑涛研究员赴香港理工大学、香港城市大学和香港天文台开展调研交流，商讨研产学合作，研讨联合共建实验室等事宜。

5 月 18—19 日，广东省地震局黄剑涛研究员赴香港理工大学参加“深圳防灾减灾技术研究院—香港理工大学防灾减灾技术联合实验室”签约仪式。

5 月 22 日—6 月 7 日，广东省地震局王建格高级工程师等 5 人赴香港开展香港国际机场和东坝万宜水库地磁测量任务。

6 月 27—29 日，中国地震台网中心接待香港中文大学副教授杨宏峰来访。

6 月 30 日—7 月 1 日，广东省地震局接待香港天文台高级科学主任林静芝等 2 人来访。

7 月 3 日，中国地震局接待香港天文台台长陈栢纬等 3 人来访。

7 月 14—18 日，中国地震局地球物理研究所接待香港中文大学周锦添教授来访。

8 月 5—10 日，中国地震局工程力学研究所王涛研究员等 14 人赴香港参加第 6 届恢先地震工程青年学者国际论坛。

8 月 15 日，广东省地震局接待香港天文台台长陈栢纬等 3 人来访。

8 月 19—22 日，中国地震台网中心接待香港中文大学杨宏峰副教授来访。

8 月 30 日—11 月 17 日，湖北省地震局刘刚研究员赴香港中文大学访问学习。

9 月 4—8 日，广东省地震局王建格高级工程师等 3 人赴澳门执行地磁测量任务。

9 月 11 日—12 月 8 日，中国地震局地质研究所接待香港大学李盛华副教授来访。

9 月 26—28 日，广东省地震局接待香港天文台宋文娟助理台长等 13 人来访。

10 月 18—22 日，湖北省地震局肖驰助理研究员赴澳门开展学术交流。

10 月 21 日，中国地震局地球物理研究所接待中国香港籍日本统计数理研究所史蒂芬·吴副教授来访。

10 月 27—30 日，福建省地震局接待台湾黄柏寿教授等 11 人来访。

11 月 7—8 日，广东省地震局何晓灵副局长等 6 人赴香港天文台开展地震分析、监测预警等方面交流访问。

11 月 21 日，广东省地震局接待澳门地球物理暨气象局局长梁永权等 5 人来访。

11 月 22—25 日，湖北省地震局接待香港中文大学教授周达诚来访。

11 月 24 日—12 月 10 日，中国地震局地球物理研究所陈波副研究员赴香港开展学术交流。

11 月 26—28 日，防灾科技学院接待台湾大学谭义绩教授来访。

11 月 30 日—12 月 2 日，福建省地震局接待台湾大学郭陈澔教授等 5 人来访。

12 月 4—5 日，广东省地震局朱杰伦工程师赴澳门执行地磁测量项目任务。

（中国地震局科技与国际合作司）

合作项目与学术交流

2023 年中国地震局及所属单位合作项目

河北省地震局

与河北地质大学签署战略合作框架协议，进一步深化双方在科学研究、人才培养、社会服务等方面的合作。联合北京大学、河北工程大学、石家庄铁道大学等高校，充分利用省财政科研经费，围绕高铁地震学、桥梁抗震韧性评价、重大建设工程地震安全与结构健康监测等领域开展科研攻关。

（河北省地震局）

山西省地震局

与国家自然灾害防治研究院联合开展山西省基础研究计划项目“地震地下流体井－含水层水力响应特征研究”，与山东建筑大学联合开展地震科技星火计划项目“面向应急决策的地震知识图谱构建方法研究”，参与太原理工大学承担的山西省基础研究计划项目“基于研究示范区的多元优化矿震定位新方法”。

（山西省地震局）

内蒙古自治区地震局

与中国地震局共同推动政策、项目、资金、人才等方面务实合作。举办兴安盟阿尔山火山监测发展规划论证会，会议研讨了阿尔山火山地质、地壳岩浆系统、地震活动性、深部结构、大地测量、气体化学、火山地震监测网络建设与站点布局及国际国内火山监测发展状况。

（内蒙古自治区地震局）

上海市地震局

深化与同济大学在“城市建筑群抗震韧性智能评估与快速提升技术研究及示范”和“重大交通工程与管网系统抗震韧性评估及应用示范”等项目上的研究合作。联合中科院光机所在上海市科技创新计划支持下共同开展“基于海洋光纤网络的地震波信息定量化监测技术研究”。和上海石油天然气有限公司就共同开展八角亭海上石油天然气钻井平台地震监测研究达成合作协议。与四川省地震局、陇南新微电地震研究科技有限公司联合编制地电场异常信号人工智能识别程序。联合四川省地震局在地震科技星火计划支持下实施“自然时间序列分析法对地震电信号的识别及应用研究”项目，开展地震短临预报技术探索。

（上海市地震局）

江苏省地震局

与科研院所、企业等联合开展科技合作，拓展地震科技服务。与南京大学合作，开展“透明南京”试点工作。与东南大学签订合作协议，开展人工智能电磁预报应用软件系统开发。与吉林大学签订“透明宿迁”试点项目合作协议，开展地壳浅层精细三维结构探测。与中国地质大学（北京）合作共建郯庐断裂带江苏段深部地球物理观测基地。与中国矿业大学合作共建深地云龙湖实验室地球物理观测平台，服务徐州重大科技创新基础设施建设。与南京地质调查中心开展科研合作。与江苏徐矿能源股份有限公司张双楼煤矿开展合作，研制的“新型电磁监测装置”，为煤矿安全生产提供监测预警服务，拓展电磁辐射监测仪的应用服务。受金风科技股份有限公司委托，开展江苏大丰海域场地地震动效应研究，采用概率方法进行场地地震危险性研究，开展场地地震动效应和地表地震动时程研究。

（江苏省地震局）

浙江省地震局

加强与浙江大学、浙江工业大学、自然资源部第二海洋研究所等高校和科研院所的协同创新，共同建设浙江省震灾防御技术研究中心、量子绝对重力联合观测基地等平台，合作开展地震灾害风险防治、防震减灾科普宣传和海洋地震观测仪器研发测试，强化科研团队建设和人才培养。

（浙江省地震局）

江西省地震局

与中国科学技术大学、南方科技大学等高校签订战略合作协议。联合中国科学技术大学、江西省地质局等高校、科研院所开展赣南稀土台阵观测试验，服务矿产产业经济；与南方科技大学合作，推进安源矿区地震立体监测和信息服务示范工作。加快实施国家自然科学基金、地震科技星火计划、三结合、江西省地震局“2111”等项目课题46项。

（江西省地震局）

山东省地震局

与中国地震局地球物理研究所签订合作协议，在数据资源共享等方面加强共建共享，深入推动地震监测预警、海洋地震观测和矿震研究。与中国海洋大学签订合作协议，共同拓展海洋地震科技交流合作，积极推动海洋地震学领域跨越发展。与山东能源集团共同推进山东省新时代防震减灾和煤矿安全生产高质量发展，发挥服务民生的最大合力。加强国际合作与交流，山东省地震局承担的“中国地震科学实验场的地震可预测性国际合作研究”项目子课题任务已完成，引进 CSEP 检验中心的地震（风险）预测方法检验系统和部分预测理论模型并实现了在线运行，构建了实用化、开放式的“地震预测效能评价实用化平台”。

（山东省地震局）

湖南省地震局

与中南大学达成合作协议，双方在地震周期形变（震间、同震和震后）监测、地球物理过程探索、地震灾害与地震前兆监测等领域，共同谋划国家重大科研项目，建设科技创新平台，探索深度协同新模式，构建人才培养交流新机制；为中南大学地球科学与信息物理学院地球物理学专业的21名大学生开展第三期校外实训；与两个水库方签订服务协议，增强对水库地震活动性监测；与湖北省地震局联合申报的2024年星火计划课题“钻孔形变综合观测系统自检方法及智能控制研究”立项成功。

（湖南省地震局）

广东省地震局

与广州市城市规划勘测设计研究院合作开展“广州市主城区生命线管网工程地震灾害风险点危险源排查”项目，辨识生命线管网工程地震风险分布及重点危险源；与汕头市城市规划设计研究院有限公司、广东省城乡规划设计研究院有限责任公司合作编制完成《汕头市抗震防灾规划（2022—2035 年）》，对规划区的地震构造、应力场、地震活动及地震动参数进行综合分析判定，综合各项工作成果，在对城市抗震防灾能力进行综合分析和评价后，将评估结果与城市发展规划相结合进行整治，以逐渐降低城市的地震灾害风险，为地震应急和抗震救灾提供科学方法和决策手段。

参与了南方科技大学陈晓非院士牵头的国家自然科学基金广东联合基金项目“粤港澳大湾区地震灾害主动防御关键技术研究”，广东省地震局承担粤港澳大湾区活动断裂与速度结构探测、地震灾害风险评估与防控等课题工作，2023 年完成全部项目工作，提交结题报告；参与由中山大学王伟涛教授牵头的国家重点研发项目“滨海海域活动断裂带探测与强震海啸预测关键技术”，项目执行期从 2023 年 11 月至 2026 年 10 月，广东省地震局负责滨海断裂带粤东段三维模型构建及海啸应急疏散示范；联合南方科技大学，牵头申请立项广东省区域创新能力与支撑保障体系建设项目“粤港澳大湾区公共速度模型建设及城市地震灾害模拟评估”，项目执行期从 2024 年 1 月至 2026 年 12 月，广东省地震局负责大湾区公共速度模型建设、大湾区断裂数据库建设以及跨断层二维超密集台阵布设及数据解译。

与湖南省地震局签订地震应急数据共享协议，进一步整合应急信息和数据资源，规范和促进湘粤地区地震应急数据信息共享，以更好地发挥信息和数据的基础性保障作用。

（广东省地震局）

海南省地震局

与中国科学院南海海洋研究所合作推动“南海岛礁综合观测项目”，拟建设 4 个地表及深井综合观测台站。主动参与中国科学院南海海洋研究所国家重点研发计划项目，完成国内首次利用人工潜入海底精准架设地震监测密集台阵工作。派出 5 名青年科技人员到中国科学院深海科学与工程研究所进行为期 1 个月的跟班学习，掌握海域活动断层探测方法及数据处理分析方法和技术，为海洋地震工作开展奠定基础。派出 1 名青年科技人员参加中国科学院深海科学与工程研究所为期 2 周的南海科考，搭乘“深海勇士”号潜水器下潜至 1390 米的深海，顺利完成深潜科考任务。

与中国地震局地球物理研究所、中国科学院南海海洋研究所、哈尔滨工程大学南海研究院加强合作，实施“海南自贸港震动监测实验项目”，共同申报“南海海陆联合地震同步在线观测关键技术研究”项目，共同开展“近岸水地声航船被动警戒探测技术研究”科技攻关。

（海南省地震局）

云南省地震局

与湖北省地震局、华为技术有限公司深入开展新一代地震监测预报预警与灾害防治技术探索。联合昆明理工大学、云南财经大学等多家单位持续推进云南省重点研发项目“云南省重大地震灾害及其灾害链风险评估技术与应用”实施。组织局属单位开展科技成果转化服务，2023 年全局签订横向科研课题和科技服务项目 17 个，合同额 179.2 万元，项目数较 2022 年度增长约 40%。

（云南省地震局）

陕西省地震局

与西安建筑科技大学签订合作协议，双方通过合作共建良好的项目合作、技术支持、资源共享、学术交流、人才培养机制，共同推进陕西地震灾害防治研究中心和工程技术中心建设，为构建全省地震灾害风险防治新格局、提升地震灾害风险防治能力、推动防震减灾事业高质量发展提供重要支撑。

与中国地震局工程力学研究所发挥各自科技资源优势，重点围绕地震烈度速报与预警、地震灾害风险调查评估区划防治、工程强震动监测与健康诊断分析等方面，深化科技交流合作共建，共同推动陕西防震减灾事业高质量发展。

与中国地震局第二监测中心围绕地震监测预报预警，震灾防御业务，地震灾害应对，防震减灾公共服务，地震监测数据汇集、存储备份、质量监控和共享服务等领域开展多方位密切合作，共同推进地震科技创新与业务应用。

与南方科技大学签署战略合作协议书，围绕地下三维精细结构探测、孕震环境和地震预测、地震灾害风险防治、地震监测预警技术等方面开展合作研究。

与中国电信陕西分公司共建信息沟通和工作保障机制，共推陕西地震信息支撑能力、地震信息服务能力、地震灾害防范应对能力、地震信息化业务能力有效提升。

（陕西省地震局）

中国地震灾害防御中心

与国铁集团川藏办就加强川藏铁路地震灾害风险防范进行合作。与北京市地震局、辽宁省地震局、广西壮族自治区地震局、航天宏图信息技术股份有限公司围绕震防基础业务体系构建、地震动参数区划图编制、数据库建设等开展合作。与上海市建筑科学研究院有限公司就减隔震技术应用开展合作。与克拉玛依市防震减灾工作联席办就加强地震灾害风险评估和科普宣传进行合作。

与部分局属单位合作，开展《中亚五国地震安全报告》编写，报告切实反映了所涉国家地震灾害风险识别与防范能力，提升了地震部门服务国家总体外交能力。

为水电、热电、核电、铁路、航空、能源储运、化工产业等重大建设工程、地方重点区域提供专业高效的地震安全服务 38 项。与中国电建集团北京勘测设计研究院有限公司合作，开展了黑龙江、内蒙古、天津、甘肃、青海等地多个抽水蓄能电站的地震安全性评价工作。

（中国地震灾害防御中心）

中国地震局地球物理勘探中心

与南方科技大学地球与空间科学系签署战略合作协议。双方将以此次合作为契机，充分发挥各自科技、人才和平台技术优势，在地震勘探技术革新、科技人才培养、物探数据深度挖掘等方面广泛合作，共同为提高地震灾害风险防治能力做出更大贡献。

（中国地震局地球物理勘探中心）

中国地震局第一监测中心

与高速铁路轨道技术国家重点实验室联合开展“邻近复杂艰险山区铁路断裂带展布特征与建模方法”研究，分析了鲜水河断裂带近远场变形特征，通过仿真进一步厘定了断层震间滑动对铁路沿线路基和边坡稳定性的影响；与核工业北京地质研究院合作，持续深入开展“北山地下实验室场址关键断裂活动性跨断层监测及周边地壳形变特征研究”；与中国石油天然气股份有限公司西南油气田分公司页岩气研究院联合开展西南页岩气开采区地层形变监测。

（中国地震局第一监测中心）

中国地震局地球物理研究所

由中国地震局地球物理研究所牵头，中国地震局地质研究所、中国地震局工程力学研究所、中交第二公路勘察设计研究院有限公司、中国科学院武汉岩土力学研究所、北京工业大学和南方科技大学等参与申报的国家重点研发计划“重大自然灾害防控与公共安全”重点专项项目“面向跨断层重大基础设施的大地震危险性分析关键技术”（2023YFC3007400）正式获批。项目主要针对提升跨越活动断裂带国家重大战略基础设施抗震韧性的需求，研发跨断层线性工程的大震危险性评估技术、方法和规范。项目执行年限：2023 年 11 月—2026 年 10 月。项目总经费 1600 万元，其中中央财政经费 1572.61 万元。

（中国地震局地球物理研究所）

中国地震局地质研究所

注重针对国际前沿科学领域和国家重大需求问题，同世界一流的研究机构与科学家开展合作研究，2023 年度先后与吉尔吉斯斯坦、哈萨克斯坦、塔吉克斯坦、土耳其、韩国、尼泊尔等国家和地区开展学术交流。与荷兰乌德勒支大学、美国南加州大学等诸多国际知名高校与研究机构开展合作研究，产出一批高质量成果。持续推动与“一带一路”周边国家的合作，与哈萨克斯坦签署合作意向备忘录，6 名科研人员赴塔吉克斯坦访问交流并开展野外考察，接待吉尔吉斯斯坦国家科学院院长访问，与以色列合作申请的国家基金重点项目顺利获批。引智工作有了新突破，中国地震局地质研究所首次获批 2 个国家基金外国学者研究项目，获批 3 个科技部青年科技人才中长期出国（境）培训专项项目。

（中国地震局地质研究所）

中国地震局地震预测研究所

面向地震预测业务发展需求，联合南方科技大学、中国科学院大学、南京大学、中山大学等地震系统内外 10 家单位，申报获批国家重点研发计划项目“基于动力学模型的中长期地震数值预测关键技术研究”，以川滇菱形地块东边界为研究区，开展强震危险源识别、震级数值预测、长期和中期数值预测、强地面运动数值预测研究，形成可推广的大陆强震数值预测技术体系和平台。组织 14 家省级地震局和直属单位完成科技部基础资源调查项目“我国大地震基础资料整编及《中国大地震科学志》编研”立项，对 1950 年以来中国 7.0

级以上地震的资料和研究成果进行系统收集，编纂系列地震科学志，为地震科学研究和地震业务开展提供基础、规范和权威资料。

（中国地震局地震预测研究所）

中国地震局工程力学研究所

牵头承担国家重点研发计划项目“特大城市和城市群重特大地震灾害风险情景构建技术研发与应用示范”，其中广州大学、北京建筑大学、北京工业大学3所高校为课题承担单位，清华大学、哈尔滨工程大学、北京科技大学、重庆大学、中国测绘科学研究院、电子科技大学等6家单位为项目主要参与单位。牵头承担国家自然科学基金重点项目“监测数据与动态仿真协同驱动的城乡地震灾害韧性快速评价方法研究”，其中哈尔滨工业大学和同济大学为项目合作单位；牵头承担国家自然科学基金重点项目“区域地震灾害风险评估与区划理论及方法研究”，其中哈尔滨工程大学为项目合作单位。

（中国地震局工程力学研究所）

防灾科技学院

依托项目，积极开展行业服务。与中国铁路集团、中国电建集团、国家管网集团、中国联通集团、中铁二十四局集团、新疆兵团勘测设计院集团及地方政府、中小学、高校、研究所等单位建立合作关系，签订社会服务协议151项，合同金额5136万元。与中山大学合作承担“第二次青藏高原科学考察研究任务九之专题一‘活动断裂与地震灾害’（第二期）”研究项目。与中国长江电力股份有限公司合作承担“基于对流－扩散理论的三峡库区泥沙输移特性研究”项目。与北京语言大学国家应急语言服务团合作承担“中国应急行业术语规范化基础理论研究”项目。

（防灾科技学院）

2023年中国地震局所属单位学术交流活动

河北省地震局

6月3—5日，赴中国科学技术大学参加第一届地球物理国家野外站联合学术研讨会。11月26—28日，联合北京大学、江苏东海大陆深孔地壳活动国家野外科学观测研究站举办学术交流活动，邀请来自中国科学院大学、香港中文大学、密歇根州立大学、中国地质科学院等10余所高校院所共计18位专家做线上学术报告，活动吸引1800余人次参与学习交流。

（河北省地震局）

内蒙古自治区地震局

与中国地震局地球物理研究所在科学台阵探测、数字地震学研究、地震安全技术服务、科普基地建设等方面开展合作。在内蒙古矿山地震灾害风险防范研究、城市灾害监测预警、地震减灾对策、地震监测预警、基础设施安全风险监测预警、地质灾害监测预警、自然灾害风险评估、减隔震技术工程应用、人工智能监测技术及分布式光纤声波传感技术（DAS）在地震及地质灾害领域的应用、科研项目申报和科技成果转化等方面开展科学技术学术交流。

（内蒙古自治区地震局）

辽宁省地震局

与辽宁省地震学会联合主办东三省地震学会第十三届学术交流年会暨“聚众智·新征程探索新时代辽宁防震减灾社会服务发展”主题学术论坛。

本次学术研讨旨在探索新形势下防震减灾事业的创新发展之路，推动构建多层次防震减灾社会服务体系，全面提升防震减灾社会服务能力，共同探索新时代防震减灾社会服务的创新模式和新路径。

（辽宁省地震局）

吉林省地震局

9 月 6—8 日，吉林长白山火山国家野外科学观测研究站第一届学术研讨会在长白山二道白河镇成功召开。刘嘉麒、徐义刚两位院士及来自海内外的 40 余家科研院校 130 余名科研人员参加了本次会议。会议以“火山活动与防灾减灾”为主题，刘嘉麒院士作题为“长白山火山的过去、现在和未来”的学术报告，与会的 23 名海内外专家学者围绕火山监测手段与预警技术，火山喷发的触发机理、喷发过程与灾害效应，火山地质填图与分析测试技术，岩浆的起源、演化与运移过程及其岩浆系统，火山活动与全球气候、人类发展等内容展开研究成果分享和学术交流研讨。

11 月 23 日，吉林省地震局组织召开吉林前郭 5.8 级震群 10 周年学术交流会，会议回顾了吉林前郭 5.8 级震群应急应对工作，展示了 10 年来地震与火山工作取得的研究成果及进展，15 位在地震一线工作的业务人员就地震与火山监测技术应用、地震预报预警、灾害风险防范、应急处置及保障等方面作了学术报告。

（吉林省地震局）

黑龙江省地震局

与中国地震局工程力学研究所，省住建厅、应急管理厅、消防救援总队、森林消防总队联合举办“土耳其 7.8 级地震灾害启示”专题讲座，中国地震局工程力学研究所副所长王涛介绍土耳其地震研究成果，对黑龙江省防震减灾工作提出建议。省防震减灾领导小组成员单位、哈尔滨市消防支队、哈尔滨市森防支队、各市（地）应急管理局、各地震监测中心站、省内建筑设计院及相关单位共计 100 余家单位、400 余人采取线上线下方式参加讲座。

举办“龙震大讲堂”第十一期宣讲会，邀请中国地震台网中心牛安福二级研究员作题为“地壳形变观测及预测意义讨论”的报告，为地震分析预报人员开阔视野，启发思路。

黑龙江省防震减灾领导小组办公室与省抗震救灾指挥部联合举办专题报告会，邀请四川省地震局副局长兼应急厅副厅长江小林，围绕地震应急准备、应急处置流程等内容，作“四川地震应急响应处置实践与思考”和“四川泸定 6.8 级地震应急服务响应反思和启示”专题报告。省防震减灾领导小组各成员单位、各市（地）政府及应急管理局相关人员参加报告会。

组织科技人员赴广西北海参加全国火山活动年度会商会，交流火山强化跟踪与流动监测工作情况。

（黑龙江省地震局）

上海市地震局

着力加强防震减灾科技合作和交流，服务长三角区域一体化发展任务。按照学科领域设立专家库，举办长三角地震科技大讲堂，牵头组建区域地震科技交流办公室，进一步发挥长三角区域地震科技合作整体优势。会同中国地震局预测研究所共同推进人工智能在地震领域中的应用，与上海人工智能实验室开展交流研讨，研商将人工智能技术应用于地震领域的可行性。选派人员参与编制地震人工智能发展专项规划（2023—2035 年），组织局内科技人员成立人工智能学习研讨小组，分享成果、交流思路。

（上海市地震局）

江苏省地震局

10 月 16—17 日，在江苏省宿迁市举办第二十届长三角科技论坛防震减灾学术分论坛暨郯庐断裂带专题学术研讨会。来自苏沪浙皖三省一市地震系统的有关专家和科技人员近 50 人参加了论坛活动。此次论坛以“加强科技创新，提升地震灾害风险防治能力”为主题，共征集到学术论文 40 余篇，内容涵盖地震监测预报预警、地震灾害风险防治、防震减灾公共服务与社会治理以及郯庐断裂带研究专题等多个方面，汇集了近年来长三角地区地震科技人员的科研成果，为服务国家长三角一体化战略，推动防震减灾事业现代化建设打下了良好的基础。

（江苏省地震局）

安徽省地震局

打造“科技活动年”，举办“皖震讲堂”系列学术讲座共 22 期。6 月 2 日，召开安徽省地震科技工作会议，邀请陈晓非院士等专家学者开展专题学术交流。6 月 2—6 日，第一届地球物理国家野外站联合学术研讨会在中国科学技术大学召开。会议由安徽蒙城地球物理国家野外科学观测研究站主办，中国科学技术大学、安徽省地震局承办。会议开展了 18 场专题学术交流报告。会议代表一致同意成立地球物理国家野外站联盟，并组建联盟管理委员会。

（安徽省地震局）

福建省地震局

10月28日，在厦门举办2023年度闽台地震科技交流合作研讨会暨第二届海洋地震科学与工程研讨会。杜修力院士，以及台湾东华大学张文彦教授等43位两岸专家学者做主题报告和专题报告，来自北京大学、中国科学技术大学、台湾东华大学、中国地震局工程力学研究所、自然资源部第三海洋研究所等有关高校院所的知名院士、长江学者和杰出青年等100余人围绕地震监测预警、海洋地震探测、海洋地震工程、观测装备发展等进行深入研讨和交流，两岸地震科技交流合作向着更宽领域、更深层次拓展，同时增加了互动、增进了友谊，为持续强化资源交流共享、深化地震科技研究项目协作，建强地震科技工作者特别是青年一代“两岸一家亲”平台打牢基础。中国地震局副局长王昆出席会议并致辞。

（福建省地震局）

江西省地震局

12月8—10日，科学技术部蒙城地球物理国家野外科学观测研究站和中国地震局江西九江扬子块体东部地球动力学野外科学观测研究站在江西九江联合主办第二届地球物理仪器与观测技术交流研讨会暨蒙城野外站－九江野外站联合学术年会。研讨会聚焦地球物理仪器研发、地球物理野外观测及室内实验等前沿科学技术，开展了一系列交流研讨。

（江西省地震局）

河南省地震局

10月13日，由河南省地震学会、郑州大学、华北水利水电大学联合举办的科创中原论坛第49期“河南省防震减灾学术研讨会”在郑州召开。河南省地震局党组成员、纪检组长王维新出席会议，党组成员、副局长王志铄致辞。

会议邀请俄罗斯工程院外籍院士李宏男，以及翟长海、钱辉、洪利、刘希强等十余名防震减灾领域知名专家学者，围绕“黄河流域防震减灾高质量发展、大城市重点部位中强地震灾害风险管控服务、文物保护地震安全服务与保障”等进行学术报告和研讨。河南省地震局、中国地震局地球物理勘探中心、河南大学、郑州大学、华北水利水电大学、河南省航空物探遥感中心地震勘查院以及各省辖市应急管理局百余名代表出席本次会议，同时有200多名代表以视频的形式参加本次会议。

（河南省地震局）

湖北省地震局

9 月 19—20 日，组织召开中国地震学会地壳形变测量专业委员会 2023 年联合学术年会，此次年会共有来自系统内外 80 余人参与，来自 14 家单位的 20 名专家和青年学者做了 20 场报告，主题涵盖了地震学发展前景、基于大地测量的地壳形变和地震研究、重力测量发展需求、地震预测方法研究、地震观测仪器新设备。

（湖北省地震局）

广东省地震局

5 月 14—17 日，在广州举办广东省防震减灾科技协同创新中心学术研讨活动。来自 12 家省内外科研院所和高校的专家学者，围绕城市地壳结构探测及应用，海陆联合地震构造探查，地震监测预报预警，重大基础设施在线监测与结构安全评估，地震灾害模拟评估，强震灾害情景构建以及地球物理成像理论、方法与应用等主题进行学术报告。活动期间，部分专家学者还到新丰江水库 6.1 级地震震中区附近进行野外考察。

（广东省地震局）

广西壮族自治区地震局

11 月 29—30 日，2023 年全国火山活动年度会商会在广西涠洲岛举办。此次会议由中国地震局地质研究所主办，广西壮族自治区地震局协办。中国地震局监测预报司、吉林省地震局、黑龙江省地震局、广西壮族自治区地震局、海南省地震局、云南省地震局、内蒙古自治区地震局、中国地震局地球物理研究所、中国地震局地质研究所、中国地震局第一监测中心、中国地震局第二监测中心、火山监测部门及从事火山监测研究的专家学者参会。会上作 2023 年全国活火山情况报告，长白山火山、龙岗火山、腾冲火山、五大连池火山、镜泊湖火山、琼北火山 6 个火山监测站作火山监测工作报告。广西壮族自治区地震局参会代表与各学科专家学者就全球和中国火山活动动态跟踪情况开展交流研讨，特别针对涠洲岛火山活动研究进行技术交流。

（广西壮族自治区地震局）

海南省地震局

与中国地震局地球物理研究所、中国地震局地质研究所等 10 余个单位院校建立合作机制，组织 12 名中青年技术骨干参与中国科学院南海海洋研究所、哈尔滨工程大学等单位科研项目。11 月 4—5 日，承办中国地震学会青年工作委员会 2023 年度会议，与中国地震局地球物理研究所、浙江大学、南京大学等 10 余家科研院所和高校的近 40 名国内外优青、杰青开展研讨交流。11 月 6 日，举办“科技赋能防震减灾”地震科技青年学术报告会，来自中国地震局地质研究所、哈尔滨工程大学、南方科技大学等单位的 12 名优秀青年科技专家开展人工智能、分布式光纤、地震预警等领域学术报告，地震系统 17 家单位 115 人通过网络参加会议，为地震科技工作者提供了展示研究成果、分享经验的交流平台，也为海南乃至全国的地震系统工作者了解地震科技前沿动态提供了机会。

（海南省地震局）

四川省地震局

积极对外开展高水平的学术交流与合作，主办、承办各类学术研讨会 16 场，举办高层次人才论坛 2 次。成功举办四川省地震学会学术交流会，与来自省内外各大高校、单位的专家学者开展学术交流。联合重庆交通大学、重庆交通科研设计院等共同申报中国地震局揭榜挂帅项目，与南方科技大学达成初步合作意向，与中国科学技术大学、防灾科技学院、中国地震局地质研究所、中国地震局地球物理研究所、中国地震局预测研究所、中国地震局工程力学研究所等校所强化交流合作。2023 年外派访问学者 8 人，10 人参加国际学术研讨会，1 人受邀参加第 28 届国际大地测量和地球物理学联合会（IUGG2023），4 人参加中－哈第十一届天山国际学术研讨会并做报告，5 人参与“第七届数字丝路”等国际会议并做学术报告，邀请陈晓非院士等 10 余名专家到局讲座。“金沙江断裂走滑运动的新认识及其区域构造意义”“2022 年泸定 $M_S6.8$ 地震岩石圈－大气层－电离层异常耦合研究”等 5 个科技亮点产品在中国地震科学实验场第五届年会上正式发布。《四川地震》在全国自然科学与工程类期刊中的影响力指数连续三年保持上升态势，科技“走出去－引进来”态势持续向好。

4 月 13 日，四川地震监测预报预警学术研讨会在成都召开，由四川省地震局、中国地震学会主办，四川省地震学会、中国地震局成都青藏高原地震研究所、四川地震台、《四川地震》编辑部承办。此次会议以“回顾地震监测预报预警发展历程，科学总结历史震例，推动地震监测预报预警能力建设”为主题，南方科技大学陈晓非院士做“微震、小地震和大地震之间的关系及其对震害防御工作的意义”特邀报告。来自北京大学、同济大学等 29 家单位的 47 位专家做专题报告，170 余位科研人员参会。

6 月 5 日，四川省地震局第三届高层次人才讲坛在成都举行，由四川省地震局与上海市地震局联合主办，中国地震局成都青藏高原地震研究所（中国地震科学实验场成都基地）、四川省地震学会、《四川地震》编辑部承办。5 位正高级专家和青年博士作为主讲人在讲坛上作专题分享交流。

6 月 12—13 日，川东南防震减灾公共服务与科技产品研讨会暨学会常务理事会在自贡组织召开，与川东南 10 个地市研讨震情。

8 月 7—9 日，四川 GNSS 形变学术会组织召开，云南省地震局、甘肃省地震局、广东省地震局、江西省地震局、河北省地震局、上海市地震局、中国地震局第一监测中心、中国地震局第二监测中心、中国地震台网中心相关同志参会，近 700 人次参会。

8 月 15—19 日，中国地震预报论坛 2023 年度学术交流大会在康定市举办，由中国地震学会地震预报专业委员会和四川省地震局联合举办。来自全国地震行业内外的 8 所大学、4 个中科院直属科研院所与 23 个地震行业直属科研院所及省市级分支机构共 35 个单位 100 余人参加。

11 月 24 日，四川省地震局第四届高层次人才讲坛在成都举行，由四川省地震局主办，中国地震局成都青藏高原地震研究所、四川省地震学会、《四川地震》编辑部承办。来自中国科学技术大学的姚华建教授和陈帅教授作为主讲人作专题报告。

（四川省地震局）

宁夏回族自治区地震局

9 月 17—21 日，卫星地震观测技术与应用 2023 学术讨论会暨张衡一号电磁卫星第六届国际学术研讨会在北京召开，高级工程师李新艳作题为“电磁卫星和热红外遥感应用于地震预测研究”的交流发言。

（宁夏回族自治区地震局）

云南省地震局

邀请国内外知名专家学者开展学术交流，全年组织学术讲座与交流活动 15 批次，其中 5 月组织开展的腾冲科学野外观测站建设学术交流活动，邀请中国科学院地质与地球物理研究所、中国地震局地质研究所、中国地震局地震预测研究所、中国科学技术大学、中国地质大学（北京）等多家单位参加，滕吉文院士等多位业内知名专家参会，拓宽了全局科研视野，助推科研工作高质量发展。成立云南省地震局第五届科学技术委员会，组织科技委专家赴普洱和西双版纳两地的科技委基层行活动。

（云南省地震局）

陕西省地震局

为统筹创新资源，加强学术交流互通，拓宽科研人员的视野和研究领域，陕西省地震局继续加强科技合作与交流，共邀请系统内外专家41 人次来局开展科技交流讲座。

先后邀请中国地震局工程力学研究所所长李山有、研究员孙柏涛、工程地震研究中心负责人任叶飞和岩土地震工程研究中心副主任陈龙伟，中国地震台网中心预报部总工蒋海昆、副主任余怀忠、电磁预测研究所主任解涛和预警速报部副主任席楠，中国地震局地球物理研究所副所长蒋长胜、原副所长高孟潭研究员和王婷婷副研究员，中国地震局第二监测中心研究员郝明和高级工程师蒋锋云，中国地震局第一监测中心科技创新部副主任占伟，中国地震局地质研究所特聘研究员闻学泽，中国地震灾害防御中心研究员李峰，中国地震局成都青藏高原地震研究所副所长吴微微，湖北省地震局副研究员郝洪涛、震防中心主任陈志高和武汉地震工程研究院总工程师李恒，四川地震台副台长苏金蓉，甘肃省地震局研究员高曙德，南方科技大学陈晓非院士、研究员韩鹏、副教授郭震和助理教授罗彬，中国地质大学（武汉）郑勇教授和李红谊教授，长安大学测绘学院测绘系副主任张双成和教师田镇，西安建筑科技大学安德学院执行院长熊仲明，西安电子科技大学网络与信息安全学院教授张跃宇，中国科学院地质与地球物理研究所特聘研究员李绍阳，云南省设计院集团研发总工程师周煜，禾森工程顾问有限公司董事长李森相，西安捷润数码科技有限公司技术总监梁登辉，武汉地震科学仪器研究院有限公司副总工程师范涛，中国城市规划设计研究院雄安研究院高工陈志芬，陕西省建筑科学研究院有限公司特种公司总经理兼总工程师边兆伟，中国电建集团西北勘测设计研究院有限公司副总工程师李树武、地勘院三维数字技术中心主任王小兵分别作学术交流报告。

（陕西省地震局）

中国地震灾害防御中心

通过举办高研班、青年讲堂、震防讲堂等进行学术交流。11 月 13—17 日，承办人社部“地震灾害风险评估与区划”高级研修班，邀请12 位资深专家集中授课，地震系统 50 名学员参加，为提升震灾防御基础业务科技人才的专业水平、强化人才梯队建设、推动地震灾害风险评估与区划工作在全国深入开展提供了智力支持。2 月 9 日，青年讲堂邀请谢俊举研究员作“国家自然科学基金撰写交流”讲座，就自然基金申请书撰写经验和注意事项与业务人员进行交流；3 月 24 日，震防讲堂邀请黎益仕高级工程师作“标准化基础”讲座；10 月 7 日，震防讲堂邀请丁志峰研究员作“华北城市群地下三维结构及大震震源区构造探测”讲座，就地球物理的三维结构建模、强地面运动模拟等进行介绍。

（中国地震灾害防御中心）

中国地震局发展研究中心

以创新运行机制提升智库水平，与行业部门智库建立沟通合作机制。5 月 12 日，邀请南京大学建筑与城市规划学院翟国方教授作“韧性城市规划的理论与实践”专题讲座；6 月 15 日，邀请中国科学院文献情报中心李杰副研究员作“科学计量可视化与地震科技文献数据分析”专题讲座。通过讲座，促进防震减灾事业发展战略研究项目组人员对韧性城市规划和科学文献计量与可视化的理解，提高韧性城市抗震作用和地震科技文献数据计量与分析能力，推动研究向更深层次深化。开发使用中国地震局重大理论与实践问题研究课题管理系统，会同中国地震局第二监测中心开发现代化评估信息系统，提升规划政策研究的信息化管理水平。与系统各单位建立“大网络”合作机制。

（中国地震局发展研究中心）

中国地震局地球物理勘探中心

6 月，中国地震学会地壳深部探测专业委员会第九届委员会换届暨学术研讨会议在河南郑州胜利召开，来自中国地震局、中国科学院、中国科学技术大学等 30 多家单位的近 300 人参加会议。大会审议通过了中国地震学会地壳深部探测专业委员会第九届委员会委员和名誉委员名单，明确了下一步工作设想。学术研讨会议上，来自多个系统的 16 位专家围绕地壳深部探测相关科学问题作学术报告，分享了各自最新的研究成果，多学科学术思想交流碰撞，开拓了科研新思路，营造了浓厚的学术氛围。

8 月，河南省地球物理学会主办的“2023 年河南省地球物理学会学术研讨会暨数字地下电磁空间技术及应用研讨会”在河南新乡举办。业内专家、学者 130 余人参加会议，会议共交流了 15 篇高水平的学术报告，进一步促进行业交流、提升创新能力，深入推进地球物理行业科技创新和学科融合发展。

10 月，中国地震局地球物理勘探中心承办的重点区域地震构造环境探查高级研修班在河南郑州召开。南方科技大学陈晓非院士、中国地质大学徐锡伟教授等多位知名专家授课，内容涵盖地震构造环境探查关键技术方法、中国地震构造环境探查规划、活动断层探测技术与案例分析、主被动源地震探测技术等多个技术专题。来自地震系统的 130 余名学员参加了此次培训。本届高研班的举办有利于推动我国地震构造探查业务的进一步实施，有利于促进地震系统全面履行震灾防御基础业务工作职能，不断提升队伍管理水平和业务能力。

（中国地震局地球物理勘探中心）

中国地震局第一监测中心

中国地震局第一监测中心武艳强副主任于10月参加ICADD国际会议，11月参加中国—埃及减灾研讨会，在会上分别讲解科研进展以及中国地震局土耳其地震科考进展。

（中国地震局第一监测中心）

中国地震局地球物理研究所

1. “透明地壳”计划智能地球探测专题学术研讨会

11月18日，与中国地质大学（北京）联合在北京组织召开了国家地震科技创新工程“透明地壳”计划智能地球探测专题学术研讨会。中国地震局科技与国际合作司司长车时和中国地质大学（北京）副校长刘大锰出席会议并致辞，侯增谦院士，陈晓非院士，以及来自中国科学院、中国地质科学院、南方科技大学、中国地质大学（北京）、北京大学、中国科学技术大学等系统内外的30余家科研单位和高校的近200名专家学者现场参加研讨，线上参会达8000余人次。会上专家们围绕“透明地壳”计划智能地球探测相关重点科技问题展开讨论，交流了最新研究成果。“透明地壳”计划首席专家陈晓非院士和中国地质科学院侯增谦院士作特邀报告，李丽研究员等来自系统内外的17位专家作学术报告，与会嘉宾针对“透明地壳”计划智能地球探测相关科学问题和未来发展方向开展了广泛而热烈的讨论。

2. 中国地震科学实验场第五届学术年会

中国地震科学实验场第五届学术年会在云南大理召开。年会以“探索无限　砺行致远”为主题，展示交流了地震科学和中国地震科学实验场的最新研究成果，以科学推进中国地震科学实验场的建设和发展。

本届年会邀请了全国地震系统、有关高校和科研院所等单位专家学者、研究生，“一带一路”有关国家会议代表等近400人现场参会，来自日本、土耳其等国家的专家线上参会，11000人次同步视频观看了本次会议。年会共设置了11个专场，交流了120余篇学术报告，探讨了地震科学不同领域的研究进展，有力推动了中国地震科学实验场的建设与发展。此外，年会还组织了展览交流会，展出了地震科技领域的研究成果和仪器设备。

3. “陈宗器与科学观测”科学座谈会

10月12日，中国地震局地球物理研究所联合中国地球物理学会以“传承科学家精神　大地星辰后辈有我”为主题举办“陈宗器与科学观测”科学座谈会，中国科学院院士陈运泰出席会议，会议由中国地震局地球物理研究所所长李丽主持。座谈会上邀请了中国科学院、四海孔子书院等多家单位近30名专家进行交流。

4. 地震仪器研发与地震观测技术交流会

1943年李善邦先生研制成功中国第一套熏烟记录机械放大式地震仪，定名为霓式地震仪，同年6月21日记录到成都附近的地震。为传承科学家急国家之所急、勇于创新的科学精神，在霓式地震仪研创80周年之际，2023年6月21日在中国地震局地球物理研究所通过现场和在线相结合的方式召开了地震仪器研发与地震观测技术交流会。

会议邀请林君院士、徐行研究员、滕云田研究员、薛兵研究员等7位知名专家学者，讲述了中国地震观测仪器发展历程，交流研讨了测震、海洋重磁、地磁观测、重力观测等地震仪器研发与地震观测技术的最新进展。会议还展示了复原版霓式地震仪、中国地震局地球物理研究所自主科研仪器研发历程展板及视频。地震系统各单位、地震系统外广大高校及科研院所的专家学者踊跃参加了交流会，会议吸引1000余人次通过视频参会。

（中国地震局地球物理研究所）

中国地震局地质研究所

11月1日，由中国地震局地质研究所牵头召集的“华北强震构造与致灾机理暨华北野外观测站联盟学术研讨会议”在中国地震局地质研究所顺利召开。会议邀请了大学、科研院所、华北多个省局、野外观测站的40多位知名专家学者。此次会议针对华北强震构造与致灾机理的主题，就华北地区的活动构造特征、地震构造三维建模、不同尺度壳幔精细结构成像等多方面内容进行了广泛而深入的讨论，参会专家提供了诸多宝贵的建设性意见。此次会议的顺利召开，促进了华北地区巨厚沉积覆盖层下复杂地震构造和强震预测研究，增进了不同单位和学科的科研合作、数据共享和野外观测站的共建，明确今后深入开展华北地区强震构造研究的关键突破方向和重要举措。

12月27—28日，“InSAR/GNSS/红外遥感技术与地震危险性分析应用研讨会”在中国地震局地质研究所成功召开。本次大会由中国地震局地质研究所、地震动力学国家重点实验室及中国地震学会大地测量与地震动力学专业委员会牵头主办，新疆帕米尔陆内俯冲国家野外科学观测研究站和中国地震局乌鲁木齐中亚地震研究所协办。来自国内大学、科研院所，地震系统的近100位专家和青年学者参加会议。大会为国内InSAR/GNSS/红外遥感技术及地震应用搭建了一个交流讨论的平台，与会专家对InSAR/GNSS/红外遥感技术进步及其在地震地质研究领域取得的最新技术进展和研究成果进行了汇报与讨论，深入探讨了相关技术在地震研究方面的应用潜力，在如何构建开放的数据共享平台、促进不同研究团队和单位之间的联动合作以及多方向学科交叉融合服务国家地震监测预测预警和地震危险性分析等方面形成了建设性的意见和建议。

（中国地震局地质研究所）

中国地震局地震预测研究所

12月18日，中国国际地球科学计划（IGCP）全国委员会在中国地质科学院新基地举行。中国科学院院士、IGCP 全国委员会主任侯增谦主持，联合国教科文组织 IGCP 秘书处 Ozlem Adiyaman 博士、中国联合国教科文组织全国委员会秦昌威秘书长、国际地质科学联合会前主席成秋明院士先后致辞，赵文智、金之钧、吴福元、肖文交、邓军、王焰新等院士专家参会。

副所长李营研究员作为 IGCP－724 “流体地球化学与地震预测” 项目负责人，代表项目组汇报了 2023 年度进展、部分研究成果以及下一步重点工作。2023 年是 IGCP－724 项目执行实施的关键一年，召开 IGCP 全国委员会，可实现汇报年度工作进展，寻求深度合作切入点，宣传最新成果，不断提升项目国际影响力。

3 月 2 日，联合土耳其哈塞特佩大学成功举行土耳其 7.8 级地震国际学术研讨会暨 IGCP－724 项目推进会，中国地震局科技与国际合作司司长车时出席并致辞，会议由李营副所长、孟国杰研究员，土耳其哈塞特佩大学 Galip Yuce 教授联席主持，来自中国、土耳其、意大利、伊朗、希腊、西班牙、德国及中国台湾等国家和地区的 2200 名专家参会。研讨会报告通过 IGCP 项目网站与全球科研人员共享。

会议围绕土耳其两次 7.8 级地震的震中及邻近地区地质构造等进行了交流，宣介了《地震科学考察指南》，介绍中国形成规范性的地震科考工作内容、程序、方法和成果汇交方案。本次会议对于加强与国际同行开展地学领域和全球强震分析的国际合作有重要促进作用。

8 月 22—24 日，联合中国地球物理学会中国大陆动力学专业委员会等 9 个单位在安徽省安庆市举办第十一届青藏高原东部构造与地球物理研讨会暨中国地球物理学会中国大陆动力学专业委员会 2023 年学术年会和中国地球物理学会固体地球物理委员会 2023 年学术年会。中国科学院院士滕吉文先生和张国伟先生应邀出席研讨会。

本届研讨会围绕 “青藏高原和中国东部中新生代动力学” 的主题，旨在通过交流青藏高原东部及其周缘深部构造的研究成果，为研究中生代以来的中国东部岩石圈演化提供 “将今论古” 的证据，同时为龙门山断裂带与郯庐断裂带的地震活动性研究提供新思路。

2 月 12—15 日，联合中国地震学会地震人工智能专业委员会等单位承办的 “博鳌防灾减灾论坛” 在博鳌亚洲论坛国际会议中心召开，中国地震局地震预测研究所组织召开地震人工智能分论坛。

中国地震局陈小军副局长，美国工程院张捷院士，中国科学院陈晓非院士，中国工程院杜修力院士，科学技术部 21 世纪议程管理中心柯兵副主任、王顺兵处长，中国地震局地球物理研究所高孟潭研究员，中国地震台网中心孟令媛研究员，中国地震局地震预测研究所张晓东研究员、李营研究员，中国地震局工程力学研究所孙柏涛研究员等参加了会议。

论坛上的深入交流研讨，将对中国地震人工智能的科技发展起到非常重要的推动作用，有助于提升中国自然灾害监测预报预警能力和灾害风险防治水平，进一步推进中国防灾减灾事业现代化建设。

10 月 14 日，牵头主办的中国地球科学联合学术年会 “解剖地震” 专题在珠海召开。本次会议由中国地震局地震预测研究所李营副所长和张晓东研究员、天津大学刘静教授、中国科学技术大学姚华建教授和陈晹教授、中国科学院大学张怀教授、中国地质大学（北京）李红谊教授共同召集。来自全国各科研院所、高等院校的专家和学生近 100 人参加了会议。

本次 “解剖地震” 专题内容涵盖了地震解剖相关的地表破裂特征、地震灾害特征、古地震、地震流体特征、强震发生机理等多个研究方向。本次“解剖地震”专题会议，将进一步推动创新工程工作，促进国家防震减灾科技进步。

（中国地震局地震预测研究所）

中国地震局工程力学研究所

1. 第十一届全国地震工程学术会议

4 月 14—16 日，由中国地震学会地震工程专业委员会、中国建筑学会抗震防灾分会等联合主办，西安建筑科技大学等单位承办的第十一届全国地震工程学术会议在西安召开，来自全国高等院校、科研院所、科技企业等 250 余家单位的 1100 余人参加会议。中国地震局科技与国际合作司副司长齐诚，中国地震局工程力学研究所党委书记、所长李山有，中国建筑科学研究院有限公司副总工程师绍革，陕西省抗震防灾协会会长、陕西省住房和城乡建设厅原副厅长孙众志，西安建筑科技大学副校长牛荻涛出席开幕式并致辞。会议期间，谢礼立院士、欧进萍院士、周绪红院士、杜修力院士、孙柏涛研究员等 12 位院士专家应邀作大会主题报告。大会设立了 18 个分会场，244 名科技人员作分会场报告，报告内容涉及强震动观测与地面运动、岩土工程、结构工程、生命线工程、震害经验与教训、可恢复功能结构新体系等多个方面，反映了近几年来国内外地震工程领域学术研究和工程应用的最新进展。

2. 城乡韧性与工程防灾论坛

2 月 12—15 日，由中国灾害防御协会城乡韧性与防灾减灾专业委员会承办，中国地震局工程力学研究所、《建筑结构》杂志社等单位协办的城乡韧性与工程防灾论坛在博鳌亚洲论坛国际会议中心召开。该论坛为 2023 博鳌防灾减灾大会的重要组成部分，以深入贯彻“人民至上、生命至上”安全理念为指导，旨在促进城市发展建设与工程安全能力的提升，保障人民群众生命财产安全。论坛邀请中国科学院院士李杰，中国工程院院士岳清瑞、杜修力，中国地震局地球物理研究所研究员高孟潭，中国地震局工程力学研究所研究员孙柏涛等知名专家作主旨报告，来自全国各行业、领域的 67 位专家学者作特邀报告。与会专家学者围绕震害调查、抗震加固和城市更新、减隔震加固和新体系、基础设施四个主题进行了广泛深入的交流。

3. 第六届恢先地震工程青年学者国际论坛

8 月 6—9 日，由恢先地震工程学基金会（中国）和美中地震工程学基金会（美国）联合主办，香港理工大学和香港科技大学联合承办的第六届恢先地震工程青年学者国际论坛在香港举行。论坛旨在进一步推动国际地震工程领域青年学者的交流合作，促进学科发展。陈晓非院士、杜修力院士等 16 位知名专家出席论坛并作主题报告，30 位学者作特邀学术报告，92 位学者作分会场报告。

4. 举办恢先地震工程讲座（第 4 讲）

5 月 28 日，由恢先地震工程学基金会（中国）和美中地震工程学基金会（美国）联合主办，中国地震局工程力学研究所承办的恢先地震工程讲座邀请中国工程院外籍院士、美国伊利诺伊大学香槟分校 Billie F. Spencer 教授作题为“Rapid Post - earthquake Structural Inspection and Evaluation of Civil Infrastructure”的报告，主要介绍了基于机器学习和图像数字孪生的工程结构震后快速评估方法。

5.“地震工程大家谈”系列讲座

中国地震学会地震工程专委会主办了 7 次“地震工程大家谈”系列讲座。

2 月 17 日，邀请哈尔滨工业大学（深圳）洪汉平教授、崔夕忠博士共同作题为“地震动时空变化的分析、建模和模拟”的报告，主要介绍了地震动功率谱模型、非高斯概率分布模型、时变相干性模型以及模拟非平稳地震动的 IPAC 算法等最新进展。

2 月 20 日，邀请武汉大学耿江辉教授作题为“六分量北斗地震仪及其应用前景”的报告，主要介绍了最新研发的六分量北斗地震仪样机的研发理念、研发过程以及相关技术优势与潜在应用场景。

4 月 10 日，邀请王自法研究员作题为“深度学习方法及其在巨灾风险分析中的应用”的报告，主要介绍了地震巨灾风险分析方法的历史及当前存在的问题、以数据和知识双驱动的大数据未来发展趋势、人工智能大数据方法的交叉应用等。

8 月 16 日，邀请南京工业大学陈国兴教授作题为“循环加载下饱和砂类土液化和变形特性的新发现”的报告，主要介绍了基于二元介质的饱和砂类土抗液化强度表征及液化评价新方法、复杂循环加载下土体动强度表征的新方法、超静孔压增长的新模型、基于流体特性的饱和砂类土液化机理的新解释等内容。

9 月 15 日，邀请重庆大学刘汉龙教授作题为“工程技术创新方法与实践——以岩土工程为例”的报告。刘汉龙教授围绕创新团队在近年技术创新中归纳总结的优缺点互补创新法、逆向思维创新法、触类旁通创新法等七种技术创新方法，阐述了相关技术的研发背景、研发过程以及技术创新内容；以 PCC 桩创新技术为例，介绍了新技术开发、成果发表、推广应用等产学研一体化创新研究之路。

10 月 9 日，邀请中国地震局地球物理研究所原副所长高孟潭研究员作题为“如何化解大震巨灾风险”的报告，主要介绍了地震风险概念、构成要素及其大震巨灾风险分类，分析了中国大震危险性演化趋势和新时期大震巨灾风险主要特征，阐述了对国家交通、能源、水利等领域战略基础设施抗震安全在防范化解大震巨灾风险中意义的深刻见解，探讨了超设计基准地震情景、极端地震引发巨灾风险的防控策略，在此基础上，对防震减灾科技创新的前沿和发展方向提出了展望。

12 月 15 日，邀请重庆大学杨庆山教授作题为“建筑结构风致效应分析与抗风设计”的报告，主要介绍了围护结构、高层建筑以及大跨建筑风致效应分析与抗风设计的关键问题。围护结构部分，分析了非正态风荷载理论及设计风荷载确定方法、机械咬合式高立边和矮立边围护结构承载力模型及分析方法；高层建筑部分，探讨了气弹涡振分析的等价非线性理论、单体气动优化和群体布局优化设计方法；大跨建筑部分，汇报了基于主导振型选择的风效应分析理论和全目标等效静风荷载设计方法。

（中国地震局工程力学研究所）

防灾科技学院

防灾科技学院积极开展学术交流活动，累计邀请高校和科研院所的60余名专家来校做学术报告，组织举办、承办多场全国性学术会议。10月21—22日，设置CHINA ROCK 2023第二十次中国岩石力学与工程学术年会北京主会场防灾科技学院卫星会场。11月4—7日，承办“中国地震学会工程勘察专业委员会2023年年会暨海洋地质及其勘测技术学术研讨会”，来自20家单位的110余名学者代表参加了会议。11月25—26日，与华北科技学院联合举办第四届全国应急管理科学与工程学术会议，来自科研院所、学会、协会、企事业单位等的400余人参加了会议。12月16日，主办第一届“地震灾害风险调查与评估”学术研讨会，来自22家科研院所、高校及高新技术企业等的40余名专家学者参加了研讨会。

（防灾科技学院）

组织人事

主要收载机构设置，地震系统院士、有突出贡献中青年专家、享受政府特殊津贴人员简介，人事教育工作，新通过评审的研究员名单，以及年度表彰情况等。

2023 年组织人事工作综述

一、扎实开展干部教育整顿，通过严督实导推动主题教育扎实有效推进

对标对表中央要求，立足垂直管理实际，把干部教育整顿作为改进作风、强化责任、提高效能的有力抓手，把省级地震局赋能增效作为主攻方向，同主题教育一体推进。制定实施方案，督促抓好学习教育这一基础性、先导性工作，增强干部投身教育整顿工作的自觉性；深入基层开展干部队伍专项调研，通过一对一访谈、问卷调查等方式，找准找实突出问题及原因；开展“四比”活动，选树先进典型，营造浓厚氛围；深查细照抓检视，制定教育整顿问题清单和专项整治方案，逐条逐项整改落实，整改率 100%；精准把握政策，组织开展自查自纠，实现人员全覆盖，建立协调联动机制，对涉及教育整顿的问题线索加快办理；坚持改和立相结合，形成一批成果。组建 10 个巡回指导组，制定指导工作方案，召开巡回指导工作培训会和座谈会，建立指导工作机制，对重点工作环节进行点对点指导，强化审核把关，及时校准偏差，持续传导压力，确保责任到位，突出问题导向，确保查摆到位，较好完成主题教育巡回指导工作。

二、强化党的创新理论武装，持续用力统一干部思想意志行动

深入学习贯彻习近平总书记关于党的建设的重要思想，组织召开中国地震局组织人事工作会议，深入分析面临的新形势新任务新要求，研究部署地震系统组织人事工作重点任务。制发《地震系统实战大练兵三年行动方案》《进一步加强地震系统培训工作实施意见》。把加强干部人才培训作为兴局强局的重要举措来抓，认真落实干部教育培训工作条例和五年规划，突出习近平新时代中国特色社会主义思想首课、主课地位，实现地震系统处级以上领导干部党的二十大精神专题轮训全覆盖。选调 71 名司局级及以上干部参加中组部调训，16 名司局级干部参加中央和国家机关干部专题研修。举办党组管理干部、优秀年轻干部培训班，实现新冠疫情以来全系统新提拔处级干部任职培训、全系统新入职人员初任培训全覆盖。地震系统领导干部政治素养、政策理论、履职水平和广大干部人才工作本领得到提升。

三、落实新时代好干部标准，进一步加强干部队伍建设

开展机关内设机构及局属单位领导班子分析研判，增强干部工作前瞻性计划性。探索全方位、近距离发现培养优秀干部机制，赴 17 家单位开展专题调研，与近 300 名干部开展“一对一”谈话，全面了解班子运行和优秀年轻干部队伍情况。全年共选拔任用司局级干部 40 名，交流调整司局级干部 17 名，“70 后”占比超 60%，班子整体配备率 85. 4%，“一把

手”和纪委书记（纪检组长）配备率接近100%，“80后”司局级干部7人，领导班子年龄结构、学历专业结构进一步优化，党组选人用人好评率持续在高位提升。积极配合完成中组部优秀年轻干部专题调研。深入开展年轻干部培养历练，把“‘80后’‘90后’干部培养工程”“上挂下派”作为培养干部的重要平台，有计划地选派52名年轻干部到吃劲岗位、重要岗位、基层一线和艰苦地区磨炼。完成新一轮中组部定点帮扶、驻村第一书记选派。严把入口关，全年招录参公人员43人、招聘事业人员336人，新进人员数量、学历层次、专业匹配性等持续保持在较高水平。

四、注重递进式培养，持续加强人才队伍建设

优化人才资源布局，开展局属单位落实《“十四五”地震人才发展规划》情况中期评估，加强战略人才体系建设，明确地震科技优秀领军人才递进式培养工作思路。加强高层次人才培养引进，引进的1名海外高层次人才正式入选长江学者，1名专家入选国家高层次人才，6名专家入选新一轮享受政府特殊津贴。持续实施地震人才工程，遴选支持5个中国地震局科技创新团队、3名领军人才、12名骨干人才、14名青年人才，编制《地震人才报告2023》。组织开展二级专技任职资格评审，3名专家通过。完善职称评审工作，印发《关于进一步做好地震系统职称评审工作的通知》。优化专技岗位配置，建立岗位设置动态调整机制，动态调整6个省级地震局专技岗位结构，调增副高岗位24个。指导中国地震局地质研究所纳入薪酬改革试点单位，做好自主确定专技岗位结构比例试点实施方案制定。选派21名业务骨干参加国际交流访学。持续抓好高等教育，落实西部省级地震局在职研究生培养专项，录取硕士4人、博士2人。

五、深化人事体制机制改革，持续激发事业发展活力

坚决落实新一轮党和国家机构改革要求，精减局机关人员编制，优化处级机构设置和任务分工，提高机关运行效能。印发《推动省级地震局赋能增效促发展的实施意见》，针对省级地震局特点建立115项特色服务业务计划清单，引领带动省级地震局服务保障地方经济社会高质量发展。优化调整广东省地震局等5个省级地震局内设机构、所属事业单位设置，推动中国地震局工程力学研究所组建地震灾害风险防治新型研发基地、福建省地震局成立自然灾害防治研究院等。动态调整议事协调机构，优化全面深化改革领导小组职责，设立重点实验室重组领导小组等。拓宽中心站站长选聘渠道，站长配备率进一步提高。推动绩效工资改革，建立绩效工资执行情况备案及通报机制，严格绩效工资总量管理，引导绩效工资向关键岗位、高层次人才、业务骨干和做出突出成绩的人员倾斜。

六、坚持从严治吏，推动干部全方位管理和全过程监督

与党组巡视同步，对8家单位开展选人用人专项检查，重点加强对“一把手”和领导班子贯彻执行民主集中制的监督检查。严格落实“凡提四必”要求，对19个单位开展“一

报告两评议”，逐一反馈提出整改要求。加强人事领域信访举报查核处理，注重分析研判，加强精准指导、靶向治疗。干部职工对省地震局党组加强干部全方位管理和经常性监督情况评价“好”的比率达94.8%。更新全系统在职人员近亲属在地震系统工作情况统计，部署开展领导干部个人有关事项报告集中填报工作，规范开展个人有关事项报告查核、征求党风廉政意见、兼职审批、因私出境审批等工作。坚持用制度管人管事，制定重大事项请示报告、领导干部能上能下、年轻干部教育管理监督、三类人员监督管理、三个重要岗位报批报备等制度规范。

七、坚持综合施策，激励干部人才新担当新作为

完善领导班子和领导干部考核评价，制发述责述廉实施细则，把考核结果作为选拔任用、职级晋升、奖优评先的重要依据，充分发挥职级激励作用，为一批业绩较突出但因年龄等原因无法担任正职或进入班子的干部提供机会，晋升一级、二级巡视员22名，局机关14人实现职级晋升。制修订《领导干部交流实施办法》《异地任职干部服务保障管理办法(试行)》，体现组织对干部的关心关爱。制定印发实施办法，推动地震系统参公人员应急管理津贴补贴稳妥实施，明确相关事业单位执行野外基本工资标准并指导调整标准，近千人受益。组织开展“最美应急管理者”、中国政府友谊奖、“应急使命·2023”演习、全国自然灾害综合风险普查和第31届大学生夏季运动会先进集体和先进个人等推荐工作，12名个人、4个集体获得表彰奖励。

（中国地震局人事教育司）

人才队伍

2023年入选国家级人才青年拔尖人才名单

单　位	姓名
中国地震局工程力学研究所	林旭川

2023年新入选享受政府特殊津贴人员名单

序号	单　位	姓名
1	新疆维吾尔自治区地震局	李杰
2	中国地震台网中心	晏锐
3	中国地震灾害防御中心	张郁山
4	中国地震局地球物理研究所	李永华
5	中国地震局地质研究所	何宏林
6	中国地震局工程力学研究所	马强

2023年度中国地震局科技创新团队入选名单

序号	单　位	团队名称	负责人
1	中国地震局地球物理研究所	深厚沉积盆地大震宽频带强地震动及致灾机理创新团队	陈学良
2	中国地震局地质研究所	新疆—中亚地区活动构造与强震研究团队	陈　杰
3	中国地震局地震预测研究所	大地震地点和发震紧迫程度判定创新团队	邵志刚
4	中国地震局工程力学研究所	工程地震动输入理论与应用创新团队	温瑞智
5	安徽省地震局	郯庐—大别构造带孕震构造与城市灾害风险研究创新团队	黄显良

2023年度中国地震局人才库入选名单

序号	姓　名	所在单位	入选类型
1	房立华	中国地震局地球物理研究所	领军人才
2	孟国杰	中国地震局地震预测研究所	领军人才

续表

序号	姓　名	所在单位	入选类型
3	公茂盛	中国地震局工程力学研究所	领军人才
4	王　飞	北京市地震局	骨干人才
5	刘瑞春	山西省地震局	骨干人才
6	张艺峰	福建省地震局	骨干人才
7	黄仁桂	江西省地震局	骨干人才
8	杨　江	湖北省地震局	骨干人才
9	张致伟	四川省地震局	骨干人才
10	闫　伟	中国地震台网中心	骨干人才
11	郝明辉	中国地震灾害防御中心	骨干人才
12	占　伟	中国地震局第一监测中心	骨干人才
13	吴　琼	中国地震局地球物理研究所	骨干人才
14	陈建业	中国地震局地质研究所	骨干人才
15	任叶飞	中国地震局工程力学研究所	骨干人才
16	朱　宏	天津市地震局	青年人才
17	方　震	安徽省地震局	青年人才
18	熊　维	湖北省地震局	青年人才
19	陈　瑛	广东省地震局	青年人才
20	申　源	四川省地震局	青年人才
21	杨晨艺	陕西省地震局	青年人才
22	黄　浩	青海省地震局	青年人才
23	邓文泽	中国地震台网中心	青年人才
24	刘培玄	中国地震灾害防御中心	青年人才
25	李　稳	中国地震局地球物理勘探中心	青年人才
26	赵立军	中国地震局第一监测中心	青年人才
27	张　旭	中国地震局地球物理研究所	青年人才
28	崔清辉	中国地震局地震预测研究所	青年人才
29	张桂欣	中国地震局工程力学研究所	青年人才

2023 年度获得中国地震局专业技术二级岗位任职资格人员名单

序号	姓　名	单位	专业领域
1	张会平	中国地震局地质研究所	地震地质、构造地貌学
2	李　丽	中国地震局地球物理研究所	地震学与地震观测技术
3	姜　慧	广东省地震局	地震工程

2023年度通过正高级职称评审人员名单

科学研究系列

序号	所在单位	姓　名	工作领域/研究方向
1	中国地震局地球物理研究所	赵旭东	地震监测预报预警
2	中国地震局地质研究所	李　安	震灾风险探查区划评估
3	中国地震局地质研究所	姚　路	基础研究
4	中国地震局地质研究所	熊建国	震灾风险探查区划评估
5	中国地震局地震预测研究所	洪顺英	基础研究
6	中国地震局工程力学研究所	周中一	防震减灾公共服务
7	中国地震局工程力学研究所	陈洪富	震灾风险探查区划评估
8	中国地震局工程力学研究所	卢建旗	地震监测预报预警
9	湖北省地震局	杨光亮	基础研究
10	甘肃省地震局	葛伟鹏	基础研究
11	新疆维吾尔自治区地震局	姚　远	基础研究

工程技术系列

序号	所在单位	姓　名	工作领域/研究方向
1	北京市地震局	林向东	地震监测预报预警
2	天津市地震局	王建国	地震监测预报预警
3	天津市地震局	姚新强	震灾风险探查区划评估
4	河北省地震局	曹　筠	震灾风险探查区划评估
5	河北省地震局	王　想	地震监测预报预警
6	河北省地震局	毛国良	地震监测预报预警
7	山西省地震局	李冬梅	地震监测预报预警
8	山西省地震局	刘瑞春	地震监测预报预警
9	江苏省地震局	孙业君	地震监测预报预警
10	安徽省地震局	李玲利	地震监测预报预警
11	湖北省地震局	杨　江	地震监测预报预警
12	湖北省地震局	吴建超	震灾风险探查区划评估
13	四川省地震局	龙　锋	地震监测预报预警
14	四川省地震局	何玉林	震灾风险探查区划评估
15	陕西省地震局	田勤虎	震灾风险探查区划评估
16	甘肃省地震局	曾文浩	防震减灾公共服务
17	宁夏回族自治区地震局	曾宪伟	地震监测预报预警

续表

序号	所在单位	姓　名	工作领域/研究方向
18	新疆维吾尔自治区地震局	魏　斌	地震监测预报预警
19	中国地震台网中心	叶　青	地震监测预报预警
20	中国地震台网中心	刘晓雨	防震减灾公共服务
21	中国地震台网中心	解　滔	地震监测预报预警
22	中国地震灾害防御中心	刘华国	震灾风险探查区划评估
23	中国地震灾害防御中心	张效亮	震灾风险探查区划评估
24	中国地震灾害防御中心	罗　浩	震灾风险探查区划评估

教学系列

序号	所在单位	姓　名	工作领域/研究方向
1	防灾科技学院	潘志安	教育教学
2	防灾科技学院	李孝波	教育教学
3	防灾科技学院	唐　毅	教育教学
4	防灾科技学院	廖　欣	教育教学
5	防灾科技学院	张莉丽	教育教学
6	防灾科技学院	张建毅	教育教学
7	防灾科技学院	刘智荣	教育教学
8	防灾科技学院	靳志同	教育教学

（中国地震局人事教育司）

机构设置

2023 年中国地震局机关机构变动情况

1. 内设机构人员编制调整

除离退休干部办公室10名编制外，机关人员编制按5%比例减少，由156名精减为148名。其中，局领导编制5名，办公室23名，监测预报司19名，震害防御司16名，公共服务司（法规司）16名，科技与国际合作司17名，规划财务司19名，人事教育司18名，直属机关党委（党组巡视工作领导小组办公室）15名。

2. 处级机构设置调整

（1）办公室。承担局机关财务、政府采购、房地产、房改、公文、档案等后勤行政的宏观管理职责，相关服务性、事务性工作由中国地震局机关服务中心具体承办。秘书处（党组办）更名为秘书处（党组办工作处），并加挂督查处牌子，强化督促检查工作；新闻宣传处与政策研究室合署办公，不再保留单设的新闻宣传处；文电档案处（保密机要处）更名为文电处（保密机要处）；综合事务处更名为机关行政处。

（2）监测预报司。信息化指导职责划入科技与国际合作司。监测处更名为监测管理处；预报处更名为预报管理处；预警处更名为速报预警处；应急响应处（信息处）不再加挂信息处牌子；质量管理处监测业务列装设备管理等工作调整为由监测管理处承担，不再保留质量管理处。

（3）震害防御司。指导市县防震减灾工作职责划入公共服务司（法规司）。风险调查处更名为探察调查处；风险区划处更名为防御区划处，不再承担指导市县防震减灾工作等职责；抗震设防处更名为风险管理处，并加挂地震安全评价处牌子，强化地震安全性评价管理工作；震灾调查处（风险应对处）更名为综合评估处。

（4）公共服务司（法规司）。在原有工作职责基础上，增加指导市县防震减灾工作职责。行业服务处（标准处）的地震标准制修订等工作调整为由法规处承担，行业服务处不再加挂标准处牌子，法规处更名为法规标准处；在行业服务处加挂市县工作指导处牌子，承担指导市县防震减灾工作等职责；科普处更名为科普宣传处。

（5）科技与国际合作司。在原有工作职责基础上，增加信息化指导职责。预测科技处大震科考等工作调整为由科技发展处承担，不再保留预测科技处；设立信息化指导处，指导地震系统信息化工作。

（6）规划财务司。基建与资产处（统计处）的基建相关工作调整为由规划处承担，在规划处加挂基建处牌子，资产管理和行业统计相关职责调整为由财务处承担，财务处更名为财务资产处（统计处），不再保留基建与资产处（统计处）；审计处（财务稽查处）更名为审计处（财会监督处）。

（7）人事教育司。干部一处更名为机关人事处，干部监督处有关统筹工作调整为由机关人事处承担，在机关人事处加挂干部监督管理处牌子，不再保留干部监督处；干部二处更名为省局干部处；人才教育处更名为事业单位处（人才培训管理处）；机构工资处更名为调配劳资处（机构编制处）。

（8）直属机关党委（党组巡视工作领导小组办公室）。组织宣传处更名为党委办，纪律检查处更名为纪检处（纪委办）。

（中震党发〔2023〕160号，2023年8月25日）

2023年省级防震减灾工作机构变动情况

（1）批准广东省地震局事业单位调整：设立广东省地震局深圳地震科技创新中心，加挂深圳地震台的牌子。（中震人发〔2023〕27号，2023年9月28日）

（2）批准安徽省地震局地震监测中心站更名：金寨地震监测中心站更名为六安地震监测中心站。（中震函〔2023〕98号，2023年10月13日）

（3）批准江西省地震局地震监测中心站设置调整：人员编制由36名增加至45名，增加的编制从江西省地震局内部调剂解决；增设地震监测中心站副站长1名，五级职员岗位1个，相应核减七级职员岗位1个。（中震函〔2023〕99号，2023年10月13日）

（4）批准湖北省地震局内设机构调整：监测预报与科技处（应急服务处）分设为监测预报处（应急服务处）、科技处，震害防御处与公共服务处（法规处）合并为震害防御与公共服务处（法规处），其职责相应整合。（中震函〔2023〕100号，2023年10月13日）

（5）批准贵州省地震局事业单位调整：在贵州省地震局信息中心（应急服务中心）加挂地震大数据贵州中心牌子。（中震函〔2023〕101号，2023年10月16日）

（6）批准浙江省地震局调整：撤销浙江省地震局加挂的中国地震局干部培训中心牌子，浙江省地震局财政补助事业编制由133名减少到130名。（中震人发〔2023〕32号，2023年12月12日）

（中国地震局人事教育司）

表彰奖励

2023 年 9 月，共青团中央等 23 家全国创建青年文明号活动组委会成员单位联合印发《关于命名第 21 届全国青年文明号并进行星级认定的决定》，中国地震台网中心预警速报部快速数据处理组获评“二星级全国青年文明号”，中国地震局安徽蒙城地球物理国家野外科学观测研究站、中国地震局第一监测中心西藏 GNSS 地震监测团队获评“一星级全国青年文明号”。

（中国地震局直属机关党委）

2023 年 2 月，中央和国家机关妇工委印发《关于表彰中央和国家机关三八红旗手（集体）的决定》，中国地震台网中心孟令媛获 2022 年度“中央和国家机关三八红旗手”称号。

（中国地震局直属机关党委）

根据《应急管理部关于给予马玉春等 196 名同志和云南省昆明市消防救援支队特勤大队三站等 15 个集体奖励的决定》（应急〔2023〕104 号），对高山峡谷地区地震灾害空地一体化联合救援演习筹备实施过程中作出突出贡献的个人和集体给予奖励。地震系统中，云南省地震局李春光、云南省丽江市地震局代志军、云南省大理白族自治州地震局郭和记三等功，中国地震台网中心李晓丽、云南省丽江市地震局李洁兰获得嘉奖。

（中国地震局人事教育司）

中国地震局工程力学研究所二级研究员孙柏涛获得 2023 年“最美应急管理工作者”称号。

（中国地震局人事教育司）

按照应急管理部统一部署，根据《应急管理系统奖励暂行规定》，中国地震局印发《关于给予吴今生等 70 名同志和四川省地震应急服务中心等 6 个集体奖励的决定》（中震人发〔2023〕7 号），对在四川泸定 6.8 级地震应急处置中作出突出贡献的吴今生等 70 名同志和四川省地震应急服务中心等 6 个集体给予奖励。

四川泸定6.8级地震应急处置奖励对象名单

一、个人

（一）记二等功（2人）

吴今生	四川省地震应急服务中心副主任
臧　阳	中国地震台网中心高级工程师

（二）记三等功（18人）

王宏超	重庆市震灾风险防治中心（重庆市地震工程研究所）工程师
范开红	四川省地震应急服务中心地震应急响应部副主任
刘仕锦（女）	四川省地震局康定地震监测中心站高级工程师
蒲仲元	四川省地震局三级主任科员
祁玉萍（女，蒙古族）	四川地震台地震学预报分析室主任
王世元	四川省震灾风险防治中心工程地震部部长
王双洪（藏族）	四川省地震局监测预报与科技处（应急服务处）副处长、三级调研员
胥津津（回族）	四川省地震应急服务中心宣传教育培训部主任
明小娜（女）	中国地震局昆明地震预报研究所高级工程师
李传友	中国地震局地质研究所活动构造研究室主任
戴丹青	中国地震台网中心工程师
高永武	中国地震灾害防御中心震灾风险评估部副主任
熊建伟	中国地震局监测预报司质量管理处副处长、二级调研员
薛晨钟	中国地震局震害防御司三级调研员
康　斌	四川省甘孜藏族自治州应急管理局党委书记、局长
罗桂林（女，藏族）	四川省甘孜藏族自治州应急管理局防震减灾科科长、四级调研员
陈　勇	四川省雅安市防震减灾服务中心副主任、三级调研员
刘吉林	四川省石棉县防震减灾服务中心主任

（三）嘉奖（50人）

郑轶文（女）	北京市防震减灾宣教中心宣传培训室主任
魏　玮（女）	山东省地震局宣传教育中心科普创作室主任
陈正松	中国地震局武汉地球观测研究所助理研究员
胡敏章	中国地震局武汉地球观测研究所副所长
马　伟	重庆市地震局巴南地震监测中心站运维室主任
肖本夫	四川省地震应急服务中心工程师
段云歌（女）	四川地震台测震分析室主任
梁明剑	中国地震局成都青藏高原地震研究所非天然地震研究室主任
刘　涛	四川省地震局康定地震监测中心站工程师

刘　鑫（女）	四川省地震局财务与国有资产管理中心助理工程师
刘玉法	四川省震灾风险防治中心高级工程师
毛　利	四川省地震应急服务中心综合业务管理部副主任
孙泽涛	四川省地震局监测信息中心工程师
王婧颖（女）	四川省地震应急服务中心工程师
易天阳	四川省地震局地壳形变观测中心空间技术应用研究室副主任
张新玲（女）	四川省地震应急服务中心助理工程师
张正伟	四川省地震局西昌地震监测中心站运维室副主任
唐德龙	贵州省震灾风险防治中心副主任
刘学军	云南地震台高级工程师
张　旭	中国地震局地球物理研究所副研究员
唐方头	中国地震局地球物理研究所研究员
夏朝旭	中国地震局地质研究所助理研究员
张永仙（女）	中国地震局地震预测研究所地震短临预测研究室主任
赵翠萍（女）	中国地震局地震预测研究所地震预测新技术应用研究室主任
周晓成	中国地震局地震预测研究所地震短临预测研究室副主任
柏　文	中国地震局工程力学研究所副研究员
林旭川	中国地震局工程力学研究所研究员
徐佳静（女）	中国地震台网中心工程师
薛　艳（女，回族）	中国地震台网中心正研级高工
林向洋	中国地震台网中心高级工程师
刘　钦（女）	中国地震台网中心工程师
李晓丽（女）	中国地震台网中心应急响应部副主任
侯建民	中国地震台网中心公共服务部主任
赵烽帆（女）	中国地震台网中心办公室主任
李方杰	中国地震灾害防御中心副研究员
郭　冰	中国地震局发展研究中心中国地震局新媒体负责人
梁洪宝	中国地震局第一监测中心高级工程师
黄卫红（女）	中国地震局机关服务中心服务保障部处长
张浪平	中国地震局监测预报司预报处处长、一级调研员
张　勇	中国地震局监测预报司应急响应处（信息处）处长
郑　凯（回族）	中国地震局办公室秘书处（党组办）副处长（副主任）
李明武	四川省甘孜藏族自治州海螺沟景区管理局应急管理科科长
彭启华	四川省甘孜藏族自治州应急管理局党委委员、副局长
邱林华（彝族）	四川省泸定县应急管理局党委书记、局长、二级主任科员
喜江鹏（藏族）	四川省甘孜藏族自治州应急管理局党委委员、副局长
余　萍（女，藏族）	四川省泸定县应急管理局综合减灾股股长、四级主任科员
范柱子	四川省石棉县防震减灾服务中心监测中心主任

呼　弋	四川省雅安市应急管理综合行政执法支队一级科员
刘　驰	四川省石棉县防震减灾服务中心副主任
李　锦	四川省雅安市防震减灾服务中心一级科员

二、集体（6个，记三等功）

四川省地震应急服务中心

中国地震局地震预测研究所科学考察队

中国地震台网中心地震预报部

中国地震局发展研究中心宣传科普室

四川省甘孜藏族自治州应急管理局

四川省雅安市应急管理局

（中国地震局人事教育司）

政务·规划财务

主要收载地震系统年度政务和事业发展计划与财务、审计工作综述，以及有关情况统计等。

政务工作

2023 年政务工作综述

一、提高政治站位，忠诚履行抓落实基本职能

一是坚决贯彻习近平总书记重要指示批示精神和党中央决策部署。协助中国地震局党组及时传达学习贯彻习近平总书记最新重要讲话精神，督促相关省级地震局及时传达学习、制定贯彻落实举措。协助局党组狠抓习近平总书记关于地震预警体系建设、甘肃积石山 6.2 级地震等重要指示批示的贯彻落实，建立贯彻落实工作闭环，每月动态跟踪进展，开展贯彻落实情况“回头看”，推动取得显著进展。

二是全面加强意识形态管理。协助中国地震局党组传达学习贯彻习近平总书记对宣传思想文化工作的重要指示和全国宣传思想文化工作会议精神，专题研究意识形态工作 3 次，召开地震系统宣传思想文化工作会议，指导局属各单位开展自查 2 次。抓好 43 家门户网站、100 余个新媒体账号和 37 家出版单位监督管理，开展系统网站和新媒体季度检查。

三是持续健全完善抓落实制度机制。完善重大决策部署贯彻落实制度，协助中国地震局党组修订学习贯彻习近平总书记重要指示批示和党中央决策部署工作办法、党组工作规则以及督查督办实施办法。完善督查督办工作机制，组织开展督查督办工作调研，落实督查督办事项定期跟踪反馈机制，健全督查督办事项常态更新机制，狠抓全国地震局长会 878 条细化工作措施落实，充分发挥综合考评“指挥棒”作用，全年发出督办通知 25 期，印发督查月报 12 期。

二、紧紧围绕大局，谋大势抓大事当好参谋助手

一是高站位做好主题教育相关工作。结合年初“四个一”集体调研情况，服务中国地震局党组研究制订 2023 年调研计划，构建“5 + 2”调研课题体系，深入走访基层单位 71 个。统筹各方监督合力抓好局属单位调研工作，及时动态编发工作提示 3 期，建立进展定期报送机制。积极推动调研成果转化，组织开展转化情况“回头看”，牵头抓好“‘全灾种、大应急’框架下防震减灾工作体制机制不够健全”专项整治组织实施工作，在推进省局赋能增效促发展等方面形成了一系列制度成果。精心组织开展宣传报道，建立主流媒体合作机制，在人民网等权威平台发布主题教育进展综述 6 篇。

二是高效率服务党中央国务院决策部署。圆满完成全国两会、成都大运会、杭州亚运会等重大活动和元旦、春节等特殊时段地震安保相关任务。认真履行向中办、国办首报地震信息责任，落实中办地震信息报送要求，制定《地震突发事件信息报告工作规范》，调整

报送震级标准，提升地震信息报告质效，第一时间向中办、国办报送地震信息 352 期，国务院领导同志先后 8 次作出重要批示，中办信息综合室采用 49 期。按时办结 2023 年以来人大代表建议、政协委员提案 9 件。

三是高标准服务中国地震局党组履行核心职能职责。修订局党组有关事项清单，梳理 6 个方面 45 条重要事项，服务局党组决策。完成国务院领导同志等调研来访服务保障工作，完成全国地震局长会等 200 余次会议保障工作。完成贯彻习近平总书记指示批示、权威媒体约稿等重要文稿 50 余篇。发挥信息服务决策支撑作用，编发《习近平总书记重要讲话周报》《政策研究参阅》《每日要情》等 300 余期。组织开展政策研究，指导中国地震局发展研究中心完成战略研究主体任务，开展 2023 年重大政策理论与实践问题研究，编发《政策研究参阅》10 期。

四是高水平服务中国地震局党组抗震救灾指挥决策。在地震系统全面推广使用“国家应急指挥综合业务系统”，印发值班工作管理办法，督促指导局属单位全面修订值班工作制度，会同中国地震台网中心进一步完善相关信息报送机制。完成甘肃积石山 6.2 级、山东平原 5.5 级等 33 次中强地震事件应急处置相关工作，及时接收、转办、协助落实中央领导同志指示批示，组织开展 30 余次地震事件舆情监测分析研判。

五是高质量宣传防震减灾事业发展成效。协助中国地震局党组传达学习贯彻全国宣传部长会议精神，印发新闻宣传年度工作要点，细化工作任务，明确时间节点。积极开展正面宣传，配合应急管理部做好专场发布会相关保障工作，局领导出席介绍国家预警工程建设情况及减灾成效。精心策划主题宣传，组织中央主流媒体、省级媒体、地震系统融媒体开展“防震减灾高质量发展进行时”主题采访活动，社会反响良好；配合中央电视台拍摄纪录片《危机现场：土耳其地震》。

三、坚持底线思维、严守最高标准，高效有力做好各项服务保障工作

一是着力发挥政治把关作用。在文稿起草、公文校核、新闻宣传等工作中，注重从政治角度观察分析，在重大问题、重要表述上坚决校准偏差，确保与中央要求一致。严把公文质量审核关，强化收发文质量审核。

二是着力整治形式主义、官僚主义突出问题。严格落实中央八项规定及其实施细则精神，修订中国地震局党组贯彻落实办法。制定整治形式主义为基层减负工作若干措施。组织开展地震系统机要文件规范月活动，按月通报发文情况，对公文超发现象及时预警，全年实际发文占发文计划数 80%；严格落实会议审批管理制度，全年召开会议数量同比下降 12.5%。

三是着力防范化解重大风险隐患。狠抓安全风险防控，组织局属单位开展全方位、全覆盖安全自查，突出抓好地下空间等重点区域和野外测量等重点任务安全风险防范，结合春节等重点时段狠抓京区单位安全生产自查整改工作。狠抓信访风险防控，修订局信访工作办法，制定年度信访工作要点，会同重点单位协同做好信访维稳工作。

此外，狠抓重大工程项目档案管理、政府信息公开、财务资产管理等各项工作。

（中国地震局办公室）

规划财务工作

2023 年规划财务工作综述

一、在深学细悟笃行上下功夫，旗帜鲜明讲政治

（一）坚持政治统领，落实“政治建局”

一是第一议题传达学习习近平总书记系列重要讲话精神，10 余次召开支部大会专题学习，切实走好“第一方阵”。二是坚决扛起定点帮扶、援疆、援藏政治责任。7 月，中国地震局党组书记、局长闵宜仁赴永靖调研指导定点帮扶工作。2023 年地震系统投入帮扶资金 1.2 亿元，派出挂职干部 103 人。持续做好援疆援藏工作，2023 年安排新疆维吾尔自治区地震局中央财政资金 9034.61 万元，各援疆单位援助资金和物资 2324.79 万元；安排西藏自治区地震局中央财政资金 5215.63 万元，各援藏单位援助资金和物资 493.95 万元。三是坚持党建和业务融合，坚持特色党建和业务例会制度，2023 年开展支部学习、主题党日活动 15 次，联合财政部资环司党支部、会计财务评价中心党支部赴白家疃台站开展主题党日活动。

（二）筑牢思想根基，开展主题教育

一是制定学习方案，通过班子领学、集中自学、交流研讨等方式深入学习领会习近平新时代中国特色社会主义思想。支部书记以“学习领悟新思想　真抓实干强作风　以规划财务工作成效助推防震减灾事业高质量发展”为题讲党课。二是承担中国地震局党组关于更好发挥双重计划财务体制优势有关调研任务，赴山东、江苏、四川开展实地调研，召开片区座谈会，形成调研报告，印发《关于进一步发挥防震减灾双重计划财务体制优势　更好服务地方经济社会发展的通知》。三是注重党员教育管理，组织青年理论学习小组集体学习 11 次，选派优秀年轻同志代表中国地震局赴永靖县挂职村第一书记。

（三）打造过硬作风，建强支部堡垒

一是大兴调查研究。全年派出 19 人次陪同财政部到地震系统一线调研。司领导带头全司共 14 人次深入基层调研，全面了解规划落实、预算管理、财务和资产管理、审计和财会监督等工作。组织青年同志积极参与“根在基层”主题实践和经济责任审计蹲点调研。二是打造“研究型”司室。坚持党建和业务融合，全年专题研讨 21 次。三是夯实严实作风。建立司内重要事项督办制度，对 16 项重要工作实行销号管理。2023 年局规划财务司收文 3846 件（其中国家发展改革委、财政部、应急管理部等上级来文 451 件），发文 330 件（其中向国家发展改革委、财政部、应急管理部等上级行文 68 件）。局规划财务司党支部 2023 年被授予“中央和国家机关‘四强’党支部”荣誉称号。

二、在担当作为上下功夫，开拓创新促发展

（一）以规划为引领，推动事业发展新进展

积极推动“十四五”规划落实。31个省级规划已落实地方投资项目72个，资金15.94亿元，比“十三五”地方总投入增加6亿余元。推动地震应急物资纳入国家发展改革委国家储备中长期发展规划和国家应急物资储备规划。自2023年起作为常规项目获得中央财政稳定支持。

组织开展“十四五”规划中期评估。推动国家“十四五”规划纲要、“十四五”国家应急体系规划、综合防灾减灾规划、新型基础设施规划、西部大开发实施方案等相关规划中防震减灾工作任务落实，配合国家发展改革委、应急管理部完成相关规划的中期评估。“十四五”防震减灾规划体系中期评估总体达标，超前完成国家规划、20个省级规划、4个直属单位规划部分指标。

（二）以资金落实、效益达成、监督保障为着力点，服务事业发展新局面

支撑发展更加有力。在财政紧平衡的情况下，积极争取资金支持，年度预算规模稳定在70亿元上下。“保基本、保运维、保重点”有效落实。财政项目方面，2023年投入5亿元保障“2+2”业务工作体系，新增2000万元应急物资储备经费，科技领域投入稳定在2.2亿元上下。重大基建项目方面，全年下达预警工程、“一带一路”、科学实验场等重大项目投资4.67亿元。部门自身建设项目方面，围绕中国地震局党组地震监测中心站改革等部署，重点支持台站仪器升级、计量专业设备购置、物探装备建设等13个项目，总投资7100万元。加强地方基建项目统一规范管理，建立联审机制，审核15个地方项目，总投资8.7亿元。全面完成深培中心、杭培中心、黄金海岸改革任务，资产全部保留。中直机关管理局领导带队现场调研黄金海岸，给予充分肯定。

绩效管理扎实有序。构建了绩效自评、重点项目评价、单位整体评价和财政评价的评价体系。财政部首次对中国地震局防震减灾能力提升项目进行重点评价，评价结果在报送全国人大的项目中名列前茅，评价报告作为3个绩效管理先进典型之一入选财政部《2024年中央部门预算编制指南》。

（三）以巨灾项目、局省合作、支出定额为关键点，激发事业发展新活力

巨灾工程项目规模空前。为深入贯彻落实习近平总书记8月17日中央政治局常务委员会会议上关于“进一步提升我国防灾减灾救灾能力”的重要部署，大力推动巨灾防范工程纳入2023年增发国债项目。组织31个省在地方立项，工程申报规模60亿元。作为增发国债国家机制审核组的成员，会同国家发展改革委、财政部全力推动项目立项审批，已形成项目清单，正在会签印发。局省合作实现突破。在“十四五”规划实施关键期，推动局省合作，央地总投入31.43亿元，已落实投资16.73亿元，资金到位率约53%，其中海南、云南、贵州3省资金到位率达85%。

预算定额取得实质性进展。编制发布监测和震防基础业务预算定额，在争取中央和地方财政支持、争取市场项目等方面取得明显实效。中国地震局作为预算定额制定的12个典型部门，得到财政部的高度肯定。地震监测台站仪器设备配置标准通过财政部评审。

（四）以信息化建设、规范化建设、队伍建设为支撑点，保障事业发展新需求

信息化建设步伐加大。全力推动规划财务管理信息系统与中央预算管理一体化系统衔接。研发预算控制、收支管理等12个功能模块，将中央财政拨款、地方财政拨款和单位事业收入全口径纳入一体化统一管理，实现全流程闭环管理。完善支出报销公开、远程报账、地方财政收入备案等模块，全面提升工作效率。

制度化建设不断加强。落实“依法治局”的要求，出版《中国地震局规划财务制度汇编》，涵盖党中央国务院、财政部、国家发展改革委、国管局及中国地震局印发的规划财务领域相关制度252项，共139万字。印发《中国地震局预算管理绩效考核办法》，对局属单位预算管理进行全面考核评价。出台《中国地震局政府采购行为负面清单（试行）》《中国地震局政府购买服务指导性目录》，进一步规范采购工作。出版《地震系统政府会计核算指南》，开启会计基础核算工作学理化进程。

队伍建设持续发力。全系统现有规划财务人员780人，中央国家机关和省级会计领军人才12名（国家级2人），具备高级专业技术资格人员95人。落实中国地震局党组部署，研究制定《关于进一步规范地震系统财务机构及岗位设置的意见》，优化审计职能。联合上海国家会计学院、厦门国家会计学院开展培训，2023年局属单位分管领导、财务处长、财务骨干累计947人次参训。强化以干代训，选派百余人次参加巡视、审计、财会监督等工作。

（中国地震局规划财务司）

2023 年度资金运行情况

一、年度收入情况

2023 年度总收入 85.67 亿元。其中，上年结转 26.80 亿元，约占 31.29%；本年收入 54.55 亿元，约占 63.68%；使用非财政拨款结余 4.32 亿元，约占 5.04%。

本年收入中，中央财政拨款 33.74 亿元，约占 61.85%；地方财政拨款 10.59 亿元，约占 19.41%；单位自行组织收入 10.22 亿元，约占 18.74%。

单位自行组织收入中，事业收入 8.37 亿元，附属单位上缴收入 0.20 亿元，其他收入 1.65 亿元。

二、年度支出情况

2023 年度总支出 59.41 亿元。其中，基本支出 34.51 亿元，占比约 58.09%；项目支出 24.90 亿元，占比约 41.91%。

基本支出中，人员经费支出 29.71 亿元，约占总支出的 50.01%；公用经费支出 4.80 亿元，约占总支出的 8.08%。项目支出中，基本建设类项目支出 7.52 亿元，约占总支出的 12.66%。

三、年末结转结余情况

2023 年年末结转结余 24.39 亿元。其中，基本支出结转 1.72 亿元，占比约 7.05%；项目支出结转 22.67 亿元，占比约 92.95%。

（中国地震局规划财务司）

机构、人员、台站、观测项目、固定资产等统计情况

地震系统机构

独立机构分类	机构数/个
合　计	45
省（自治区、直辖市）地震局	31
中国地震局直属事业单位（研究所、中心、学校）	13
中国地震局机关	1

地震系统人员

人员构成	人数/人	占总人数的百分比/%
合　计	10406	—
其中：固定职工	9994	96.04
合同制职工	412	3.96

地震台站

观测台站种类	观测台站数/个	投入观测手段	投入观测仪器/台套	备注
合　计	5942	合　计	13291	投入经费：42722.2 万元
国家级地震台	1	测震	2359	
省级地震台	31	强震	5483	
中心站	140	地磁	513	
一般监测站	3670	地电	268	
市、县级地震台	1737	重力	113	
企业地震台	363	地壳形变	1340	
		地下流体	1210	
		其他	2005	

地球物理场流动观测（常规）

项目名称	计量单位	计量指标量	实际完成量	完成计划比例/%
区域水准	公里	433	438	100
定点水准	处/次	683/972	683/972	100
跨断层水准	处/次	328/1118	334/1131	100
流动地磁	点	1119	1167	100
流动重力	公里/点	382531/3604	406062/3804	100
流动 GPS	点	493	492	100
基线测距	边	518	519	100

固定资产

固定资产分类	计量单位	数量	原值总计/万元	其中：当年新增/万元
合计		—	1195468.2	56309.3
房屋和构筑物	平方米	2068413	481558.3	11248.1
其中：业务用房	平方米	1132288	267268.3	4349.7
仪器设备	台套	322806	648017.7	43062.4
交通工具	辆	749	28272.7	861.8
图书资料	册	1447057	13087.9	301.6
其他	—	217571	24531.6	835.4

国有资产管理及政府采购工作等情况

一、国有资产管理

夯实国有资产管理基础。按照“盘活存量、调控增量、全面覆盖”的思路，加强新增资产配置计划审核，以存量调控增量，提高资产使用效益。将资产管理情况及国有资产管理专项工作完成情况纳入局属各单位年度综合考评项目，与预算绩效考核评价结果挂钩。

开展资产盘活情况梳理。贯彻落实党政机关过紧日子要求，加强财政资源统筹，重点对房屋、土地、车辆、办公设备家具、大型仪器等资产使用情况进行摸底，强化统筹利用，形成资产盘活常态化长效化工作机制，促进国有资产管理高质量发展。

充分发挥一体化系统资产管理功能。作为预算一体化系统 5 个中央试点部门之一，2023 年中国地震局及局属各单位全面使用资产管理模块开展业务，从预算报送环节开始加强新增资产配置审核，强化新增资产配置预算的刚性约束，通过“制度 + 技术”手段提升各单位国有资产管理水平。

积极推动预算管理与资产管理相结合、科学合理编制新增资产配置预算，联合财政部起草了《地震监测台站仪器设备配置标准（试行）》，该标准是规范地震监测台站仪器设备配置管理的重要依据，也是规范地震系统各单位地震监测台站相关预算支出管理的重要保障，有助于资金统筹集约使用，形成“多元投入、标准一致”的格局。

二、政府采购

政府采购预算执行情况良好。2023 年，中国地震局编报政府采购计划 85998. 30 万元，与 2022 年相比减少 12215. 50 万元，同比降低约 14. 2%。实际采购金额 69536. 52 万元，相比采购计划节约资金 16461. 78 万元，节约率为约 23. 67%，和上一年度基本持平。

加强政府采购管理。一是加强政府采购日常管理，印发《中国地震局关于做好 2023 年度政府采购工作的通知》，全面部署地震系统各单位年度政府采购工作，承接财政部关于政府采购年度工作最新要求，总体谋划进口设备集中论证等年度工作。以中央预算管理一体化平台为抓手，用好政府采购模块，与预算、资产相衔接，实现闭环管理。二是进一步规范政府购买服务活动。印发并报备《中国地震局政府购买服务指导性目录》，明确了中国地震局所属预算单位政府购买服务的主体和范围，填补了该方面的制度空白。三是加强政府采购监督检查和专业培训。全年组织 4 次政府采购预算编制、政策讲解、系统操作相关培训工作，通过培训强化了各单位政府采购与预算、资金支付与验收的衔接，进一步提高政府采购项目的组织和实施能力，在重视采购流程管理的基础上，更加侧重采购需求管理和履约验收工作，实现政府采购事前、事中、事后全流程管理。

（中国地震局规划财务司）

审计与财会监督工作

一、审计监督

中国地震局党组深入学习贯彻习近平总书记在二十届中央审计委员会第一次会议上的重要讲话精神，聚焦重大决策部署、权力运行加强监督，狠抓整改落实，着力提升审计监督成效。强化对“一把手”的审计，2023 年对 6 个局属单位主要负责同志开展经济责任审计，局属单位开展新一轮领导干部经济责任审计全覆盖，共审计领导干部 136 人。强化重大项目审计，指导预警工程、“一带一路”项目法人单位、建设单位继续做好跟踪审计。强化整改落实，9 个单位全面完成 2022 年主要负责同志经济责任审计整改任务。2023 年地震系统共开展审计项目 462 个，提出工作建议 576 条，推动完善各类制度 84 项。2023 年 11 月，审计署对中国地震局开展 2023 年预算执行等情况审计，全力做好配合工作，保障审计工作顺利实施。规划财务司审计处荣获 2020—2022 年度全国内部审计先进集体称号。

二、财会监督

2023 年新时代财会监督工作开启新篇章。中国地震局党组深入学习贯彻习近平总书记关于财会监督工作的重要论述精神，全面贯彻落实中共中央办公厅、国务院办公厅《关于进一步加强财会监督工作的意见》精神。加强对财会监督工作的领导，成立主要负责同志任组长的财会监督工作领导小组，设立财会监督处，出台《中国地震局进一步加强财会监督工作实施方案》，构建局党组领导下分级负责、上下联动的地震系统财会监督体系。组织地震系统首次开展财会监督专项行动，在全面自查基础上对 13 个单位进行现场检查，督促问题立行立改。强化结果运用，梳理凝练 2018 年以来审计、财务稽查发现问题，编制印发《地震系统财会领域问题汇编》，发挥警示作用。财会监督工作获财政部肯定，《中国财经报》头版进行专题报道。

（中国地震局规划财务司）

党的建设

主要收载党建工作有关理论学习、基层党组织建设、正风肃纪、精神文明建设，以及纪检工作情况等。

2023年党的建设与全面从严治党工作综述

2023年，中国地震局党组坚持以习近平新时代中国特色社会主义思想为指导，深入学习贯彻习近平总书记关于党的建设的重要思想，扎实开展学习贯彻习近平新时代中国特色社会主义思想主题教育，深入贯彻习近平总书记重要指示批示精神和党中央决策部署，一以贯之、坚定不移推进全面从严治党，推动新时代防震减灾现代化建设取得新成效。

一、旗帜鲜明讲政治，把深刻领悟“两个确立”的决定性意义转化为坚决做到“两个维护”的高度自觉

一是严格落实“第一议题”制度，坚决捍卫“两个确立”、坚决做到“两个维护”。中国地震局党组全年开展理论学习中心组学习5次、党组专题学习53次。2023年年初，党组同志通过“一堂党课、一场座谈、一轮谈心谈话、一次基层单位调研”，在地震系统全面学习宣传贯彻党的二十大精神，完成处级以上干部轮训。开展事业发展战略研究，事业发展环境和支撑保障更加有力。

二是健全完善贯彻落实习近平总书记重要指示批示和党中央决策部署工作机制，推动重点工作取得新进展。修订局党组认真学习贯彻落实习近平总书记重要指示批示和党中央决策部署工作办法。全面推进习近平总书记“大震之问”贯彻落实，顺利完成国家地震烈度速报与预警工程建设任务，扎实推进自然灾害防治“两项工程”、地震监测台网项目，中国地震科学实验场项目全面启动开工建设。

三是切实加强党组自身建设，带头履行管党治党政治责任。坚持党对防震减灾工作的全面领导，中国地震局党组带头认真落实民主集中制、谈心谈话等制度。主动到情况最复杂、矛盾最突出的地方去，党组同志全年赴基层调研44次，走访基层单位87个。建立健全地震系统全面从严治党制度体系，严格执行中央八项规定及其实施细则精神。

四是认真贯彻落实意识形态工作责任制，守住意识形态安全底线。中国地震局党组全年专题研究意识形态工作3次。在主题教育中坚决防止“低级红”“高级黑”。深入学习领会习近平文化思想，召开宣传思想文化工作会议，通报地震系统意识形态工作责任制落实情况。稳妥开展涉震舆情引导。

二、扎实开展主题教育，坚持不懈用习近平新时代中国特色社会主义思想统一思想意志行动

一是加强组织领导，强化理论学习。制定实施方案，组建10个巡回指导组对局属单位全覆盖指导。中国地震局党组发挥示范引领作用，局党组书记带头讲专题党课，举办集中学习读书班，坚持“五学联动”，带动局属单位举办理论学习中心组学习203次、读书班74期。开展“以学铸魂比党性、以学增智比能力、以学正风比作风、以学促干比贡献”

活动。

二是带头“领题调研”，解决发展难题。印发地震系统大兴调查研究的实施方案，中国地震局党组明确8个方面调研内容，形成“5+2”调研课题体系。部署省局赋能增效促发展具体举措115项。推动调研成果转化应用，在进一步健全制度基础上，出台2项基本业务预算定额，制定10个专项工作方案。

三是坚持刀刃向内，抓好整改整治。认真检视事业发展的深层次问题和服务现代化建设的短板弱项，反复研究、推动实施增发国债巨灾防范工程。扎实开展干部队伍教育整顿和纪检干部队伍教育整顿。

三、着力夯实基层基础，强化基层党组织政治功能和组织功能

一是坚持大抓基层鲜明导向。举办地震系统党支部书记示范培训班，促进基层经验交流。坚持“两个至上”，在抗震救灾、巡视等急难险重行动中组建临时党支部，发挥战斗堡垒作用。入选中央和国家机关“四强”党支部15个。

二是贯彻垂管部门党建责任要求。围绕中央部署要求，全面落实系统党建工作主体责任，健全完善条块职责清晰、垂管为主、地方配合、各负其责、齐抓共管的党建工作机制。统筹抓好直属机关党建述职评议考核，与年度考核工作同部署、同落实。认真开展党建专项督查整改。

三是强化统战和群团工作凝聚作用。完成直属机关工会第七届委员会、直属机关团委第六届委员会换届。组织机关青年座谈会，开展“学习二十大　奋进新征程”青年主题活动，通过“根在基层”“关键小事”等实践活动带动青年下基层、接地气。组织直属机关党外人士座谈会。入选全国青年文明号集体3个、中央和国家机关三八红旗手1人。

四、深入贯彻新时代党的组织路线，锻造忠诚干净担当的干部队伍

一是树立鲜明选人用人导向。选拔交流司局级干部57名，局属单位班子配备率持续提升，发挥职级晋升激励作用。持续实施“‘80后’‘90后’干部培养工程”“上挂下派”，层次合理、充满活力的干部梯队初步形成。

二是严格干部教育管理监督。选派87名司局级干部参加中组部调训和专题研修。认真落实“一把手”和领导班子监督实施意见。实现新任处长任职培训、新入职人员初任培训和廉政教育全覆盖。加强对年轻干部教育管理监督，扣好廉洁从政“第一粒扣子”。

三是着力加强人才队伍建设。加强国家级人才培养引进，入选国家人才计划2人。遴选5个科技创新团队、3名领军人才、12名骨干人才、14名青年人才。推荐6名专家享受政府特殊津贴，选派21名青年科技人员赴海外交流访学。

五、压紧压实责任链条，推动形成全面从严治党工作合力

一是坚持以上率下。修订中国地震局党组履行全面从严治党主体责任清单。中国地震

局党组书记严格履行第一责任人职责，做到“四个亲自”。中国地震局党组成员认真落实“一岗双责”，压实分管部门和联系单位主体责任。

二是健全制度机制。印发贯彻落实中央八项规定实施细则的办法，制定进一步强化政治机关意识、推进党建和业务深度融合的实施意见，完善中国地震局局属单位全面从严治党专题会商制度，优化全面从严治党“两个责任”考核机制，推动管党治党常态长效。

三是贯通协同形成监督合力。统筹议事协调机构职能，推动各项监督贯通协同形成合力。聚焦习近平总书记重要指示批示精神和党中央决策部署贯彻落实，强化地震预警工程等重大工程项目政治监督；坚持政治巡视定位，围绕“四个落实”对8个局属单位开展内部巡视。开展选人用人专项检查，严肃查处人事领域信访举报问题；按计划开展经济责任审计，强化财会监督政治定位。

六、始终坚持严的基调不动摇，持续加强纪律作风建设

一是强化重点人员监督管理。加强对局属单位“一把手”和领导班子监督。强化全面从严治党专题会商，做实同级监督。强化年轻干部教育管理，制定实施《地震系统年轻干部教育管理监督专题调研整改任务方案》。

二是锲而不舍落实中央八项规定精神，加强新时代廉洁文化建设。抓住元旦春节等年节假期关键节点，持续印发纠治“四风”的通知，针对性做好节假日期间监督检查。丰富廉洁文化创建活动，鼓励局属单位制作小短剧、书法绘画、电子刊物等廉洁文化作品，持续浓厚廉洁文化氛围。

三是严格监督执纪问责，一体推进“三不腐”。及时受理信访举报或问题线索，精准运用“四种形态”。制定重大工程项目廉政勤政风险防控清单，印发政府采购行为负面清单。召开全系统警示教育会议，通报酒驾醉驾典型案例，常态化开展警示教育。

七、坚持巡视工作方针，围绕“四个落实”加强巡视监督

一是坚持政治巡视定位，落实主体责任。中国地震局党组坚持把学习贯彻习近平总书记关于巡视工作重要论述和党中央巡视工作部署作为党组会“第一议题”，把“两个维护”作为政治巡视根本任务，党组书记认真履行第一责任人责任，党组同志认真落实“一岗双责”，召开3次党组会、3次巡视工作领导小组会、1次巡视整改汇报约谈会，指导推动巡视各项工作，制定印发局党组巡视工作五年规划。

二是创新方式方法，强化党组内部巡视。分板块领域开展巡视，对8个局属单位开展巡视，把4个局属研究所作为一个独立板块进行巡视，查找地震科技创新领域共性问题、突出问题。强化巡前分析研判，逐一与巡视组分析研判被巡视单位有关情况。认真听取巡视组巡视汇报和巡视办巡视综合情况汇报，党组书记对巡视发现的重点问题逐一点人点事，提出具体意见。

三是明确巡视整改要求，压实整改责任。传达学习中央政治局研究巡视工作会议精神，

贯彻落实关于加强巡视整改和成果运用的意见，进一步梳理总结持续深化中央巡视整改进展情况。对内部巡视发现问题梳理形成共性问题、重点难点问题和被巡视单位具体问题三级问题整改清单，上下联动推动整改，党组书记对 8 个被巡视单位领导班子开展集体约谈，党组同志督促指导巡视整改，巡视办会同巡视组及有关内设机构跟踪督促整改，机关纪委、人教司强化巡视整改日常监督。

（中国地震局直属机关党委）

附　　录

主要收载地震系统重大事件、各单位离退休人员人数统计表。

2023 年中国地震局大事记

1 月 3 日

中国地震局党组召开审计领导小组会议，深入学习贯彻习近平总书记关于审计工作的重要指示批示精神，听取北京市地震局等 9 个单位主要负责人经济责任审计情况汇报，研究部署经济责任审计整改等工作。党组书记、局长闵宜仁主持会议并讲话，党组成员、副局长阴朝民、王昆、倪岳伟、陈小军出席。

1 月 4 日

中国地震局党组书记、局长闵宜仁主持召开局党组会议，传达学习中央政治局民主生活会精神，审议局党组 2022 年度民主生活会方案等。

1 月 4 日

中国地震局党组书记、局长闵宜仁主持召开局务会议，审议国家地震烈度速报与预警工程验收工作计划、《中国地震局值班工作管理办法》、地震监测预报预警和震害防御基础业务预算定额标准（试行）等，听取局属单位企业管理情况汇报。

1 月 4 日

中国地震局党组书记、局长闵宜仁会见成都高新减灾研究所所长王暾一行，听取成都高新减灾研究所地震预警相关工作介绍，就进一步深化合作开展交流。

1 月 10 日

中国地震局印发《中国地震局值班工作管理办法》。

1 月 13 日

中国地震局党组书记、局长闵宜仁主持召开局党组会议，传达学习中央有关文件精神，审议 2022 年度局属单位和内设机构综合考评结果。

1 月 14 日

2023 年全国地震局长会议以视频形式在京召开，中国地震局党组书记、局长闵宜仁作题为《勠力同心　守正创新　奋力谱写防震减灾事业现代化建设新篇章》的工作报告。党组成员、副局长阴朝民主持会议，党组成员、副局长陈小军通报 2022 年度局属单位和内设机构综合考评结果，党组成员、副局长王昆、倪岳伟出席。河北省地震局、山东省地震局、青海省地震局、中国地震台网中心、中国地震局地质研究所主要负责同志作交流发言。中国地震局老领导、中央和国家机关有关部门相关司局负责同志应邀出席。

1 月 14 日

中国地震局召开 2022 年度局党组领导班子和领导干部年度考核及干部选拔任用工作“一报告两评议”会议，党组书记、局长闵宜仁作年度工作情况报告。党组成员、副局长阴朝民、王昆、倪岳伟、陈小军出席，中组部干部四局派员出席指导。

1 月 17 日

中国地震局党组书记、局长闵宜仁主持召开局党组会议，传达学习贯彻习近平总书记重要指示和二十届中央纪委二次全会精神，以及中央政法工作会议、全国宣传部长会议、全国统战部长会议精神。

1 月 18 日

中国地震局党组书记、局长闵宜仁与全国地震监测中心站和部分市县地震工作部门视频连线，听取基层单位工作汇报，慰问地震系统基层一线干部职工。党组成员、副局长阴朝民、王昆、倪岳伟、陈小军参加慰问。

1 月 18 日

中国地震局党组书记、局长闵宜仁看望慰问中国科学院院士、中国地震局科学技术委员会主任陈颙并听取其工作建议。

1 月 26 日

3 时 49 分在四川甘孜藏族自治州泸定县（29.63°N，102.01°E）发生 5.6 级地震，震源深度 11 千米。地震发生后，中国地震局党组书记、局长闵宜仁立即作出部署，党组成员、副局长阴朝民、陈小军在应急指挥中心调度应急处置工作。

1 月 30 日

7 时 49 分在新疆阿克苏地区沙雅县（40.01°N，82.29°E）发生 6.1 级地震，震源深度 50 千米。地震发生后，中国地震局党组书记、局长闵宜仁立即作出部署，党组成员、副局长阴朝民、王昆、倪岳伟、陈小军在应急指挥中心调度应急处置工作。

1 月 31 日

中国地震局党组书记、局长闵宜仁主持召开局党组会议，深入学习贯彻习近平总书记关于做好督查工作的重要论述精神，传达学习全国组织部长会议精神，研究贯彻落实措施。

1 月 31 日

中国地震局党组书记、局长闵宜仁主持召开局务会议，听取震情工作汇报；审议局机关印章使用管理强化措施；听取局 2022 年培训计划执行情况和 2023 年培训计划编制情况汇报。

2 月 7 日

习近平总书记在新进中央委员会的委员、候补委员和省部级主要领导干部学习贯彻习近平新时代中国特色社会主义思想和党的二十大精神研讨班上的重要讲话中，讲到防范化解重大风险时，提出“大震之问”，站在党和国家事业全局高度阐明了我国防震减灾工作的战略要求和主攻方向，为做好新时代新征程防震减灾工作提供了根本遵循和行动指南。

2 月 7 日

中国地震局党组书记、局长闵宜仁主持召开局党组会议，传达学习贯彻习近平总书记重要讲话精神，研究土耳其 7.8 级地震有关工作。

2 月 8—10 日

中国地震局党组书记、局长闵宜仁赴江苏调研防震减灾工作，围绕宣传贯彻党的二十大精神讲党课，出席全国地震局长会议贯彻落实情况座谈会，结合“抓典型”工作开展业务调研，与江苏省地震局处级以上干部开展谈心谈话。

2 月 8—10 日

中国地震局党组成员、副局长王昆赴上海调研防震减灾工作，围绕宣传贯彻党的二十大精神讲党课，出席全国地震局长会议贯彻落实情况座谈会，结合“抓典型”工作开展业务调研，与上海市地震局处级以上干部开展谈心谈话，参加指导上海市地震局领导班子2022年度民主生活会。

2月8—10日

中国地震局党组成员、副局长倪岳伟赴内蒙古调研防震减灾工作，围绕宣传贯彻党的二十大精神讲党课，出席全国地震局长会议贯彻落实情况座谈会，结合“抓典型”工作开展业务调研，与内蒙古自治区地震局处级以上干部开展谈心谈话。

2月12—15日

中国地震局党组成员、副局长陈小军赴海南调研防震减灾工作，围绕宣传贯彻党的二十大精神讲党课，出席全国地震局长会议贯彻落实情况座谈会，与海南省地震局处级以上干部开展谈心谈话，出席博鳌防灾减灾大会并致辞。

2月13日

中国地震局党组成员、副局长王昆主持召开专题会议，研究中国地震局地质研究所使命导向管理改革试点、地震动力学国家重点实验室重组、地震科技战略研究等工作。

2月14日

中国地震局党组书记、局长闵宜仁主持召开局党组会议，传达学习贯彻习近平总书记在新进中央委员会的委员、候补委员和省部级主要领导干部学习贯彻习近平新时代中国特色社会主义思想和党的二十大精神研讨班开班式上的重要讲话精神。

2月14—15日

中国地震局党组书记、局长闵宜仁赴福建调研防震减灾工作，围绕宣传贯彻党的二十大精神为基层党支部联系点及福建省地震局全体党员干部讲党课，结合“抓典型”工作开展业务调研并与厦门海洋地震研究所、海洋地震观测中心干部职工座谈，与福建省地震局部分处级以上干部开展谈心谈话。

2月14—15日

中国地震局党组成员、副局长王昆赴新疆调研防震减灾工作，围绕宣传贯彻党的二十大精神讲党课，出席全国地震局长会议贯彻落实情况座谈会，结合“抓典型”工作开展业务调研，与新疆维吾尔自治区地震局处级以上干部开展谈心谈话。

2月16日

国务委员、国务院抗震救灾指挥部指挥长王勇在中国地震局及中国地震台网中心调研并召开座谈会，听取近期地震活动情况研判，详细了解地震监测预报预警工作，检查指导地震应急服务响应和值班值守安排。应急管理部党委书记、部长王祥喜，国务院副秘书长王志清陪同调研，中国地震局党组书记、局长闵宜仁，党组成员、副局长阴朝民、王昆、倪岳伟、陈小军参加。

2月17日

中国地震局召开地震系统宣传科普工作会议，党组成员、副局长陈小军出席并讲话。

2月20—24日

中国地震局党组成员、副局长阴朝民赴陕西省地震局、中国地震局第二监测中心调研防震减灾工作，围绕宣传贯彻党的二十大精神讲党课，出席全国地震局长会议贯彻落实情况座谈会，结合“抓典型”工作开展业务调研，与陕西省地震局、中国地震局第二监测中心处级以上干部开展谈心谈话。

2 月 22 日

中国地震局党组书记、局长闵宜仁会见云南省副省长纳云德一行，双方就进一步防范化解地震灾害风险，推进云南防震减灾事业现代化建设，更好服务云南经济社会高质量发展进行深入交流。

2 月 23 日

8 时 37 分在塔吉克斯坦（37.98°N，73.29°E）发生 7.2 级地震，震源深度 10 千米。地震发生后，中国地震局党组书记、局长闵宜仁第一时间在应急指挥中心调度应急处置工作。

2 月 26 日

中国地震局党组书记、局长闵宜仁主持召开局党组会议、局务会议，传达学习贯彻习近平总书记重要批示精神，听取震情工作汇报；传达学习习近平总书记在中共中央政治局常委会会议上的重要讲话精神，研究部署新冠疫情防控工作；审议《中国地震局党组贯彻落实中央八项规定精神实施细则的办法》《中国地震局党组理论学习中心组 2023 年学习计划》等。

2 月 26 日

中国地震局印发《中国地震科学实验场建设工程项目建设管理办法》。

3 月 13 日

中国地震局党组印发《中共中国地震局党组贯彻落实中央八项规定实施细则的办法》。

3 月 13 日

中国地震局印发《关于给予吴今生等 70 名同志和四川省地震应急服务中心等 6 个集体奖励的决定》。

3 月 15 日

中国地震局党组书记、局长闵宜仁主持召开局党组会议，传达学习党的二十届二中全会和全国两会精神，审议《中国地震局党组关于进一步加强新时代新征程防震减灾公共服务的实施意见》。

3 月 15 日

受中国地震局党组书记、局长闵宜仁委托，党组成员、副局长阴朝民主持召开局务会议，审议《2023 年中国地震局机关工作效能考核方案》《局属单位目标管理考核方案》《中国地震局政府采购行为负面清单（试行）》等。

3 月 20 日

中国地震局党组书记、局长闵宜仁主持召开局党组理论学习中心组学习会议，就深入学习领会习近平总书记在二十届中央纪委二次全会和在学习贯彻党的二十大精神研讨班开班式上的重要讲话精神，认真学习贯彻全国两会精神作主题发言，研究地震系统全面从严治党工作思路举措。

3 月 21 日

中国地震局党组书记、局长闵宜仁主持召开局党组会议，传达学习贯彻习近平总书记在中央政治局第三次集体学习时的重要讲话精神，听取自然灾害防治两项重点工程进展情况汇报，审议《中国地震局地质研究所使命导向管理改革试点实施方案》，研究局机关议事协调机构设置管理工作，听取深圳防灾减灾技术研究院院长黄剑涛任期工作汇报。

3 月 21 日

中国地震局党组书记、局长闵宜仁主持召开局务会议，传达学习贯彻国务院第一次全体会议精神，听取 2023 年度地震重点危险区地震灾害损失预评估工作汇报。

3 月 21 日

中国地震局党组书记、局长闵宜仁会见华为技术有限公司副总裁、数字政府总裁吴刚一行，双方就深化局企合作进行深入交流。

3 月 21 日

中国地震局印发《中国地震局政府采购行为负面清单（试行）》。

3 月 21 日、3 月 24 日

为进一步深化对土耳其 7.8 级地震的科学认识，应土耳其灾害应急管理局邀请，中国地震局组建工作队伍，分两批次抵达土耳其开展科学考察。

3 月 22 日

中国地震局党组书记、局长闵宜仁主持召开局党组党的建设与全面从严治党工作领导小组会议，党组成员、副局长王昆、倪岳伟出席。

3 月 22 日

中国地震局党组书记、局长闵宜仁主持召开局党校校务委员会会议，党组成员、副局长王昆出席。

3 月 24 日

中国地震局党组书记、局长闵宜仁赴中国铁塔股份有限公司调研，与中国铁塔股份有限公司党委书记、董事长张志勇座谈交流。

3 月 24 日

中国地震局党组印发《中共中国地震局党组关于进一步加强新时代新征程防震减灾公共服务的实施意见》。中国地震局印发《中国地震局议事协调机构优化调整方案》。

3 月 27 日

中国地震局党组成员、副局长陈小军出席“地震科普　携手同行”主题活动 2023 年首场活动。

3 月 27 日

中国地震局印发《中国地震局土耳其 7.8 级地震科学考察工作方案》。

3 月 28—31 日

中国地震局党组书记、局长闵宜仁率国务院抗震救灾指挥部办公室工作组赴新疆检查地震灾害防范应对准备工作。其间赴新疆维吾尔自治区地震局、喀什地震监测中心站调研防震减灾工作。

3 月 28—31 日

中国地震局党组成员、副局长王昆率国务院抗震救灾指挥部办公室工作组赴青海检查地震灾害防范应对准备工作。其间赴青海省地震局调研督导国家预警工程青海子项目试运行等工作。

4 月 2 日

中国地震局土耳其地震科考队一行 25 人平安抵达北京。科考期间，队员们努力克服暴雨、降雪等不良气候条件，冒着余震危险完成既定科考任务。

4 月 4 日

中国地震局党组书记、局长闵宜仁主持召开局党组会议，传达学习贯彻习近平总书记重要讲话和学习贯彻习近平新时代中国特色社会主义思想主题教育工作会议精神、习近平总书记在中央政治局第四次集体学习时的重要讲话精神、国务院第一次廉政工作会议精神。

4 月 4 日

中国地震局党组书记、局长闵宜仁主持召开局务会议，听取震情工作汇报。

4 月 4 日

中国地震局党组书记、局长闵宜仁主持召开审计领导小组会议，审议 2023 年审计工作要点及 2022 年内部发现问题情况通报。

4 月 6 日

中国地震局党组书记、局长闵宜仁主持召开全面深化改革领导小组会议，党组成员、副局长阴朝民、王昆、倪岳伟、陈小军出席。

4 月 6 日

中国地震局党组书记、局长闵宜仁主持召开外事工作领导小组会议，党组成员、副局长王昆出席。

4 月 6 日

中国地震局直属机关工会第七次会员代表大会在京召开。党组成员、副局长王昆出席会议并讲话，应急管理部机关党委副书记、直属机关工会主席欧阳范希到会指导。

4 月 6 日

中国地震局党组印发《关于撤销中共防灾科技学院委员会、纪律检查委员会的通知》。

4 月 7 日

中国地震局党组书记、局长闵宜仁主持召开局党组会议，深入学习贯彻习近平总书记关于大兴调查研究的重要指示精神，传达学习贯彻中央办公厅《关于在全党大兴调查研究的工作方案》。

4 月 11 日

中国地震局党组书记、局长闵宜仁主持召开地震系统学习贯彻习近平新时代中国特色社会主义思想主题教育动员部署会议，中央主题教育第三十七指导组组长蒋卓庆出席并讲话。中央主题教育第三十七指导组副组长余蔚平和指导组全体成员出席。党组成员、副局长阴朝民、王昆、倪岳伟、陈小军出席。

4 月 11 日

中国地震局党组印发《地震系统开展学习贯彻习近平新时代中国特色社会主义思想主题教育实施方案》《地震系统大兴调查研究的实施方案》。

4 月 12 日

中国地震局党组成员、副局长阴朝民主持召开地震系统老同志情况通报会，介绍全国地震局长会议基本情况，通报 2022 年度全国防震减灾工作情况。

4 月 12 日

中国地震局召开地震系统财会监督专项行动动员培训，对加强地震系统财会监督、开展专项行动作出部署，党组成员、副局长倪岳伟出席并讲话。

4 月 14 日

中国地震局党组成员、副局长阴朝民主持召开局网络安全和信息化领导小组 2023 年度工作会议，研究部署地震系统网络安全和信息化工作，审议并原则通过 2023 年度网络安全和信息化工作要点。

4 月 14 日

中国地震局党组成员、副局长阴朝民主持召开中国地震局老干部工作领导小组会议，听取地震系统老干部工作情况及 2023 年离退休干部工作要点汇报，研究讨论进一步做好离退休干部工作。

4 月 17 日

中国地震局召开地震系统 2023 年党风廉政建设工作暨警示教育视频会议。党组书记、局长闵宜仁出席并讲话。党组成员、副局长王昆主持会议并作警示教育通报，驻应急管理部纪检监察组副组长刘晓晓通报 2022 年纪检监察工作情况并就做好 2023 年纪检工作提出意见，党组成员、副局长阴朝民、倪岳伟、陈小军出席，应急管理部机关纪委副书记魏辉到会指导。

4 月 18 日

中国地震局党组书记、局长闵宜仁主持召开局党组会议暨主题教育领导小组会议，传达学习贯彻习近平总书记在广东考察时的重要讲话精神，审议《局党组理论学习中心组集体学习研讨暨主题教育读书班方案》《中国地震局党组调研方案》等。

4 月 19—24 日

中国地震局党组同志每日参加主题教育读书班，围绕“坚持和加强党的全面领导”“树牢新发展理念，推动高质量发展”“贯彻新时代党的组织路线，加强干部队伍建设”“以自我革命精神推进全面从严治党”等主题开展集中学习，党组同志分别作领学，并到所在支部参加集中学习。

4 月 20 日

中国地震局党组书记、局长闵宜仁主持召开局党组理论学习中心组学习会议并举行学习贯彻习近平新时代中国特色社会主义思想主题教育集体学习研讨，部署地震系统贯彻落实工作。

4 月 24—28 日

中国地震局党组成员、副局长倪岳伟率国务院抗震救灾指挥部办公室工作组赴甘肃检查地震灾害防范应对准备工作。

4 月 25—28 日

中国地震局党组成员、副局长阴朝民率国务院抗震救灾指挥部办公室工作组赴云南检查地震灾害防范应对准备工作。

4 月 28 日

中国地震局党组书记、局长闵宜仁主持召开局务会议，听取 4 月震情跟踪、5 月震情趋势和加强震情监视跟踪、应急准备工作建议汇报，研究部署“五一”假期地震安保和近期工作。

4 月 28 日

中国地震局党组书记、局长闵宜仁主持召开全面深化改革领导小组会议，传达学习二十届中央全面深化改革委员会第一次会议精神，听取 2022 年度科技创新支撑新时代防震减灾事业现代化建设任务清单进展情况和 2023 年度任务清单的汇报。党组成员、副局长王昆、陈小军出席。

5 月 2 日

23 时 27 分在云南保山市隆阳区（25. 35°N，99. 28°E）发生 5. 2 级地震，震源深度 10 千米。地震发生后，中国地震局党组书记、局长闵宜仁立即作出部署，党组成员、副局长倪岳伟在应急指挥中心调度应急处置工作。

5 月 5 日

中央主题教育第三十七指导组组长蒋卓庆、副组长余蔚平带队深入中国地震台网中心开展调研座谈。中国地震局党组书记、局长闵宜仁，党组成员、副局长阴朝民、王昆参加。

5 月 5—6 日

中国地震局党组同志每日参加主题教育读书班，围绕“全面深化改革”“全面从严治党、推进党的自我革命、党纪党规”等主题开展集中学习。党组成员、副局长王昆、陈小军分别作领学。

5 月 5—6 日

中国地震局党组成员、副局长陈小军赴四川调研防震减灾科普工作，并出席成渝（兴隆湖）综合性科学中心暨重大科技基础设施建设现场推进活动。

5 月 8 日

中国地震局党组书记、局长闵宜仁主持召开局党组会议，传达学习贯彻中央政治局会议和二十届中央财经委第一次会议精神，传达学习贯彻中央和国家机关党的工作暨纪检工作会议精神，传达中央纪委《关于青海省 6 名领导干部严重违反中央八项规定精神问题查处情况警示及教训的通报》并研究贯彻落实措施，审议局党组主题教育整改整治问题清单。

5 月 8—12 日

中国地震局党组成员、副局长倪岳伟率国务院抗震救灾指挥部办公室工作组赴四川检查地震灾害防范应对准备工作并开展主题教育调研。

5 月 9 日

中国地震局党组书记、局长闵宜仁，党组成员、副局长王昆出席应急管理部系统 2023 年巡视动员部署视频会议，局党组 2023 年内部巡视正式启动。

5 月 9—11 日

中国地震局党组成员、副局长王昆赴湖北调研地震科技创新与科技服务工作。

5 月 12 日

中国地震局党组书记、局长闵宜仁主持召开巡视工作领导小组会议，听取各巡视组组长对被巡视党组织分析研判情况汇报。党组成员、副局长王昆和驻应急管理部纪检监察组副组长刘晓晓出席。

5 月 12 日

中国地震局党组成员、副局长王昆出席应急管理部直属机关青年学习标兵和“两红两优”表彰座谈会。

5 月 15—18 日

中国地震局党组书记、局长闵宜仁赴云南、重庆督促指导云南省地震局、重庆市地震局深入开展主题教育，深入地震监测中心站、地震台、中国地震科学实验场大理中心等基层一线单位，与干部职工座谈交流。

5 月 15—19 日

中国地震局党组成员、副局长阴朝民赴云南、贵州调研防震减灾工作，督促指导云南省地震局、贵州省地震局深入开展主题教育。

5 月 16 日

在云南省丽江等地联合举行高山峡谷地区地震灾害空地一体化联合救援演习，代号“应急使命·2023”。中共中央政治局委员、国务院副总理张国清，应急管理部党委书记、部长王祥喜，国务院副秘书长王志清，云南省委副书记、省长王予波，国务院抗震救灾指挥部成员单位、应急管理部、云南省委省政府，以及军队有关方面负责同志以实际身份参演并现场观摩指导演习。

5 月 17—19 日

中国地震局党组成员、副局长倪岳伟赴江苏调研防震减灾工作，督促指导江苏省地震局深入开展主题教育。

5 月 23 日

中国地震局党组书记、局长闵宜仁主持召开局党组会议，传达学习贯彻习近平总书记在河北、陕西、山西考察和主持召开相关会议时的重要讲话精神，传达学习贯彻国务院抗震救灾指挥部全体会议精神。

5 月 23—26 日

中国地震局党组成员、副局长陈小军赴河南、山东调研防震减灾工作，督促指导河南省地震局、中国地震局地球物理勘探中心、山东省地震局深入开展主题教育。

5 月 24 日

中央主题教育第三十七指导组组长蒋卓庆、副组长余蔚平一行听取了中国地震局党组主题教育开展情况工作汇报，并就调查研究工作开展深入交流。中国地震局党组书记、局长闵宜仁主持并作工作汇报，党组成员、副局长阴朝民出席。

5 月 24 日

中国地震局印发《2023 年度科技创新支撑新时代防震减灾事业现代化建设任务清单》。

5 月 24—26 日

中国地震局党组成员、副局长王昆赴陕西调研防震减灾工作，督促指导陕西省地震局、中国地震局第二监测中心深入开展主题教育。

5 月 26 日

中国地震局党组主题教育领导小组召开会议，传达学习贯彻习近平总书记关于主题教育重要讲话和重要指示批示精神，听取重点调研课题和干部队伍教育整顿工作有关情况汇报，审议突出问题专项整治方案。党组书记、局长闵宜仁主持并讲话，党组成员、副局长阴朝民、倪岳伟出席。

5 月 29 日

中国地震局党组书记、局长闵宜仁主持召开局党组会议，传达学习贯彻习近平总书记在二十届中央审计委员会第一次会议上的重要讲话精神，学习《领导干部报告个人有关事项规定》并研究贯彻落实措施，审议地震系统干部队伍教育整顿问题清单及个人自查事项报告表。

5 月 29 日

中国地震局党组书记、局长闵宜仁主持召开局务会议，听取震情工作和地震应急物资储备项目实施方案汇报。

5 月 29 日—6 月 2 日

中国地震局党组成员、副局长阴朝民赴广东、海南调研防震减灾工作，督促指导广东省地震局、海南省地震局深入开展主题教育。

5 月 31 日

中国地震局党组成员、副局长王昆陪同中央主题教育第三十七指导组赴中国地震局地质研究所调研。

6 月 2 日

中国地震局党组成员、副局长王昆赴中盐集团就盐穴地震科技服务有关工作开展座谈。

6 月 7—9 日

中国地震局党组成员、副局长阴朝民赴四川调研，检查指导成都大运会地震安保工作，出席国家地震烈度速报与预警工程全国一般站运维工作会议。

6 月 8 日

国新办举办“权威部门话开局”应急管理部专场新闻发布会。应急管理部党委书记、部长王祥喜介绍贯彻落实党的二十大重大决策部署、推进应急管理体系和能力现代化有关情况，并回答记者提问。中国地震局党组书记、局长闵宜仁就国家地震烈度速报与预警工程回答记者提问，介绍工程建设进展，以及工程服务抗震救灾和经济社会发展等方面的情况。

6 月 8 日

中央主题教育第三十七指导组组长蒋卓庆、副组长余蔚平一行赴中国地震灾害防御中心调研，指导地震部门深入开展主题教育。中国地震局党组成员、副局长王昆参加调研。

6 月 13 日

中国地震局党组书记、局长闵宜仁在江西调研期间会见江西省委书记尹弘，双方就深化局省合作、开展区域防震减灾救灾一体化试点建设、进一步支持江西防震减灾事业高质量发展达成合作共识。

6 月 13 日

中央主题教育第三十七指导组组长蒋卓庆一行赴山东省地震局调研。中央主题教育第三十七指导组副组长余蔚平一行赴北京市地震局调研，中国地震局党组成员、副局长王昆参加。

6 月 13—16 日

中国地震局党组书记、局长闵宜仁赴江西、安徽调研防震减灾工作，督促指导江西省地震局、安徽省地震局深入开展主题教育。

6 月 14 日

中国地震局党组书记、局长闵宜仁在江西调研期间会见江西省委副书记、省长叶建春，双方共同商议深化局省合作具体措施，着力推进江西防震减灾工作赋能增效，支持江西防震减灾工作积极融入和服务长江经济带建设。

6 月 15 日

中国地震局党组书记、局长闵宜仁在安徽调研期间会见安徽省委常委、常务副省长费高云，双方就进一步加强局省合作，推动国家防震减灾战略部署在安徽落实落地，有效防范化解地震灾害风险，推进安徽防震减灾事业现代化建设，更好服务安徽经济社会高质量发展进行了深入交流。

6 月 16 日

中国地震局党组成员、副局长王昆赴中国水利水电科学研究院和中国气象科学研究院开展科技和人才工作调研。

6 月 19 日

中国地震局党组书记、局长闵宜仁赴中国科学院电工研究所调研，听取王秋良院士团队研究成果介绍，并就进一步深化合作开展座谈交流。

6 月 20 日

中国地震局党组书记、局长闵宜仁主持召开局党组会议，传达学习贯彻习近平总书记在内蒙古考察、中共中央政治局第五次集体学习、二十届中央国家安全委员会第一次会议和文化传承发展座谈会上的重要讲话精神。

6 月 20 日

中国地震局党组书记、局长闵宜仁主持召开局务会议，审议进一步加强财会监督工作实施方案，听取《地震系统财经领域问题汇编》编制情况汇报。

6 月 20 日

中国地震局党组书记、局长闵宜仁主持召开主题教育领导小组会议，传达学习贯彻习近平总书记关于主题教育重要讲话精神、中央和国家机关干部队伍教育整顿工作推进会精神，审议《地震系统开展“以学铸魂比党性、以学增智比能力、以学正风比作风、以学促干比贡献”活动实施方案》，听取局党组主题教育调研情况和中央主题教育第三十七指导组两个重点关注问题阶段性进展有关情况汇报。党组成员、副局长阴朝民、王昆、陈小军出席。

6 月 21 日

中国地震局党组书记、局长闵宜仁主持召开局党组理论学习中心组学习研讨暨主题教育集体学习研讨，党组成员、副局长阴朝民、王昆、陈小军作专题发言，中央主题教育第三十七指导组武沐瑶出席。

6 月 27—28 日

中国地震局党组成员、副局长阴朝民出席 2023 年年中全国地震趋势会商会开闭幕会。

6 月 28 日

中国地震局印发《关于进一步加强场地地震安全性评价工作质量管理的通知》《地震系统政府会计核算指南》。

6 月 29 日

中国地震局党组书记、局长闵宜仁主持召开局党组会议，传达学习贯彻习近平总书记同团中央新一届领导班子成员集体谈话时发表的重要讲话精神。

7 月 2—9 日

中国地震局副局长陈小军率代表团赴荷兰和意大利访问。

7 月 3 日

中央主题教育第三十七指导组组长蒋卓庆、副组长余蔚平带队深入中国地震局地球物理研究所开展调研，中国地震局党组成员、副局长王昆参加调研并主持座谈会。

7 月 3 日

中国地震局党组成员、副局长王昆在京会见香港天文台台长陈栢纬一行。双方就地震监测预警、地震风险评估、数据共享、高层互访等议题充分交换意见，并商讨加强双方交流合作事项。

7 月 4 日

中国地震局党组书记、局长闵宜仁主持召开局党组会议，传达学习贯彻习近平总书记在中共中央政治局第六次集体学习时的重要讲话精神、习近平总书记对党的建设和组织工作的重要指示和全国组织工作会议精神。

7 月 4 日

中国地震局印发《中国地震局信访工作管理办法》。

7 月 6—7 日

中国地震局党组书记、局长闵宜仁赴甘肃调研防震减灾和定点帮扶工作。调研期间会见甘肃省委副书记、省长任振鹤，双方就进一步加强甘肃防震减灾工作、提升防灾减灾救灾能力进行座谈。

7 月 8—9 日

中国地震局党组成员、副局长王昆以“四不两直”方式检查贵州省地震局主题教育开展情况并作工作调研。

7 月 11 日

中国地震局党组书记、局长闵宜仁主持召开局党组会议，传达学习贯彻习近平总书记在江苏考察时的重要讲话精神。

7 月 11 日

中国地震局党组书记、局长闵宜仁主持召开局务会议，听取《地震监测台站仪器设备配置标准（试行）》起草情况和局属单位企业调研情况汇报，研究长三角地区震情。

7 月 12 日

中国地震局党组书记、局长闵宜仁会见内蒙古自治区党委常委、自治区人民政府常务副主席黄志强一行，双方就深化战略合作，防范化解地震灾害风险，推进内蒙古自治区防震减灾事业现代化建设，更好服务内蒙古经济社会高质量发展进行深入交流。

7 月 12—15 日

中国地震局党组成员、副局长王昆赴中国地震局工程力学研究所、哈尔滨工业大学、吉林省地震局、吉林大学调研科技创新与科技服务工作，督促指导中国地震局工程力学研究所、吉林省地震局深入开展主题教育。

7 月 13 日

中国地震局印发《地震监测预报预警和地震灾害防御基础业务预算定额》。

7 月 14 日

中央主题教育第三十七指导组组长蒋卓庆一行深入吉林省地震局开展调研，实地考察吉林地震台、地震预警中心，听取吉林省地震局主题教育开展情况汇报，围绕省级地震局如何更好服务保障经济社会发展进行座谈交流。中国地震局党组成员、副局长王昆参加调研并主持会议。

7 月 17 日

中国地震局党组书记、局长闵宜仁主持召开局党组巡视工作领导小组会议，听取 2023 年局党组巡视组对中国地震局地球物理研究所、中国地震局地质研究所、中国地震局地震预测研究所、中国地震局工程力学研究所 4 个研究所党委和内蒙古自治区地震局、黑龙江省地震局、江西省地震局、重庆市地震局 4 个省级地震局党组巡视情况汇报，提出整改要求。党组成员、副局长王昆和驻应急管理部纪检监察组副组长刘晓晓出席。

7 月 18 日

中国地震局党组书记、局长闵宜仁主持召开局党组会议，传达学习贯彻习近平总书记关于网络安全和信息化工作的重要指示以及全国网络安全和信息化工作会议精神。

7 月 18 日

中国地震局党组书记、局长闵宜仁主持召开局务会议，传达学习贯彻中共中央政治局委员、国务院副总理张国清，应急管理部党委书记、部长王祥喜在应急管理部专报《关于 2023 年下半年全国地震趋势情况的报告》上的批示精神；传达学习贯彻应急管理部党委会听取中国地震局党组上半年工作情况汇报时的指示要求；听取关于支持雄安新区防震减灾高质量发展有关工作汇报；审议《关于推进地震灾害损失预评估业务化的通知》。

7 月 18 日

中国地震局印发《关于加强中国地震预警网信息服务工作的若干意见（试行）》。

7 月 19 日

中国地震局党组书记、局长闵宜仁主持召开全面深化改革领导小组会议，认真传达学习习近平总书记在中央全面深化改革委员会第二次会议上的重要讲话精神，听取 2023 年上半年地震系统全面深化改革工作总结汇报。

7 月 20 日

中国地震局印发《关于推进地震灾害损失预评估业务化的通知》。

7 月 24 日

中国地震局党组书记、局长闵宜仁主持召开局党组会议，传达学习贯彻习近平总书记在全国生态环境保护大会上的重要讲话精神，审议《中国地震局党组认真学习贯彻落实习近平总书记重要指示批示和党中央决策部署工作办法（修订稿）》《关于推动省级地震局赋能增效促发展的实施意见》《中国地震局内设处级机构设置及工作分工》等。

7 月 24 日

中国地震局党组书记、局长闵宜仁主持召开主题教育领导小组会议，传达学习中央主题教育整改整治工作推进会议精神，研究整改整治问题清单销号规则、整改整治问题清单和干部队伍教育整顿问题清单推进情况。党组成员、副局长阴朝民、王昆、陈小军出席。

7 月 24—25 日

2023 年地震系统科技服务现场会议在武汉召开。湖北省副省长盛阅春出席开幕式并致辞，中国地震局党组成员、副局长王昆出席并讲话。

7 月 25—28 日

中国地震局党组成员、副局长陈小军赴新疆维吾尔自治区专题调研《中华人民共和国防震减灾法》实施情况，邀请全国人大常委会法工委、全国人大社会委、司法部相关同志参加。

7 月 26 日

中央主题教育第三十七指导组组长蒋卓庆出席中国地震局党组主题教育有关重点工作推进情况汇报会并讲话，副组长余蔚平和指导组部分成员出席。中国地震局党组书记、局长闵宜仁主持，党组成员、副局长王昆参加。

7 月 27 日

中央主题教育第三十七指导组组长蒋卓庆出席中国地震局党组主题教育专题座谈会，听取京区单位代表对主题教育开展情况的感受和意见建议。中国地震局党组书记、局长闵宜仁主持，党组成员、副局长王昆通报中国地震局主题教育进展情况。

7 月 27 日

中国地震局党组印发《关于推动省级地震局赋能增效促发展的实施意见》《地震系统实战大练兵三年行动方案》。

7 月 27—30 日

中国地震局党组成员、副局长阴朝民赴四川督导检查成都大运会地震安保工作，应邀参加大运会开幕式相关活动，指导基层党支部联系点四川地震台党支部主题教育主题党日活动，并赴成都高新减灾研究所、自贡地震监测中心站调研。

8 月 1 日

中国地震局党组书记、局长闵宜仁主持召开局党组会议，传达学习贯彻 7 月 24 日中共中央政治局会议精神，习近平总书记在中共中央政治局第七次集体学习和在四川、陕西汉中考察时的重要讲话精神。

8 月 1 日

中国地震局党组书记、局长闵宜仁主持召开局务会议，听取震情工作汇报，审议《中国地震局政府购买服务指导性目录》《关于进一步深化地震监测中心站改革工作的若干意见》等。

8 月 1 日

中国地震局党组书记、局长闵宜仁主持召开局长专题会议，传达学习习近平总书记给“科学与中国”院士专家代表的回信，听取新时代防震减灾科普转型升级总体方案汇报。

8月1日

中国地震局党组印发《中共中国地震局党组认真学习贯彻落实习近平总书记重要指示批示和党中央决策部署工作办法》。

8月2日

中国地震局党组书记、局长闵宜仁主持召开局党组会议，传达学习贯彻习近平总书记关于防汛救灾工作的重要指示。

8月6日

2时33分在山东省德州市平原县（37.16°N，116.34°E）发生5.5级地震，震源深度10千米。地震发生后，中国地震局党组书记、局长闵宜仁第一时间在应急指挥中心调度应急处置工作。党组成员、副局长阴朝民、陈小军参加。

8月8日

中国地震局党组成员、副局长阴朝民赴中国地震台网中心出席华北地区震情专题会商会。

8月15日

中国地震局党组书记、局长闵宜仁主持召开局党组会议，审议《中国地震局党组贯彻落实“总书记大震之问”重要指示情况的报告》《中国地震局主题教育总结报告》《中国地震局党组履行全面从严治党主体责任清单》《研究所改善科研条件专项2024年度“一上”预算安排建议》等。

8月15日

中国地震局党组书记、局长闵宜仁主持召开局务会议，审议《2023年地震标准制修订项目立项建议》等。

8月15日

中国地震局党组书记、局长闵宜仁主持召开局长专题会议，听取《中华人民共和国防震减灾法》修订有关重点问题研究情况、《关于更好发挥双重计划财务体制优势　促进防震减灾事业高质量发展》汇报。

8月16日

中国地震局党组成员、副局长王昆出席局党组2023年巡视中国地震局地球物理研究所党委、中国地震局地震预测研究所党委意见反馈会议。

8月16日

中国地震局党组成员、副局长倪岳伟出席局党组2023年巡视内蒙古自治区地震局党组、黑龙江省地震局党组意见反馈会议。

8月19日

中央主题教育第三十七指导组组长蒋卓庆、副组长余蔚平出席指导中国地震局党组主题教育专题民主生活会。中国地震局党组书记、局长闵宜仁主持会议，代表党组作班子对照检查，并对地震系统继续开展好主题教育提出要求。党组成员逐一对照检查、开展批评与自我批评。

8月21日

中国地震局党组成员、副局长阴朝民出席局党组2023年巡视江西省地震局党组、重庆市地震局党组意见反馈会议。

8月22日

中国地震局党组书记、局长闵宜仁主持召开局党组会议，传达学习贯彻习近平总书记重要讲话和中央政治局常委会会议精神，传达学习贯彻中央和国家机关部门党组（党委）落实机关党建主体责任座谈交流会精神，审议《中国地震局防震减灾科普转型升级工作领导小组组建方案》。

8月22日

中国地震局党组书记、局长闵宜仁主持召开局务会议，传达学习贯彻国务院第二次全体会议精神，审议《中国地下流体监测站网规划（2023—2030年）》，听取《深圳培训中心改革实施方案》汇报。

8月22日

中国地震局党组印发《中国地震局党组履行全面从严治党主体责任清单》。

8月23日

18时19分在辽宁大连市普兰店区（39.42°N，122.2°E）发生4.6级地震，震源深度8千米。地震发生后，中国地震局党组书记、局长闵宜仁立即作出部署，党组成员、副局长阴朝民、王昆、倪岳伟在应急指挥中心调度应急处置工作。

8月25日

中国地震局党组印发《关于调整中国地震局人员编制、内设处级机构设置及工作分工的通知》。

8月25日

中国地震局印发《2023年地震行业标准制修订项目计划》《关于成立中国地震局防震减灾科普转型升级工作领导小组的通知》。

8月29日

中国地震局印发《关于进一步发挥防震减灾双重计划财务体制优势　更好服务地方经济社会发展的通知》《关于进一步深化地震监测中心站改革工作的若干意见》《中国地震局督查督办实施办法》。

8月30日

中国地震局党组成员、副局长王昆赴国家自然科学基金委员会，与国家自然科学基金委员会副主任兰玉杰就推动“华北强震预测与致灾机理研究”重大研究计划立项、延续地震科学联合基金等事宜座谈交流。

8月30日

中国地震局印发《中国地下流体监测站网规划（2023—2030年）》。

9月1日

应急管理部党委书记、部长王祥喜在成都调研期间听取四川省地震局工作汇报并提出工作要求，强调坚持预防为主工作方针，坚持提升地震监测预报预警能力，坚持统筹发展和安全，坚持推进地震科技创新，坚持加强队伍建设与管理。

9月1日

中国地震局党组书记、局长闵宜仁主持召开局党组会议，传达学习贯彻习近平总书记在听取新疆有关工作汇报时的重要讲话精神，习近平总书记重要批示精神和李强总理、张国清副总理等领导同志批示要求；审议《关于进一步强化地震系统政治机关意识的意见》《关于推动党建和业务工作深度融合的实施意见》等。

9月1日

中国地震局党组书记、局长闵宜仁主持召开局务会议，听取震情工作汇报，审议《防震减灾公共服务优秀案例评选结果》等，研究地震系统职称评审有关事项。

9月4—6日

中国地震局党组成员、副局长阴朝民赴浙江督导检查杭州亚运会地震安保工作，并调研有关工作。

9月7日

中国地震局召开地震系统“以学铸魂比党性、以学增智比能力、以学正风比作风、以学促干比贡献”先进事迹报告会暨学习贯彻习近平新时代中国特色社会主义思想主题教育总结会议。中央主题教育第三十七指导组副组长余蔚平到会指导并讲话，中国地震局党组书记、局长闵宜仁作总结讲话，党组成员、副局长阴朝民、王昆、倪岳伟出席。

9月8日

中国地震局党组书记、局长闵宜仁主持召开局党组会议，传达学习贯彻习近平总书记重要讲话和中央政治局会议精神，听取《地震系统干部职工对“三虚”问题思想认识调研情况》和2024年“一上”部门预算、2024—2026年支出规划和2023年机动经费安排建议汇报，审议《中国地震局党组推进领导干部能上能下实施办法》等，研究优化地震系统全面从严治党主体责任和监督责任检查考核方式。

9月8日

中国地震局党组书记、局长闵宜仁主持召开局务会议，审议《中国海洋地震观测规划（2023—2035年）》等。

9月12—15日

中国地震局党组书记、局长闵宜仁赴广东调研防震减灾工作，会见广东省委副书记、省长王伟中，广东省委副书记、深圳市委书记孟凡利，就局省合作推动防震减灾高质量发展进行深入交流，先后赴广东省地震局、中国地震局深圳防震减灾科技交流培训中心、深圳防灾减灾研究院调研。调研期间，赴华为技术有限公司深圳总部、东莞松山湖基地实地调研，与华为技术有限公司轮值董事长徐直军等就信息化建设座谈交流。

9月18日

中国地震局党组书记、局长闵宜仁主持召开局党组会议，传达学习贯彻习近平总书记在黑龙江考察期间的重要讲话精神、习近平总书记对新时代办公厅工作的重要指示以及全国党委和政府秘书长会议精神，研究广东省地震局深圳地震科技创新中心（深圳地震台）设立工作，审议2024年度地震系统参公人员招录和事业人员招聘计划。

9月18日

中国地震局党组印发《关于进一步强化地震系统政治机关意识的意见》《关于推动党建和业务工作深度融合的实施意见》。中国地震局印发《中国海洋地震观测规划（2023—2035年）》。

9 月 19—22 日

中国地震局党组书记、局长闵宜仁赴青海、宁夏调研防震减灾工作。调研期间，与青海省委负责同志、省政府分管负责同志，宁夏回族自治区分管负责同志会谈，赴地震预警中心、地震监测中心站等实地调研，与省级地震部门的领导班子成员、处级以上干部、业务专家和青年代表座谈交流。

9 月 20—21 日

2023 年全国地震监测预报工作会议在陕西召开，中国地震局党组成员、副局长阴朝民出席并讲话，陕西省副省长窦敬丽出席开幕会并致辞。

9 月 20—22 日

中国地震局党组成员、副局长王昆赴西藏自治区调研藏东南地震监测中心，就有关工作开展现场考察和座谈交流。

9 月 26 日

中国地震局党组书记、局长闵宜仁主持召开局党组会议，传达学习贯彻习近平总书记在浙江、山东考察时的重要讲话和关于推进新型工业化的重要指示精神。

9 月 26 日

中国地震局党组书记、局长闵宜仁主持召开局务会议，听取震情工作、新时代防震减灾事业发展战略研究、国家地震烈度速报与预警工程总结会筹备方案等汇报，研究部署相关工作。

9 月 26 日

中国地震局党组印发《关于进一步加强地震系统培训工作的实施意见》。中国地震局印发《关于做好 2024 年度全国地震趋势会商工作的通知》。

9 月 27 日

中国地震局党组书记、局长闵宜仁，党组成员、副局长倪岳伟会见甘肃永靖县委副书记、县长刘斌斌一行，听取永靖县巩固拓展脱贫攻坚成果同乡村振兴有效衔接工作汇报，共商进一步做好定点帮扶工作举措。

9 月 27 日

中国地震局党组书记、局长闵宜仁出席国务院抗震救灾指挥部办公室推进重点区域地震灾害联防联控工作专题会议，党组成员、副局长阴朝民、倪岳伟视频参加。

10 月 9 日

中国地震局印发《中国地震局政府购买服务指导性目录》。

10 月 11 日

中国地震局党组书记、局长闵宜仁主持召开局党组会议，传达学习贯彻 9 月 27 日中央政治局会议和中央政治局第八次集体学习会议精神、习近平总书记对宣传思想文化工作的重要指示和全国宣传思想文化工作会议精神。

10 月 11 日

中国地震局党组书记、局长闵宜仁主持召开局务会议，审议《地震人工智能发展专项规划（2023—2035 年）》《中国地震局野外科学观测研究站管理办法》《防震减灾科普示范学校认定管理办法》等。

10 月 11 日

中国地震局党组成员、副局长王昆会见吴智深院士一行。

10 月 13 日

中国地震局印发《防震减灾领域人工智能发展研究专项规划（2023—2035 年）》《关于湖北省地震局内设机构调整的批复》《关于江西省地震局地震监测中心站设置调整的批复》《关于金寨地震监测中心站更名的批复》。

10 月 14—22 日

中国地震局局长闵宜仁率代表团赴智利和墨西哥访问。

10 月 16 日

中国地震局印发《关于设立地震大数据贵州中心的批复》。

10 月 17 日

中国地震局党组成员、副局长阴朝民赴北京市地震局检查第三届“一带一路”国际合作高峰论坛地震安全保障工作。

10 月 17 日

中国地震局党组成员、副局长阴朝民带队赴中国铁塔，就进一步做好观测站网运行维护等工作进行深入座谈交流。

10 月 19—20 日

中国地震局党组成员、副局长王昆赴安徽省地震局调研防震减灾工作，与中国科学技术大学交流深化局校合作相关事宜。

10 月 23 日

中国地震局党组印发《中共中国地震局党组推进领导干部能上能下实施办法》《中国地震局领导干部交流实施办法》。中国地震局印发《防震减灾科普示范学校认定管理办法》。

10 月 24 日

19 时 32 分在甘肃酒泉市肃北县（39.43°N，97.28°E）发生 5.5 级地震，震源深度 10 千米。地震发生后，中国地震局党组书记、局长闵宜仁第一时间在应急指挥中心调度应急处置工作。党组成员、副局长阴朝民、王昆参加。

10 月 27—28 日

中国地震局党组成员、副局长王昆赴福建省地震局和厦门大学近海海洋环境科学国家重点实验室调研，出席 2023 年闽台地震科技交流会开幕式。

10 月 30 日

中国地震局党组书记、局长闵宜仁主持召开局党组会议，传达学习贯彻习近平总书记系列重要讲话和中央政治局会议精神，传达学习贯彻全国干部教育培训工作会议和全国公务员工作座谈会精神，审议《2023 年度中国地震局科技创新团队和人才库评审结果以及 2024 年人才专项支持建议》。

10 月 30 日

中国地震局党组书记、局长闵宜仁主持召开局务会议，听取震情工作汇报。

11 月 1 日

中国地震局党组成员、副局长阴朝民组织召开局长专题会，听取人工智能技术在地震监测预报领域应用情况汇报。

11 月 1 日

中国地震局印发《关于进一步做好地震烈度图编制和发布工作的通知》。

11 月 3 日

中国地震局党组书记、局长闵宜仁主持召开局党组理论学习中心组集体学习研讨，就深入学习领会习近平总书记关于网络强国的重要思想，学习领会习近平总书记关于科技自立自强、城市工作的重要论述，学习贯彻总体国家安全观，完整、准确、全面贯彻新发展理念作主题发言。党组成员、副局长阴朝民出席，党组成员、副局长王昆、倪岳伟作专题发言。

11 月 4 日

19 时 24 分在广东省江门市恩平市（22.08°N，112.25°E）发生 4.3 级地震，震源深度 8 千米。地震发生后，中国地震局党组书记、局长闵宜仁立即作出部署，党组成员、副局长王昆在应急指挥中心调度应急处置工作。

11 月 4—11 日

中国地震局副局长阴朝民率代表团赴埃及和摩洛哥访问。

11 月 6 日

中国地震局召开地震系统宣传思想文化工作视频会议，传达学习贯彻习近平总书记对宣传思想文化工作的重要指示和全国宣传思想文化工作会议精神，落实中国地震局党组关于地震系统宣传思想文化工作的要求，部署重点工作。中国地震局党组成员、副局长倪岳伟出席并讲话。

11 月 7 日

中国地震局党组书记、局长闵宜仁会见审计署 2023 年预算执行等情况审计组组长、副组长，并对地震系统做好配合工作提出要求。党组成员、副局长倪岳伟主持审前见面会并作表态发言。

11 月 8 日

2 时 9 分在新疆克孜勒苏柯尔克孜自治州阿图什市（40.47°N，77.72°E）发生 5.4 级地震，震源深度 10 千米。地震发生后，中国地震局党组书记、局长闵宜仁立即作出部署，党组成员、副局长倪岳伟在应急指挥中心调度应急处置工作。

11 月 8 日

中国地震局党组书记、局长闵宜仁出席增发国债巨灾防范工程项目动员部署视频会并讲话，党组成员、副局长倪岳伟主持。

11 月 9—10 日

中国地震局党组书记、局长闵宜仁赴内蒙古调研防震减灾工作，与内蒙古自治区党委副书记、政府主席王莉霞，自治区党委常委、政府常务副主席黄志强就加强内蒙古自治区与中国地震局合作、共同推动防震减灾高质量发展进行深入交流；赴内蒙古和林格尔新区规划馆、算力中心，内蒙古防灾减灾综合实验基地建设场地等实地调研；与内蒙古自治区地震局干部职工代表座谈交流，听取工作汇报。

11 月 13 日

中国地震局党组成员、副局长阴朝民出席 2024 年度全国地震大形势会商会。

11 月 13 日

中国地震局印发《关于公布 2023 年度中国地震局科技创新团队和人才库入选名单的通知》。

11 月 14 日

中国地震局党组书记、局长闵宜仁主持召开局党组会议，传达学习贯彻习近平总书记在北京、河北考察时，在同全国妇联新一届领导班子成员集体谈话时的重要讲话和中央金融工作会议精神；研究落实驻应急管理部纪检监察组监督建议工作方案。

11 月 14 日

中国地震局党组书记、局长闵宜仁主持召开局务会议，听取防灾减灾技术研究院法人治理结构改革等事项的汇报，审议防震减灾现代化评估指标(试行)。

11 月 16 日

中国地震局党组书记、局长闵宜仁主持召开局党组听取巡视整改进展情况汇报暨集体约谈会议。党组成员、副局长倪岳伟出席，驻应急管理部纪检监察组副组长刘晓晓到会指导。

11 月 17 日

中国地震局党组书记、局长闵宜仁主持召开专题会议，听取大城市防震减灾工作思路汇报。党组成员、副局长倪岳伟出席。

11 月 21 日

中国地震局党组书记、局长闵宜仁主持召开局党组会议，传达学习贯彻习近平总书记关于山西吕梁市永聚煤矿一办公楼火灾事故的重要指示精神，审议局党组贯彻落实《关于加强中央和国家机关部门机关纪委建设的意见》报告。

11 月 22 日

中国地震局印发《关于成立 2024 年度中国地震预报评审委员会的通知》。

11 月 23 日

中国地震局党组书记、局长闵宜仁主持召开局机关青年座谈会暨同新一届直属机关团委集体谈话，党组成员、副局长王昆出席。

11 月 23—24 日

中国地震局党组成员、副局长倪岳伟赴江苏出席 2023 年全国地震灾害风险防治工作推进会议。

11 月 26 日

应急管理部党委书记、部长王祥喜在江苏调研期间听取江苏省地震局工作汇报，对江苏省地震局工作给予充分肯定，要求进一步深入学习贯彻习近平总书记关于防灾减灾救灾重要论述精神，不断提升地震灾害风险防范能力，当好党和人民的“守夜人”，为地方经济社会高质量发展提供坚实的地震安全保障。

11 月 28 日

中国地震局党组书记、局长闵宜仁主持召开局党组会议，审议《关于进一步加强省级地震局和京外直属单位党建工作的通知》《地震系统主题教育整改落实情况“回头看”自查情况报告》等。

11 月 28 日

中国地震局党组书记、局长闵宜仁主持召开局务会议，听取 2024 年度全国地震大形势和地震重点危险区判定结论汇报，审议《地震灾害预防专业标准体系表》等。

11 月 29 日

中国地震局党组成员、副局长王昆出席《中华人民共和国防震减灾法》修改研究专家座谈会，全国人大常委会法工委、全国人大社会委、司法部、应急管理部相关负责同志对《中华人民共和国防震减灾法》修改提出指导建议。

11 月 29 日

中国地震局印发《巨灾防范工程相关技术指标》。

11 月 29 日—12 月 1 日

中国地震局党组成员、副局长王昆赴广东省地震局、南方科技大学和华为技术有限公司调研，出席深圳防灾减灾技术研究院联席会议第一次会议。

11 月 29 日—12 月 1 日

中国地震局党组成员、副局长倪岳伟赴甘肃永靖调研指导定点帮扶工作。

12 月 2 日

1 时 36 分在云南德宏傣族景颇族自治州芒市（24.26°N，98.08°E）发生 5.0 级地震，震源深度 10 千米。地震发生后，中国地震局党组书记、局长闵宜仁第一时间在应急指挥中心调度应急处置工作。党组成员、副局长王昆、倪岳伟参加。

12 月 5 日

中国地震局党组书记、局长闵宜仁主持召开局党组会议，传达学习贯彻习近平总书记在上海考察期间、在主持中央政治局第十次集体学习时的重要讲话和 11 月 27 日中央政治局会议精神，听取大震应急物资储备项目（监测预报部分）实施情况的汇报，审议《中国地震局局属单位和机关内设机构“一把手”和领导班子成员述责述廉实施细则（试行)》。

12 月 5 日

中国地震局党组成员、副局长阴朝民出席 2024 年度全国地震趋势会商会。

12 月 7 日

中国地震局召开组织人事工作会议，党组书记、局长闵宜仁出席并讲话。党组成员、副局长王昆主持，党组成员、副局长倪岳伟出席。

12 月 8 日

中国地震局党组书记、局长闵宜仁，党组成员、副局长倪岳伟听取国家地震烈度速报与预警工程项目验收相关工作汇报。

12 月 12 日

中国地震局党组书记、局长闵宜仁主持召开局党组会议，传达学习贯彻习近平总书记关于宪法工作的重要指示精神和中央政治局会议精神，审议《中共中国地震局党组关于 2023 年意识形态工作的报告》《中国地震局机关 2023 年会议计划执行情况和 2024 年会议计划》，听取部分局属单位主要负责同志经济责任审计结果以及 2022 年经济责任审计整改完成情况的汇报。

12 月 12 日

中国地震局党组书记、局长闵宜仁主持召开局务会议，审议《关于进一步规范中国地震局机关干部因公因私请假审批报备工作的通知》《中国地震局行政规范性文件管理办法》。

12 月 12 日

中国地震局党组印发《中国地震局局属单位和机关内设机构“一把手”和领导班子成员述责述廉实施细则（试行）》。中国地震局印发《关于撤销中国地震局干部培训中心的通知》。

12 月 14 日

5 时 21 分在河北唐山遵化市（39.98°N，118.04°E）发生 3.0 级地震，震源深度 9 千米。地震发生后，中国地震局党组书记、局长闵宜仁立即作出部署，党组成员、副局长倪岳伟在应急指挥中心调度应急处置工作。

12 月 18 日

中国地震局党组书记、局长闵宜仁主持召开局党组会议，传达学习贯彻习近平总书记关于低温雨雪冰冻灾害防范应对工作的重要指示以及在广西考察期间的重要讲话精神、中央经济工作会议精神、国家防灾减灾救灾委员会第一次全体会议精神，审议习近平总书记重要指示分工措施清单等。

12 月 18 日

23 时 59 分在甘肃省临夏回族自治州积石山县（35.7°N，102.79°E）发生 6.2 级地震，震源深度 10 千米。地震发生后，中国地震局党组书记、局长闵宜仁第一时间在应急指挥中心调度应急处置工作。党组成员、副局长王昆、倪岳伟参加。

12 月 19 日

根据习近平总书记重要指示和李强总理要求，中共中央政治局委员、国务院副总理张国清于 12 月 19 日早率国务院工作组紧急赶赴甘肃、青海地震灾区指导抗震救灾工作。

12 月 19 日

国务院抗震救灾指挥部副总指挥，应急管理部党委书记、部长王祥喜和中国地震局党组书记、局长闵宜仁，国家消防救援局局长琼色紧急赶赴震区指导支持甘肃抗震救灾工作。

12 月 19 日

中国地震局党组成员、副局长倪岳伟在应急指挥中心召开调度会，传达学习贯彻习近平总书记关于甘肃临夏回族自治州积石山县 6.2 级地震重要指示精神，调度相关单位做好地震应急处置工作。

12 月 19 日

9 时 46 分在新疆克孜勒苏柯尔克孜自治州阿图什市（40.02°N，77.86°E）发生 5.5 级地震，震源深度 10 千米。地震发生后，中国地震局党组书记、局长闵宜仁立即作出部署，党组成员、副局长倪岳伟在应急指挥中心调度应急处置工作。

12 月 19—27 日

中国地震局党组成员、副局长王昆率国务院抗震救灾指挥部工作组在甘肃临夏回族自治州积石山县 6.2 级地震震区开展地震现场应急处置工作。

12 月 20 日

中国地震局党组书记、局长闵宜仁主持召开局党组会议，传达学习贯彻习近平总书记对甘肃积石山县 6.2 级地震的重要指示、国家防灾减灾救灾委员会防震减灾专题会议精神。

12 月 21 日

中国地震局印发《中国地震局行政规范性文件管理办法》。

12 月 21—26 日

中国地震局党组成员、副局长倪岳伟在中国地震局应急指挥中心召开甘肃积石山 6.2 级地震应急处置调度会。

12 月 22 日

中国地震局党组成员、副局长倪岳伟会见中国科学院院士何满潮一行。

12 月 26 日

中国地震局党组书记、局长闵宜仁主持召开局党组会议，传达学习贯彻习近平总书记对“三农”工作的重要指示和中央农村工作会议精神，传达学习贯彻中央和国家机关 6 起违反中央八项规定精神典型问题通报，听取 2024 年全国地震局长会议有关情况、中国地震科学实验场建设工程项目初步设计调整情况的汇报，审议《2024 年局党组同志赴重点地区开展地震监测工作督导检查方案》等。

12 月 26 日

中国地震局党组书记、局长闵宜仁主持召开局务会议，传达学习中共中央政治局常委、国务院总理李强在甘肃、青海地震灾区检查指导受灾群众过冬安置和灾后重建等工作时的部署要求，研究震情监视跟踪工作。

12 月 26 日

中国地震局举行新任职领导干部集体宪法宣誓仪式，党组书记、局长闵宜仁监誓。

12 月 28 日

中国地震局印发《关于成立中国地震局财会监督工作领导小组的通知》。

12 月 30 日

中国地震局印发《关于中国地震科学实验场国家重大科技基础设施项目初步设计方案的批复》。

2023 年中国地震局所属单位退休人员统计概况

序号		退休干部						其中						工人	其中	
		小计	局级	处级	研究员	副研究员	其他	增加	减少	56～65 岁	66～75 岁	76～85 岁	86 岁及以上	小计	增加	减少
	总计	8160	499	1633	494	2139	3395	94	67	1965	3074	2463	658	1810	15	10
1	北京市地震局	118	10	33	7	41	27	7		38	50	29	1	6		
2	天津市地震局	181	9	31	12	49	80	1		17	120	31	13	15		
3	河北省地震局	350	16	58	11	100	165	4	1	55	151	113	31	44		
4	山西省地震局	207	14	49	8	47	89	2	2	61	101	36	9	24		
5	内蒙古自治区地震局	180	11	34	1	28	106	4	3	90	58	26	4	19		
6	辽宁省地震局	284	20	80	10	105	69	3	2	63	128	87	6	50		
7	吉林省地震局	89	9	27		32	21	1		28	43	16	2	10		
8	黑龙江省地震局	93	12	28	2	26	25			36	34	20	3	8		
9	上海市地震局	120	12	32	6	31	39	1	2	19	49	37	15	22		
10	江苏省地震局	253	16	35	13	95	94	1	1	26	100	94	33	33		
11	浙江省地震局	88	12	22	2	16	36	2		20	34	27	7	13	1	
12	安徽省地震局	150	9	32	6	32	71	4		27	78	36	9	16		
13	福建省地震局	249	16	47	12	68	106	4	3	56	82	88	22	54		2
14	江西省地震局	50	5	15		9	21	4	1	14	21	14	1	2		
15	山东省地震局	264	12	63	5	78	106	3	11	54	103	86	21	56		1
16	河南省地震局	146	4	40	6	34	62	1		37	66	34	9	13		
17	湖北省地震局	329	16	39	36	107	131	5	1	47	116	107	58	123	1	
18	湖南省地震局	67	6	31		11	19	1		11	29	20	7	13		
19	广东省地震局	298	14	70	19	56	139	3	6	67	77	98	56	111	6	1
20	广西壮族自治区地震局	92	12	24		10	46			23	43	20	5	5		

续表

序号		退休干部								其中				工人	其中	
		小计	局级	处级	研究员	副研究员	其他	增加	减少	56～65岁	66～75岁	76～85岁	86岁及以上	小计	增加	减少
	总计	8160	499	1633	494	2139	3395	94	67	1965	3074	2463	658	1810	15	10
21	海南省地震局	67	8	22	2	17	18	1		39	27	21	3	23	1	
22	重庆市地震局	25	4	14			7			10	4	10	1	3		
23	四川省地震局	511	15	72	20	105	299	6	4	216	138	139	18	156	1	1
24	贵州省地震局	35		14		6	15			8	18	9	4	4		1
25	云南省地震局	505	14	53	22	151	265		2	89	183	204	29	116		1
26	西藏自治区地震局	32	7	15		3	7		1	17	2	3		4		
27	陕西省地震局	206	7	37	9	56	97	4		40	100	50	10	32		
28	甘肃省地震局	461	5	45	27	120	264	2	5	117	159	149	36	113	1	2
29	宁夏回族自治区地震局	111	10	17	4	24	56			21	57	29	4	12		1
30	青海省地震局	92	6	24	2	13	47	2		52	24	9	2	17		
31	新疆维吾尔自治区地震局	267	16	35	16	68	132	2		105	101	52	7	61		
32	中国地震台网中心	207	18	39	26	67	57	3	2	57	100	42	8	9		
33	中国地震灾害防御中心	124	6	21	6	17	74	1		38	49	33	4	174		
34	中国地震局发展研究中心	7	4	3						4	3					
35	中国地震局地球物理勘探中心	265	11	43	9	76	126	2	3	39	152	45	29	78		
36	中国地震局第一监测中心	179	5	46	6	42	80	6	1	58	55	52	14	85		
37	中国地震局第二监测中心	115	7	30	5	18	55		1	23	11	65	16	73	1	
38	中国地震局地球物理研究所	341	7	55	60	133	86		1	52	90	162	38	38	1	
39	中国地震局地质研究所	264	7	50	64	72	71	2	1	34	94	89	47	48		
40	中国地震局地震预测研究所	189	13	66	15	55	40	2	4	27	51	85	26	12		
41	中国地震局工程力学研究所	227	3	21	30	82	91	1	4	20	64	111	32	80		
42	防灾科技学院	124	8	29	15	39	33	6	1	45	30	38	11	14	2	
43	中国地震局机关服务中心	88	15	52			21	1	2	46	33	9		19		
44	中国地震局机关	110	68	40			2	2	2	19	46	38	7	2		

2023 年中国地震局所属单位离休人员统计概况

序号	项目	离休干部				其中				
		小计	局级	处级	其他	减少	80～85 岁	86～90 岁	91～95 岁	96 岁及以上
	总计	61	9	44	8	6	0	14	44	3
1	北京市地震局									
2	天津市地震局									
3	河北省地震局	1			1				1	
4	山西省地震局									
5	内蒙古自治区地震局	3		3					3	
6	辽宁省地震局	1	1							1
7	吉林省地震局	2		1	1			1	1	
8	黑龙江省地震局	1		1					1	
9	上海市地震局									
10	江苏省地震局	1		1				1		
11	浙江省地震局									
12	安徽省地震局	1		1					1	
13	福建省地震局	2	1		1				2	
14	江西省地震局	1		1				1		
15	山东省地震局	5	1	4				1	4	
16	河南省地震局	4	1	3				2	2	
17	湖北省地震局	3		3					3	
18	湖南省地震局	2	1	1				1	1	
19	广东省地震局	2		0	2				2	
20	广西壮族自治区地震局									
21	海南省地震局									
22	重庆市地震局									
23	四川省地震局	3	1	2					3	
24	贵州省地震局									
25	云南省地震局	2		2		2			2	
26	西藏自治区地震局									
27	陕西省地震局	2		2					2	
28	甘肃省地震局	1			1			1		
29	宁夏回族自治区地震局									
30	青海省地震局	1		1				1		

续表

序号	项目	离休干部				其中				
		小计	局级	处级	其他	减少	80～85岁	86～90岁	91～95岁	96岁及以上
	总计	61	9	44	8	6	0	14	44	3
31	新疆维吾尔自治区地震局	1		1					1	
32	中国地震台网中心	1	1						1	
33	中国地震灾害防御中心									
34	中国地震局发展研究中心									
35	中国地震局地球物理勘探中心	1		1					1	
36	中国地震局第一监测中心	1		1					1	
37	中国地震局第二监测中心					1				
38	中国地震局地球物理研究所	4		3	1	1		1	3	
39	中国地震局地质研究所	7		7		1		2	4	1
40	中国地震局地震预测研究所	4	1	2	1			1	3	
41	中国地震局工程力学研究所									
42	防灾科技学院									
43	中国地震局机关服务中心									
44	中国地震局机关	4	1	3		1		1	2	1

（中国地震局离退休干部办公室）

《中国地震年鉴（2023 年）》特约审稿人名单

吴仕仲	北京市地震局	杜　斌	四川省地震局
刘　敏	天津市地震局	梁开伦	贵州省地震局
王立新	河北省地震局	卢永坤	云南省地震局
李自红	山西省地震局	尼　玛	西藏自治区地震局
弓建平	内蒙古自治区地震局	王彩云	陕西省地震局
李　强	辽宁省地震局	李文博	甘肃省地震局
王军亮	吉林省地震局	马玉虎	青海省地震局
杨文东	黑龙江省地震局	米宏亮	宁夏回族自治区地震局
王志俊	上海市地震局	张永久	新疆维吾尔自治区地震局
毛　培	江苏省地震局	兰从欣	中国地震台网中心
王　剑	浙江省地震局	田学民	中国地震灾害防御中心
程晓俊	安徽省地震局	陈洪波	中国地震局发展研究中心
吕至环	福建省地震局	马　明	中国地震局地球物理勘探中心
许阿祥	江西省地震局	武艳强	中国地震局第一监测中心
陈长营	山东省地震局	杨立明	中国地震局第二监测中心
郝　敏	河南省地震局	李　丽	中国地震局地球物理研究所
刘　敏	湖北省地震局	单新建	中国地震局地质研究所
黄志东	湖南省地震局	邵志刚	中国地震局地震预测研究所
何晓灵	广东省地震局	温瑞智	中国地震局工程力学研究所
卢　滢	广西壮族自治区地震局	任云生	防灾科技学院
汤筱麒	海南省地震局	樊　宇	中国地震局机关服务中心
宋晓明	重庆市地震局		

《中国地震年鉴（2023 年）》特约组稿人名单

师宴宾　　北京市地震局
郭　靖　　天津市地震局
贾宏谱　　河北省地震局
李流涛　　山西省地震局
王亚莉　　内蒙古自治区地震局
董识博　　辽宁省地震局
刘宏宇　　吉林省地震局
张成就　　黑龙江省地震局
刘　欣　　上海市地震局
蒋　冰　　江苏省地震局
朱　泽　　浙江省地震局
郭全丰　　安徽省地震局
王庆祥　　福建省地震局
魏清亮　　江西省地震局
樊晓萱　　山东省地震局
刘丽君　　河南省地震局
杨　勇　　湖北省地震局
陈　萍　　湖南省地震局
贾庆华　　广东省地震局
张　黎　　广西壮族自治区地震局
佘正斌　　海南省地震局
连　莲　　重庆市地震局
王翱宇　　四川省地震局
杨　英　　贵州省地震局
刘丽芳　　云南省地震局
甄林鑫　　西藏自治区地震局
谢慧明　　陕西省地震局
许丽萍　　甘肃省地震局
纪淑果　　青海省地震局
杜　文　　宁夏回族自治区地震局
朱　丹　　新疆维吾尔自治区地震局
荣　华　　中国地震台网中心
吴银锁　　中国地震灾害防御中心
董　青　　中国地震局发展研究中心
刘　俊　　中国地震局地球物理勘探中心
王同庆　　中国地震局第一监测中心
高　昕　　中国地震局第二监测中心
黄　方　　中国地震局地球物理研究所
陈国强　　中国地震局地质研究所
张　洋　　中国地震局地震预测研究所
李　伟　　中国地震局工程力学研究所
刘佳琦　　防灾科技学院
王占奎　　中国地震局机关服务中心